Roland Süßmuth, Jürgen Eberspächer
Rainer Haag, Wolfgang Springer

Biochemisch-mikrobiologisches Praktikum

149 Abbildungen
40 Tabellen

1987
Georg Thieme Verlag Stuttgart · New York

Dr. Roland Süssmuth
Institut für Mikrobiologie der
Univ. Hohenheim
Garbenstr. 30
7000 Stuttgart 70

Dr. Jürgen Eberspächer
Institut für Mikrobiologie der
Univ. Hohenheim
Garbenstr. 30
7000 Stuttgart 70

Dr. Rainer Haag
c/o Boehringer Mannheim
Medizinische Forschung
Sandhofer Str. 116
6800 Mannheim 31

Dr. Wolfgang Springer
Institut für Biochemie
Abt. f. Präparative Mikrobiologie
– Bayer AG –
Pharma Forschungszentrum
5600 Wuppertal 1

CIP-Kurztitelaufnahme der Deutschen Bibliothek

Biochemisch-mikrobiologisches Praktikum / Roland
Süssmuth... [Zeichn.: Barbara Gay]. –
Stuttgart ; New York : Thieme, 1987.

NE: Süssmuth, Roland [Mitverf.]

Zeichnungen: Barbara Gay, Stuttgart

Printed in Germany
Satz: Druckhaus Dörr, Inhaber Adam Götz, Ludwigsburg (Linotype System 5 [202])
Druck: Appl, Wemding

ISBN 3-13-685901-4 1 2 3 4 5 6

Vorwort

Dieses Buch soll nicht nur in mikrobiologische und biochemische Arbeitsmethoden, sondern anhand eines breiten Spektrums erprobter Experimente auch in Bereiche der angewandten Mikrobiologie einführen. Die vier in Industrie und Hochschule tätigen Autoren haben hierfür Versuche aus verschiedenen Gebieten der Grundlagenforschung und angewandten Forschung ausgewählt. Die Versuche sind mit ausführlichen theoretischen Einleitungen und zahlreichen Literaturstellen versehen, die über die praktische Versuchsausführung hinaus gestatten, einerseits Lehrbuch- und Unterrichtswissen zu ergänzen und zu vertiefen („learning by doing"), andererseits den Zugang zu neuen Arbeitsgebieten zu ermöglichen. Durch die Breite des dargebotenen Stoffes eignet sich das Buch für die praktische Ausbildung von Studenten naturwissenschaftlicher Fachrichtungen an Universitäten und Fachhochschulen, von Biologielaboranten, medizinisch-technischen Assistenten, aber auch für Teilnehmer an Leistungskursen in der gymnasialen Oberstufe.

Ein großer Teil des vorliegenden Buches beruht auf Versuchen des mikrobiologischen Praktikums, das seit vielen Jahren an der Universität Hohenheim im Institut für Mikrobiologie und Molekularbiologie stattfindet. Die Autoren dieses Buches wollen Herrn Prof. Dr. Franz Lingens, dem Institutsleiter, als ihrem ehemaligen Lehrer an erster Stelle ihren Dank für sein förderndes Wohlwollen aussprechen. Auch vielen hier nicht namentlich genannten Kolleginnen und Kollegen des Mikrobiologischen Instituts und der Industrie sind sie zu Dank verpflichtet. Ferner wollen wir folgenden Kolleginnen und Kollegen danken:

Herrn Dr. D. Claus, Deutsche Sammlung von Mikroorganismen, Göttingen, für die Überlassung von Vorschriften zur Konservierung von Bakterien und Beratung bei der Abfassung des Kapitels „Konservierung von Mikroorganismen",

Frau Dr. I. Trick, Frauenhofer-Gesellschaft, Stuttgart, für die Mithilfe bei der Abfassung des Kapitels „Identifizierung von Bakterien", und Herrn Dr. P. Haußmann, Biomerieux, Nürtingen, für die Mitwirkung am Kapitel „Identifizierung von Mikroorganismen mit standardisierten Testsystemen",

Prof. Dr. J. W. Dellweg, Institut für Fermentation und Brauwesen, Technische Universität Berlin, für Literaturhinweise zu Versuchen zur „Stoffbestimmung mit Mikroorganismen",

Herrn Dr. J. van Beeumen, Labor voor Microbiologie, Gent, für die Arbeitsanleitung zur Isolierung und Reinigung von Cytochrom c_{556},

Frau Dr. G. Layh, Progen-Biotechnik, Heidelberg, für Beratung bei der Abfassung des Kapitels „Immunologische Untersuchungsmethoden", und Herrn Priv.-Doz. Dr. R. Böhm, Institut für Tierhygiene, Universität Hohenheim, für kritische Durchsicht dieses Kapitels.

Für die Überlassung von Arbeitsanleitungen zu den Versuchen „Bestimmung des biochemischen Sauerstoffbedarfs (BSB)" und „Bestimmung der Atmungsaktivität von Belebtschlamm beim Abbau verschiedener Substanzen" Herrn Dipl.-Ing. W. J. Homans und Herrn Prof. Dr. D. Bardtke, Institut für Siedlungswasserbau, Universität Stuttgart.

Für die Überlassung der Vorschrift zum Versuch „Hydroxylierung von Progesteron mit Calonectria decora" Herrn Prof. Dr. K. Kieslich, Gesellschaft für Biotechnologische Forschung, Braunschweig.

Herrn Dr. E. Keller, Limburgerhof, BASF, für die Beratung bei der Abfassung des Kapitels „Gewinnung von L-Asparaginsäure mit immobilisierten Escherichia coli-Zellen",

Herrn Dr. K. Bosecker, Bundesanstalt für Geowissenschaften und Rohstoffe, Hannover, für wertvolle und anregende Bemerkungen zum Kapitel „Gewinnung von Metallen mit Bakterien",

Frau Dr. H. Scholz-Muramatsu, Institut für Siedlungswasserbau, Universität Stuttgart, für die Überlassung ihrer Praktikumsausarbeitung zur mikrobiologischen Trinkwasseranalyse und

Frau Prof. Dr. U. Lutz-Dettinger, Medizinisches Landesuntersuchungsamt, Stuttgart, für die beratende und kritische Durchsicht des Kapitels „Die mikrobiologische Trinkwasseruntersuchung nach der gesetzlichen Trinkwasserverordnung",

Herrn Dr. W.-D. Philipp, Institut für Phytomedizin, Universität Hohenheim, für die Überlassung von Praktikumsversuchen und für seine Mithilfe bei der Abfassung des Kapitels „Pflanzenpathogene Pilze".

Nicht zuletzt gebührt Dank unseren geduldigen Ehefrauen, die uns beim Abfassen des Manuskripts mit großem Verständnis geholfen haben, aber auch allen Mitarbeitern des Thieme-Verlags für wertvolle Ratschläge und für die Fertigstellung des Buches in gewohnter Qualität.

Herbst 1986 Die Autoren

Inhaltsverzeichnis

1. Einführung in mikrobiologisches Arbeiten: Richtlinien und allgemeine Arbeitstechniken

1.1 Vorsichtsmaßnahmen bei Arbeiten mit Mikroorganismen

Viele Mikroorganismen sind pathogen, d. h., sie können Infektionskrankheiten erzeugen und/oder durch Produktion von Toxinen Vergiftungen verursachen. Jeder selbst isolierte Mikroorganismus und jeder Organismus, von dem nicht feststeht, daß er apathogen ist, ist so zu behandeln, als ob er pathogen sei. Wenn er nach erfolgter Differenzierung einer niedrigen Risikogruppe zugeordnet werden kann oder unabhängig davon seine geringe Pathogenität nachgewiesen worden ist, dann kann das Isolat mit entsprechend reduzierten Sicherheitsvorkehrungen untersucht werden (Tab. 1.1).

1.1.1 Vermeiden von Laborinfektionen

Um Laborinfektionen zu vermeiden, müssen zunächst folgende Grundregeln guter mikrobiologischer Technik beachtet werden (s. Bundesgesundheitsblatt 24 Nr. 22): Türen schließen; nicht trinken, essen oder rauchen; Laborkittel tragen; Pipettierhilfen benutzen; Aerosole vermeiden; Hände waschen vor Verlassen des Labors; Laborräume aufgeräumt und sauber halten.

Risiken, die über die Gefährdung durch die jeweiligen Mikroorganismen (Tab. 1.1) hinausgehen, treten dann auf, wenn mit hohen Erregerkonzentrationen und großen Volumina gearbeitet wird. Besonders gilt dies, wenn durch die Art des Arbeitens eine Verletzungsgefahr (Eintrittspforte für die Mikroorganismen!) gegeben ist bzw. wenn Aerosole entstehen, die eingeatmet werden können. Solche Arbeiten sollen dann in **Sicherheitswerkbänken** der Klassen 1 oder 2 durchgeführt werden. Es versteht sich von selbst, daß unkundige Personen während des Arbeitens mit (potentiellen) Krankheitserregern keinen Zutritt zum Arbeitsraum haben und außerhalb dieser Zeit den Raum auch nur mit Erlaubnis der Laborleitung betreten dürfen.

Auf ergänzende Richtlinien zum Schutz vor Gefahren durch *in vitro* neukombinierte Nukleinsäuren wird im Kapitel 14 (s. S. 298ff) eingegangen.

Tab. 1.1 Einteilung von Bakterien und Pilzen in Risikogruppen (nach Bundesgesundheitsblatt 24 Nr. 22 vom 30. Oktober 1981)

Risikogruppe	Bakterien	Pilze
I. Fehlendes oder geringes Risiko für die Beschäftigten, die Bevölkerung und Haustiere	*Bacillus cereus* *Bacillus subtilis* *Escherichia coli K12* *Lactobacillus acidophilus* *L. bulgaricus* *L. casei*	*Geotrichum candidum* *Neurospora crassa* *Penicillium glaucum* *Saccharomyces cerevisiae* *Candida spp.* *Torulopsis spp.*
II. Mäßiges Risiko für die Beschäftigten, geringes Risiko für die Bevölkerung und Haustiere	*Klebsiella* *Mycobacterium tuberculosis* * *Neisseria gonorrhoeae* *N. meningitidis* *Salmonella* * *Staphylococcus aureus* *Vibrio cholerae* *	*Aspergillus spp.* *Rhizopus spp.* *Blastomyces dermatitidis* *Sporothrix schenckii* *Microsporum spp.* *Trichophyton spp.* *Cryptococcus neoformans*
III. Hohes Risiko für die Beschäftigten, geringes Risiko für die Bevölkerung	*Francisella tularensis* * *Pseudomonas mallei* *Yersinia pestis* * *Chlamydia psittaci* * *Coxiella burnetii* *	*Coccidioides immitis* * *Histoplasma capsulatum*
IV. Hohes Risiko für die Beschäftigten, hohes oder unbekanntes Risiko für die Bevölkerung und Haustiere	Für Bakterien und Pilze nicht gegeben. Gilt jedoch für bestimmte Viren (z. B. Lassa-, Pocken- und Marburg-Virus)	

* Einer Erlaubnis entspr. § 19 (1) BSeuchG bedarf, wer mit diesen Erregern arbeiten will, sie einführen, ausführen, aufbewahren oder abgeben will

1.1.2 Notfallmaßnahmen bei Laborinfektionen

Gelangt infektiöses oder möglicherweise infektiöses Material in den Mund, die Augen, die Nase oder durch eine Verletzung in die Haut, dann besteht Infektionsgefahr, und es ist so schnell wie möglich ärztliche Hilfe in Anspruch zu nehmen (Telefonnummer des nächsten Arztes sollte vorsorglich im Labor angeschrieben sein!). Folgende Verhaltensweisen sind deshalb nur als Erste-Hilfe-Maßnahmen aufzufassen. In jedem Falle ist es äußerst wichtig, daß der Vorfall sofort dem Laborleiter gemeldet wird.

Ist infektiöses Material in den **Mund** gelangt, aber noch nicht geschluckt worden, dann ist sofort auszuspucken. Auch bei allen weiteren Maßnahmen darf nicht geschluckt werden. Mit frisch angesetzter 0,1%iger Kaliumpermanganatlösung oder 1%iger Wasserstoffperoxidlösung wird wiederholt gespült, gegurgelt und ausgespuckt. Sodann sollte wiederholt und sorgfältig Brot gekaut und unter Nachspülen und Gurgeln vollständig wieder ausgespuckt werden. Zur Anregung der Salzsäuresekretion im Magen sollte sodann Fleischextrakt eingenommen werden. Die Mundspülungen sind noch mehrere Stunden zu wiederholen. Ist das infektiöse Material geschluckt worden, dann wird nach der Mundspülung mit 0,1%iger Permanganatlösung Fleischextrakt und ein salzsäurepepsinhaltiges Präparat eingenommen.

Wenn infektiöses Material ins **Auge** gelangt ist, darf nicht gerieben werden. Das durch Abspreizen der Lider offengehaltene Auge wird mit reichlich 0,1%iger Oxycyanatlösung gespült und anschließend 0,1%ige Oxycyanatvaseline aufgebracht und verteilt. Da durch die Tränenkanäle die Mikroorganismen in die Nase, den Rachen, Mund und auch den Magen gelangen können, sind deshalb die entsprechenden Maßnahmen des vorigen Absatzes durchzuführen.

Ist infektiöses Material in die **Nase** gelangt, dann soll sofort ausgeschnaubt werden. Eingeatmet werden darf dann nur noch durch den Mund und ausgeatmet durch die Nase. Nach mehrmaligem kräftigem Ausschnauben wird 0,1%ige Oxycyanatvaseline in der Nase verteilt. Anschließend werden die o. a. Maßnahmen für den Mund vorgenommen.

Bei Hautverletzungen mit kontaminierten Instrumenten bzw. Geräten (Spritzen, Kanülen, zerbrochenem Glasgerät etc.) oder Beschmutzung von vorhandenen Wunden mit infektiösem Material läßt man die **Wunde** ausbluten, desinfiziert die Umgebung der Wunde mit Jodersatzlösung und legt einen Schutzverband an. Oberflächliche Kratz- bzw. Schürfwunden werden sofort mit Jodersatzlösung überpinselt, die Wundumgebung abgespült und nach Abtupfen die Wunde nochmals mit Jodersatzlösung überpinselt. Danach wird ein Schutzverband angelegt. Bei schlecht blutenden Stichverletzungen wird die Wunde ausgesaugt (Wasserstrahlpumpe!). Die Stichwunde wird dann mehrfach mit Jodersatzlösung betupft und schließlich ein Schutzverband angelegt.

Wenn ärztliche Hilfe in Anspruch genommen wird, ist es gut zu wissen, welcher Stamm inkorporiert wurde, und besonders hilfreich, wenn bekannt ist, gegen welche Antibiotika er empfindlich ist.

1.2 Bedeutung sterilen und sauberen Arbeitens

1.2.1 Arbeitsplatz- und Gerätepflege

Gute mikrobiologische Technik erfordert nicht nur Maßnahmen, die ein Verschleppen von Mikroorganismen und evtl. vorhandene Infektionsrisiken vermeiden, sondern muß auch sicherstellen, daß nur mit den Mikroorganismen gearbeitet wird, mit denen man arbeiten will. Es ist also sowohl auf den Schutz von Personen als auch auf den von Objekten zu achten.

Mikrobiologische Arbeiten sollen nur auf peinlich sauberen Tischflächen durchgeführt werden. Deshalb sollte die Arbeitsfläche fugenlos mit glatter Oberfläche und zudem leicht zu reinigen, leicht zu desinfizieren und chemikalienbeständig sein. Bei der Durchführung der Untersuchungen sollte darauf geachtet werden, daß der Arbeitsplatz nicht überladen und unübersichtlich wird. Nur zu leicht wird dann eine Kultur umgestoßen oder die Bewegungsfreiheit wesentlich eingeschränkt. Deshalb – wenn möglich – nicht mehr benötigte Geräte oder Medien so zur Seite stellen, daß sie nicht mehr stören.

Alle Geräte, Medien etc., die mit den zu untersuchenden Mikroorganismen in Kontakt kommen, müssen steril sein, um das Einschleppen anderer Mikroorganismen in den Versuch oder – noch schlimmer – in die Stammsammlung zu unterbinden. Der Arbeitsplatz ist so zu organisieren, daß auch ein versehentliches Verwenden bereits kontaminierter Geräte vermieden wird. Verwendete Impfnadeln werden direkt nach dem Gebrauch ausgeglüht und stehend bis zur nächsten Verwendung aufbewahrt. Andere kontaminierte Gegenstände wie Glasspatel, Objektträger, Pipetten etc. werden sofort nach Gebrauch in entsprechende Gefäße, die mit einem desinfizierenden Detergens gefüllt sind, eingelegt. Kontaminierte Einmalartikel werden entweder auf die gleiche Art desinfiziert oder sie werden direkt in einem autoklavierbaren Plastiksack gesammelt (z. B. bewachsene Agarplatten) und am Ende des Versuchs im verschlossenen Sack durch Autoklavieren sterilisiert und dann wie Müll behandelt.

Für Notfälle ist ein geeignetes Sprühdesinfiziens am Laborplatz hilfreich. Allerdings ist damit während des Arbeitens vorsichtig umzugehen, da das entstehende Aerosol, einmal in die Kultur gelangt, zu großen Fehlern führen kann.

Sämtliche wiederzuverwendenden Geräte werden vor dem Reinigen sterilisiert, entweder durch Desinfektionsmittel oder durch Autoklavieren. Beim Reinigen ist darauf zu achten, daß sämtliche Nährmedienreste entfernt werden. Nach dem Reinigen müssen alle Spuren von Detergenzien sorgfältig mit Leitungswasser, dann mit deionisiertem bzw. destilliertem Wasser abgespült werden. Besonders wichtig ist dies, falls zum Reinigen Chromschwefelsäure verwendet werden mußte. Schon Spuren davon können in diesen Gefäßen später das Wachstum von Mikroorganismen unterdrücken. Sind die Geräte gereinigt und gespült, werden sie getrocknet und anschließend für den nächsten Gebrauch sterilisiert. Dazu werden Kolben, Röhrchen, Zylinder etc. zunächst mit Watte- oder Zellstoffstopfen oder Metallkappen verschlossen, Pipetten, Glasspatel etc. in Blechkästen geordnet und verschlossen, größere Gegenstände wie Mörser, Pistille etc. zunächst in Papier verpackt und dann durch Hitze sterilisiert. Gegenstände, die nicht hitzestabil sind, müssen auf andere Art sterilisiert werden (s. S. 6ff).

1.2.2 Desinfektion und Sterilisation

Desinfektion (Entseuchung) bedeutet die Beseitigung von pathogenen Mikroorganismen. Durch mechanische (Waschen, Reinigen o. ä.) und chemische Verfahren (Desinfektionsmittel wie Alkohole, Phenole, Aldehyde, Oxidantien wie z. B. Halogene, Peroxide oder Ozon) sollen diese Mikroorganismen beseitigt oder abgetötet werden, so daß vom desinfizierten Gegenstand keine Infektionsgefahr mehr ausgeht. Weil diesem absoluten Anspruch mit den üblichen Maßnahmen der Desinfektion nicht in allen Fällen genügt wird, ist der Begriff Desinfektion zu Recht umstritten. Besser wäre wohl von einer Keimreduzierung zu sprechen.

Sterilität ist der Zustand absoluter **Keimfreiheit** (Keimfreiheit bedeutet hier das Nichtvorhandensein vermehrungsfähiger Organismen, nicht das Fehlen abgetöteter Keime; diese können durchaus vorhanden sein). Sterilität kann erreicht werden durch Erhitzen. Kochen der Lösungen oder Erhitzen der zu sterilisierenden Geräte in Wasser genügt jedoch nicht. Dabei werden Bakterien- und Pilzsporen sowie extrem thermophile Bakterien (z. B. manche Archaebakterien) nicht abgetötet, sondern nur die thermosensitiven vegetativen Formen von Mikroorganismen. In Nährmedien kann man durch Inkubation der abgekühlten Lösungen ein Auskeimen der Sporen zu vegetativen Zellen bewirken, die durch erneutes Kochen dann abgetötet werden. Zur Sicherheit kann dieser Schritt ein weiteres Mal wiederholt werden. Diese Technik der fraktionierten Sterilisation nennt man **Tyndallisation.**

Heute werden Nährmedien und andere wäßrige Lösungen sicherer durch **Autoklavieren** sterilisiert – sofern sie nicht hitzeempfindlich sind. Dazu werden sie im Autoklaven (s. Abb. 1.1) bei Normaldruck bis zum Siedepunkt erhitzt. Nachdem der letzte Rest Luft im Autoklaven durch Wasserdampf ersetzt ist, wird ein Überdruckventil geschlossen (dampfdicht verschlossene Gefäße laufen Gefahr, nicht sterilisiert zu werden), das einen Überdruck von 101,3 kPa im Autoklaven garantiert und dadurch eine Erhöhung der Siedetemperatur auf 121 °C bewirkt. Bei dieser Temperatur sind im allgemeinen nach 15 bis 20 Minuten die vegetativen Formen und die Sporen von Mikroorganismen abgetötet. Ein längeres Autoklavieren kann besonders bei Lösungen, die Zucker, Aminosäuren, Pepton, Peptide o. ä. enthalten, zu hydrolytischen Spaltungen sowie Umlagerungen und Reaktionen der Bestandteile untereinander führen und damit die nutritiven Eigenschaften beeinträchtigen. Je nach Zusammensetzung der Lösung und der Dauer des Autoklavierens entsteht ein Geruch, der z. B. an Karamel, Bratensaft oder an Angebranntes erinnert. Zugleich kann sich die Lösung durch entstandene Melanoidine dunkler färben. Bei beiden Fällen handelt es sich um Produkte der komplexen „Maillard-Reaktion" zwischen Aminosäuren und reduzierenden Zuckern.

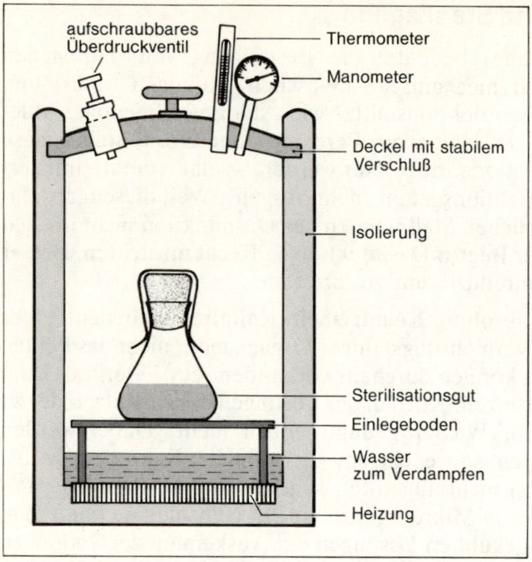

Abb. 1.1 Schemazeichnung eines einfachen Autoklaven

Zur **Sterilisationskontrolle** werden farbige Klebebänder verwendet, die bei genügend langer Exposition bei hohen Temperaturen einen Farbumschlag zeigen, oder Ampullen, die Sporen von *Bacillus stearothermophilus* in Nährmedium mit einem pH-Indikator enthalten. Sind nicht alle Sporen durch das Autoklavieren abgetötet, dann keimen sie beim anschließenden Bebrüten aus und säuern die Nährbouillon, was durch den pH-Indikator sichtbar gemacht wird.

Zur Sterilisation von hitzebeständigen Geräten (Metall, Glas etc.) wird der **Sterilisationsschrank** eingesetzt. Hier wird durch Einwirkung trockener Hitze Keimfreiheit erzeugt. Während jedoch in Wasserdampfatmosphäre (Autoklav!) 15 bis 20 Minuten bei 121°C dafür ausreichen, sind im Heißluft-Sterilisator 120 Minuten bei 160°C notwendig, da die wasserarmen Sporen trockene Hitze deutlich besser überstehen als feuchtes Erhitzen. Bei Materialien mit hoher Wärmekapazität oder mit thermischen Isolierungseigenschaften müssen längere Aufheizungszeiten berücksichtigt werden, die den Sterilisationsvorgang entsprechend verlängern.

Hitzeempfindliche Medien können mittels Filtration durch bakteriendichte Filter sterilisiert werden (**Sterilfiltration,** s. Abb. 1.2). Diese können aus Cellulosenitrat, Celluloseacetat oder einem Mischester bestehen und sind in fast jeder Porengröße erhältlich. Für das Rückhaltevermögen dieser Membranfilter ist neben der Porengröße auch die Geometrie der Porenkanäle entscheidend. Für die Sterilfiltration werden im allgemeinen Porengrößen

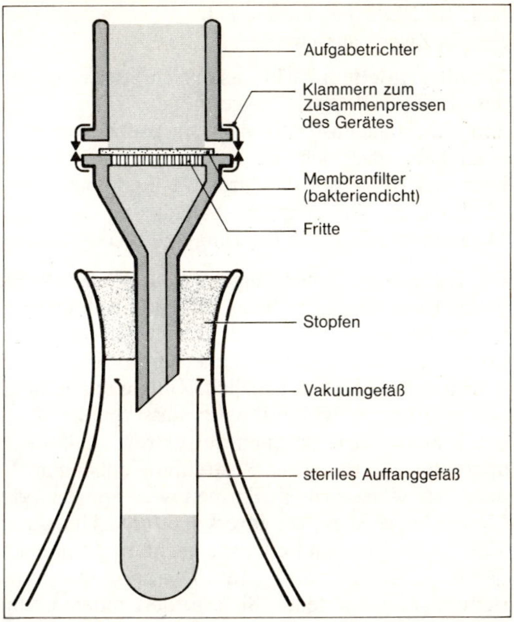

Abb. 1.2 Sterilfiltration, Schemazeichnung

von 0,2 µm und möglichst großer Oberfläche verwendet. Um ein vorzeitiges Verstopfen der Poren zu vermeiden, werden Vorfilter mit größerer Porenweite (z. B. 0,6 µm) eingesetzt oder statt dessen die neuentwickelten asymmetrischen Membranfilter verwendet, bei denen die Porengröße von der einen Seite kontinuierlich zur anderen Seite hin abnimmt (z. B. von 10 µm bis 0,1 µm, Brunswick Technetics). Andere Möglichkeiten für die Sterilfiltration bieten sich durch die Verwendung von Glasfiltern, deren Siebplatten aus Glasgrieß entsprechend kleiner Korngröße durch Sintern hergestellt werden. Hiermit lassen sich chemisch aggressivere Lösungen sterilisieren.

Andere Filterschichten, die hauptsächlich für wäßrige Lösungen Verwendung finden, bestehen aus gebranntem Kieselgur (Berkefeld-Filter) oder aus Asbest (Seitz-Filter).

Zur Entkeimung von nicht hitzebeständigem Gerät können entsprechend den Materialeigenschaften UV-Licht, ionisierende Strahlen oder Chemikalien eingesetzt werden. Allgemein gilt, daß das zu wählende Sterilisationsverfahren sich am zu sterilisierenden Gegenstand orientieren muß. Es muß bei größtmöglicher Schonung des Materials ein Optimum an Keimabtötung garantieren. So können manche Kunststoffe nicht strahlensterilisiert werden, während bei anderen die Verwendung bestimmter Chemikalien zu diesem Zweck ausscheidet.

Mit **ultraviolettem Licht** lassen sich Sterilisationen durchführen. Aufgrund des geringen Penetrationsvermögens kann UV-Licht jedoch nur zur Luft- und Oberflächensterilisation eingesetzt werden. Ist die Oberfläche mit einer Schmutzschicht überzogen oder durch ein Papier abgedeckt, dann kann eine Sterilisierung durch UV-Licht nicht erfolgen. Ein Nachteil dieser Methode ist die mögliche Schädigung der Augen und der Haut. Zum Mechanismus der Sterilisierung durch UV-Strahlen s. S. 193ff.

Die für Sterilisationen eingesetzte **ionisierende Strahlung** besteht im allgemeinen aus Röntgen- bzw. Gamma-Strahlung (0,1–10 nm bzw. 0,001–0,1 nm Wellenlänge). Wegen der kleineren Wellenlänge sind diese Strahlungsarten energiereicher. Sie penetrieren tiefer in das zu sterilisierende Gut oder durchstrahlen es gänzlich. Zudem reicht die Energie aus, um Moleküle zu ionisieren. Vegetative, also wasserhaltige Zellen werden hauptsächlich durch Sekundärreaktionen der extrem reaktionsfähigen Hydroxylradikale abgetötet, die unter der Bestrahlung entstehen. Daneben werden – besonders bei wasserarmen Formen wie Sporen oder Viren – auch andere Moleküle ionisiert, die ihrerseits durch Umlagerung oder Reaktionen mit anderen Zellbestandteilen zu nicht funktionellen Strukturen führen und damit die Zellen inaktivieren. Die Sterilisation mit ionisierender Strahlung ist aufwendig und teuer. Sie erfordert zudem umfangreiche Sicherheitsmaßnahmen. Ihre Vorteile sind, daß es sich um ein in der Kälte wirksames Verfahren mit gutem Durchdringungsvermögen handelt. Deshalb wird sie eingesetzt zur Sterilisation von strahlungsfestem (temperaturempfindlichem) Gut (z. B. Plastikpetrischalen, Spritzen, chirurgischen Handschuhen, chirurgischem Nahtmaterial, Katheter). In der Praxis geht man so vor, daß das in sauberem Zustand bereits fertig verpackte Gut (um eine Rekontamination auszuschließen) einer ausreichenden Strahlendosis ausgesetzt wird.

Auch durch **Chemikalien** können Keime abgetötet werden. Dies beruht auf chemischen Reaktionen zwischen Mikroorganismus und Agens. Wie alle chemischen Reaktionen verläuft auch die chemisch induzierte Abtötung bei erhöhter Temperatur schneller. Das Agens muß bei der Verwendung an Gegenständen, die später mit der Mikroorganismenkultur in Verbindung kommen, nach dem Sterilisationsvorgang zerfallen bzw. wieder entfernbar sein. Diese Bedingungen erfüllt z. B. Ethylenoxid. Das kleine Molekül diffundiert gut durch Polyethylenfolie und Papier und wird deshalb eingesetzt für die Sterilisation von Petrischalen, Plastikpipetten, Kulturschalen etc. Um einer Rekontamination vorzubeugen, sollten diese Geräte in keimdichter, aber gasdurchlässiger Verpackung sterilisiert werden. Vor dem Gebrauch muß das so sterilisierte Gut ausreichend entgast werden. Besonders aus dickem Plastikmaterial ist das gelöste Ethylenoxid nur langsam zu vertreiben. Durch Ethylenoxid werden Proteine, Nukleinsäuren und andere Bestandteile der Zellen, die labile Wasserstoffatome enthalten – wie in NH_2-, OH-, COOH-, und SH-Gruppen – irreversibel alkyliert. Außerdem wirkt Ethylenoxid, wie auch viele andere dieser reaktiven Verbindungen, die für Sterilisationen eingesetzt werden, mutagen. Bei genügend langer Expositionsdauer kann mit Ethylenoxid – besonders bei sauberen Gegenständen – Sterilität erzielt werden. Dies ist nicht bei jedem der im folgenden beschriebenen Agenzien möglich. In diesen Fällen sollte man von Desinfektion und Desinfektionsmitteln sprechen.

Desinfektionsmittel wirken durch Zerstörung der Cytoplasmamembran (Alkohole, Phenole, oberflächenaktive Substanzen wie Seifen, anionische Detergenzien, quaternäre Ammoniumverbindungen etc.), durch Oxidation (Halogene, Wasserstoffperoxid, Ozon etc.), durch Reaktion mit bestimmten Molekülgruppen (Schwermetalle wie Quecksilber, Kupfer, Silber etc., Formaldehyd u. ä.) oder durch mehrere dieser Mechanismen. Einige dieser Stoffe haben bei geeigneter Konzentration und/oder erhöhter Temperatur sowie entsprechender Einwirkungszeit durchaus sterilisierende Wirkung. Im allgemeinen gilt, daß Desinfektionsmittel gegen Gram-negative Bakterien weniger wirksam sind als gegen Gram-positive. Besonders unempfindlich sind *Pseudomonas aeruginosa* und *Mycobacterium tuberculosis*. Wasserarme Keime und solche mit ruhendem Stoffwechsel, z. B. Sporen, bieten den Desinfektionsmitteln wenig Angriffspunkte und sind nur schwer abzutöten. Aufgrund des Wirkungsmechanismus können gleichzeitig vorhandene Verunreinigungen durch Lipide und Proteine die Keimreduktion beeinträchtigen bzw. verhindern. (Auch dies betont, wie wichtig sauberes Arbeiten ist!).

Wasserfreie Alkohole haben eine geringere desinfizierende Wirkung als 70 bis 77%ige Lösungen. Mit steigender relativer Molekülmasse nimmt die Wirkung zu. Isopropanol ist deshalb, und weil es weniger flüchtig ist, Ethylalkohol vorzuziehen. Alkohole und auch wäßrige Lösungen von Phenolen können Lipide aus Membranen herauslösen und dadurch die Zelle irreversibel schädigen. Zudem werden Konformationen von Proteinen gestört durch Auffaltung der lipophilen Zentren und dadurch das Protein denaturiert. Eine wäßrige Lösung von Phenol wurde 1887 erstmalig von J. Lister eingesetzt, um Infektionen nach medizinischen Eingriffen zu verhindern. Noch heute wird eine 5%ige Phenollösung als äußerlich anzuwendendes Desinfektionsmittel eingesetzt. Neben dem unangenehmen Geruch besitzt Phenol eine beträchtliche Toxizität und wirkt hautreizend. Häufiger werden heute jedoch halogenierte Phenole zur Desinfektion verwendet. Sagrotan® z. B. enthält neben einer Fettseife 4-Chlor-3-methyl-phenol, 2-Phenylphenol und 2-Benzyl-4-chlorphenol.

Oberflächenaktive Substanzen sind Moleküle, die einen lipophilen Teil – meist einen langkettigen Kohlenwasserstoff- und einen hydrophilen, polaren Teil besitzen. Der polare Teil besteht bei der klassischen Seife aus einem Fettsäuresalz, bei anderen Detergenzien aus Alkalisalzen von organischen Sulfaten, Sulfonaten o. ä. Neben diesen anionischen Detergenzien gibt es Invertseifen, bei denen die polare Gruppe kationischen Charakter trägt.

Diese Verbindungen wirken am besten im alkalischen pH-Bereich. Alle oberflächenaktiven Substanzen können Lipidstrukturen von Membranen oder Proteinen auflösen und in Form von Micellen in Wasser solubilisieren. Gegen diesen Mechanismus der Zellabtötung sind z. B. Mycobakterien und Pseudomonaden bemerkenswert resistent.

Als erstes Desinfektionsmittel überhaupt wurde Chlor in Form einer Hypochloritlösung von I. Semmelweis 1847 in die klinische Praxis eingeführt. Er hatte damit einen großen Erfolg bei der Bekämpfung des damals meist tödlich verlaufenden Kindbettfiebers. Chlor steht in wäßriger Lösung im Gleichgewicht mit Chlorid und Hypochlorit. Letzteres ist ein starkes Oxidationsmittel. In der Praxis wird heute als chlorerzeugendes Agens für Desinfektionszwecke Chloramin T verwendet.

Iod und Wasserstoffperoxid werden zur Desinfektion von Wunden eingesetzt, wobei neben dem oxidativen Effekt bei dem Halogen auch die Iodierung von aromatischen Verbindungen eine Rolle bei der Keimabtötung spielt. Ozon wird wie Chlor hauptsächlich zur Entkeimung von Trink- und Badewasser eingesetzt.

Schwermetalle bzw. ihre Ionen können die Entwicklung von Mikroorganismen hemmen, was wohl auf die Reaktion mit Sulfhydrylgruppen besonders an Proteinen zurückzuführen ist. Durch diese Reaktion entstehen schwerlösliche Sulfide, und das entsprechende Molekül wird inaktiv. Quecksilber und Silber sind noch in manchen Salben als Salze enthalten. Metallisches Kupfer und Silber finden noch Verwendung z. B. bei bakteriologischer Wasseraufbereitung als Zusatz in Berkefeld-Filterpatronen oder als Gefäßmaterial (oligodynamischer Effekt).

Ein recht altes, aber wegen seiner Wirksamkeit noch immer – besonders für Raum- und Flächendesinfektionen – verwendetes Desinfektionsmittel ist Formaldehyd. Es kann aus Verdampfungsapparaten für diesen Zweck eingesetzt werden oder aber in Form von wäßrigen Lösungen, die Formaldehyd bzw. eine Formaldehyd abspaltende Verbindung neben einer Seife enthalten. Während Formaldehyd hauptsächlich mit aktivierten Wasserstoffatomen an NH_2-, OH- und anderen Gruppen über Hydroxymethylierung reagiert, wirken Aldehyde mit zunehmender relativer Molekülmasse wie die Alkohole über die Zerstörung von Membranen bakterizid.

Die Abtötung einer homogenen Population von Mikroorganismen durch Hitze, Strahlung und Chemikalien ist zu jedem Zeitpunkt proportional zur jeweils vorhandenen Keimzahl N

$$-\frac{\mathrm{d}N}{\mathrm{d}t} \sim N \qquad \longrightarrow N = N_0 \cdot \mathrm{e}^{-k \cdot t}$$

Trägt man also die zu einem Zeitpunkt *t* gefundene Zahl der überlebenden Mikroorganismen logarithmisch über der Zeit *t* auf, so ergibt sich eine Abtötungsgerade. Die Steigung dieser Geraden ist abhängig vom verwendeten Organismus und dem Sterilisations- bzw. Desinfektionsverfahren. Die Zahl der Mikroorganismen hat keinen Einfluß auf die Steigung, wohl aber auf die Zeit, bei der eine bestimmte Keimzahl unterschritten wird. Dies bedeutet, daß um so länger sterilisiert oder desinfiziert werden muß, je größer die ursprünglich vorhandene Keimzahl ist.

Aufgabe

Bestimmung der Abtötungskinetik von drei Bakterienstämmen bei verschiedenen Temperaturen im Wasserbad in neutraler und alkalischer Kochsalzlösung.

Material

Stämme: *Bacillus subtilis* (z. B. ATCC 6633 bzw. DSM 347), *Staphylococcus aureus* (z. B. ATCC 25923 bzw. DSM 1104) und *Escherichia coli* (z. B. ATCC 25922 bzw. DSM 1103)

Geräte: Wasserbad bzw. Bechergläser, Vierfuß mit Keramikplatte und Bunsenbrenner, Thermometer

Steriles Material: Reagenzgläser, Platten zur Keimzählung, Nähragar (z. B. Oxoid), 0,9%ige Kochsalzlösung, 0,9%ige Kochsalzlösung mit 2% Na_2CO_3

Zeitplan

1. Tag: Animpfen der Kulturen
2. Tag: Waschen der Zellen, Durchführung des Versuchs
3. Tag: Kolonien auszählen, Versuch auswerten

Zeitbedarf: Am ersten Tag 0,5, an den anderen Tagen jeweils ca. 4 Stunden

Durchführung

1. Übernachtkulturen mit Kochsalzlösung waschen und auf einen möglichst hohen Trübungswert einstellen ($OD > 1{,}5$; zur Trübungsmessung s. S. 29 ff).

2. Für jeden Stamm jeweils vier Reagenzgläser mit je 4,5 ml neutraler bzw. alkalischer Kochsalzlösung beschicken. Jede Reihe mit 50 °C, 60 °C, 70 °C oder 80 °C beschriften.

3. Sobald das Wasserbad eine Temperatur von 50 °C hat, die zwei entsprechenden Röhrchen hineinstellen und, nachdem sie die Temperatur angenommen haben (Thermometer!), mit 0,5 ml der gewaschenen Kultur beimpfen (Keimzählung!).

4. Nach 2, 5, 10, 20 und 40 Minuten jeweils Proben von 0,5 ml entnehmen, in Zehnerschritten zur Keimzählung verdünnen und auf Platten verteilen (zur Technik der Keimzählung S. 21 ff). Entsprechend bei 60 °C, 70 °C und 80 °C verfahren.

Auswertung

1. Die Keimzahlen sind für jede Temperatur und für jeden Stamm logarithmisch über der Zeit aufzutragen.
2. Die Teststämme sind nach ihrer Temperaturempfindlichkeit zu ordnen.
3. Der Zusammenhang zwischen Abtötungsgeschwindigkeit und Temperatur und der Einfluß des Natriumcarbonat-Zusatzes sind zu deuten.

1.3 Kultivierung von Mikroorganismen

1.3.1 Kulturmedien

Ein Kulturmedium muß alle für das Wachstum des zu kultivierenden Mikroorganismus notwendigen Stoffe enthalten. Dies sind besonders kohlenstoff-, stickstoff-, phosphat- und schwefelhaltige Verbindungen sowie anorganische Ionen wie Calcium, Magnesium, Natrium und Kalium. Daneben sind in geringen Mengen die sogenannten Spurenelemente notwendig, wie Zink, Eisen, Kobalt, Kupfer, Molybdän, Mangan u. a., die als Ionen komplex gebunden in viele Proteine und andere Moleküle der Mikroorganismen eingebaut werden. Diese Elemente sind als Verunreinigungen in handelsüblichen Salzen enthalten, so daß sich ein Zusatz häufig erübrigt.

Die Mikroorganismen unterscheiden sich bezüglich ihrer Nährstoffansprüche und Kulturbedingungen ganz extrem. Solche, die von zersetztem organischem Material isoliert wurden, haben ganz andere Ansprüche als solche, die z. B. aus schwefelhaltigen heißen Quellen stammen. Im allgemeinen gilt, daß die Kulturbedingungen möglichst gut an die Verhältnisse, die an der Isolierungsstelle herrschen, angepaßt werden sollen, und zwar bezüglich

- des Kulturmediums (z. B. chemoorganotrophe, chemolithotrophe und photolithotrophe Mikroorganismen)
- des pH-Wertes (z. B. acidophile bzw. alkaliphile Mikroorganismen)
- der Osmolalität (z. B. halophile Bakterien)
- der Bebrütungstemperatur (z. B. psychrophile, mesophile und thermophile Mikroorganismen)
- der Zusammensetzung der Gasphase (z. B. aerobe, mikroaerophile und anaerobe Mikroorganismen)

Die meisten Mikroorganismen wachsen in einem **komplexen Medium.** Für „komplexes Medium" wird häufig der Begriff **„Komplettmedium"** verwendet. Dies ist ein Medium, das einen oder mehrere chemisch wenig definierte organische Bestandteile enthält, wie Pepton (enzymatisch verdaute pflanzliche oder tierische Proteine), Fleischextrakt (wäßrige Auszüge von fettfreiem Fleisch), Hefeextrakt (wäßriger Auszug aus lysierter Hefe), Caseinhydrolysat (chemisch hydrolysiertes Casein), Blutserum, defibriniertes oder durch Citrat ungerinnbar gemachtes Blut. Diese Produkte können aufgrund ihrer Zusammensetzung als Kohlenstoff- und Stickstoffquellen in Kulturmedien eingesetzt werden. Zudem besitzen sie durch Peptide und Aminosäuren eine gewisse Pufferkapazität. Sie enthalten mit Ausnahme von Caseinhydrolysat auch in der Regel ausreichend viele Spurenelemente und Vitamine.

Im Gegensatz zu komplexen Medien haben die **synthetischen Medien** eine chemisch definierte Zusammensetzung. Als Kohlenstoffquellen können in reiner, chemisch definierter Form Zucker, Stärke, Alkohole, Fettsäuren sowie eine ganze Reihe von Verbindungen des Intermediärstoffwechsels verwendet werden (Citrat, Pyruvat, Oxalacetat, Lactat, Acetat u. a.). Der Stickstoffbedarf kann durch Ammoniumverbindungen, Aminosäuren (z. B. Glutamin oder Arginin) oder Nitrat gedeckt werden. Zu diesen Medienbestandteilen müssen dann noch Mineralsalze, Puffersubstanzen und Spurenelemente eingewogen werden. Die Pufferung ist besonders bei diesen Medien notwendig, um zu verhindern, daß die ans Kulturmedium abgegebenen, sauer bzw. basisch reagierenden Stoffwechselprodukte den zunächst optimal eingestellten pH-Wert des Mediums verändern.

Die Zusammensetzung eines **Minimalmediums** muß für jeden Mikroorganismus empirisch gefunden werden, da es nach Definition nur die für ein Wachstum unbedingt notwendigen Stoffe enthalten darf („Existenzminimum"). Wachstumbeschleunigende Zusätze, wie Aminosäuren, Vitamine u. ä., zu diesem Medium verändern es zum **Vollmedium.** Minimalmedien und Vollmedien können durchaus chemisch wenig definierte Bestandteile enthalten.

Die so zusammengesetzten Kulturmedien können flüssig oder in fester Form verwendet werden. Zur Verfestigung setzt man dem Medium Agar-Agar (12–20 g/l je nach Qualität) bzw. Gelatine (30–150 g/l je nach Qualität) zu, oder man tränkt sterile Kartonscheiben mit dem Kulturmedium. Auf festem Medium wachsen die Mikroorganismen in aller Regel in Kolonienform. Dies ermöglicht eine Identifizierung nach der Koloniemorphologie und damit eine grobe Beurteilung der Reinheit der Bakterienpopulation. Deshalb wird ein festes Nährsubstrat besonders gerne für Stammhaltungen und für die Überprüfung auf eventuelle Kontaminationen verwendet. Zudem erlaubt ein festes Nährmedium die Zählung der koloniebildenden Einheiten in einem gegebenen Inokulum.

Je nach dem Verwendungszweck unterscheidet man Anreicherungs- und Isolierungsmedien. **Anreicherungsmedien** sind im allgemeinen flüssige komplexe Medien, die so zusammengesetzt sind, daß möglichst alle eingeimpften Mikroorganismen sich vermehren können. Dadurch bleibt die Vielfalt des Inokulums erhalten. **Isolierungsmedien** sind dagegen feste oder halbfeste Formen eines in gleicher Weise zusammengesetzten Vollmediums, auf dem die Bakterien in Kolonienform wachsen und somit leicht isoliert werden können.

Von diesen Kulturmedien werden die selektiven Nährböden unterschieden. Ein **selektives Anreicherungsmedium** ist eine Nährbouillon, die so zusammengesetzt ist bzw. solche selektiv wirkenden Zusätze enthält, daß möglichst nur ein Mikroorganismus sich vermehren kann und die anderen Keime – weil gehemmt – einen mit der Bebrütungszeit immer kleiner werdenden Anteil an der Gesamtpopulation darstellen. Ein **selektives Isolierungsmedium** ist die feste Form dieses Anreicherungsmediums. Damit ist es möglich, Kolonien von dem gesuchten Mikroorganismus zu gewinnen.

Als **Differenzierungsmedien** werden flüssige oder feste Nährböden bezeichnet, die durch ihre Zusammensetzung die jeweiligen charakteristischen Eigenschaften der Mikroorganismen sichtbar machen, so daß die Keime anhand dieser Reaktionen identifiziert werden können. Speziell entwickelte Medien wirken als selektives Isolierungs- und als Differenzierungsmedium, z. B. der Endo-Lactose-Agar. Hier hemmt der Fuchsin- und Natriumsulfit-Zusatz die Entwicklung Gram-positiver Bakterien. *Escherichia coli* und andere coliforme Keime, die Lactose verwerten können, bilden Aldehyde, die aus der schwefligsauren Leukoform Fuchsin freisetzen, das aber nur bei den *E. coli*-Kolonien zu einem typischen rot-grün schimmernden Metallglanz führt. Andere Differenzierungsmedien sind im Kapitel 3 (s. S. 80ff) aufgeführt.

Weitere spezielle Nährmedien werden für die Konzentrationsbestimmung von Vitaminen, Aminosäuren u. a. mit auxotrophen Mutanten verwendet. Dazu wird der zu bestimmende Stoff wachstumslimitierend meist einem synthetischen Medium zugesetzt (s. S. 321ff).

Viele Eigenschaften der Mikroorganismen, z. B. die Bildung von Sekundärstoffwechselprodukten, hängen vom Nährmedium ab, in dem sie kultiviert werden. Die Zusammensetzung von chemisch definierten Medien und von Minimalmedien ist neben dem exakten Einwiegen lediglich eine Frage des Reinheitsgrades der verwendeten Bestandteile und des deionisierten bzw. destillierten Wassers. Bei chemisch unvollständig definierten Medien muß der nicht definierte Bestandteil in konstanter Qualität verwendet werden. Da die Herstellungsverfahren von Pepton, Fleischextrakt u. a. (s. S. 12) Produkte mit nicht genau zu reproduzierender Zusammensetzung ergeben, werden von den Herstellern viele Einzelansätze zu einer Charge verschnitten, die dann eine relativ konstante Zusammensetzung hat. Diese Bestandteile sowie fertige Mischungen der häufig verwendeten Standardmedien kommen in trockener Form als Pulver, Granulate, Lyophilisate, Tabletten o. ä. sowie als Fertigmedium meist in Form von Röhrchen oder Agarplatten in den Handel (Becton-Dickinson, bioMerieux, Difco, Merck, Oxoid u. a.).

Für die Herstellung der Nährmedien werden die einzelnen Bestandteile nacheinander gelöst und auf das Endvolumen mit hemmstofffreiem deionisiertem bzw. destilliertem Wasser gebracht. Danach wird der pH-Wert eingestellt, wobei zu beachten ist, daß er sich durch das Autoklavieren verschieben kann. Zucker kann während des Autoklavierens mit Aminosäuren reagieren und wachstumshemmende Produkte bilden („Maillard-

Reaktion"). Deshalb wird er oft separat sterilisiert und später dem autoklavierten Medium steril zugegeben. Analog sollte mit temperaturempfindlichen Stoffen, wie Vitaminen, umgegangen werden.

1.3.2 Laboratoriums-Grundausstattung und Kulturgefäße

Ein Labor, in dem mikrobiologische Arbeiten durchgeführt werden, muß den auf S. 1ff, beschriebenen Punkten genügen. Zusätzlich wird eine Grundausstattung benötigt, die bei den in diesem Buch beschriebenen Versuchen i. a. vorausgesetzt wird. Dazu gehören

- Autoklav
- Heißluftsterilisator
- Trockenschrank
- Kühlschrank
- Brutschrank bzw. Brutraum
- Schüttelmaschine
- geeignet dimensionierte Labor-Waagen (für den 50-g- bis in den mg-Bereich)
- verschiedene Kulturgefäße mit bakteriendichten Verschlüssen (s. u.)
- Reagenzglasständer (nicht aus Holz, sterilisierbar)
- Mikroskop (400- bis 1000fache Vergrößerung), Objektträger und Deckgläschen
- Impfnadeln und Impfösen (Platin), Halter und Ständer dazu
- Drigalski-Spatel
- Bunsenbrenner, Vierfuß mit Keramikplatte
- verschiedene Pipetten (1, 2, 5, 10 und 25 ml), geeignete Blechbehälter und passende Pipettierhilfen
- Exsikkator

Diese Produkte sind entweder direkt von den Herstellerfirmen oder über Laboratoriumsausstattungsfirmen zu beziehen. Bei den Pipetten sollten nur gestopfte verwendet werden. Durch den Wattepfropfen, der in das Mundstück der Pipette vor dem Sterilisieren gestopft wird, ist sichergestellt, daß keine Kontamination der zu pipettierenden Flüssigkeit durch die Pipettierhilfe und umgekehrt keine Kontamination der Pipettierhilfe durch das Pipettieren einer Bakteriensuspension eintritt.

Kulturgefäße gibt es in verschiedenen Formen und Abmessungen (Abb. 1.3).

Je nach der Fragestellung und den zu kultivierenden Mikroorganismen wird ein geeignetes Gefäß ausgewählt. Um große Zellmassen zu gewinnen, werden Fermentoren eingesetzt, die im Laboratoriumsmaßstab im allgemeinen von 1 bis 10 l Kulturmedium aufnehmen können. Über die verschiedenen Prinzipien des Rührens, Belüftens, Entschäumens und Erntens sowie zur Chemostatisierung der Fermenter muß auf die entsprechende Literatur verwiesen werden. Kleine Zellmassen werden in Erlenmeyer-Kolben

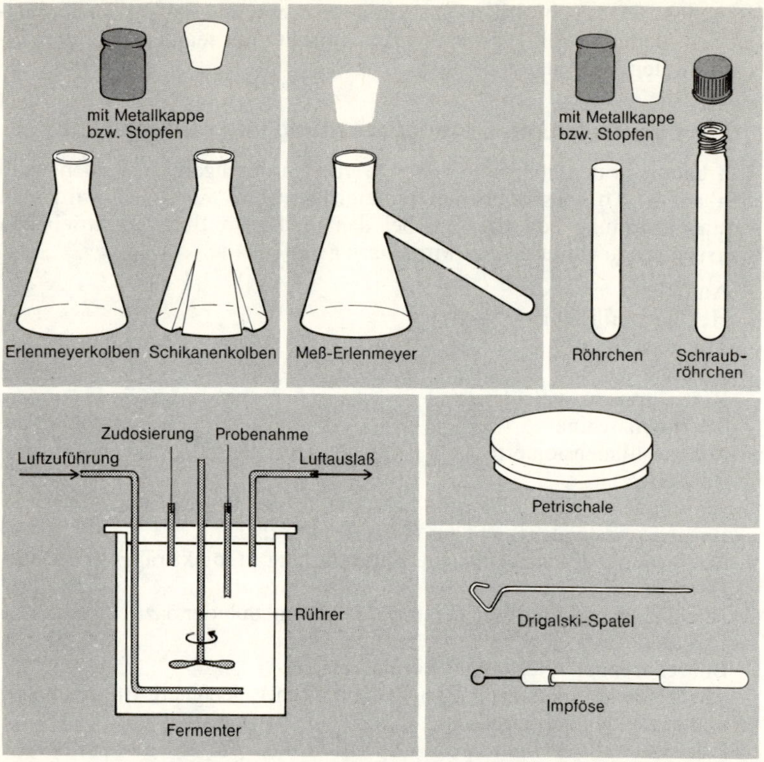

Abb. 1.3 Kulturgefäße, Drigalski-Spatel und Impföse

gezüchtet, die mit Watte- oder Zellstoffstopfen verschlossen sind. Für eine optimale Wachstumsrate einer aeroben Kultur wird oft ein sogenannter Schikanenkolben verwendet. Dies ist ein Erlenmeyer-Kolben, der am Boden seitliche Eindellungen besitzt. Beim Schütteln bewirken diese „Schikanen" eine bessere Durchlüftung der Kultur und damit bei vielen Mikroorganismen eine höhere Wachstumsgeschwindigkeit. Soll das Wachstum einer Kultur turbidimetrisch verfolgt werden, dann haben sich kleine Erlenmeyer-Kolben mit angeschmolzenem Reagenzglas bewährt. Damit kann durch Kippen die Kultur in das Reagenzglas fließen und die Trübung, ohne das Gefäß öffnen zu müssen, direkt gemessen werden. Am häufigsten jedoch werden Kulturen in Reagenzgläsern mit flüssigem oder festem Nährmedium bzw. auf mit festem Nährmedium gefüllten Petrischalen verwendet.

An dieser Stelle soll noch auf bakteriendichte Verschlüsse auf den Kulturgefäßen eingegangen werden. Zum Verschließen der Gefäße sind Korken unbrauchbar. Beim Abkühlen nach dem Autoklavieren des Mediums entsteht im Gefäß ein Unterdruck. Beim Öffnen, z. B. beim Beimpfen, kommen durch den Druckausgleich mit der Raumluft auch Keime in das Gefäß. Bei der Verwendung von Zellstoff- oder Wattestopfen findet der Druckausgleich mit durch die Stopfen filtrierter steriler Luft beim Abkühlen statt. Bei kleinen Erlenmeyer-Kolben oder Reagenzröhrchen werden oft auch Metallkappen als Verschluß verwendet. Durch das Überlappen der Kappe mit dem Gefäß entstehen hier, wie auch bei den Petrischalen, stille Räume. Durch diese stillen Räume können keine Keime – da sie wie alle Korpuskeln der Schwerkraft unterliegen – nach oben und in das Kulturmedium gelangen (Abb. 1.4).

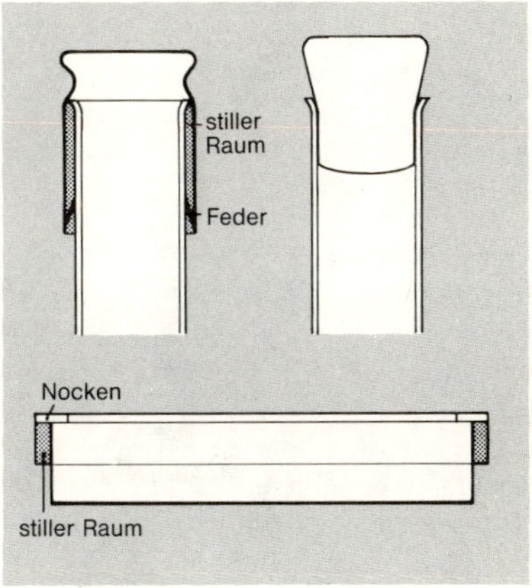

Abb. 1.4 Durch stille Räume und gasdurchlässige Stopfen (Watte, Zellstoff o. ä.) kann ein steriler Zustand aufrecht erhalten werden

Für die Kultivierung von anaeroben Mikroorganismen ist eine Atmosphäre ohne Sauerstoff notwendig. Im Fermenter wird dies erreicht durch Belüftung mit einem geeigneten Gasgemisch aus Stickstoff und evtl. Kohlendioxid. Kleinere Kulturen werden entweder in Anaerobenbrutschränken oder in Brutgefäßen (z. B. GasPak®-System), die in den Brutschrank gestellt werden, inkubiert. Hier müssen gasdurchlässige Verschlüsse verwendet werden, damit die sich zunächst über der Kultur befindliche O_2-haltige Phase gegen die anaerobe Gasphase ausgetauscht werden kann. Die Hungate-Technik (s. S. 123ff) ist für Untersuchungen mit sehr empfindlichen anaeroben Bakterienstämmen geeignet, jedoch von der technischen Ausrüstung her aufwendiger.

1.3.3 Isolierung, Bezug und Kurzzeithaltung von Mikroorganismen

In der Mikrobiologie wird überwiegend mit Reinkulturen gearbeitet. Wenn ein bestimmter Mikroorganismus, z. B. aus Erde oder Wasser, isoliert werden soll, dann wird entsprechend der Häufigkeit seines Vorkommens eine selektive Anreicherungskultur hergestellt oder gleich ein selektives Isolierungsmedium beimpft. Die von selektiven Medien isolierten Kolonien können jedoch noch Keime enthalten, deren Wachstum durch die spezielle Zusammensetzung des Nährbodens unterdrückt wurde. Um eine Reinkultur zu erhalten, muß ein Isolierungsmedium verwendet werden, auf dem sowohl der gewünschte Stamm als auch sämtliche Verunreinigungen zu Kolonien auswachsen können. Deshalb wird die isolierte Kolonie zunächst

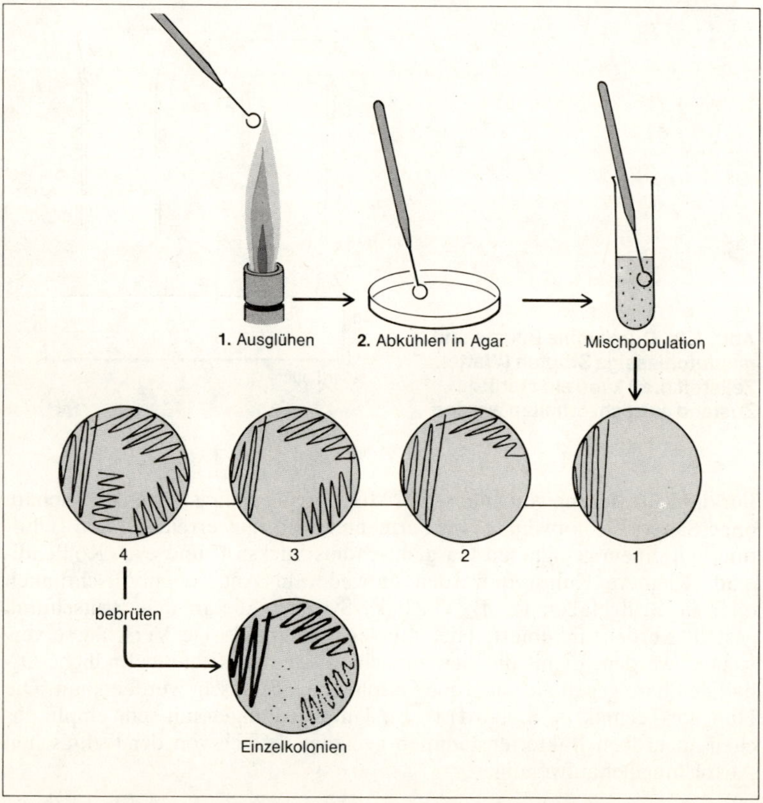

Abb. 1.5 Verdünnungsausstrich zum Isolieren von Einzelkolonien

in einem Verdünnungsmedium (physiologische Kochsalzlösung, Nährbouillon) sehr sorgfältig verrieben, so daß keine Zellcluster mehr vorhanden sind, die andere Keime enthalten können. Ausgehend von dieser homogenen Zellsuspension, wird ein Verdünnungsausstrich auf nicht (!) selektivem Nähragar durchgeführt (Abb. 1.5). Dazu wird mit der ausgeglühten und abgekühlten Impföse etwas Zellsuspension in Zick-Zack-Strichen auf dem Agar ausgestrichen. Nach erneutem Ausglühen und Abkühlen wird der zweite Ausstrich beginnend am Ende des ersten durchgeführt. Der Vorgang wird noch zweimal wiederholt und die Platte bebrütet. Die auf dieser Platte isolierten Kolonien können immer noch Kontaminanten enthalten. Deshalb sollten Verdünnungsausstriche mehrmals durchgeführt werden. Um eine versteckte Kontamination durch langsam wachsende Mikroorganismen ausschließen zu können, sollten die Platten bis zu einer Woche bebrütet werden, bevor die isolierte Bakterienkolonie als Reinkultur einer Spezies bezeichnet wird.

In vielen Fällen, wo Mikroorganismen mit ganz bestimmten Eigenschaften („type strains", Referenzstämme, bestimmte Mutanten usw.) gesucht werden, ist es einfacher, sie bei kommerziellen Sammlungen zu kaufen bzw. sich an entsprechende Forschungslabors in Hochschulen oder in der Industrie zu wenden. Hier ist eine Auswahl der wichtigsten Stammsammlungen (weitere Adressen stehen in den Katalogen dieser „Stammbanken"):

ATCC	American Type Culture Collection, 12301 Parklawn Drive, Rockville, Md. 20852, USA
CBS	Centraalbureau voor Schimmelcultures, Oosterstraat 1, Baarn, Niederlande
CNCM	Collection Nationale de Cultures de Microorganismes
(CIP)	Institut Pasteur, Paris, France
DSM	Deutsche Sammlung von Mikroorganismen, Grisebachstr. 8, 3400 Göttingen
IFG	Institut für Gärungsgewerbe, Seestr. 13, 1000 Berlin 65
NCIB	National Collection of Industrial Bacteria, Torry Research Station, P.O.B. 31, Aberdeen AB9 8DG, Scotland
NCTC	National Collection of Type Cultures, Central Public Health Laboratory, Colindale Avenue, London NW9 5HT, England

Zur Überprüfung von Stammkulturen und konservierten Kulturen auf Reinheit ist regelmäßig ein Verdünnungsausstrich anzulegen, am besten bei jeder Passage. Diese Passagen sind notwendig zur Stammhaltung, weil

- nach einer bestimmten Zeit die Nährstoffe aus dem Medium verbraucht sind und sich evtl. toxische Stoffwechselprodukte darin anreichern, die zum Absterben der Kultur führen können.
- mit der Standzeit die Gefahr einer Kontamination der Kultur durch Spontanmutanten zunimmt.

Es muß jedoch beachtet werden, daß jedes Überimpfen auf einen frischen Nährboden automatisch zu einer Selektion der auf diesem Medium am schnellsten sich vermehrenden Zellen in der überimpften Population führt. Dies kann zur Anreicherung einer Subpopulation führen, die nicht mehr die Eigenschaften der Ausgangskultur besitzt. Auf diese Art gehen z. B. viele Plasmide aus den Zellen verloren. Es ist also unzweckmäßig, die Kultur zu häufig zu überimpfen. Im Gegenteil, für die Stammhaltung sollte ein Nährmedium verwendet werden, auf dem die Kultur möglichst lange lebensfähig bleibt, um so selten wie möglich überimpfen zu müssen. Da auf zuckerfreien Vollmedien wenig Säure produziert wird, sind solche Medien oftmals geeigneter zur Stammhaltung als zuckerhaltige, auf denen die Kultur evtl. besser wächst.

Die Stammkulturen werden im allgemeinen auf Schrägagar, Stichagar oder Agarplatten gehalten (Abb. 1.6). Sie werden mit Gattung, Art und Stamm sowie mit dem Datum des Überimpfens beschriftet und nach dem Anwachsen der Mikroorganismen im Kühlschrank gelagert. Platten werden umgekehrt aufbewahrt, so daß kein Kondenswasser auf die Kultur gelangen kann. Eine bezüglich der Passageselektion sichere Aufbewahrungsart ist die Konservierung der Stämme (s. S. 35ff).

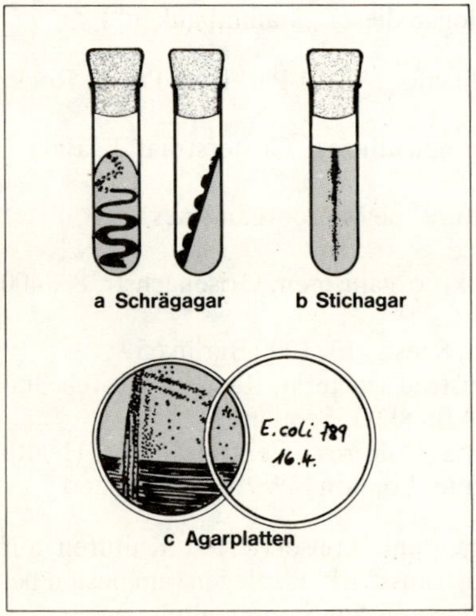

Abb. 1.6 Kurzzeithaltung auf **a** Schrägagar; **b** Stichagar oder **c** Agarplatten

1.4 Bestimmung der Keimzahl

Grundsätzlich können Bakterien auf zwei Arten gezählt werden. Einerseits kann die Partikelzahl bzw. -masse bestimmt werden und andererseits können Funktionen der lebenden Zellen, im einfachsten Falle die Vermehrungsfähigkeit, dazu herangezogen werden. Für beide Arten gibt es eine Reihe von Verfahren, von denen einige in Tab. 1.2 aufgeführt sind.

Tab. 1.2 Methoden zur Zellzahlbestimmung

Lebendzellzahl	direkte Zählung	Gußplattenverfahren Spatelplattenverfahren Glasperlenverfahren Tropfverfahren Membranfilterverfahren Spiralierverfahren Most-probable-number-Methode (MPN-Methode)
	indirekte Zählung	Bestimmung der Einbaurate isotopenmarkierter Vorstufen, z. B. ^{3}H-Thymidin Messung der Konzentration von DNA, Protein, ATP und anderen für die Zelle essentiellen Molekülen Messung der metabolischen Aktivität pro Zeiteinheit über Änderung der Zusammensetzung des Kulturmediums Mikrokalorimetrie
Partikelzählung	direkte Zählung	mikroskopische Zählung in geeigneten Zählkammern elektronische Zählung mit dem Coulter Counter®
	indirekte Zählung	Trübungsmessung im Photometer Gewichtsbestimmung

Die klassische **Lebendzellzahlbestimmung** geht davon aus, daß jede lebende Bakterienzelle zu einer Bakterienkolonie auswachsen kann. Dies stimmt jedoch nicht ganz, da z. B. Diplokokken, Sarcinen, Staphylokokken, Streptokokken oder Filamente Gram-negativer Stäbchenbakterien in Aggregaten aus mehreren lebenden Zellen vorliegen, die jeweils nur eine Kolonie bilden. Deshalb wurde der Begriff „Koloniebildende Einheit“ (KBE) eingeführt, in Anlehnung an „colony forming unit“ (CFU) aus dem angelsächsischen Sprachgebrauch. Die KBE sind also maximal gleich oder kleiner als die Lebendzellzahl.

Zur Bestimmung der KBE existieren eine Reihe von Methoden, die sich nur darin unterscheiden, wie die Bakterienzellen auf bzw. in einem festen Nährboden verteilt werden (Abb. 1.7). Beim **Gußplattenverfahren** (Koch'sches Plattenverfahren) wird ein bestimmtes Volumen einer Verdünnung der zu untersuchenden keimhaltigen Lösung mit dem noch flüssigen Agar (45–50°) vermischt und in Petrischalen ausgegossen. Bei temperaturempfindlichen Bakterien kann die keimhaltige Lösung auf der Oberfläche von Agarplatten mit einem Drigalski-Spatel ausgespatelt werden **(Spatelplattenverfahren).** Das besonders bei frischen Platten oft mühselige Spateln bis zur Oberflächentrockne kann beim Glasperlenverfahren und beim

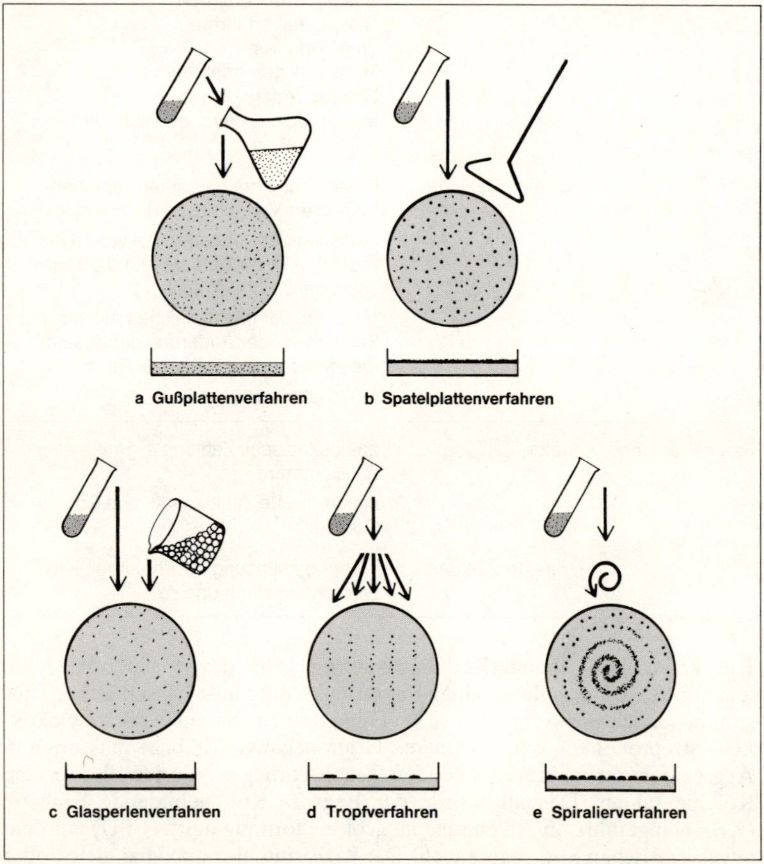

Abb. 1.7 Methoden zur Bestimmung der kolonienbildenden Einheiten

Tropfverfahren umgangen werden. Nachdem die zu verteilende Bakteriensuspension auf die Agarplatte pipettiert wurde, werden beim **Glasperlenverfahren** ca. 6 bis 12 sterile Glasperlen ($d \approx 6$ mm) dazugegeben und die Platte oder ein Stapel von Platten 10 bis 20 Sekunden horizontal geschüttelt. Die Perlen werden aus den Schalen in Desinfektionslösung gekippt und die Platten wie in den anderen Fällen bebrütet. Beim **Tropfverfahren** werden 5mal 10 µl mit der Pipette in einer Linie auf den Agar gebracht und durch Schrägstellen der Platte parallel verlaufen lassen. Anschließend erfolgt die Bebrütung. Besonders für die Zählung sehr niedriger Keimzahlen, oder wenn die Bakterienzellen schnell aus einem antibakteriellen Milieu entfernt werden müssen, bietet sich das **Membranfilterverfahren** an. Hierbei wird ein geeignetes (im Prinzip beliebig großes) Volumen der zu untersuchenden Lösung durch bakteriendichte Membranfilter gesaugt, das Filter eventuell nachgewaschen und auf Nähragar bebrütet. Beim **Spiralierverfahren** wird ein Gerät (Spiral Plater; Spiral Systems) benötigt, auf dem eine Agarplatte sich sehr gleichmäßig dreht. Über einen dünnen Schlauch, der sich mit konstanter Geschwindigkeit vom Zentrum der Platte nach außen bewegt, wird ein definiertes Volumen der zu messenden keimhaltigen Lösung aufgebracht. Dies bewirkt eine spiralförmige Auftragung des Inokulums und über die mit dem Radius zunehmende Geschwindigkeit, mit der sich der Agar unter dem Auftrageschlauch dreht, eine kontinuierliche Verdünnung des Inokulums vom Zentrum der Platte nach außen. Nach Auszählen eines geeigneten Sektorausschnitts kann über vorgegebene Faktoren die insgesamt vorhandene Zahl der KBE berechnet werden.

Alle bisher beschriebenen Verfahren zur KBE-Bestimmung beinhalten eine Bebrütung der inokulierten Platten und sind deshalb relativ zeitaufwendig. Die einzigen Schritte, bei denen Zeit eingespart werden kann, sind die Art des Verteilens der Keime auf dem Agar und das Auszählen der bebrüteten Platten. Hierzu gibt es elektronische Geräte, die ein Bild der Platte mit Kolonien zeilenweise abtasten und die Helligkeitsunterschiede zwischen durchscheinendem Agar und weniger durchscheinenden Kolonien als Impulse aufsummieren.

Auch wenn mit dem Auge ausgezählt wird, läßt sich oft Zeit einsparen. Das besonders langwierige Auszählen von dicht bewachsenen Platten ist meist nicht sinnvoll, da hier die größten Koinzidenzfehler gemacht werden. Dies bedeutet, je dichter die Kolonien gewachsen sind, desto häufiger tritt der Fall auf, daß aus zwei eng nebeneinander gelegenen Bakterienzellen nur eine Kolonie entstanden ist. Dies fällt natürlich um so mehr ins Gewicht, je größer die Kolonien sind. In einem solchen Fall geben weitere Verdünnungen einen besseren Wert. Wenn andererseits nur wenige Kolonien auf der Platte gezählt werden, darf auch keine gute Reproduzierbarkeit der KBE-Zahl erwartet werden. Aus diesen Gründen ist es meist notwendig, eine geeignete Reihe von Verdünnungen mit dem Faktor $^1/_{10}$ oder $^1/_{100}$ nach einem der genannten Verfahren blind anzusetzen und für die Auswertung nur die

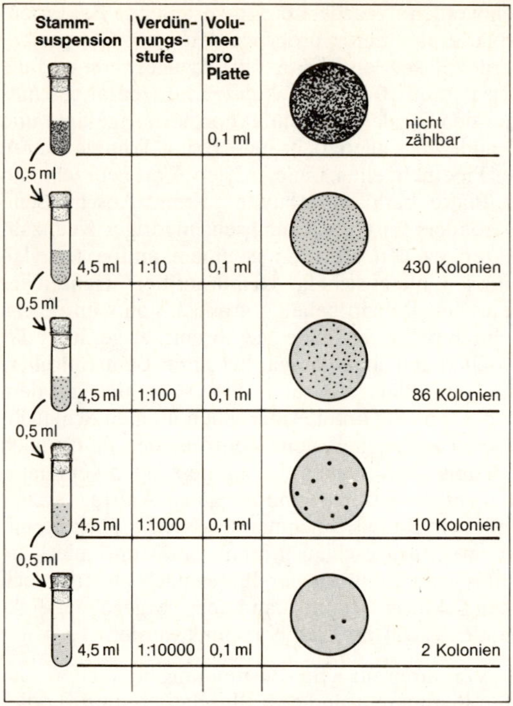

Abb. 1.8 Bestimmung der Lebendzellzahl. (Einzelheiten im Text).

Platten mit geeigneter Kolonienzahl (ca. 50 bis 150 Kolonien) heranzuziehen (Abb. 1.8).

Im Beispiel von Abb. 1.8 werden die hohen Werte (430; Koinzidenzfehler!) und die niedrigen (2; schlechte Reproduzierbarkeit!) für die Auswertung nicht berücksichtigt. Die auswertbaren Platten würden Werte von $86 \cdot 10^3$ bzw. $100 \cdot 10^3$ KBE/ml ergeben. Eine Mittelwertbildung ist nicht zulässig, da der Wert $86 \cdot 10^3$ sicherlich eine präzisere Messung darstellt als der, der auf einer Kolonienzahl von nur 10 aufbaut. Andererseits könnte dem präziseren Wert hier schon ein geringer Koinzidenzfehler anhaften und die wirkliche Keimzahl etwas höher liegen. Nach einem bewährten Verfahren wird deshalb der wahrscheinlichste Wert willkürlich mit 10fachem Gewicht und der folgende mit 1fachem Gewicht für die Auswertung berücksichtigt.

In dem vorliegenden Beispiel berechnet sich die Keimzahl also zu

$$(10 \cdot 86 + 1 \cdot 100) \cdot \frac{1}{11} \cdot 10^3 = 8{,}73 \cdot 10^4 \text{ KBE/ml}$$

oder einfacher $$(86 + 10) \cdot \frac{1}{1{,}1} \cdot 10^3 = 8{,}73 \cdot 10^4 \text{ KBE/ml}$$

Bei der **most-probable-number-Methode (MPN-Methode)** handelt es sich um ein statistisch abgesichertes Schätzverfahren, das besonders bei der Bestimmung niedriger Keimzahlen (in Lebensmitteln, pharmazeutischen Rohstoff- und Endproduktkontrollen u. ä.) eingesetzt wird. Dazu werden nach der United States Pharmacopeia XX (1980) 14 Röhrchen mit je 9,0 ml sterilem Nährmedium (Soja-Caseinhydrolysat) gefüllt und 12 davon in vier Reihen zu drei Röhrchen aufgestellt. Eine Reihe wird als Kontrolle geführt. Eine weitere Reihe sowie das 13. Röhrchen wird mit je 1 ml der flüssigen oder in Lösung gebrachten Probe (Konzentration jeweils 0,1 g/ml bzw. 0,1 ml/ml) beschickt und gut vermischt (Reihe 100). Die nächste Probe sowie das 14. Röhrchen werden mit 1 ml aus dem 13. Röhrchen vermischt (Reihe 10). Die letzte Reihe schließlich wird mit je 1 ml aus dem Röhrchen 14 beimpft (Reihe 1). Nach Verschließen werden die 12 Röhrchen (Reihen 1, 10 und 100 sowie Kontrolle) inkubiert. Wenn die Kontrollröhrchen klar bleiben, kann aus der Anzahl der Röhrchen mit Wachstum in der jeweiligen Reihe mit Hilfe der Tabelle 1.3 die wahrscheinlichste Keimzahl pro ml oder

Tab. 1.3 Most-probable-number-Methode zur Keimzahlbestimmung (aus USP XX [1980])

Zahl der Röhrchen pro Reihe, die Wachstum zeigen			
Reihe 100 (mg- oder µl-Probe)	Reihe 10 (mg- oder µl-Probe)	Reihe 1 (mg- oder µl-Probe)	Wahrscheinlichste Zahl von Mikroorganismen pro g oder ml Probe
3	3	3	> 1100
3	3	2	1100
3	3	1	500
3	3	0	200
3	2	3	290
3	2	2	210
3	2	1	150
3	2	0	90
3	1	3	160
3	1	2	120
3	1	1	70
3	1	0	40
3	0	3	95
3	0	2	60
3	0	1	40
3	0	0	23

g bestimmt werden. Sind z. B. alle drei Röhrchen der Reihe 100, zwei der Reihe 10 und ein Röhrchen der Reihe 1 trüb geworden, so ergibt sich für die wahrscheinlichste Keimzahl 150 Keime pro g oder ml der Probe. Proben, die keine klaren Lösungen ergeben und bei denen deshalb eine Wachstumsbeurteilung über Trübung nicht möglich ist, können als Agarkulturen ausgewertet werden.

Die in Tab. 1.2 (s. S. 21) als weitere Beispiele angeführten Verfahren zur indirekten Bestimmung der Lebendzellzahl beruhen sämtlich auf den Funktionen einer lebenden Zelle. So werden proportional zur Zellzahl in einer gegebenen Zeit bestimmte Mengen markierter Vorstufen durch die Zellen in Makromoleküle eingebaut, oder bestimmte Mengen an DNA, Protein, ATP u. a. synthetisiert oder bestimmte Bestandteile aus dem Kulturmedium verstoffwechselt bzw. andere in das Kulturmedium abgegeben. Eine weitere, aber recht aufwendige Methode beruht auf der Messung der Wärme, die jeder lebende Organismus an die Umgebung abgibt und die ebenfalls proportional der Keimzahl ist. Da die zuletzt angeführten Bestimmungsmethoden alle recht aufwendig sind, bleiben sie speziellen Fragestellungen vorbehalten und sollen hier nicht ausführlicher beschrieben werden.

Bei der **Partikelzählung** muß man sich klar darüber sein, daß neben lebenden auch tote Zellen, sowie andere Partikel, die mit Bakterien nichts zu tun haben, mitbestimmt werden. Für die **mikroskopische Bestimmung in Zählkammern** gilt dieser Vorbehalt nur eingeschränkt, da hier die Partikel nach Größe und Form differenziert werden können.

Die in der Bakteriologie gebräuchlichste Zählkammer trägt eine Netzteilung nach Thoma. Bei der Betrachtung gegen das Licht sind kreuzförmig eingeritzte Linien erkennbar, die das Zählfeld in 16 Großquadrate teilen. Unter dem Mikroskop läßt sich erkennen, daß jedes Großquadrat aus 16 Kleinquadraten besteht (Abb. 1.9).

Die Kleinquadrate haben eine Seitenlänge von 0,05 mm. Da zwischen dem korrekt aufgelegten eingeschliffenen Deckglas und dem Gitternetz ein Abstand von 0,1 mm besteht, ergibt sich folgendes Volumen über dem Kleinquadrat:

$$0{,}05\ \text{mm} \cdot 0{,}05\ \text{mm} \cdot 0{,}1\ \text{mm} = 0{,}00025\ \text{mm}^3$$

Dieses Volumen muß mit dem sogenannten Kammerfaktor, $4 \cdot 10^6$, multipliziert werden, um auf die übliche Bezugsgröße von 1 ml (= 1 cm^3) zu kommen. Für die Bestimmung gilt also: Durchschnittliche Zahl der Bakterien pro Kleinquadrat multipliziert mit $4 \cdot 10^6$ ergibt die Bakterienzahl pro ml.

In der Praxis wird so vorgegangen, daß das eingeschliffene Deckglas mit vorsichtigem aber kräftigem Druck auf die zuvor angehauchten Deckglasträger aufgeschoben wird. Wenn es sich nur noch schwer bewegen läßt und sich Newton'sche Farbenringe auf beiden Deckglasträgern zeigen, wird die Zählkammer beschickt. Dazu wird mit der Pipette ein Tropfen der zu

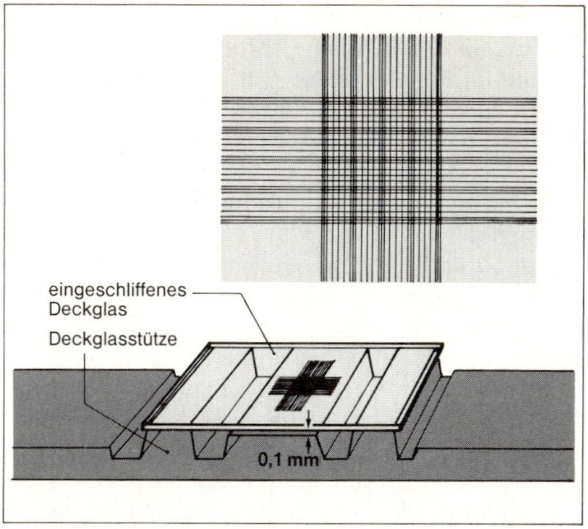

Abb. 1.9 Zählkammer nach Thoma

zählenden Suspension auf den Steg gegeben, in den die Zählquadrate eingeritzt sind, unmittelbar neben dem aufgelegten Deckglas. Durch Kapillarkräfte wird die Flüssigkeit unter das Deckglas gezogen und verteilt. Bewegliche oder pathogene Bakterien werden zweckmäßigerweise vor der Zählung durch Verdünnen in 0,2%igen formaldehydhaltigen Lösungen abgetötet.

In Abhängigkeit von der Bakterienzahl werden unterschiedlich viele Quadrate ausgewertet. Ist z. B. in zwei Kleinquadraten nur eine Bakterienzelle vorhanden bzw. acht Zellen im Großquadrat, so sind mehrere Großquadrate auszuzählen und aus dem Mittelwert die Bakterienzahl zu berechnen. Für noch kleinere Keimzahlen ist dieses Zählkammer-Verfahren ungünstig. Bei größeren Zellzahlen werden geeignete Verdünnungen ausgezählt. In jedem Fall sollte man genügend viele Quadrate auszählen und die Keimzahl aus dem Mittelwert bestimmen. Bei einiger Übung ist die Keimzahlbestimmung mit der Zählkammer eine ausreichend gut reproduzierbare Methode und mit geringem Zeitaufwand durchzuführen. Sie wird ungenau bei Keimzahlen unter $2 \cdot 10^6$ pro ml. Zur Durchführung werden ein Mikroskop mit Phasenkontrast- bzw. Interferenzkontrasteinrichtung sowie Zählkammer und Deckgläschen benötigt. Ein großer Vorteil dieser Methode liegt darin, daß Zellaggregate, wie Bakterienfilamente oder -cluster, differenziert gezählt werden können. Allerdings versagt dieses Zählverfahren dort, wo undurchsichtige oder stark partikelhaltige Suspensionen untersucht werden müssen.

Der für die Zählung von Blutkörperchen entwickelte **Coulter Counter®,** ein elektronisches Zählgerät, kann ebenfalls für die Bestimmung der Keimzahl verwendet werden (Abb. 1.10). Dazu muß jedoch eine kleinere Kapillare von ca. 30 µm Durchmesser eingesetzt werden. Zu beiden Seiten dieser kleinen Öffnung befindet sich je eine Elektrode, zwischen denen in wäßrigen Elektrolyten, wie Kochsalzlösung, ein elektrisches Feld aufgebaut wird. Während jeder Messung wird ein genau konstant gehaltenes Volumen des zu messenden Elektrolyten durch diese Kapillare gesaugt. Korpuskuläre Teilchen in diesem Volumen beeinflussen das elektrische Feld beim Durchströmen der Öffnung und werden dadurch registriert. Über das angesaugte Volumen und die eingesetzte Verdünnung kann dann die Teilchen- oder Keimzahl pro ml bestimmt werden. Es ist leicht einzusehen, daß Öltröpfchen, Micellen, andere partikuläre Teilchen außer Bakterien, größere Aggregate von Bakterien sowie Fusseln im Medium eine Zählung mit dem Coulter Counter® erschweren bzw. unmöglich machen. Demzufolge müssen die Nährmedien und die Verdünnungsmedien vor dem Beimpfen durch bakteriendichte Filter von den angeführten Partikeln befreit werden. Zellstoff- oder Wattestopfen dürfen bei solchen Messungen natürlich nicht verwendet werden. Wenn diese Maßnahmen getroffen werden, dann ist die Keimzahlbestimmung mit dem Coulter Counter® bei vielen Bakterienarten eine extrem schnelle und gut reproduzierbare Methode mit niedriger Nachweisgrenze. Probleme bei der Messung mit dem Coulter Counter® sind eher bei hohen Keimzahlen zu erwarten, wo die Teilchen so schnell

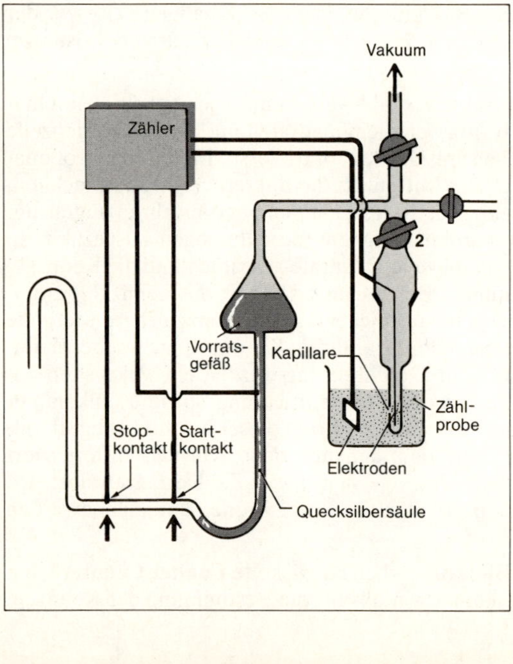

Abb. 1.10 Partikelzählung mit dem Coulter Counter®. Durch Öffnen des Hahns **1** wird die Quecksilbersäule in das Vorratsgefäß gebracht, dann wird der Hahn wieder geschlossen. Nach Einbringen der Zählprobe wird Hahn **2** geöffnet. Die fallende Quecksilbersäule saugt den Elektrolyten durch die Kapillare. Die Zählung beginnt, wenn die Quecksilbersäule den Startkontakt erreicht hat und endet am Stopkontakt. Dazwischen liegt ein definiertes Volumen

aufeinanderfolgen, daß nicht mehr jeder Impuls einzeln gezählt werden kann. Dieser Koinzidenzfehler wird mit steigender Keimzahl größer, deshalb sollte auch hier nur eine geeignete Verdünnung gezählt werden.

Eine Möglichkeit zur indirekten Bestimmung der Keimzahl ist die **Trübungsmessung** einer Bakteriensuspension (Abb. 1.11). Das Prinzip der Messung beruht darauf, daß sichtbares Licht einer bestimmten Wellenlänge – meist zwischen 400 und 600 nm – beim Durchtritt durch die Meßprobe zum Teil absorbiert und zum Teil gestreut wird. Diese durch die Färbung der Kultur und ihre Trübung hervorgerufene Lichtschwächung wird entweder als optische Dichte *(OD)* oder als Transmission *(T)* in % auf der Photometerskala abgelesen. Im allgemeinen geht man so vor, daß anhand eines unbeimpften sterilen Mediums (Kontrolle) im gleichen Meßgefäß das Photometer auf 0 Skalenteile *OD* bzw. eine Transmission 100% abgeglichen wird und dann die *OD* der Probe gemessen wird. Die Messung der optischen Dichte wird bevorzugt, da sie proportional zur Keimzahl zunimmt, während die Transmission ihr umgekehrt proportional ist. Hier muß jedoch erwähnt werden, daß auch gute Photometer noch keine Trübung registrieren, wenn bei einem Lichtweg von 1 cm die Konzentration $5 \cdot 10^6$ KBE/ml oder kleiner ist. (Für das Auge sehen Flüssigkeiten mit dieser Bakteriendichte noch absolut klar aus.) Zudem ist die Trübung nur bis ungefähr 0,3 *OD* linear proportional der Zellzahl bzw. Zellmasse.

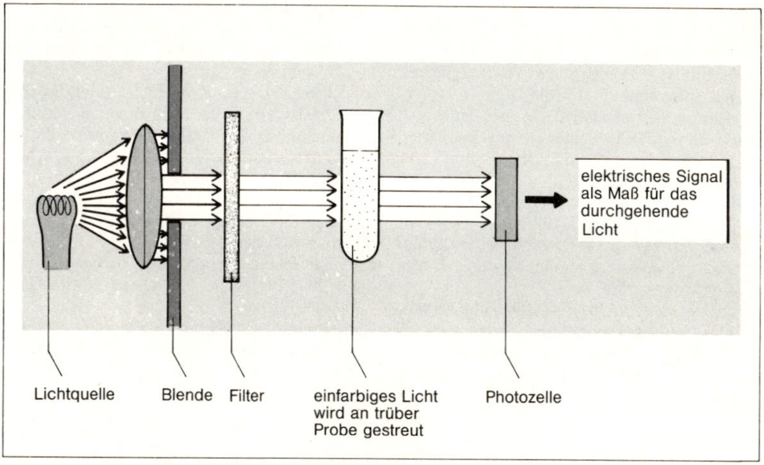

Abb. 1.11 Trübungsmessung mit dem Einkanal-Photometer, schematisch

Die Streuung ist jedoch nicht nur von der Zahl der Partikel, sondern auch von ihrer Form und Größe abhängig. So zeigen Stäbchenbakterien bei gleicher Zellzahl eine stärkere Trübung als z. B. Kokken. Fertigt man sich dagegen für eine bestimmte Bakterienart eine Eichkurve an, die Trübungswerte und Zellzahl korreliert, dann ist mit dem Photometer eine hinreichend genaue Keimzahlbestimmung schnell und reproduzierbar durchzuführen. Die untere Meßbarkeitsgrenze dieser Methode liegt relativ hoch. In eigentrüben Medien ist die Trübungsmessung zur Keimzahlbestimmung zudem ungeeignet.

Wenn Mikroorganismen fädig und verzweigt, wie z. B. Pilze, oder in Aggregaten wachsen, wie manche Bakterien, dann ist die beste Keimzahlbestimmung oft die über die **Trockenmasse.** Hierbei handelt es sich um ein indirektes Verfahren, das ebenso wie die Trübungsmessung die Masse angibt. Während Pilzmycelien meist durch Filtration geerntet werden, gewinnt man die Bakterienmasse im allgemeinen durch Zentrifugation. Nach Trocknung der gewaschenen Biomasse im Exsikkator wird sie ausgewogen. Die Präzision der vorhandenen Waage und die zu wiegende Biomasse bestimmen die Reproduzierbarkeit dieser Methode. Je kleiner die Masse ist, desto geringer wird die Reproduzierbarkeit. Daraus ist auch abzuleiten, daß die untere Meßbarkeitsgrenze relativ hoch liegt. Zudem ist der Zeitaufwand beträchtlich.

Literatur

Angrick, M., Rewicki, D. (1980), Die Maillard-Reaktion, Chem. Unserer Zeit **14** (5), 149–157

Bundesgesundheitsblatt 24, Nr. 22 vom 30. Oktober 1981

Crueger, W., Crueger, A. (1982), Lehrbuch der angewandten Mikrobiologie, Akademische Verlagsgesellschaft, Wiesbaden

DIN 58941, Teile 2 und 3, mit Beiblättern (Entwurf) vom August 1982, Beuth Verlag GmbH, Berlin

DIN 58956, Teil 1 (Entwurf) vom April 1982, Beuth Verlag GmbH, Berlin

Drews, G. (1983), Mikrobiologisches Praktikum, 4. Auflage, Springer Verlag, Berlin, Heidelberg, New York

Hungate, R. E. (1969), A Roll Tube Method for Cultivation of Strict Anaerobes, in Methods in Microbiology (Norris, J. R., Ribbons, D. W., Herausgeb.), Bd. **3B,** Academic Press, New York, 117–132

Rehm, H.-J. (1980), Industrielle Mikrobiologie, 2. Auflage, Springer Verlag, Berlin, Heidelberg, New York

Schlegel, H. G. (1985), Allgemeine Mikrobiologie, Georg Thieme Verlag, Stuttgart, New York

Schlegel, H. G., Kröger, E. (Herausgeb.), **(1965):** Anreicherungskultur und Mutantenauslese, Zbl. Bakt. Parasitenkunde, Infektionskrankheiten und Hygiene I. Abteilung. Suppl. 1

Unfallverhütungsvorschrift „Gesundheitsdienst“ VBG 103, Oktober 1982, Carl Heymanns Verlag KG, Köln

Unfallverhütungsvorschrift „Erste Hilfe“ VBG 109, Carl Heymanns Verlag KG, Köln

Wallhäusser, K. H. (1978), Sterilisation-Desinfektion-Konservierung, 2. Auflage, Georg Thieme Verlag, Stuttgart

2. Stammhaltung und Konservierung von Mikroorganismen

Reinkulturen werden für den täglichen Gebrauch als

1. Arbeits- oder Gebrauchskulturen
2. Stammkulturen (Kurzzeithaltung)
3. konservierte Kulturen (Langzeithaltung)

verwendet. Dabei ist zu beachten, daß die Kulturen nur mit sterilisierten Geräten in Berührung kommen, Übertragungen nur in keimarmer Umgebung durchgeführt und die Kulturen infektionssicher verschlossen werden.

Da Reinkulturen einem hohen Selektionsdruck unterliegen, der nach wenigen Überimpfungen zur Auslese von veränderten Stämmen führen kann, sollten weder Gebrauchskulturen noch Stammkulturen häufiger als notwendig überimpft werden. Stammkulturen werden auf Schrägagar oder in Stichkulturen gehalten. Zur langfristigen Haltung von Mikroorganismen wurden spezielle Konservierungsverfahren entwickelt, die wegen der Gefahr der Veränderung von Eigenschaften und einer Infektion nach Möglichkeit eingesetzt werden.

Dazu gibt es verschiedene Trocknungs- und Tiefkühlverfahren, unter denen sich bei Bakterien und sporenbildenden Pilzen besonders die Gefriertrocknung durchgesetzt hat. Bei diesen Verfahren soll die metabolische Aktivität reversibel verlangsamt oder zum Stillstand gebracht werden.

Die Brauchbarkeit einer Methode richtet sich häufig nach ihrer sofortigen Anwendbarkeit bei möglichst geringem Aufwand an Material und Geräten. In diesem Sinne soll Tab. 2.1 als Orientierungshilfe dienen.

Phagen sollten nach Möglichkeit in proteinhaltigen Medien bei 4 °C und pH 7 gehalten werden. So blieben Rohlysate virulenter Phagen in Nährmedien bei 4 °C jahrelang aktiv, wobei wenige μg Protein pro ml vor einer Inaktivierung schützen. Magnesium- oder Calciumionen üben bei Konzentrationen von 10^{-3} mol/l einen stabilisierenden Effekt aus. Ähnlich wirkt Glycerin. In Wasser sind Phagen instabil, und oxidierende Agenzien, Schwermetallspuren und Chlor senken ihre Stabilität. Bei Konzentrationen von 10^{10} Phagen/ml stabilisieren sich die Viruspartikel gegenseitig. Phagen können auch in Flüssigstickstoff oder nach Vakuumtrocknung mit Zusätzen gehalten werden. Phagen von Milchstreptokokken bleiben mindestens 6 Jahre aktiv,

Tab. 2.1 Überblick über gebräuchliche Methoden der Stammhaltung und Konservierung

Text-hinweis	Methode	Aufwand Material Geräte	Arbeit	Überlebens-dauer	genetische Stabilität
S. 33 ff	Stammhaltung aerober und anaerober Mikroorganismen (Kurzzeithaltung)	gering	mittel	je nach Medium und Stamm Tage bis 1 Jahr	gering
S. 35 ff	Konservierte Kulturen (Langzeithaltung)				
S. 35 ff	*Trockenkonservierung*				
S. 35 ff	Gefriertrocknung	groß	groß	5 bis über 40 Jahre	unsicher
S. 39 ff	L-Trocknung (liquid drying)	gering	gering	5 Jahre und länger	unsicher
S. 39 ff	Konservierung auf Silikagel oder Porzellankugeln bei 4 °C	gering	gering	5–7 Jahre	unsicher
S. 42 ff	Konservierung in Gelatineblättchen	gering	gering	4 Jahre und länger	
S. 42 ff	*Gefrierkonservierung*				
S. 45 ff	Gefrierkonservierung in Flüssigstickstoff (–196 °C)			fast unbegrenzt für alle Mikroorganismen, auch Anaerobier (außer Pilzmyzelien), auch für Phagen verwendbar	gut
	Haltung in Ampullen	groß	gering		
	Haltung in Glaskapillaren und Kunststoffhalmen	groß	gering		
S. 48 ff	Konservierung auf Glasperlen bei –80 °C	mittel	gering	6 Jahre und länger auch für Phagen geeignet	gut
S. 49 ff	Konservierung unter Paraffinöl	gering	gering	2–20 Jahre	gering
S. 49 ff	Konservierung in steriler Erde	gering	gering	bis zu 40–50 Jahre	mäßig

wenn sie schnell auf –70°C abgekühlt und dann bei –18°C aufbewahrt werden.

2.1 Stammhaltung aerober und anaerober Mikroorganismen (Kurzzeithaltung)

Erfahrungsgemäß müssen Schrägagarkulturen in bestimmten Zeitabständen von wenigen Tagen, von Wochen oder Monaten transferiert werden. Eine allgemeine Regel läßt sich nicht geben, da die Überlebensdauer vom Typ des Organismus, dem Medium und den Lagerbedingungen abhängt. Die Lebensdauer vieler Mikroorganismen auf Schrägagar kann erheblich verlängert werden, wenn die Röhrchen unmittelbar nach dem optimalen Wachstum zum Schutz gegen Austrocknung luftdicht verschlossen und bei bestimmten Temperaturen aufbewahrt werden. Zellulosestopfen sind als Verschluß ungeeignet, da ihr Feuchtwerden auf der Innenseite der Röhrchen dazu führen kann, daß Pilze durch den Stopfen wachsen und die Kulturen infizieren. Da bei festem Verschluß die Gefahr des Sauerstoffmangels und der Säuerung durch CO_2 besteht, verschließt man mit Wattestopfen, solange die Organismen wachsen und ersetzt danach den Stopfen durch den Schraubverschluß. Die Bildung toxischer Stoffwechselprodukte sollte verhindert werden, z. B. läßt sich Säurebildung durch Verwendung von Medien ohne verwertbaren Zucker vermeiden. Wichtig ist, daß die Stämme im Dunkeln gelagert werden. Zur Stammhaltung vieler anaerober Bakterien eignet sich Kochfleisch-Bouillon. Anaerobe Bedingungen für Wachstum und Lagerung erzielt man durch Benutzung eines Anaerobentopfes oder des Wright-Burri-Verschlusses. Die zur Stammhaltung von Anaerobiern verwendete Methode nach Hungate ist auf S. 122ff beschrieben.

Stammhaltung aerober Mikroorganismen

Die angegebene Methode zur Stammhaltung auf Schrägagarröhrchen eignet sich für viele Bakterien *(Escherichia coli, Bacillus subtilis, Pseudomonaden)* und Hefen.

Material

Röhrchen mit Schraubgewinde und passenden Wattestopfen (16 · 160 mm), steril

Kulturmedium für Bakterien, pH 6,8–7,0: 0,4% Pepton, 0,1% Fleischextrakt, 1,2% Agar (bei sporenbildenden Bakterien 0,001% $MnSO_4$, und bei Pilzen Malzextrakt-Agar, pH 6)

Durchführung

1. Kulturmedium mit Agar 5 Minuten autoklavieren
2. Medium in Röhrchen abfüllen und mit Wattestopfen verschließen

3. Autoklavieren
4. Röhrchen mit Hilfe einer Holzleiste schräg lagern und erkalten lassen
5. Schrägröhrchen beschriften (Stamm, Datum)
6. Mit der ausgeglühten und abgekühlten Impföse Bakterienstamm aufnehmen und auf der Agaroberfläche zickzackförmig ausstreichen
7. Röhrchen 1 bis 2 Tage bebrüten
8. Wattestopfen entfernen, mit sterilem Schraubdeckel dicht verschließen und bei 4 °C (bei manchen Stämmen 20 °C) aufbewahren

Bei etwas sauerstoffempfindlichen Stämmen, wie den anaeroben bis mikroaerophilen Lactobazillen, wird der Hochschicht-Stichagar verwendet (Abb. 2.1a). Eine lange Impfnadel mit etwas Bakterienmaterial wird zweimal bis fast auf den Boden in den Agar gestochen. In größerem Abstand von der Agaroberfläche wachsen die Bakterien den Stichkanal entlang.

Stammhaltung anaerober Mikroorganismen (Wright-Burri-Verschluß) (Abb. 2.1b)

Material

Anaerobierstamm

Kochfleisch-Bouillon (E. Merck, 61 Darmstadt)

Röhrchen mit Gummistopfen, steril, Pipetten, steril, Watte, steril, Kaliumkarbonatlösung, 20%ig, steril, Pyrogallollösung, 20%ig, steril

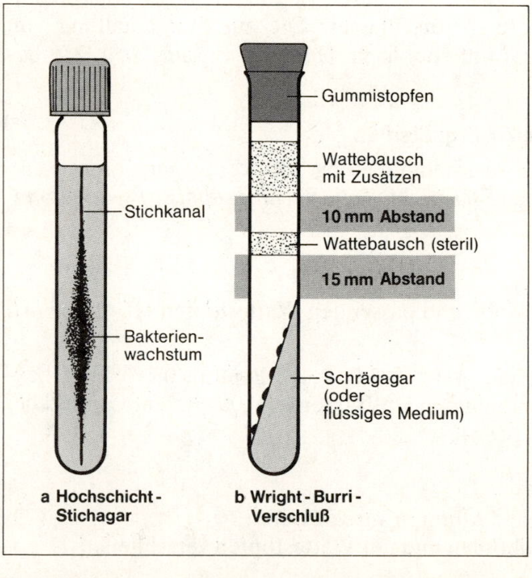

Abb. 2.1 Agarkulturen für a) anerobe bis mikroaerophile Stämme (z. B. Lactobacteriaceae) und b) streng anaerobe Stämme (z. B. Clostridien)

Durchführung

1. Schrägagarröhrchen, wie bei der Stammhaltung aerober Bakterien beschrieben (Punkt 1 bis 5), herstellen und mit Wattestopfen verschließen
2. Kulturröhrchen beimpfen
3. In Röhrchen kirschgroßen sterilen Wattebausch mit steriler Pipette einführen. Unterseite des Wattebauschs soll 15 mm über dem Medium liegen
4. Etwas größeren sterilen Wattebausch in das Röhrchen einführen, so daß dieser 10 mm vom unteren Wattebausch entfernt ist
5. Oberen Wattebausch mit 0,6 ml 20%iger Kaliumkarbonatlösung und danach mit 0,4 ml der 20%igen Pyrogallollösung tränken
6. Röhrchen sofort mit sterilisiertem Gummistopfen fest verschließen, bebrüten und lagern

2.2 Konservierte Kulturen (Langzeithaltung)

2.2.1 Trockenkonservierung

Am bekanntesten ist die Haltung gefriergetrockneten Materials. Diese Methode hat sich besonders bei sporenbildenden Pilzen, sporenbildenden Gram-positiven und Gram-negativen Bakterien bewährt.

Gefriertrocknung

Bei der Gefriertrocknung wird eine Zellsuspension schnell eingefroren. Organismen aus der späten logarithmischen Phase zeigen im allgemeinen bessere Überlebenschancen als aktiv wachsende Kulturen. Die Entfernung des gefrorenen Wassers erfolgt durch Sublimation im Vakuum. Dabei bleibt das Material gefroren. Es ist streng darauf zu achten, daß das eingefrorene Material nicht antaut oder gar auftaut. Zur Erhöhung der Lagerfähigkeit der Mikroorganismen wird dem Produkt ein Teil des Restwassergehalts durch eine Nachtrocknung entzogen. Als optimal gilt ein Restwassergehalt von etwa 1%. Ein Entzug von gebundenem Zellwasser kann zu irreversiblen DNA-Schäden führen und damit die spontane Mutationsrate erhöhen.

Da bei Gefriertrocknung eine große Anzahl von Zellen getötet wird, müssen Schutzstoffe verwendet werden, die elektrolytische Effekte neutralisieren und eine vollständige Trocknung verhüten, die zu Mutationen oder Abtötung führen würde. Als Schutzstoff hat sich am besten „Mist desiccans“ bewährt (Gemisch aus Pferdeserum, Nutrient Broth, Glucose), auch ein Gemisch von inaktiviertem Pferdeserum und meso-Inosit war erfolgreich [Lapage, S. P. et al. (1970)]. Für viele Mikroorganismen ist Magermilch geeignet. Die Schutzstofflösungen müssen steril filtriert werden. Man muß sich vergewissern, daß in der Magermilch nach der Sterilisation keine Sporen thermophiler Bakterien vorhanden sind.

Das Trockenprodukt sollte ein „Kuchen“ sein, kein Pulver, damit die Sublimation erleichtert wird und Schutz vor Zerstäubung geboten ist, wenn die Ampulle geöffnet wird. Die Trockenkulturen werden im Vakuum aufbewahrt, da sie gegen Sauerstoff besonders empfindlich sind. Bei der Gefriertrocknung muß vermieden werden, daß während des Trocknungsvorgangs Zellmaterial in Form feinster Partikel aus den Ampullen austreten und die Vakuumkammer infizieren kann. Daher werden die Ampullen mit einem filternden Verschluß versehen, der gleichzeitig eine Infektion der Kulturen beim Lufteinlaß am Ende der Trocknung verhindert (s. Abb. 2.2). Zu feste Wattestopfen können die Abführung des Wasserdampfes so stark hemmen, daß es zu Temperaturerhöhung mit Auftauen der Proben kommen kann. Zu lockere Wattestopfen sind andererseits schlechte Bakterienfilter, Molton-Kappen haben sich als geeignet erwiesen.

Material

Schrägagar-Bakterienkultur, höchstens 24 Stunden alt

Gefriertrocknungsanlage (möglichst mit Zentrifugenaufsatz)

evtl. Ampullen-Konstriktor

Schutzmedium: 20%ige Magermilch (Magermilchpulver in dest. Wasser), 13 min bei 115 °C autoklaviert

Nutrient Broth zur Reaktivierung der Zellen, Silicagel mit Indikator (1–3 mm Korngröße), Salzsäure (2%ig), Molton-Kappen, mit Bleistift beschriftete Papierstreifen (Datum, Stammbezeichnung)

Glasröhrchen: Innendurchmesser 6 mm, Wandstärke 1 mm, Länge 120 mm, mit Wattestopfen (etwa 20 mm in das Röhrchen hineinreichend), steril

Durchführung (Abb. 2.2)

1. Röhrchen zum späteren Festhalten des Wattestopfens mit schwacher Verjüngung versehen, in 2%ige Salzsäure legen, nach mehreren Stunden gründlich mit Wasser waschen und mit dest. Wasser spülen. In das getrocknete Röhrchen zur Kennzeichnung der Kulturen beschrifteten Papierstreifen legen. Röhrchen mit Wattestopfen versehen und 30 min bei 121 °C autoklavieren.
2. Mikroorganismen in einem Medium kultivieren, das schnelles Wachstum ermöglicht. Im allgemeinen nach 24 Stunden langer Bebrütung trocknen. Langsam wachsende Bakterien entsprechend länger inkubieren. Sporenbildende Bakterien und Pilze bis zur vollen Sporenausbildung bebrüten.

   Da die Überlebensrate bei der Gefriertrocknung bei steigender Zellzahl zunimmt, sollten die zu trocknenden Suspensionen eine Konzentration von 10^{10} Zellen/ml aufweisen.
3. 1 ml Schutzmedium in ein bewachsenes Schrägagarröhrchen pipettieren. Mikroorganismen vorsichtig mit einer Pipette abschwemmen. Mikroor-

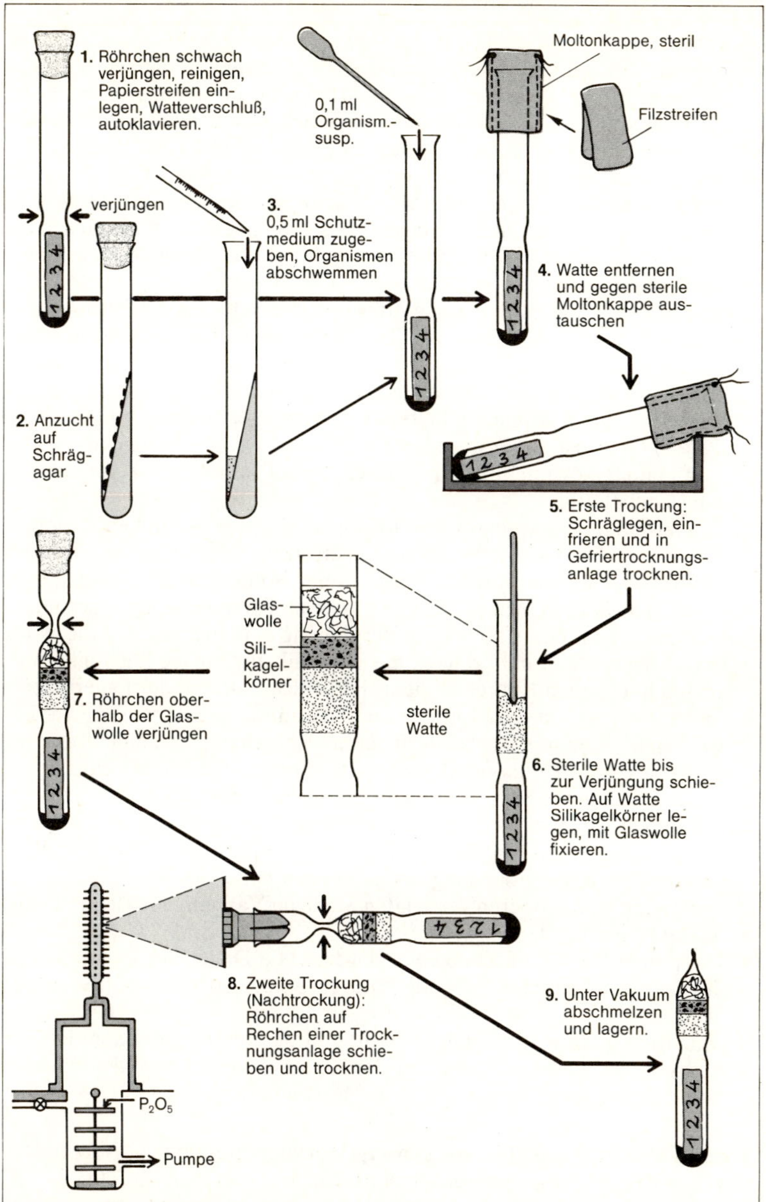

Abb. 2.2 Herstellung gefriergetrockneter Bakterienkulturen

ganismen, die sich schlecht in eine homogene Suspension bringen lassen, können mit einem Glashomogenisator (Potter) behandelt werden. Suspension von mehreren Schrägagarkulturen in einem sterilen Röhrchen sammeln und gut schütteln. Sporensuspensionen zur Verhinderung der Keimung während der Weiterverarbeitung im Eisbad halten. (Bei schwachem Wachstum kann man in das erste Röhrchen 3 ml des Schutzmediums geben und nach Abschwemmen der Organismen die Suspension in ein zweites Schrägagarröhrchen überführen, danach in das dritte usw.). Das Glasröhrchen wird mit 0,1 ml Mikroorganismensuspension gefüllt.

4. Zur ersten Trocknung kann Wattestopfen durch sterile Molton-Kappe ersetzt werden. Röhrchen zur Trocknung in Gefriertrocknungsanlage schräg legen und bei –25 °C oder darunter einfrieren. Steht eine Gefriertrocknungsanlage mit Zentrifugenaufsatz zur Verfügung, erfolgt das Einfrieren im Vakuum bei laufender Zentrifuge. Nach 20 min bei 13,33 Pa (0,1 Torr) ist die Suspension eingefroren. Die Zentrifuge abschalten und Haupttrocknung beginnen. Nach 3 bis 4 Stunden Vakuumkammer langsam belüften.
5. Zur zweiten Trocknung Molton-Kappen von den Röhrchen entfernen und sofort durch sterile Wattestopfen ersetzen, die von leer sterilisierten Röhrchen entfernt wurden. Wattestopfen sollten etwa 15 mm tief im Röhrchen stecken. Mit der Schere direkt am Röhrchenende abschneiden und mit einem Glasstab bis zur Verjüngung einschieben. Auf die Watte etwas blaues Silicagel bringen, das als Indikator für die Dichtigkeit der abgeschmolzenen Röhrchen dient. Färbt sich während der Lagerung der Indikator rosa, ist das Röhrchen undicht und sollte verworfen werden. Silicagelkörner mit Glaswolle fixieren. Röhrchen von Hand (oder mit Hilfe des Ampullenkonstriktors) so verjüngen, daß ein Durchgang von 1 mm erhalten bleibt und die Glaswand nicht zu dünn wird.
6. Röhrchen an den Rechen der Gefriertrocknungsanlage stecken und nachtrocknen. Als Trockenmittel dient Phosphorpentoxid (oder Kondensor der Gefriertrocknungsanlage verwenden).
7. Röhrchen an der oberen verjüngten Stelle im Vakuum mit kleiner heißer Flamme abschmelzen.
8. Ampullen bei 4 °C in Dunkelheit lagern. Die Dauer der Überlebensfähigkeit kann durch Lagertemperaturen unter –20 °C bis –30 °C erhöht werden.
9. Zur Reaktivierung Ampulle vorsichtig öffnen, damit Infektion der Kultur mit Luftkeimen und Austritt der Keime aus der Ampulle vermieden wird. Zellmaterial in Nutrient Broth suspendieren.

Handelsübliche Ampullen mit gefriergetrockneten Stämmen. Von größeren Stammsammlungen werden hauptsächlich die in Abb. 2.3 (S. 39) ersichtlichen Ampullentypen geliefert. Hinweise zur Öffnung der Ampullen sind den Sammlungskatalogen zu entnehmen oder sind Lieferungen beige-

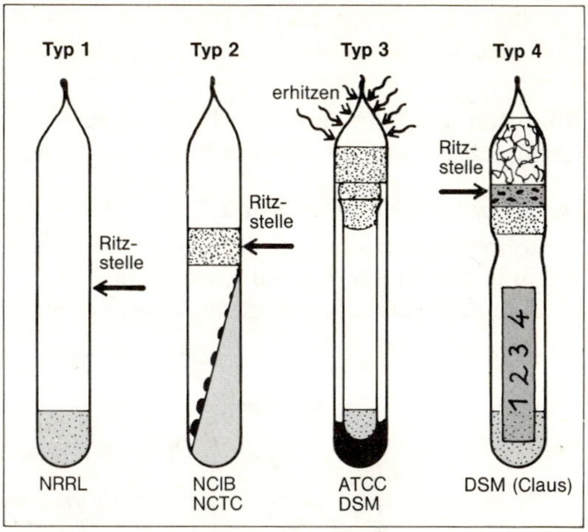

Abb. 2.3 Ampullentypen verschiedener Stammsammlungen. (Bei Typ 3 erhitzte Stelle durch Eintauchen in Wasser absprengen)

legt. Die vorher geschilderte Gefriertrocknungsmethode wird von der DSM empfohlen.

Bei Typ 4 Ampulle kurz über dem Wattestopfen anritzen und mit rotglühendem Glasstab absprengen.

L-Trocknung (Liquid drying)

Bei der L-Trocknung werden die Mikroorganismen der stationären Phase im Vakuum bei 5 °C in Gegenwart stabilisierender Zusätze (Glutamat, Adonit) zur Vermeidung von Mutationen von Wasser befreit. Zur näheren Durchführung s. Iijima, R., Sakane, T. (1973) und Lapage, S. P. et al. (1970).

Konservierung auf Silikagel oder Porzellankugeln bei 4 °C

Silikagel absorbiert Wasser, wodurch das Zellmaterial getrocknet wird. Dabei kann allerdings soviel Wärme freiwerden, daß die Zellen abgetötet werden. Daher ist eine Vorkühlung des Trägermaterials erforderlich. Diese Methode ist besonders für Pilze, Bakterien, insbesondere Mycoplasmen, zu empfehlen. Anstelle von Silikagel können auch synthetische Zeolithe eingesetzt werden.

Die Erwärmung beim Benetzen des Trägermaterials durch die Organismensuspension kann ausgeschlossen werden, wenn unglasierte Prozellankugeln zur Verfügung stehen.

Material

Schrägagar mit Mikroorganismus

Sterilfiltriergerät, Trockenschrank (bis 180°C), Exsikkator mit Blaugel (Indikator), Silikagel (ohne Indikator) für Chromatographie (Merck Nr. 7733)

Röhrchen mit Schraubverschluß, mit ebenem Boden, 20 bis 25 mm lang, steril, Zellstoffstopfen, Magermilchpulver (Frema), Pipetten zu 1 ml, steril

Durchführung („Einkieseln", Abb. 2.4)

1. Röhrchen mit Silikagel halb füllen, mit Zellstoffstopfen verschließen, autoklavieren und bei 100°C trocknen.
2. Eine 10%ige wäßrige Magermilchlösung autoklavieren.

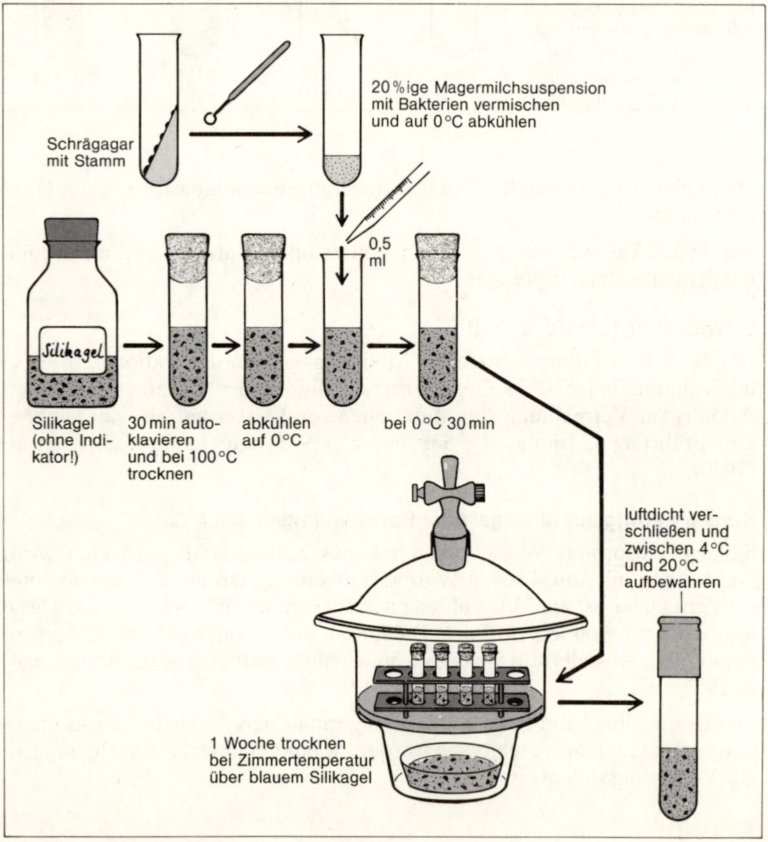

Abb. 2.4 Konservierung auf Silikagel

3. In 1 ml Magermilchlösung eine Impföse des Mikroorganismus suspendieren. Suspension auf 0 °C kühlen.
4. 0,5 ml Organismensuspension auf im Eisbad vorgekühltes Silikagel tropfen. Die Hälfte des Gels sollte benetzt sein.
5. Röhrchen 30 min im Eisbad halten.
6. Röhrchen für 1 Woche in einem Exsikkator bei Raumtemperatur über blauem Silikagel aufbewahren.
7. Zellstopfen durch einen sterilen Schraubverschluß ersetzen. Röhrchen bei 4 °C aufbewahren.
8. Zur Reaktivierung ein paar Gelkörner auf geeignetes Medium streuen („auskieseln").

Das Silikagel kann auch durch unglasierte Porzellankugeln ersetzt werden (Abb. 2.5). Die mit Mikroorganismen überzogenen Kugeln werden über Silikagel getrocknet und bei 4 °C aufbewahrt.

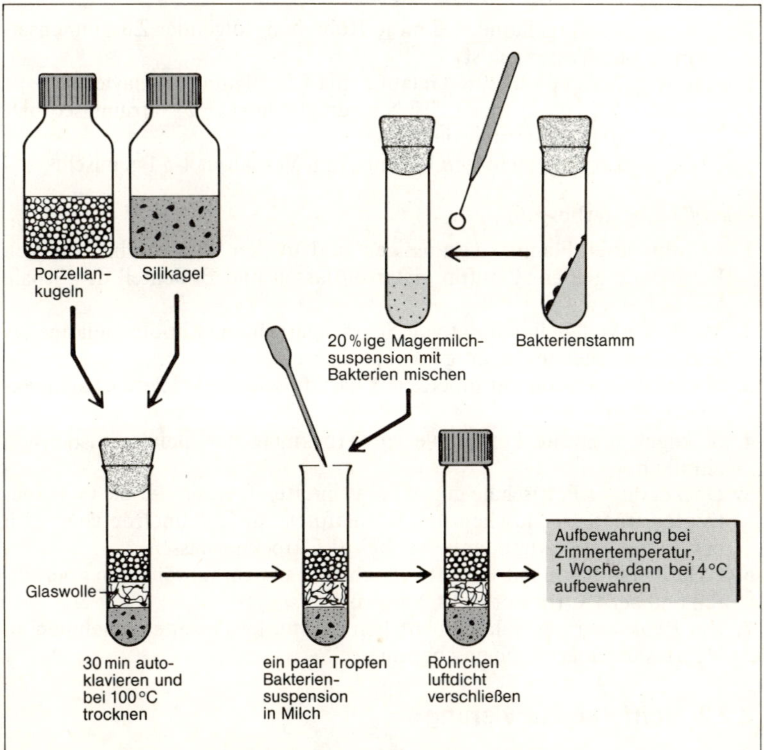

Abb. 2.5 Konservierung auf Porzellankugeln

Konservierung auf Gelatineblättchen

Diese Methode ist mit geringem Aufwand auszuführen und für viele Bakterien aber auch sporenbildende Pilze geeignet, jedoch nicht anwendbar bei gelatinasebildenden Arten (Pepsin B-bildend). Die Bakterien werden in geschmolzener Nährgelatine, die Ascorbinsäure enthalten muß, suspendiert und getrocknet.

Material

2 Schrägagarröhrchen mit Mikroorganismen (24 h alt, bei langsam wachsenden oder sporenbildenden Organismen länger)

2 Petrischalen, Pipette, Röhrchen mit 5 g Paraffin ($F_p = 50\,°C$), 2 h bei 180 °C sterilisieren, Pinzette, Schraubverschlußröhrchen mit indikatorhaltigem Silicagel, mit steriler trockener Glaswatte überlagern

Kolben mit 30 g Silikagel mit Indikator autoklavieren und dann bei ≥ 100 °C bis zum Farbumschlag nach blau erhitzen

Röhrchen mit Nährgelatine, 0,5 ml je Röhrchen, folgender Zusammensetzung (in deion. Wasser gelöst):

Lösung A:	2% Pepton, 20% Gelatine, pH 7,0, 20 min autoklavieren
Lösung B:	10% meso-Inosit, 5% Natriumglutamat, 2% Natriumascorbat, pH 7,0, steril filtrieren
	Lösung B wird *mit* Lösung A im Verhältnis 1 : 1 gemischt

Durchführung: (Abb. 2.6)

1. Paraffin über Flamme verflüssigen und in den Deckel einer sterilen Petrischale gießen. Paraffin erstarren lassen und Bodenteil der Schale lose aufsetzen.
2. Möglichst viel Zellmaterial von Schrägagarröhrchen in die Gelatine (A + B) übertragen und kräftig homogenisieren.
3. Gelatinesuspension mit Pipette auf Paraffinschicht des Petrischalendekkels tropfen.
4. Silikagel in zweite Petrischale zur Trocknung der Gelatinesuspension einfüllen.
5. Deckel dieser Petrischale gegen paraffinierten Deckel, der die Gelatinetropfen trägt, austauschen und fest aufpressen. Gelatinetröpfchen 24 h bei Raumtemperatur oder besser bei 10 °C trocknen lassen.
6. Gelatineblättchen mit Pinzette abnehmen, in Schraubröhrchen überführen und bei 4 °C (besser –20 °C) lagern.
7. Zur Reaktivierung Gelatineblättchen mit steriler Pinzette entnehmen, in Nährlösung übertragen und bebrüten.

2.2.2 Gefrierkonservierung

Das Einfrieren von Zellen allein kann als eine Entwässerung angesehen werden, da Wasser in Form von Eis dem Metabolismus nicht mehr zur

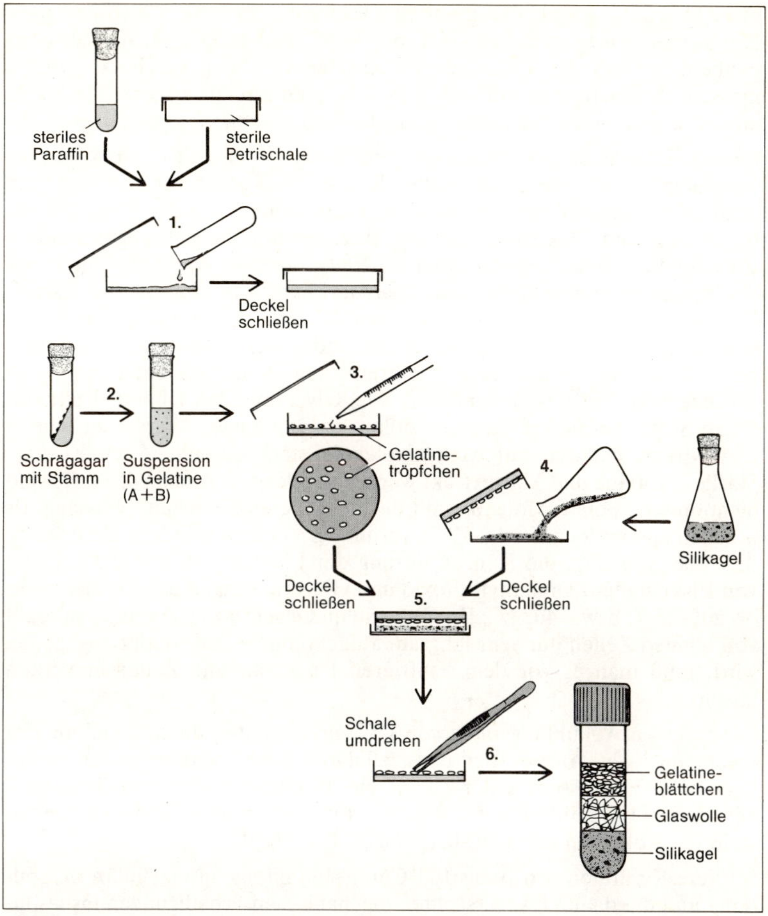

Abb. 2.6 Konservierung auf Gelatineblättchen

Verfügung steht. Die Gefrierkonservierung ist z. Z. die geeignetste Methode, die Lebensfähigkeit, die physiologischen Eigenschaften, die biochemische Aktivität und die genetische Stabilität von Mikroorganismen über lange Zeiträume zu erhalten. Sie empfiehlt sich für trocknungsempfindliche Bakterien, Archaebakterien, nichtsporenbildende Pilze, Phagen, Viren, Algen, Protozoen und auch für tierische und pflanzliche Gewebezellen. Die erforderlichen Temperaturen von –70 bis –90 °C werden in Tiefkühltruhen und Temperaturen von –196 °C werden mit flüssigem Stickstoff erreicht. Für längere Haltung sind nur Temperaturen unter –70 °C geeignet. Der Temperaturbereich von –70 °C bis –90 °C ermöglicht noch Wasserbewegungen, so daß die Zellen durch Zusätze sorgfältig geschützt werden müssen. Temperaturen von –20 bis –30 °C sind nur für Lagerzeiten bis zu längstens sechs Monaten geeignet, da die Organismen sonst absterben.

Für das Überleben der Zellen sind vor allem die Abkühl- und Auftaugeschwindigkeiten wichtig. Die optimale Kühl- bzw. Gefrierrate hängt vom Zelltyp ab. Sie wird vom Wassergehalt der Zellen, von der Permeabilität für Wasser und Elektrolyte und von ihrer Empfindlichkeit gegen erhöhte Elektrolytkonzentrationen bestimmt. Elektrolyte im Medium sollten auf ein Minimum beschränkt werden. Man darf nur Zellen der logarithmischen Wachstumsphase verwenden. Das Abkühlen auf 0 °C führt zu einem Kälteschock, der bei einigen Organismen, besonders bei Gram-negativen Bakterien, zu einem Vitalitätsverlust führen kann. Man vermeidet ihn durch Zusätze von Gefrierschutzmitteln, wie Glycerin oder Dimethylsulfoxid. Diese Stoffe vermögen als stark polare Verbindungen Wasser zu binden und wirken dadurch auf Makromoleküle stabilisierend. Auch Zucker, Stärke, Proteine und Malzextrakt werden verwendet. Alle diese Stoffe sind nichtionische polare Moleküle mit der besonderen Fähigkeit, Wasserstoffbrücken auszubilden. In der Zelle vermindern oder verhindern diese Stoffe den Wasserentzug, die Konzentrierung der Elektrolyten und die Bildung von Eiskristallen. Dimethylsulfoxid und Glycerin senken den Gefrierpunkt bis auf –73 °C bzw. –46,5 °C. Da Glycerin im Gegensatz zu Dimethylsulfoxid von einigen Zellen nur sehr langsam aufgenommen und wieder abgegeben wird, muß man es vor dem Einfrieren länger auf die Zellen einwirken lassen.

Bei geringen Abkühlungsraten von 1 °C/min kommt es durch Eisbildung zu einem mäßigen Anstieg der extrazellulären Elektrolytkonzentration mit begrenzter Entwässerung der Zellen. Bei Bakterien hat sich ein langsames Einfrieren (1 °C/min) bis auf –20 °C bis –40 °C mit anschließendem schnellen weiteren Abkühlen sehr bewährt [Mazur, P. (1968)].

Mittlere Kühlraten von 10 bis 100 °C/min sind infolge intrazellulärer Eisbildung und die dadurch verursachten mechanischen Schädigungen insbesondere der Cytoplasmamembran nicht verwendbar. Bei langsamer Abkühlung werden Eiskristalle nur außerhalb der Zelle gebildet, da im Zellplasma eine stärkere Gefrierpunktserniedrigung erfolgt. Das Wachstum von Eiskristallen führt zu einem Anstieg des externen osmotischen Drucks in der Umgebung der Zelle, so daß die Zelle Wasser verliert und schrumpft. Eine sehr langsame Abkühlung von unter 1 °C/min ist ebenfalls nicht brauchbar, da die hohen Elektrolytkonzentrationen der Zellumgebung und die übermäßige Entwässerung der Zellen schädlich wirken.

Zur Reaktivierung werden die Organismen schnell aufgetaut. Damit werden Zellschädigungen durch Rekristallisation des Wassers, Wachstum von Eiskristallen und Erhöhung der Elektrolytkonzentration vermieden. Bei

Verwendung von Glycerin als Schutzstoff ist eine stufenweise Verdünnung mit Wasser erforderlich.

Gefrierkonservierung in Flüssigstickstoff

Sicherheitsvorkehrung beim Umgang mit flüssigem Stickstoff (Unfallverhütungsvorschrift 29 „Gase" [VGB 61]): Zum Schutz gegen Hautverbrennungen (lokale Erfrierungen) durch flüssigen Stickstoff (LN_2) selbst oder Gegenstände, die mit ihm in Verbindung stehen, sollten Handschuhe getragen werden. Eine Schutzbrille schützt gegen Spritzer. Räume, in denen Behälter mit Flüssigstickstoff stehen, sollten stets gut belüftet sein. Ein Absinken des Sauerstoffgehalts auf 16 bis 17% O_2 verursacht Benommenheit und auf 14 bis 15% O_2 Bewußtlosigkeit. Man informiere sich über Gefahren beim Umgang mit Flüssigstickstoff, s. auch Rinfret, A. P., LaSalle, B. (1975). Erschütterungen sind zu vermeiden. Gefäße mit LN_2 dürfen niemals fest verschlossen werden, es sei denn mit extra vom Hersteller vorgesehenen Verschlüssen.

Haltung in Ampullen

Material

Schrägagar mit Mikroorganismus

Flüssigstickstoff, Flüssigstickstoff-Lagerbehälter für biologische Proben, Flüssigstickstoff-Transport- und Nachfüllbehälter nach Möglichkeit verwenden, evtl. Einfriergerät für kontrollierte Einfrierraten, Ampullenklemmhalter (Alu), Wasserbad

Schutzhandschuhe, Schutzbrille, Filzschreiber (fein, schwarz) und Tesaband mit Schere zur Beschriftung und Etikettierung von Ampullen und Ampullenklemmhaltern

Ampullen aus Kunststoff (Polypropylen, 1,2–2,0 ml) mit Schraubverschluß oder wärmeversiegelbar, Pipetten zu 5 ml, Pasteurpipetten

Schutzstoffe: Glycerin p. a., 16 min bei 121 °C autoklavieren, oder Dimethylsulfoxid (DMSO) p. a., 10 min bei 114 °C autoklavieren oder steril filtrieren

Durchführung

1. Organismen auf Schrägagarröhrchen züchten. Bei sehr schlechtem Wachstum oder bei Anaerobiern Anzucht in Flüssigmedium bis zur logarithmischen Phase.
2. Organismen mit frischem Kulturmedium abschwemmen, bzw. bei Flüssigkulturen Sediment in 2 ml Kulturmedium aufnehmen und in steriles Röhrchen übertragen.
3. 20%iges Glycerin-Medium-Gemisch oder 10%iges DMSO-Medium-Gemisch herstellen. Zellsuspension mit diesem Gemisch im Verhältnis 1 : 1 mischen.

4. Bei Verwendung des Schutzstoffs Glycerin 30 bis 60 min im Eisbad, bei DMSO 15 bis 20 min, bei Raumtemperatur stehen lassen.
5. Zellsuspension in Portionen zu 0,1 bis 0,5 ml auf beschriftete Kunststoffampullen verteilen und diese dicht verschließen.
6. Ampullen auf gekennzeichnete Alu-Klemmhalter stecken und entweder direkt (schnelles unkontrolliertes Kühlen) in einem geeigneten Behälter in den Flüssigstickstoff-Lagerbehälter bringen oder erst nach kontrolliertem Abkühlen. Bei kontrolliertem, langsamem Abkühlen mit einer Rate von 1 °C/min bis auf –35 °C und anschließend durch Einlagerung in Flüssigstickstoff sehr schnell auf –196 °C abkühlen.
7. Zur Reaktivierung Ampulle in 37 °C warmes Wasser tauchen und Inhalt unter Schütteln möglichst rasch vollständig auftauen. (Ampullen, die nach Entnahme aus dem Behälter eingedrungenen Stickstoff verdampfen [„blasen“], erst nach Abklingen dieser Erscheinung erwärmen!). Eine Probe der aufgetauten Zellsuspension zur Beimpfung eines geeigneten Mediums (Komplettmedium) verwenden.

Haltung in Glaskapillaren und Kunststoffhalmen

Die begrenzte Lagerkapazität wirft Probleme auf, besonders, wenn eine größere Anzahl verschiedener Organismen aufbewahrt werden muß. Daher werden kleine Plastikhalme oder Glaskapillaren anstelle von Röhrchen und Ampullen verwendet. Die Stammhaltung in Kunststoffhalmen wird bei Hefen und anderen Pilzen angewandt.

Haltung in Glaskapillaren

Material

Flüssigstickstoffbehälter und Zubehör (s. S. 45f!)

Köcher (Alu, Glas, Polypropylen) 12 · 58 mm zur Aufnahme von 20 bis 40 Kapillaren, passend für Alu-Klemmhalter

Gasbrenner (Gebläse) mit heißer feiner Flamme, Glasschneider (Schreibdiamant), Stereolupe, Eisbad, Wasserbad 37 °C

Mikropipettierhilfe mit sterilisierbarem Adapter und vorgeschaltetem Wattefilter (z. B. Fa. Brand, Wertheim)

Glaskapillaren (60 mm lang, Durchmesser außen 1,5 mm und innen 0,9 mm), steril, 1-ml-Pipetten, steril, Pasteurpipetten zu Kapillaren ausgezogen, steril, Kulturröhrchen mit Medium, steril

Plastikpinzette, Saugball (1–2 ml), Präparategläschen mit 75%igem Ethanol

Durchführung

Die einzelnen Schritte sind im wesentlichen wie bei der Haltung der Ampullen, s. S. 45f.

1. Die Glaskapillaren mit Hilfe der Mikropipette füllen.
2. Kapillaren auf beiden Seiten mit Gasbrenner zuschmelzen und
3. in das Präparategläschen mit 75%igem Ethanol legen und im Eisbad kühlen.
4. Mit der Stereolupe auf Dichtigkeit prüfen.
5. Nach dem Trocknen Kapillaren in Köcher legen und im Flüssigstickstoffbehälter aufbewahren.
6. Zur Reaktivierung Kapillarröhrchen mit Plastikpinzette entnehmen, im Wasserbad auf 37°C bringen, mit Glasschneider ritzen, mit Alkohol abflammen und an der geritzten Stelle abbrechen. Inhalt der Kapillare mit Pasteurpipette mit Wattefilter mit Hilfe des Saugballs in das Medium blasen.

Haltung in Kunststoffhalmen

Material

Flüssigstickstoffbehälter und Zubehör (s. S. 45f!)

Agarplatten mit jeweiligem Kulturmedium, das 6% Glycerin als Schutzstoff enthält, handelsübliche Plastikhalme von 25 mm Länge und 1,5 mm Durchmesser (Plastikhalme für Bakterien [Pailletten]: Albert Albrecht KG, Postfach 29, 7960 Aulendorf/Württ.), bei 115°C autoklavieren; Versiegeln der Halme durch Zudrücken mit erwärmter Zange

Kunststoffampullen zu 2 ml mit Schraubverschluß, steril

Durchführung bei mycelbildenden Pilzen

1. Anzucht auf den Agarmedienplatten bis die Kolonien einen Durchmesser von 15 bis 20 mm erreicht haben.
2. Material vom Rand der Kultur mit Kunststoffhalmen ausstechen und versiegeln. Je 13 Halme mit ausgestochenem Agarstück in eine sterile 2-ml-Kunststoffampulle mit Schraubverschluß stellen.
3. Einfrieren erfolgt in der Dampfphase des flüssigen Stickstoffs. Ampullen an Alu-Klemmhalter anstecken.

Durchführung bei Hefen und sporenbildenden Pilzen

1. Anzucht auf Schrägröhrchen mit geeignetem Medium bis zu optimalem Wachstum bei Hefen oder zu reichlicher Sporenbildung bei anderen Pilzen. Stamm in glycerinhaltigem Medium (6% Glycerin) züchten. Erforderlichenfalls auf Glycerinzusatz verzichten. In diesem Fall vor dem Ausstechen Kultur mit sterilem 6%igem Glycerin überschichten.
2. Organismen mit flüssigem Medium, das 6% Glycerin enthält, abschwemmen. Sporensuspensionen zur Verhinderung des Auskeimens der Sporen im Eisbad kühl halten.
3. Suspensionen mit Pasteurpipetten in einseitig verschlossene Kunststoffhalme abfüllen und versiegeln.
4. Einfrieren wie bei mycelbildenden Pilzen.

Konservierung auf Glasperlen bei –80 °C

Diese Methode ist einfach und schnell. Sie verwendet Glasperlen (perforierte Kugeln), die mit einer Bakteriensuspension benetzt werden. Die Suspensionen sollen eine hohe Zelldichte aufweisen (Zellzahl 10^{10}/ml, bei Pilzen 10^{7} bis 10^{8}/ml. Diese enthält ein Nährmedium mit 10 bis 15% Glycerin (*V*/*V*). Die Benutzung von Glasperlen umgeht die Notwendigkeit, die Kultur vollständig aufzutauen, so daß der Rest sofort wieder aufbewahrt werden kann. Man streut auf das Agarmedium Perlen aus. Die Organismensuspension taut sofort auf und die Organismen werden reaktiviert.

Diese Konservierungsmethode hat sich bei *Enterobacteriaceae, Micrococcaceae, Neisseria* und anderen Bakteriengruppen sehr bewährt. Sie erwies sich z. B. bei Mycoplasmen der Gefriertrocknung überlegen. Viren überlebten die Gefriertrocknung nur 3 Jahre, während sie, nach dieser Methode konserviert, noch nach 6 Jahren voll aktiv waren.

Material

Schrägagarkulturen mit Mikroorganismus, Nährmedium (Nutrient Broth)

Tiefkühltruhe (–80 °C) mit Aluminiumblock zur Aufbewahrung von Schraubverschlußfläschchen; Glycerin p. a., 15 min autoklavieren, dann mit sterilem Nährmedium (1 Teil Glycerin und 4 Teile Nährmedium) mischen; Schraubverschlußfläschchen (2 ml); Glasperlen, 2 mm Durchmesser; Pipetten zu 10 und 1 ml; Waschmittel zur Reinigung der Glasperlen

2 normale HCl, pH-Papier, Spatel

Durchführung

1. Glasperlen in Wasser mit Waschmittel reinigen. Perlen bis zu neutralem pH-Wert waschen und bei 45 °C trocknen. In die Fläschchen 20 bis 30 Perlen abfüllen, verschließen und 15 min autoklavieren.
2. Stamm auf Schrägagar-Medium vorzüchten. Bei sehr schwachem Wachstum Anzucht von Flüssigmedium bis zur späten logarithmischen Phase.
3. 5 bis 10 Schrägagarröhrchen je nach Wachstum mit frischem Kulturmedium abschwemmen und Zellsuspension in Reagenzröhrchen überführen. Kulturen in Flüssigmedien abzentrifugieren und in 2 ml Komplettmedium aufnehmen.
4. Zellsuspension mit 20%igem Glycerin-Medium-Gemisch 1 : 1 mischen und 30 bis 60 min stehen lassen.
5. Zellsuspension (1 ml) auf die Perlen in den Fläschchen pipettieren, so daß diese gerade benetzt werden.
6. Fläschchen verschließen und in der Tiefkühltruhe bei –80 °C aufbewahren.
7. Zur Reaktivierung Fläschchen der Truhe entnehmen, in den Aluminiumblock (–80°) stellen, eine Perle dem Fläschchen mit sterilem Spatel

entnehmen und in geeignete Nährlösung übertragen. Das Fläschchen sofort wieder verschließen und in die Tiefkühltruhe zurückstellen!

2.2.3 Konservierung unter Paraffinöl

Diese Methode wurde 1914 erstmals von Lumière und Cherrotier angewendet. Sie hat sich besonders bei Pilzen bewährt, die nach 5, 10 und sogar 20 Jahren noch lebensfähig waren. Bakterien konnten 2 bis 5 Jahre gehalten werden. Manche Stämme, die eine Gefriertrocknung nicht überlebten, hielten sich unter Paraffin. Paraffin schützt hauptsächlich vor Austrocknung. Diese Methode ist für kleine Sammlungen auch in den Tropen geeignet, da Milben zurückgehalten werden.

Material

Schrägagar eines Pilz- oder Bakterienstammes

Schrägagarröhrchen, steril; Petrischale mit Filterpapier, steril; Pipetten zu 5 ml, steril

Röhrchen mit Malzextraktagar; flüssiges Paraffin (DAB), steril, 10 ml

Durchführung

1. Kulturen in Schrägagarröhrchen in geeignetem Medium züchten, bis maximales Wachstum oder Sporulation erreicht ist.
2. Schrägagarröhrchen mit flüssigem Paraffin mindestens 1 bis 2 cm über den oberen Agarrand überschichten, um das Austrocknen der Kulturen zu verhindern.
3. Kulturen bei 0 bis 5 °C oder Zimmertemperatur aufbewahren.
4. Zur Reaktivierung etwas Zellmaterial mit der Impföse entnehmen und von sterilem Filterpapier möglichst viel Paraffinöl aufsaugen lassen. Das so erhaltene Material auf frischem Nähragar bei 30°C 24 Stunden inkubieren.

2.2.4 Konservierung in steriler Erde

Erde ist nicht nur ein natürliches Reservoir für viele Mikroorganismen. Durch Erdkolloide kann auch eine Schutzwirkung ausgeübt werden. So sind Mikroorganismen noch nach vielen Jahren in ihr nachweisbar. Die Haltung in Erde ist besonders für Sporenbildner, wie Bazillen und Actinomyceten, und auch für Pilze sehr geeignet. Es bereitet jedoch Schwierigkeiten, die Erde völlig steril zu erhalten.

Literatur

Billing, E. (1969), Isolation, Growth and Preservation of Bacteriophages in Norris, J. R., Ribbons, D. W. (Herausgeb.), Methods in Microbiology **3B,** 315

Heckly, R. J. (1978), Preservation of Microorganisms in Advances Appl. Microbiol. **24**

Hill, L. R. (1981), Preservation of Microorganisms, in Essays in Applied Microbiology (Norris, J. R., Richmond, M. H., Herausgeb.), John Wiley and Sons Ltd.

Hopwood, D. A., Ferguson, H. M. (1969), A Rapid Method for Lyophilizing Streptomyces Cultures, J. Appl. Bacteriol. **32,** 434–436

Hunt, G. A., Gourewitch, A., Lein, J. (1958), Preservation of Cultures by Drying on Porcelain Beads, J. Bacteriol. **76,** 453–454

Iijima, R., Sakane, T. (1973), Method for Preservation of Bacteria and Bacteriophages by Drying in Vacuo, IFO Res. Commun. **6,** 4–17

Keogh, B. P., Pettinggill, G. (1966), Long-Term Storage of Bacteriophages of Lactic Streptococci, Appl. Microbiol. **14,** 421–424

Kirsop, B. E., Snell, J. J. S., (Herausgeb.) (1984), Maintenance of Microorganisms: A Manual of Laboratory Methods, Academic Press, New York, London

Lapage, S. P., Shelton, J. E., Mitchell, T. G., Mackenzie, A. R. (1970), Culture Collections and the Preservation of Bacteria, in Methods in Microbiology (Norris, J. R., Ribbons, D. W., Herausgeb.), Bd. **3A,** 135

MacLeod, R. A., Calcott, P. H. (1973), Cold Shock and Freezing Damage to Microbes, in The Survival of Vegetative Microbes (Gray, T. R. G., Postage, J. R. (Herausgeb.), Cambridge University Press, 81–109

Mazur, P. (1968), Survival of Fungi after Freezing and Desiccation, in The Fungi (Ainsworth, G. C., Sussman, A. S., Herausgeb.), Bd. **III,** Academic Press

Perkins, D. D. (1962), Preservation of Neurospora Stock Cultures with Anhydrous Silica Gel, Can. J. Microbiol. **8,** 591–594

Rinfret, A. P., LaSalle, B. (1975), Round Table Conference on the Cryogenic Preservation of Cell Cultures, National Academy of Sciences Washington, D. C., (entleihbar von DSM, 3400 Göttingen, Griesebachstr. 8)

Sleesman, J. P. (1982), Preservation of Phytopathogenic Prokaryotes, In Phytopathogenic Prokaryotes (Mount, M. S., Lacy, G. H., Herausgeb.), Bd. **2,** Academic Press

3. Identifizierung von Bakterien

In vielen klinischen Labors, in Kontrollabors der Lebensmittelindustrie und in Untersuchungsämtern (siehe Trinkwasseranalyse) gehört die Identifizierung von Mikroorganismen zur täglichen Routinearbeit.

Vor allem wegen der Armut an morphologischen Merkmalen, wegen des Fehlens einer echten Sexualität und weil ein phylogenetisches System erst in jüngster Zeit in Anfängen aufgestellt wird, ist die Bestimmung von Bakterien oft schwierig. Man versucht daher, möglichst vielerlei Merkmale – morphologische, cytologische, ökologische, physiologische, toxikologische, molekularbiologische und serologische – zu ermitteln, um damit die Bakterien in einem künstlichen System zu klassifizieren. Für dieses künstliche System ist die jeweils neueste Auflage von „Bergey's Manual of Determinative Bacteriology", Buchanan, R. E., Gibbons, N. E., maßgebend. Die Identifizierung eines unbekannten Bacteriums führt nur dann zum Erfolg, wenn die Eigenschaften des zu untersuchenden Organismus mit denen einer in Bergey's Manual gut charakterisierten Gattung oder Art weitgehend übereinstimmen. Manchmal fällt ein solcher Eigenschaftsvergleich negativ aus, und in diesem – allerdings seltenen – Fall stellt sich dem Mikrobiologen eine neue Aufgabe: nämlich den Organismus mit möglichst vielen Daten zu charakterisieren, und damit eine neue Gattung oder Species zu beschreiben.

Normalerweise möchte man bei der Identifizierung eines Bacteriums mit einer möglichst kleinen Zahl von Eigenschaftsbestimmungen in annehmbarer Zeit das Ziel erreichen. Wichtig für den Erfolg ist dabei eine sinnvolle Auswahl der zu testenden Eigenschaften. Besonders im Bereich der medizinischen Mikrobiologie wird eine rasche Identifizierung pathogener Bakterien angestrebt; denn dies kann über Leben und Tod des infizierten Patienten entscheiden. Daher hat man sich in den letzten Jahren verstärkt mit Fragen einer routinemäßigen Identifizierung von medizinisch interessanten Keimen beschäftigt. Diese Bemühungen führten zu einer ganzen Reihe neuer Testprinzipien und Methoden, die als standardisierte Testsysteme angeboten werden und auch für die elektronische Datenverarbeitung geeignet sind (s. S. 78ff).

3.1 Allgemeine Bakterienidentifizierung

Ehe man sich der Mühe einer Bakterienidentifizierung unterzieht, sollte man sich auf jeden Fall vergewissern, daß man mit einer Reinkultur arbeitet (Verdünnungsausstrich und Mikroskopieren).

Wenn die Herkunft der zu bestimmenden Bakterien bekannt ist, kann es hilfreich sein, sich darüber genauer zu informieren. So unterscheiden sich beispielsweise Isolate aus Bodenproben oder aus Gewässern hinsichtlich der Nährstoff- und Wachstumsbedingungen oft deutlich von Keimen, die von Tieren oder Menschen isoliert wurden.

Tab. 3.1 zeigt die wesentlichen zur Bakterienidentifizierung notwendigen morphologischen und physiologischen Merkmale.

Tab. 3.1 Merkmale zur Bakterienidentifizierung und mögliche Untersuchungsverfahren

Merkmal	Untersuchungsverfahren
Morphologie	
Kolonien auf festen Nährböden (Form, Farbe, Konsistenz)	makroskopische Betrachtung, eventuell Stereomikroskop
Einzelzelle in Flüssigkultur (Größe, Form – eventuell Zellaggregate –, Formenwechsel und Beweglichkeit)	Mikroskopie (Phasenkontrast) Mikroskopie, Schwärmagar, SIM-Agar, Wasseragar, Objektträgerkultur
Cytologische Merkmale	
Kapsel	Kapseldarstellung
Geißel	Geißeldarstellung
Sporen	Sporulationsagar, Sporenfärbung
Zellwand	Gram-Färbung
Zellwand	Säurefestigkeitsfärbung nach Ziehl-Neelsen
Reservestoffe	Neisser-Färbung für Polyphosphatgranula
Reservestoffe	Färbung von Lipidgranula
Physiologie	
Wachstumsbedingungen	
a) Temperaturoptimum	Wachstumstests
b) Optimales Medium	
c) pH-Optimum	
d) NaCl-Toleranz	
Verhalten gegen Sauerstoff	Katalase-Test, Cytochromoxidase-Test, Anaerobieragar

Tab. 3.1 (Fortsetzung)

Merkmal	Untersuchungsverfahren
Stoffwechseleigenschaften	
a) **Verwertung bestimmter Kohlenstoff- und Stickstoffquellen**	Wachstumstests
Oxidative oder fermentative Zuckerverwertung	OF-Testnährböden nach Hugh-Leifson
b) **Bildung bestimmter Stoffwechselprodukte**	
Nitrit oder N_2 aus Nitrat	Nitrat-Medium
Schwefelwasserstoff aus Thiosulfat	SIM-Agar
Indol aus Tryptophan	SIM-Agar
Säure in Milch	Lackmus-Milch
Säure aus Glucose	Methylrot-Probe
Acetoin aus Glucose	Voges-Proskauer Test
c) **Bildung von Enzymen**	
Urease	Harnstoff-Agar
Exo-Protease (Gelatine-Verflüssigung)	Gelatine-Stichkultur
Exo-Protease	Casein-Agar
Exo-Amylase (Stärke-Hydrolyse)	Stärke-Agar
Cellulase	Cellulose-Agar
Lecithinase	Eigelb-Agar
DNAse	Agar mit DNA
Chitinase	Agar mit Chitin
Coagulase	Verfestigung von Humanserum
Lipase (Tween-Hydrolyse)	Tween-Agar
Glucosidase (Aesculin-Hydrolyse)	Aesculin-Agar
Tyrosin-Verwertung	Tyrosin-Agar
meta-, *ortho*-Pyrocatechase (Spaltung von Protocatechusäure)	Farbtest; Rothera-Reaktion
Arginin-Dihydrolase	Enzymtest
Bakteriolytische Exoenzyme	Agar mit Futterbakterien
d) **Bildung von Pigmenten**	
Fluoreszierende Pigmente	Prüfung auf Fluoreszenz
Carotinoide, Flexirubine	Farbtests mit Agar-Kolonien

3.1.1 Morphologie

Kolonien

Durch Ausplattieren einer verdünnten Bakterienlösung auf einem geeigneten Nähragar erhält man Einzelkolonien. Den Koloniendurchmesser sowie Farbe, Form und Beschaffenheit der Kolonien nach definierten Wachstumsbedingungen (Medium, Temperatur, Bebrütungszeit) mit dem Stereo-

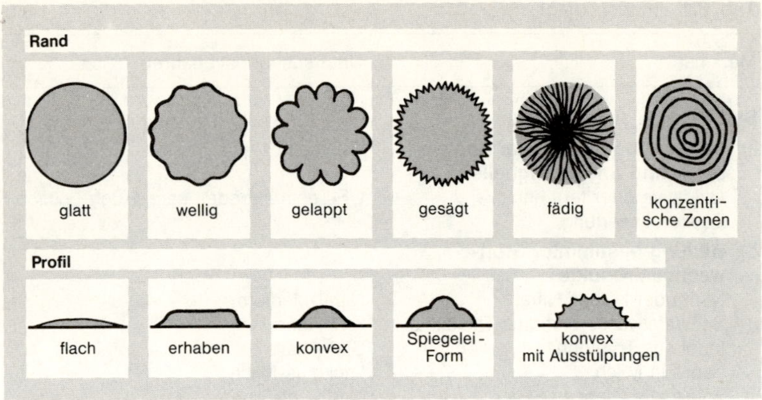

Abb. 3.1 Kolonien auf Agarmedium: Möglichkeiten für die Beschaffenheit von Rand und Profil der Kolonien

mikroskop bestimmen. Hinsichtlich der Oberflächenbeschaffenheit unterscheidet man glatte, schleimige, glänzende, rauhe, trockene und schuppige Kolonien. Gegen das Licht gehalten, können die Kolonien klar oder halbdurchsichtig (opak) oder undurchsichtig erscheinen. Die Form kann rund, unregelmäßig oder mycelartig sein. Wichtige Beispiele für die Beschaffenheit von Rand und Profil von Kolonien zeigt Abb. 3.1.

Einzelzellen

Die Betrachtung einer Flüssigkultur im Phasenkontrastmikroskop bei 100, 400 und 1000facher Vergrößerung erlaubt Aussagen über Größe, Form, eventuell morphologische Besonderheiten der Einzelzelle und über die Anordnung der Einzelzellen zu Paketen, Ketten, Klumpen. In günstigen Fällen läßt sich auch die Beweglichkeit eines Bacteriums mikroskopisch sofort erkennen.

Zur genauen Angabe der Zellgröße muß das Mikroskop mit einem Okularmikrometer ausgerüstet sein. Die – für ein bestimmtes Mikroskop einmalige – Eichung des Okularmikrometers erfolgt mit einem Objektmikrometer, d. h. einem Objektträger mit Strichteilung, deren Längeneinheit bekannt ist.

Bestimmte Bakterien ändern ihre Form in Abhängigkeit vom Alter der Kultur, daher sollten immer Kulturen unterschiedlichen Alters mikroskopiert werden.

Beweglichkeit

Mit einer oder mehreren der folgenden Methoden (s. auch S. 76) wird auf Beweglichkeit geprüft.

Schwärmagar. Komplettmedium mit 0,3% Agar wird in der Mitte mit dem zu testenden Bacterium punktförmig beimpft. Nach dem Bebrüten zeigt eine punktförmige Kolonie ausschließlich an der Impfstelle Unbeweglichkeit an. Bewegliche Zellen haben die Möglichkeit, sich vom Impfpunkt zu entfernen und sich in einem größeren Umkreis zu verteilen: Es entstehen Kolonien auf einer größeren Fläche oder auf der gesamten Petrischale. Zum Vergleich: *Proteus mirabilis* (beweglich), *Nocardia rubra* (unbeweglich).

SIM-Agar. Mit diesem Testmedium lassen sich gleichzeitig 3 Merkmale (H_2S-Bildung = **S**ulfid, **I**ndolbildung und Beweglichkeit = **M**otility) bestimmen. Ein mit 5 ml Agarmedium gefülltes Kulturröhrchen wird mit dem Testbacterium beimpft, wobei die Impfnadel in der Mitte der Agaroberfläche angesetzt und bis zum Boden des Röhrchens geführt wird (Stichkultur). Unbewegliche Bakterien wachsen nur im Impfkanal.

SIM-Agar: 20 g Pepton aus Casein; 6,6 g Pepton aus Fleisch; 0,2 g Ammoniumeisen (III)-citrat; 0,2 g Natriumthiosulfat; 3 g Agar (pro 1 deion. Wasser).

3.1.2 Färbungen

Die Färbung von Bakterien gehört zu den ältesten Methoden der experimentellen Mikrobiologie und diente ursprünglich einer besseren Sichtbarmachung der mit dem Hellfeld-Mikroskop nur schwer beobachtbaren kontrastarmen Bakterienzellen.

Gram-Färbung

Diese von dem dänischen Arzt Christian Gram 1884 eingeführte Färbemethode hat in der Bakteriensystematik eine große Bedeutung erlangt, und selbst bei Schnellverfahren der medizinisch-mikrobiologischen Diagnostik wird auf die Gram-Färbung nur selten verzichtet.

Bei der Gram-Färbung wird ein hitzefixierter Bakterienausstrich mit einem Triphenylmethanfarbstoff und mit Iod gefärbt. Anschließend wird mit einem organischen Lösungsmittel (i. allg. Ethanol) entfärbt. Hierbei unterscheiden sich die Bakterien je nach Aufbau ihrer Zellwand: Bei den Gram-negativen Bakterien wird der Iod-Farbstoffkomplex leichter extrahiert als bei den Gram-positiven. Manche Arten der Gattung *Micrococcus* sowie viele Sporenbildner reagieren Gram-variabel, d. h., sie zeigen eine je nach Alter unterschiedliche Gram-Färbung.

Prinzipiell sollte man die Gram-Färbung an jungen und alten Kulturen durchführen, stets Kontrollen mitführen und bei nicht zweifelsfreiem Ergebnis die Färbung in jedem Fall wiederholen.

Material

Agarkulturen des zu testenden Organismus und von *Escherichia coli* (Gram-negativ) und *Streptococcus lactis* (Gram-positiv). Kristallviolettlösung bestehend aus einer Mischung von Lösung A und Lösung B.

Lösung A: 2 g Kristallviolett in 20 ml 96%igem Ethanol gelöst.
Lösung B: 0,8 g Ammoniumoxalat in 80 ml deion. Wasser.
Lugol'sche Lösung: 1 g Iod, 2 g Kaliumiodid in 300 ml deion. Wasser.
Safraninlösung: 250 mg Safranin in 10 ml 96%igem Ethanol lösen, dazu 100 ml deion. Wasser geben
Entfärbelösung: Ethanol (96%ig)/Aceton (1:1), Salzlösung: 5 g NaCl, 0,12 g $MgSO_4 \cdot 7\,H_2O$ auf 1 l deion. Wasser
Mikroskop, Objektträger, Färbewannen, Stoppuhr

Durchführung

1. Auf einen Objektträger links, in der Mitte und rechts je einen Tropfen Salzlösung aufbringen. Mit der Impföse wenig Zellmaterial von der Agarkultur des zu testenden Organismus im mittleren Tropfen und Zellmaterial von den beiden Kontrollorganismen im linken bzw. rechten Tropfen bis zur Homogenität verreiben. Die Tropfen sollen nur schwach trüb erscheinen. Flüssigkeit an der Luft eintrocknen lassen. Zur Hitzefixierung den Objektträger – mit den Bakterien nach oben – zweimal langsam durch die entleuchtete Bunsenbrennerflamme ziehen.
2. Die hitzefixierten Ausstriche mit Kristallviolettlösung bedecken, eine Minute einwirken lassen.
3. Farbstoff mit deion. Wasser abspülen (Wasser soll nicht länger als zwei Sekunden einwirken, damit für die anschließende Farblackbildung noch genügend Farbstoff vorhanden bleibt).
4. Lugol'sche Lösung auftropfen und eine Minuten einwirken lassen.
5. Die Lösung mit deion. Wasser abspülen und trocknen lassen, eventuell mit weichem Papier abtupfen.
6. Zur Entfärbung Ethanol/Aceton auftropfen und den Objektträger 30 Sekunden lang leicht schwenken. Feuchtigkeit mit weichem Papier aufsaugen.
7. Zur Gegenfärbung 10 Sekunden lang Safraninlösung einwirken lassen, Farbstoff mit deion. Wasser abspülen.
8. Trocknen lassen und auswerten.

Auswertung

Der Objektträger wird ohne Deckglas zunächst mit dem 10er Objektiv durchgemustert, wobei sehr dichte Stellen des Ausstrichs nicht berücksichtigt werden. Geeignete Stellen des Präparates werden mit dem 100er Objektiv und mit Ölimmersion im Hellfeldmikroskop betrachtet: Gram-positive Bakterien erscheinen dunkelviolett, Gram-negative hellrot (Abb. 3.2).

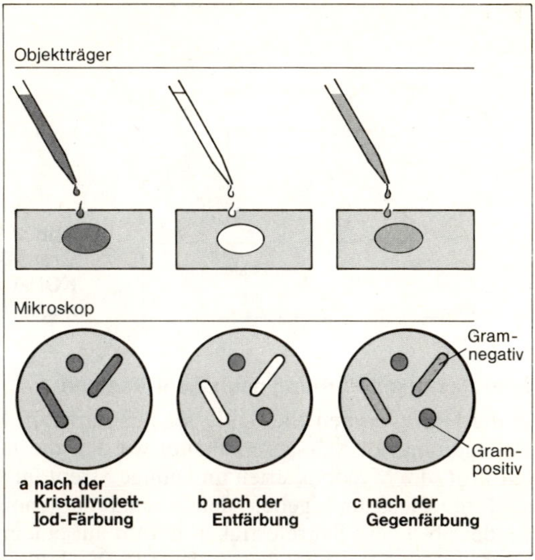

Abb. 3.2 Ablauf der Gram-Färbung bei einer aus Gram-positiven Kokken und Gram-negativen Stäbchen bestehenden Mischkultur (schematisch).

Schnellverfahren zur Gram-Differenzierung. Zur Bestätigung der Ergebnisse des Gram-Färbeverfahrens sei ein Schnellverfahren erwähnt, das sehr rasch und ohne Verwendung von Farbstoffen zum Ziel führt. Bei dieser Methode wird die schnelle Zerstörung der Zellwand Gram-negativer Bakterien in 3%iger Kalilauge zur Differenzierung von Gram-positiven Bakterien ausgenutzt. Durch die Lyse der Zellwand wird die DNA frei, die als viskoser Faden in Erscheinung tritt. Gram-positive Bakterien lysieren nicht in 3%iger KOH.

Material

Agarkulturen, wie für die Gram-Färbung

Kalilauge (3%ig in deion. Wasser), Objektträger, Zahnstocher

Durchführung

1. Einen Tropfen (50 µl) der 3%igen KOH auf den Objektträger geben.
2. Bakterien mit sterilem Holzzahnstocher von der Agarkultur entnehmen, und in den KOH-Tropfen bringen. Zellmasse sehr rasch in der KOH-Lösung mit kreisförmiger Bewegung verreiben (5–8 s).
3. Zahnstocher vorsichtig vom Objektträger abheben (1–2 cm hoch) und auf Fadenbildung achten: Gram-negative Bakterien zeigen einen viskosen DNA-Faden (Abb. 3.3), Gram-positive nicht.

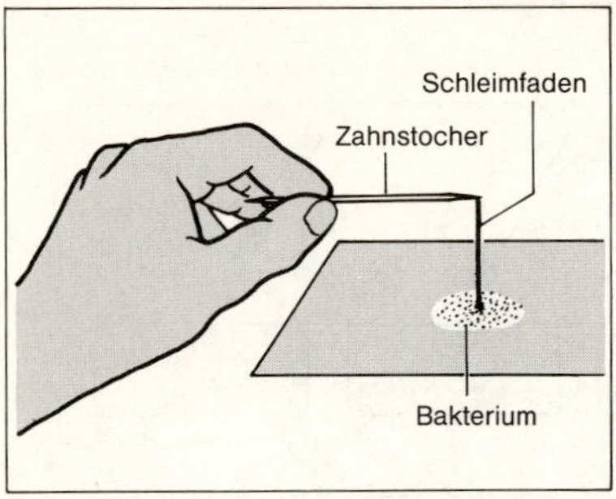

Abb. 3.3 Schnellverfahren zur Gram-Differenzierung mit dem KOH-Test. Fadenbildung bei Gram-negativem Bacterium

Säurefestigkeitsfärbung nach Ziehl-Neelsen

In der Hitze nehmen alle Bakterien den Farbstoff Karbolfuchsin auf. Durch Behandlung mit Salzsäure/Ethanol werden die meisten Bakterien wieder entfärbt, die Mycobakterien und einige Streptomyces- und Nocardia-Arten sind säurefest und geben den einmal aufgenommenen Farbstoff nicht wieder ab. Diese Säurefestigkeit beruht auf einem hohen Gehalt an hydrophoben Substanzen in der Zellwand. Die hydrophoben Substanzen sind Wachse (Ester aus langkettigen Fettsäuren und langkettigen Alkoholen) und Glykolipide aus Fetten und Kohlenhydraten. Eine Gruppe von Fettsäuren, die langkettigen, gesättigten, α-verzweigten β-Hydroxyfettsäuren („Mycolsäuren"), scheint nur bei Mycobakterien, Nocardien und Corynebakterien vorzukommen. Die Besonderheit der Zellwand erklärt außer der Säure- und Alkalifestigkeit auch die Resistenz dieser Arten gegen viele Antibiotika und Desinfektionsmittel.

Material

Agarkulturen des zu untersuchenden Bacteriums; als Vergleichsorganismen *Escherichia coli* (nicht säurefest), *Mycobacterium phlei* (säurefest)

Lösungen

Karbolfuchsin: 5 ml gesättigte Fuchsinlösung in 96%igem Ethanol und 45 ml 5%ige wäßrige Phenollösung

Salzsäure-Ethanol: 3 ml HCl, konz.; 70 ml Ethanol, 96%ig; 30 ml deion. Wasser

Methylenblaulösung: Methylenblaulösung nach Löffler mit deion. Wasser 1 : 10 verdünnen. Methylenblaulösung nach Löffler enthält 30 ml gesättigte Methylenblaulösung in 96%igem Ethanol und 100 ml wäßrige 0,01%ige KOH (Merck Art. Nr. 1287)

Objektträger, Mikroskop

Durchführung und Auswertung

1. Luftgetrockneten und hitzefixierten Ausstrich herstellen (vgl. Gram-Färbung S. 56). Von *Mycobacterium phlei* nur sehr wenig Zellmaterial entnehmen, da der Organismus zum Verklumpen neigt und dann eine uneinheitliche Färbung entsteht.
2. Den Objektträger gleichmäßig mit Karbolfuchsinlösung bedecken (im Abzug arbeiten!). Mit schwacher Bunsenbrennerflamme vorsichtig (fächelnde Flamme) erhitzen bis zur Dampfbildung, Flüssigkeit soll nicht kochen.
3. Nach 2 bis 3 Minuten den Objektträger kräftig mit deion. Wasser spülen und abtropfen lassen.
4. Zur Entfärbung Salzsäure-Ethanol auf den Objektträger tropfen. Solange schwenken, bis keine Farbwolken mehr entstehen (ca. 30 s).
5. Objektträger gründlich mit deion. Wasser abspülen, zur Gegenfärbung mit verdünnter Methylenblaulösung bedecken, eine Minute einwirken lassen.
6. Abspülen mit deion. Wasser, trocknen und im Mikroskop auswerten (Hellfeld 40er Objektiv, oder 100er Objektiv mit Ölimmersion): Säurefeste Bakterien erscheinen kräftig rot, nicht säurefeste blau.

Sporenfärbung

In gut sporulierenden Kulturen lassen sich die Sporen als stark lichtbrechende Körperchen innerhalb der Bakterienzelle bzw. als freie Sporen mit dem Phasenkontrastmikroskop feststellen (40er Objektiv oder 100er Objektiv mit Ölimmersion). Zur Einleitung der Sporulationsphase bei endosporenbildenden Bakterien werden diese Organismen auf Sporulationsagar kultiviert. Die Methode der Sporenfärbung beruht auf der Fähigkeit der Sporen, bestimmte Farbstoffe wesentlich stärker zu binden als das Cytoplasma.

Material

Agarkulturen (Sporulationsagar); als sporenbildender Vergleichsorganismus: *Bacillus subtilis*

Sporulationsagar: 5 g Proteose Pepton, 5 g Hefeextrakt, 5 g Glucose, 0,5 g K_2HPO_4, 0,2 g $MnSO_4 \cdot H_2O$, 15 g Agar pro l deion. Wasser, pH 6,8–7,0

Färbelösungen

Malachitgrünlösung: 5 g Malachitgrün in 100 ml deion. Wasser
Safraninlösung: 0,5 g Safranin in 100 ml deion. Wasser

Durchführung und Auswertung

1. Luftgetrockneten und hitzefixierten Ausstrich herstellen.
2. Objektträger mit Malachitgrünlösung bedecken und mit fächelnder Flamme bis kurz vor Siedebeginn erhitzen, ca. 10 Minuten heiß halten, nicht eintrocknen lassen, eventuell Malachitgrünlösung nachgeben.

3. Objektträger mit deion. Wasser gut abspülen und zur Gegenfärbung 5 Minuten lang Safraninlösung einwirken lassen.
4. Gut abspülen, trocknen und im Hellfeld mikroskopisch auswerten (40er Objektiv, oder 100er Objektiv, Ölimmersion): Sporen sind grün, die übrigen Zellen rot gefärbt.

Kapseldarstellung

Kapseln oder Schleimhüllen von Bakterien sind im Lichtmikroskop nicht erkennbar, können durch eine „Negativdarstellung" mit Tusche aber sichtbar gemacht werden. Die Tuschepartikel können nicht in die Schleimhülle oder Kapsel eindringen, wodurch diese Strukturelemente hell – auf dunklem Tuschehintergrund – erscheinen. Die Bakterienzelle selbst wird mit Methylenblau gefärbt.

Material

Agarkulturen, als positiver Vergleichsorganismus: *Leuconostoc mesenteroides*

Tusche nach Burri (Merck Art. Nr. 8370 mit Zusatz von Phenol 10 g/l)

Methylenblau nach Löffler (s. Säurefestigkeitsfärbung, S. 58)

Durchführung und Auswertung

1. Eine Impföse Bakterienzellen in 1 ml Salzlösung suspendieren und mit 1 ml Tusche mischen.
2. Gemisch mit Impföse auf entfetteten Objektträger aufbringen, mit Deckgläschen sehr dünn ausstreichen und trocknen lassen.
3. Ausstrich hitzefixieren durch 2maliges Durchziehen durch entleuchtete Bunsenbrennerflamme.
4. Objektträger mit Methylenblaulösung bedecken. 5 Minuten einwirken lassen.
5. Methylenblau gut abspülen, trocknen lassen und mit Ölimmersion mikroskopieren (100er Objektiv, Hellfeld): Schleimhüllen oder Kapseln erscheinen hell auf dunklem Hintergrund, die Bakterienzellen blau (Abb. 3.4).

Geißeldarstellung

Alle beweglichen Bakterien – mit Ausnahme der Spirochäten und gleitenden Bakterien – besitzen Geißeln. Ihre Anzahl und die Anordnung an der Bakterienzelle sind taxonomisch bedeutsam. Da die Geißeln im Lichtmikroskop nicht sichtbar sind, wurde von Leifson ein spezielles Nachweisverfahren entwickelt: Die Geißeln werden durch Aufquellen vergrößert und anschließend einer Beizfärbung unterworfen. Empfohlen wird die Verwendung von gründlich entfetteten Objektträgern (mehrere Tage in Chromschwefelsäure legen) und kräftiges Erhitzen direkt vor der Färbung.

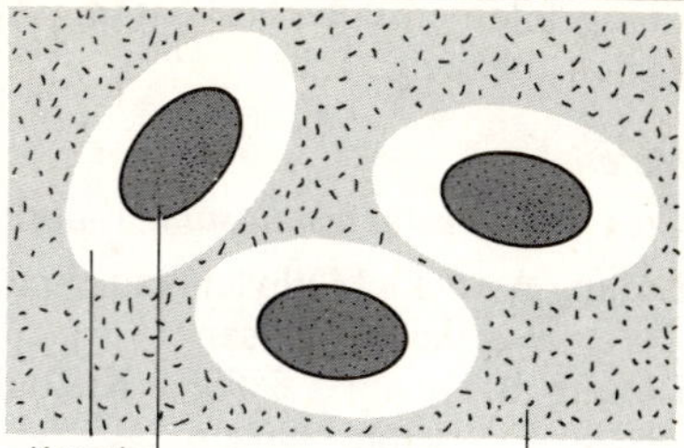

Abb. 3.4 Negativdarstellung der Bakterienkapsel

Material

Stamm: *Pseudomonas fluorescens*

Lösung A: Tannin, 3%ig, in 0,2%iger wäßriger Phenollösung
Lösung B: 1,5%ige wäßrige NaCl-Lösung
Lösung C: Fuchsin, 1,2%ig, in 96%igem Ethanol

Für die Färbelösung die drei Lösungen unmittelbar vor Gebrauch im Volumenverhältnis 1 : 1 : 1 mischen.

Durchführung und Auswertung

1. Objektträger zur völligen Entfettung solange durch die Bunsenbrennerflamme ziehen, bis die Flamme an den Rändern des Objektträgers gelblich wird. Dann Objektträger auf Zellstoff abkühlen lassen und sofort verwenden.
2. Vier Rechtecke (1,3 · 2,0 cm) auf dem Objektträger mit Fettstift oder Filzschreiber markieren.
3. Einige Tropfen deion. Wasser auf die Agarkultur auftropfen und warten, bis eine leichte Trübung auftritt.
4. Eine Impföse dieser Zellsuspension an die obere Seite eines Rechtecks geben, Objektträger kippen, so daß der Tropfen abläuft, Überschuß abtupfen, an der Luft trocknen lassen.
5. In das erste Rechteck 5 Tropfen Färbelösung geben, nach 5 Sekunden in das zweite, usw.
6. Sobald sich im ersten und zweiten Rechteck ein feiner Niederschlag bildet, die Färbelösung mit deion. Wasser abspülen.
7. Präparat trocknen lassen, mit 100er Objektiv und Ölimmersion im Hellfeld betrachten. Bakterien und Geißeln erscheinen rot.

Färbung von Reservestoffen

Polyphosphatgranula (Neisser-Färbung). Die Granula sind im Phasenkontrastmikroskop nur schwach oder gar nicht zu erkennen, durch die Neisser-Färbung werden sie sichtbar gemacht. Die Größe der bei manchen Bakterien gebildeten Polyphosphatgranula ist vom physiologischen Zustand der Zellen abhängig.

Material

Corynebacterium insidiosum als positiver Vergleichsorganismus

Lösung A: 0,1 g Methylenblau, 5 ml Eisessig, 5 ml Ethanol (96%ig), 100 ml deion. Wasser

Lösung B: 10 ml 3,3%iges Kristallviolett in 96%igem Ethanol, 100 ml deion. Wasser

Lösung C: 0,33%ige wäßrige Lösung von Chrysoidin Y

Durchführung und Auswertung

1. Bakterien lufttrocknen und hitzefixieren.
2. Den Ausstrich mit frisch zubereiteter Mischung aus zwei Teilen Lösung A und einem Teil Lösung B bedecken, 10 bis 15 Minuten einwirken lassen. Farbstoff vom Objektträger ablaufen lassen, nicht spülen.
3. Lösung C 45 Sekunden lang einwirken lassen, den Objektträger vorsichtig mit Wasser spülen.
4. Getrocknetes Präparat mit 100er Objektiv im Hellfeld betrachten (kein Öl): Neisser-positive Bakterien enthalten blauschwarze Granula oder sind völlig blaugrau gefärbt, Neisser-negative sind gelbbraun.

Lipidgranula. Diese aus echten Fetten oder Poly-β-hydroxybuttersäure (PHB) bestehenden Speicherstoffe sind im Phasenkontrastmikroskop durch ihre starke Lichtbrechung im allgemeinen zu erkennen, ihre Färbung erfolgt mit lipophilen Farbstoffen.

Material

Bacillus subtilis als positiver Vergleichsorganismus

Färbelösung: 0,25%ige Lösung von Sudanschwarz B in 70%igem Ethanol

Durchführung und Auswertung

Hitzefixierte Ausstriche 30 Minuten mit der Färbelösung bedecken, anschließend mit Xylol spülen. Nach dem Trocknen (Abzug) erscheinen die Granula innerhalb der Zellen als schwarze, kugelige Einlagerungen.

3.1.3 Wachstumsbedingungen

Die Ermittlung optimaler Wachstumsbedingungen ist aus zwei Gründen wichtig: Einmal sind Eigenschaften, wie das Verhalten gegenüber Sauerstoff, oder spezielle Nährstoffansprüche oder osmotische Eigenschaften selbst bedeutende taxonomische Merkmale, und zum anderen bilden die hier ermittelten Ergebnisse die Grundlage für die anschließend zu testenden Stoffwechseleigenschaften des unbekannten Bacteriums.

Optimales Medium

Zunächst kann das Medium, in dem das zu identifizierende Bacterium isoliert oder bisher kultiviert wurde, als Grundlage für weitere Versuche dienen, und bei zufriedenstellendem Wachstum wird man mit diesem Medium weiterarbeiten (s. auch S. 12ff).

Viele Routinetests werden in Medien durchgeführt, die aus komplexen Bestandteilen, wie Fleischextrakt oder Pepton (mit Pepsin verdautes Eiweiß, wie Fleisch oder Casein), zusammengesetzt sind („Komplettmedien"). Anschließend sind Rezepte für drei Komplettmedien angegeben, auf denen erfahrungsgemäß viele Bakterien gutes Wachstum zeigen. Weitere bewährte Medien findet man in den Katalogen der Deutschen Sammlung für Mikroorganismen (DSM) oder der American Type Culture Collection (ATCC). Es empfiehlt sich zu prüfen, auf welchem Medium das Identifizierungsobjekt besonders gut wächst.

Eine große Zahl von Bakterien wächst auf Medien, die aus einfachen Chemikalien (Mineralsalzen und einer Kohlenstoffquelle) zusammengesetzt sind. Solche chemisch definierten oder synthetischen Medien werden zur Bestimmung des Nährstoffbedarfs (z. B. Vitamine, Aminosäuren) und für enzymatische Versuche benötigt.

Medien aus komplexen Bestandteilen (Komplettmedium) Angaben pro 1 l deion. Wasser, für Agarplatten 15 g Agar

HNB-Medium: 10,0 g Pepton aus Fleisch oder Nutrient Broth; 5,0 g Hefeextrakt; 5,0 g NaCl

Standard-Nährmedium: 7,8 g Pepton aus Fleisch; 7,8 g Pepton aus Casein; 2,8 g Hefeextrakt; 5,6 g NaCl; 1,0 g Glucose

Einfaches Nährmedium: 5,0 g Pepton aus Fleisch; 3,0 g Fleischextrakt

Synthetisches Medium (AM-Medium):
3,5 g K_2HPO_4; 1,5 g KH_2PO_4; 1,0 g $(NH_4)_2SO_4$; 0,5 g Natriumcitrat ($C_6H_5Na_3O_7 \cdot 2\,H_2O$); 0,1 g $MgSO_4 \cdot 7\,H_2O$; 2,0 g Glucose (extra autoklavieren) pro l deion. Wasser

Die folgenden Versuche zur Ermittlung der optimalen Wachstumstemperatur, zum pH-Optimum und zur osmotischen Empfindlichkeit werden im optimalen Komplettmedium durchgeführt.

Optimale Wachstumstemperatur

Eine Impföse von der Agarkultur wird in 5 ml steriler Salzlösung (s. S. 56) suspendiert, und mit je 0,05 ml dieser Suspension werden 5 ml Komplettmedium enthaltende Kulturröhrchen beimpft. Bebrütet wird bei 4, 25, 30, 37, 42 und 50°C. Bei manchen Bakterien – z. B. Nocardien – ist auch das Wachstumsverhalten bei 10 und 15°C für eine genauere Charakterisierung wichtig. Nach 1, 2, 3 oder mehr Tagen – je nach Schnelligkeit des Wachstums – wird die Trübung gemessen.

Durch Ausplattieren der Bakteriensuspension auf Komplettagarplatten, anschließendes Bebrüten bei den oben genannten Temperaturen und vergleichende Beobachtung des Kolonienwachstums ist ebenfalls eine Aussage über die optimale Wachstumstemperatur möglich.

Alle folgenden Testansätze – mit Ausnahme der Gelatineverflüssigung – werden bei der optimalen Wachstumstemperatur bebrütet.

pH-Optimum

Es wird Puffer enthaltendes Komplettmedium am pH-Meter durch Zugabe von 0,1 normaler HCl bzw. 0,1 normaler NaOH auf pH-Werte zwischen 5 und 9 eingestellt. Die je 5 ml Medium enthaltenden Röhrchen werden nach dem Autoklavieren mit einem Tropfen Bakteriensuspension beimpft, bei der optimalen Wachstumstemperatur bebrütet und nach 1, 2, 3 oder mehr Tagen wird die Trübung gemessen.

Osmotische Empfindlichkeit (NaCl-Toleranz)

Komplettmedium ohne Kochsalz (bei HNB oder Standard-Nährmedium NaCl weglassen) wird mit steigenden Mengen NaCl versetzt. Folgende NaCl-Konzentrationen (g/v) werden vorgelegt: 0, 1, 2, 5, 7, 10, 15% NaCl. Je 5-ml-Portionen der unterschiedlichen NaCl-Konzentrationen werden mit einem Tropfen Bakteriensuspension beimpft und bebrütet. Das Wachstum wird durch Trübungsmessung verfolgt. Für die Angabe der osmotischen Empfindlichkeit ist die höchste NaCl-Konzentration maßgebend, bei der die Bakterien noch gewachsen sind.

3.1.4 Verhalten gegen Sauerstoff

Bakterien verhalten sich unterschiedlich gegenüber elementarem Sauerstoff, worauf die wichtige Einteilung in strikt aerobe, fakultativ anaerobe, mikroaerophile und strikt anaerobe Organismen beruht.

Anaerobier-Agar

Nur mit spezieller Anaerobier-Technik wird man strikt-anaerobe Bakterien anreichern und kultivieren können, und normalerweise wird sich die Aufgabe darauf beschränken, herauszufinden, ob ein aerob kultivierter Organismus strikt aerob, fakultativ anaerob oder mikroaerophil ist. Zur Prüfung auf anaerobes Wachstum eignet sich ein mit reduzierenden Substanzen versetzter Nährboden, der zusätzlich einen Redoxindikator enthält. Die Entfärbung dieses Indikators (Methylenblau oder Resazurin) zeigt die Abwesenheit von Sauerstoff an (s. S. 123).

Material

Anaerobier-Agar nach Brewer: 10 g Pepton aus Casein; 5 g Pepton aus Sojamehl; 5 g Hefeextrakt; 10 g Glucose; 5 g NaCl; 2 g Natriumthioglykolat; 1 g Natriumsulfoxylatformaldehyd; 0,4 g Cystin, 2 mg Methylenblau und 12,6 g Agar pro 1 deion. Wasser, Salzlösung s. S. 56). Die reduzierenden Substanzen Natriumthioglykolat, Natriumsulfoxylatformaldehyd und Cystin werden steril filtriert, Glucose wird separat autoklaviert und zusammen mit den reduzierenden Substanzen dem autoklavierten, auf 55 °C abgekühlten Agar zugemischt.

Durchführung und Auswertung

Von einer Bakteriensuspension (1 Impföse in 5 ml Salzlösung) 0,05 ml in einem sterilen Kulturröhrchen vorlegen und vorsichtig mit 10 ml auf 55 °C abgekühltem Anaerobieragar überschichten. Die Bakteriensuspension sollte möglichst wenig aufgewirbelt werden. Nach dem Erstarren den Agar mit 2 ml sterilem Paraffin überschichten und bebrüten. Obligate Anaerobier wachsen am Boden des im unteren Teil farblosen Agarröhrchens.

Katalase

Dieses Enzym katalysiert die Zersetzung von Wasserstoffperoxid (H_2O_2) zu Sauerstoff und Wasser. Luftsauerstoff kann in der Bakterienzelle zu Peroxid-Radikalen, Radikal-Anionen und H_2O_2 hydriert werden. Das Fehlen von Superoxid-dismutase und Katalase ist für die Sauerstoffempfindlichkeit von obligaten Anaerobiern verantwortlich (s. S. 122 ff).

Material

Vergleichsorganismen: *Pseudomonas fluorescens* (Katalase-positiv), *Streptococcus* oder *Lactobacillus spec.* (Katalase-negativ)

H_2O_2 als 3%ige wäßrige Lösung

Durchführung und Auswertung

Die Agarkulturen werden mit H_2O_2-Lösung überschichtet. Ein Katalase-positiver Organismus wird durch sofort einsetzende Gasbläschenbildung angezeigt.

Cytochrom-Oxidase

Die Cytochrom-Oxidase ist das terminale Enzym in der Atmungskette, welche in den Mitochondrien der Eukaryonten und in den Membranen vieler Bakterien lokalisiert ist.

Material

Vergleichsorganismen: *Pseudomonas fluorescens* (Oxidase-positiv), *Escherichia coli* (Oxidase-negativ)

Nachweisreagenz:
Lösung A: 1%ige Lösung von (l)-Naphthol in 96%igem Ethanol
Lösung B: 1% wäßrige Lösung von *N, N*-Dimethyl-*p*-phenylendiammoniumdichlorid

Lösung A und B werden kurz vor Gebrauch im Verhältnis 2 : 3 gemischt

Durchführung und Auswertung

Das frisch gemischte Reagenz auf die Agarkultur auftropfen. Eine Blaufärbung der Bakterien gilt nur dann als positiv, wenn sie innerhalb von 30 Sekunden eintritt. Der Test sollte mit einer jungen Kultur durchgeführt werden.

Eine Variante des Tests benutzt mit Nachweisreagenz getränktes Filterpapier. Eine Impföse der Bakterien – am besten die beiden Vergleichsorganismen und das Testobjekt nebeneinander – wird auf dem Filterpapier zerrieben und auf Blaufärbung geprüft.

3.1.5 Stoffwechseleigenschaften

Der Stoffwechsel einer bestimmten Bakterienspezies ist genetisch determiniert. Für die Identifizierung von Bakterien kommen folgende Stoffwechseleigenschaften in Betracht (vgl. Tab. 3.1, S. 53):

a) Die Verwertung eines Substrates (z. B. Zucker, Aminosäure, Carbonsäure)
b) Die Bildung von Stoffwechselprodukten (z. B. H_2S, Indol, Acetoin)
c) Die Produktion von Enzymen (z. B. Urease, Exoenzyme)
d) Die Bildung von Pigmenten (z. B. Fluorescein, Flexirubine)

Der Nachweis derartiger Vorgänge erfolgt in der Mehrzahl der Fälle durch Zugabe eines geeigneten Reagenzes, welches durch Farbstoffbildung oder Farbveränderung eine ganz bestimmte Stoffwechselleistung anzeigt. Wegen der hierbei auftretenden verschiedenen Farben spricht man bei der Durchführung mehrerer physiologischer Tests hintereinander häufig von **„Bunten Reihen“.**

Mit den Resultaten der folgenden Tests, zusammen mit den bisher ermittelten Ergebnissen, müßte bei der Auswertung nach Bergey's Manual of Determinative Bacteriology, Buchanan, R. E., Gibbons, N. E., normalerweise eine grobe Identifizierung – bis zur Familien- oder Gattungsebene – möglich sein. Diese Grobidentifizierung muß durch zusätzliche, spezifischere Tests bestätigt werden. Dafür werden im darauffolgenden Kapitel einige Tests für Exoenzyme aufgeführt. Schließlich werden für gleitende Bakterien einige spezielle Tests vorgestellt, die eine genauere Identifizierung erlauben.

Nitratreduktion

Dieser Test prüft die Fähigkeit eines Bacteriums, Nitrat zu Nitrit oder weiter zu Stickstoff zu reduzieren.

Material

Komplettmedium mit 0,1% KNO_3, je 5 ml in Kulturröhrchen mit Durham-Gärröhrchen (zum Nachweis von N_2-Gas)

Sulfanilsäurelösung: 0,8 g Sulfanilsäure in 100 ml 5 normaler Essigsäure (1 Teil Eisessig und 2,5 Teile Wasser)
Naphthylaminlösung: 0,5 g α-Naphthylamin in 100 ml 5 normaler Essigsäure
Zinkstaub

Durchführung und Auswertung

Der Test sollte gleichzeitig aerob und anaerob (Medium mit 2 ml sterilem Paraffin überschichten) durchgeführt werden.

1. Die Röhrchen mit einem Tropfen aus einer Bakteriensuspension (1 Impföse in 5 ml Salzlösung) beimpfen und bei der optimalen Wachstumstemperatur inkubieren.
2. Nach 2 bis 8 Tagen (je nach Wachstum) auf Nitritbildung testen: Zugabe von je 1 Tropfen Sulfanilsäurelösung und Naphthylaminlösung zu 1 ml Medium. Eine rötliche Farbe zeigt Nitrit an.
3. Fällt der Test in diesem Röhrchen negativ aus, einige Körnchen Zinkstaub zugeben. Wenn der Organismus Nitrat nicht verwerten kann, dann wird das vorhandene Nitrat mit Hilfe des Zinkstaubs zu Nitrit reduziert und es tritt Rotfärbung um die Zinkkörnchen auf (Vergleich mit unbeimpfter Kontrolle!). Bildet sich auch nach Zinkzugabe keine Rotfärbung aus, dann ist alles Nitrat über die Nitritstufe hinaus zu N_2 reduziert (Gas im Gärröhrchen).

Schwefelwasserstoff-Bildung

Durch Zersetzung schwefelhaltiger Proteine oder durch Reduktion anorganischer Schwefelverbindungen (Sulfat, Thiosulfat, Sulfit) bilden manche Bakterien H_2S. Der Nachweis erfolgt als schwarzgefärbtes Bleisulfid oder Eisensulfid.

Material

Vergleichsorganismen: *Proteus* (H_2S-positiv) und *Escherichia coli* (H_2S-negativ)

Komplettmedium mit 0,05% $Na_2S_2O_3$

SIM-Agar: s. Beweglichkeitstests S. 55

Bleiacetatstreifen werden durch Tränken von Filterpapierstreifen (ca. 1 · 10 cm) in 10%iger wäßriger Pb $(CH_3COO)_2$-Lösung hergestellt

Durchführung und Auswertung

Kulturröhrchen mit 5 ml thiosulfathaltigem Komplettmedium mit Bleiacetatstreifen versehen: Die autoklavierten Streifen so falten und mit dem Deckel oben einklemmen, daß sie etwa 2 cm Abstand zur Oberfläche der Nährlösung haben. Die Bleiacetatstreifen dürfen nicht ins Medium eintauchen. Das Medium mit einem Tropfen Bakteriensuspension beimpfen und bei der optimalen Wachstumstemperatur bebrüten. Eine am unteren Rand des Bleiacetatstreifens allmählich einsetzende Schwarzfärbung durch PbS zeigt H_2S-Bildung an.

Im SIM-Agar wird H_2S-Bildung durch Schwärzung (FeS) im Bereich des Impfkanals angezeigt.

Indol aus Tryptophan

Bakterien mit Tryptophanase-Aktivität können die Aminosäure Tryptophan zu Indol, Brenztraubensäure und Ammoniak umwandeln. Mit *p*-Dimethylaminobenzaldehyd lassen sich selbst geringe Indolmengen gezielt nachweisen.

Material

Vergleichsorganismen: *Escherichia coli* (Indol-positiv), *Salmonella typhimurium* (Indol-negativ)

Medium: 1% Casiton (tryptophanhaltiges Medium)

SIM-Agar (s. Beweglichkeitstests S. 55)

Kovacs-Reagenz: 5 g *p*-Dimethylaminobenzaldehyd; 75 ml Amyl- oder Butylalkohol; 25 ml konz. HCl

Durchführung und Auswertung

Die 5 ml Casiton-Medium enthaltenden Kulturröhrchen mit einem Tropfen Bakteriensuspension beimpfen. Nach 2 Tagen Inkubation (frühestens) 0,5 ml Kovacs-Reagenz zugeben und die Röhrchen leicht anstoßen. Eine Rotfärbung in der organischen Oberphase – spätestens nach 1 bis 3 Minuten – zeigt Indolbildung an.

Mit dem SIM-Agar wird ebenfalls auf Indolbildung geprüft, nachdem Beweglichkeit und H_2S-Bildung ausgewertet worden sind. Das Agarröhrchen dazu mit 0,5 ml Kovacs-Reagenz überschichten. Indolbildung hat eine kirschrote Verfärbung des Reagenzes zur Folge.

Gelatineverflüssigung

Bestimmte Bakterien besitzen *Exoenzyme,* welche Gelatine, ein aus Knochen, Sehnen und Häuten gewonnenes Gerüsteiweiß, hydrolytisch spalten und damit verflüssigen können. Mit 12% Gelatine verfestigte Kulturen werden bei 28 °C flüssig, was für Durchführung und Auswertung der Tests wichtig ist.

Material

Eine Mineralsalzlösung aus 5 g NaCl, 0,5 g KH_2PO_4, 1,5 g K_2HPO_4 pro l deion. Wasser mit 12% Gelatine in Hochschichtröhrchen (ohne Agar)

Komplettmedium mit Agar und 0,4% Gelatine in Petrischalen

$HgCl_2$-Lösung: 15 g $HgCl_2$ in 100 ml deion. Wasser und 20 ml konz. HCl

Durchführung und Auswertung

1. **Stichkultur.** 5 ml des verflüssigten Mediums in Kulturröhrchen füllen, autoklavieren und nach Erstarren (Kühlschrank 1 h) durch Einstechen der Nadel beimpfen (Stichkultur). Bei 20 °C über einen längeren Zeitraum inkubieren (bis 3 Wochen) und regelmäßig prüfen, ob Verflüssigung eingetreten ist. Wird die Gelatine nur in unmittelbarer Nähe des Impfkanals flüssig, dann rührt dies vermutlich von Proteasen aus lysierten Zellen und nicht von Exoenzymen her. Der Test wird in diesem Fall negativ beurteilt, nur eine weitgehende Verflüssigung gilt als positiv.

Wächst ein Organismus nur bei höherer Temperatur, dann wird bei der optimalen Wachstumstemperatur inkubiert. Nach der Inkubation das Röhrchen in den Kühlschrank stellen und nach 1 Stunde prüfen, ob die Gelatinekultur wieder fest geworden ist.

Bei positivem Verlauf ist nach der Verflüssigung auf die Form der Kultur zu achten.

Bei Bakterien, welche Gelatine nur langsam verwerten, kann mit geringerer Gelatinekonzentration (g/v = 4%) eventuell eine Verkürzung der Inkubationsdauer erreicht werden.

2. **Agarkultur mit Gelatine.** Empfindlicher ist folgender Test: Agarplatten mit Komplettmedium und 0,4% Gelatine strichförmig beimpfen und bei der optimalen Wachstumstemperatur bebrüten. Wenn gutes Wachstum eingetreten ist, die Platte mit 10 ml Quecksilberchloridlösung überschichten. Das Reagenz bildet mit unveränderter Gelatine einen weißen Niederschlag, bei Gelatineverflüssigern tritt ein klarer Hof um den Ausstrich auf.

Stärke-Hydrolyse

Stärke, ein aus Glucoseeinheiten aufgebautes Polysaccharid, wird von Bakterien, die *Exo-Amylasen* besitzen, hydrolytisch abgebaut. Der Nachweis von nicht abgebauter Stärke in einer Agarkultur erfolgt mit der Jod-Stärke-Reaktion.

Material

Vergleichsorganismen: *Bacillus subtilis* (positiv) und *Escherichia coli* (negativ)

Agarplatten mit Komplettmedium, das 0,2% Stärke enthält, Lugol'sche Lösung (s. Gram-Färbung S. 55)

Durchführung und Auswertung

1. Die stärkehaltigen Agarplatten strichförmig beimpfen und bebrüten. Von jedem Organismus mehrere Platten parallel ansetzen.
2. Nach 2 oder 3 Tagen mit Lugol'scher Lösung überschichten. Ein weißer Hof um den Bakterienausstrich zeigt eine positive Reaktion an (Abb. 3.5).

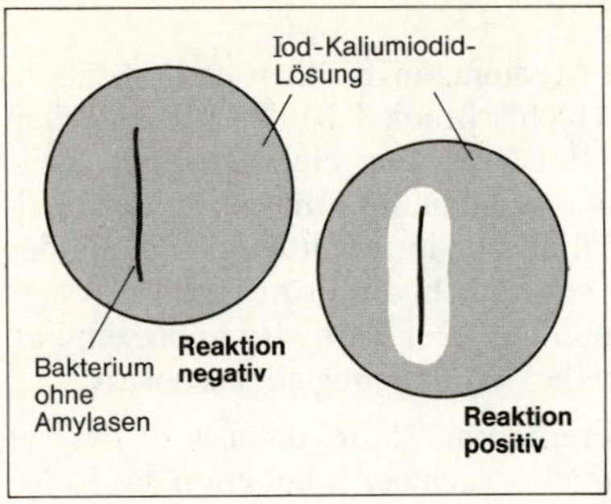

Abb. 3.5 Test auf Stärke-Hydrolyse. Nach dem Überschichten mit Iod-Kaliumiodid-Lösung.

3. Fällt die Reaktion negativ aus, dann wird die parallel angesetzte Platte weiterinkubiert und zu einem späteren Zeitpunkt ausgetestet. Manche Bakterien zeigen eine nur schwache hydrolytische Aktivität und bauen die Stärke nur im unmittelbaren Kontakt mit der Zelle ab. Dies läßt sich durch vorsichtiges Entfernen der Bakterien mit der Impföse vor dem Überschichten nachweisen: Unter dem Bakterienausstrich erscheint dann ein heller Hof.

Urease

Bakterien mit Urease-Aktivität hydrolysieren Harnstoff zu CO_2 und NH_3 und machen damit das Medium alkalisch. Der Nachweis erfolgt mit einem pH-Indikator.

Material

Vergleichsorganismen: *Proteus* (Urease-positiv), *Escherichia coli* (Urease-negativ)

Harnstoff-Agar nach Christensen (pro Liter deion. Wasser): 1 g Pepton; 1 g Glucose; 5 g NaCl; 2 g KH_2PO_4; 12 mg Phenolrot; 12 g Agar; 20 g Harnstoff (wird sterilfiltriert und dem autoklavierten, auf 55 °C abgekühlten Medium zugesetzt)

MU-Medium (pro Liter deion. Wasser): 0,2 g Casiton; 0,2 g Hefeextrakt; 0,5 g Glucose; 3 g NaCl; 2 g KH_2PO_4 und 20 ml Mischindikator.

Der Mischindikator besteht aus 0,2 g Bromthymolblau, gelöst in 6,4 ml NaOH (0,05 normal); 0,2 g Kresolrot in 10,6 ml derselben NaOH und 0,2 g Thymolblau in 8,6 ml derselben NaOH. Zu jeder dieser drei Lösungen 100 ml deion. Wasser zugeben, dann werden die Lösungen gemischt;

Bromthymolblau: Kresolrot: Thymolblau = 25 : 8 : 20

Harnstofflösung, 20%ig in deion. Wasser

Durchführung und Auswertung

1. Den Harnstoff-Agar nach Christensen strichförmig kräftig beimpfen und bebrüten.
2. Nach 1, 2 und mehr Tagen prüfen, ob um den Ausstrich ein Umschlag des Indikators von gelb nach rot stattgefunden hat.
3. Fällt der Urease-Test auf Harnstoff-Agar negativ aus, dann wird er mit MU-Flüssigmedium wiederholt. Kulturröhrchen mit 5 ml MU-Medium mit einem Tropfen Bakteriensuspension beimpfen, 0,02 ml einer sterilen 20%igen Harnstofflösung zugeben und bei der optimalen Wachstumstemperatur inkubieren. Bei ureasepositiven Organismen schlägt der Mischindikator von grün über blau nach violett um.

Lackmus-Milch

Die Fähigkeit eines Organismus zur Säureproduktion in Milch und zur Reduktion von Milchbestandteilen kann mit Hilfe von Lackmus als Indikator nachgewiesen werden.

Material

Vergleichsorganismus: *Bacillus subtilis* (positiv)

Magermilch als wäßrige Lösung von Frema-Magermilchpulver (aus dem Reformhaus) hergestellt. Die Magermilch mit soviel Lackmuspulver versetzen, bis eine lavendelblaue Färbung bestehen bleibt. Die Lackmus-Milch wird 15 Minuten bei 115 °C autoklaviert.

Durchführung und Auswertung

1. Kulturröhrchen mit 5 ml Lackmus-Milch mit einem Tropfen Bakteriensuspension beimpfen und bebrüten.
2. Nach 1, 2 und mehr Tagen kontrollieren, ob eine Änderung in Farbe und Konsistenz der Milch eingetreten ist: Rotfärbung entsteht durch Säureproduktion, wobei meist zugleich eine Koagulation der Milch eintritt. Blaufärbung entsteht durch Alkalisierung. Eine Verringerung in der Indikator-Farbstärke (Vergleich mit unbeimpfter Kontrolle) oder gänzliches Verschwinden der Lavendelfarbe zeigt eine Reduktion des Indikators und von Milchbestandteilen durch das getestete Bacterium an.

Methylrot-Probe

Methylrot-Probe und Voges-Proskauer-Test dienen einer genaueren Charakterisierung des Glucosestoffwechsels. Für beide Tests kann eine gemeinsame Kultur angesetzt werden, die erst zum Austesten aufgeteilt wird. Bei der Methylrot-Probe wird auf Produktion von Säure aus Glucose geprüft.

Material

Vergleichsorganismen: *Escherichia coli, Bacillus subtilis* (positiv), *Enterobacter aerogenes* (negativ)

Medium: 5 g Proteose Pepton; 5 g Glucose; 5 g KH_2PO_4 pro Liter deion. Wasser

Methylrot-Lösung: 20 mg Methylrot in 30 ml 96%igem Ethanol

Durchführung und Auswertung

1. Medium (5 ml) in Kulturröhrchen mit 1 Tropfen Bakteriensuspension beimpfen und bebrüten.
2. Nach zwei Tagen aus den Röhrchen 2,5 ml Medium entnehmen und mit 1 ml Methylrotlösung versetzen. Die Reaktion gilt als positiv, wenn der Indikator rot wird (pH-Wert unter 4,4); falls nur wenig oder gar keine Säure produziert wurde, zeigt der Indikator gelbe Farbe.

Voges-Proskauer-Test

Manche Bakterien bilden im Glucosestoffwechsel über Pyruvat und Acetolactat als Zwischenstufen oft größere Mengen an Acetoin (CH_3-CO-CH[OH]-CH_3).

Material

Vergleichsorganismen: *Enterobacter aerogenes* (positiv), *Escherichia coli* (negativ)

Medium wie für die Methylrotprobe

Nachweisreagenz: α-Naphthol (5%) in 96%igem Ethanol

Kreatin (0,3%) in 40%iger wäßriger KOH

Durchführung und Auswertung

Die von der Methylrot-Probe verbliebenen 2,5 ml Medium zuerst mit 1 ml α-Naphthollösung und anschließend mit 1 ml Kreatinlösung gut mischen. Im positiven Fall tritt nach wenigen Sekunden – manchmal erst nach 15 Minuten – eine Rotfärbung ein, schwach beginnend an der Oberfläche und später intensiver werdend.

Oxidation-Fermentation (OF) Testnährböden nach Hugh und Leifson

Bei diesem Test wird die Fähigkeit eines Bacteriums ermittelt, einen bestimmten Zucker in einem komplexen Medium oxidativ oder fermentativ (durch Gärung unter Luftabschluß) verwerten zu können. Zugleich wird getestet, ob bei dieser Kohlenhydratverwertung Säure- oder Gasbildung stattfindet. Die Prüfung auf Säurebildung erfolgt mit pH-Indikator, Gasbildung läßt sich in dem hier verwendeten Weichagar an Bläschenbildung erkennen.

Material

Weichagar (pro Liter deion. Wasser): 2 g Pepton aus Casein; 1 g Hefeextrakt; 5 g NaCl; 0,2 g K_2HPO_4; 80 mg Bromthymolblau; 2,5 g Agar; 10 g des zu testenden Zuckers (Glucose, Lactose, Saccharose, Fructose, Arabinose, Xylose, Mannose)

Die Zuckerlösung wird als sterilfiltrierte 10%ige wäßrige Lösung dem autoklavierten Weichagar beim Abkühlen (bei 55°C) zugesetzt

Durchführung und Auswertung

1. Den auf 55°C gehaltenen Weichagar (im Wasserbad) in 5-ml-Portionen in Kulturröhrchen füllen.
2. Nach dem Abkühlen die Röhrchen nach dem Stichagar-Verfahren beimpfen (s. SIM-Agar, S. 55) und bei der optimalen Wachstumstemperatur bebrüten. Für jeden Zucker 2 Röhrchen gleichzeitig ansetzen und nach dem Beimpfen eines davon mit 2 ml sterilem Paraffin überschichten.
3. Frühestens nach zwei Tagen auf Säure- und Gasbildung prüfen. Säurebildung zeigt sich an durch Umschlag des Bromthymolblaus von grün nach gelb, Gasbildung durch im Weichagar aufgefangene Bläschen entlang dem Stichkanal. Eine positive Reaktion (Gelbfärbung) im offenen und im mit Paraffin abgeschlossenen Röhrchen zeigt fermentativen Abbau an, bei oxidativem Abbau tritt Gelbfärbung nur im nicht überschichteten Röhrchen d. h. unter aeroben Bedingungen auf.

Tests für Exoenzyme

In Tab. 3.2 sind mehrere Tests zur Erfassung bakterieller Exoenzyme zusammengestellt. Diese Tests sind als weitere für bestimmte Gruppen von Bakterien oft wichtige Merkmalbestimmungen zur sicheren Identifizierung notwendig. Die angegebenen Organismen reagieren jeweils positiv. Weitere häufig durchgeführte Exoenzymtests sind die Tests auf Hämolyse, auf Tributyrinhydrolyse und Phosphatasen.

Spaltung von Protocatechusäure

Diese aromatische Verbindung kann unter Verbrauch von 1 mol O_2 sowohl zwischen den beiden OH-Gruppen (*ortho*-Spaltung) als auch neben den OH-Gruppen (*meta*-Spaltung) zu ringoffenen Produkten umgewandelt werden. Das *meta*-Spaltprodukt ist gelb gefärbt und damit leicht nachweisbar, für den Nachweis der *ortho*-Spaltung wird 2-Ketoadipyl-CoA, ein Metabolit im *ortho*-Abbauweg, in der Rothera-Reaktion zu einem roten Farbstoff umgesetzt.

Die Überprüfung des Spaltungsmechanismus von Protocatechusäure besitzt vor allem für eine differenzierende Untersuchung von Pseudomonaden Bedeutung.

Material

Pseudomonas fluorescens(*ortho*-Spaltung), *Pseudomonas testosteroni* (*meta*-Spaltung)

Tab. 3.2 Nachweis von Exoenzymen

Test auf	Testmedium	Positive Reaktion	zur Identifizierung von
Exo-Protease (vgl. Gelatine-Verflüssigung)	GM + 0,4% Gelatine	Hofbildung nach Zugabe von $HgCl_2$-Reagenz	*Arthrobacter globiformis*
Exo-Protease	GM + 0,4% Casein	Hofbildung nach Zugabe von 5 normaler Essigsäure; nicht verwertetes Casein wird ausgefällt	*Bacillus polymyxa*
Cellulasen	GM + 1% Cellulose (trübe Agarplatte)	Hofbildung („Freßhof") durch Celluloseverwertung	*Cytophaga sp.*
Aesculin-Hydrolyse (Glucosidase)	GM + 0,1% Aesculin + 0,1 % Ammonium-eisen(III)-citrat	Schwarzfärbung durch Reaktion vom Hydrolyseprodukt Aesculetin (phenol. Verbind.) mit Fe(III)	*Xanthomonas campestris*
Tyrosinverwertung	GM + 0,5% Tyrosin (trübe Agarplatte)	klarer Hof durch Tyrosinverwertung, manchmal Braunfärbung	*Bacillus cereus*
Lecithinase	Eigelb-Agar aus 10 g Pepton aus Fleisch, 5 g Fleischextrakt, 3 g NaCl, 2 g NaH_2PO_4, 100 ml Eigelb, 0,04 g Cycloheximid pro l H_2O	weißer Hof um Bakterien durch Präzipitation von Spaltprodukten (freie Fettsäuren)	*Bacillus cereus*
Hydrolyse von Tween 80 (Lipase)	GM + 1% Tween 80 + 0,01% $CaCl_2 \cdot 2H_2O$	trüber Hof um Bakterien durch Präzipitation von Kalziumoleat	*Mycobacterium phlei*
DNAse	GM + 0,2% DNA aus Thymus	klarer Hof nach Überfluten des Agars mit 10%iger Trichloressigsäure	*Serratia marcescens*
	oder GM + 0,3% Kalbsthymus-DNA + 0,005% Methylgrün	farbloser Hof um Bakterien durch Auflösung der grünen Farbe	
Coagulase	Humanserum	Verfestigung des Serums	*Staphylococcus aureus*
Chitinase	GM + 0,8% Chitin (gereinigt)	klarer Hof durch Chitinverwertung	*Streptomyceten, Cytophaga sp.*

GM: 8 g Nutrient Broth, dehydratisiert, und 15 g Agar pro l H_2O

833 (43)

Behring, Karin: Altbauerneuerung - Stütze der Holzverwendung. Prognose für die Bauwirtschaft bis zur Jahrtausendwende. In: Holz-Zbl. 113, 98/99, 1365 - 1366 (19.8.1987).

Im Rahmen einer forst- und holzwirtschaftlichen Zusammenkunft in der CMA, Bonn,sind erstmalig langfristige Prognosen vorgetragen und diskutiert worden.

1. Bauwesen - Prognosen - Deutschland
2. Holzverwendung - Prognosen - Deutschland

ÖGH-Dok. HZ 36

Reagenz für die Rothera-Reaktion: 1%ige wäßrige Lösung von Na_2 $[Fe(CN)_5NO] \cdot 2\,H_2O$

Protocatechusäurelösung, $4 \cdot 10^{-3}$ molar in Wasser, mit NaOH pH 7 einstellen; Toluol; $(NH_4)_2SO_4$; Tris/HCl Puffer, 0,02 molar, pH 8; Salzlösung (s. S. 56)

Durchführung und Auswertung

1. Die Organismen in Mineralsalzmedium (z. B. AM-Medium, S. 63, ohne C-Quellen) mit 0,05% 4-Hydroxybenzoesäure als C-Quelle anzüchten, 5-ml-Kulturen in Röhrchen.
2. Gewachsene Kultur abzentrifugieren und einmal mit 5 ml Salzlösung waschen.
3. Zellen in 2 ml Tris/HCl-Puffer suspendieren, 0,5 ml Toluol zugeben und kräftig schütteln.
4. Protocatechusäurelösung (2 ml) zugeben, bei *meta*-spaltenden Organismen entsteht innerhalb weniger Minuten ein gelber Farbstoff. Bleibt die toluolbehandelte Bakteriensuspension farblos, dann:
5. die Suspension 6 Stunden bei 30 °C inkubieren.
6. Danach $(NH_4)_2SO_4$ (1 g pro Röhrchen) zugeben und 0,2 ml frisch bereitetes Reagenz für die Rothera-Reaktion, anschließend 0,5 ml konz. NH_3 zusetzen. Bei *ortho*-spaltenden Organismen tritt innerhalb von wenigen Minuten eine purpurrote Farbe auf.

Arginin-dihydrolase

Dieser Test dient zur Differenzierung innerhalb der Enterobacteriaceae und der Pseudomonaden. Vertreter aus diesen Bakteriengruppen können Arginin über Citrullin, Ornithin und Carbamylphosphat letztlich zu ATP, CO_2 und NH_3 abbauen.

Material

Pseudomonas fluorescens (positiv) *Escherichia coli* (negativ)

Reagenz: 20 ml α-Naphthol, 25%ig in *n*-Propanol, 2,5 ml 1%ige Diacetyllösung in *n*-Propanol mit n-Propanol auf 100 ml aufgefüllt. Argininlösung, 10^{-3} molar in Wasser; 0,1 molarer Kaliumphosphatpuffer, pH 6,8; 3 normale NaOH

Spektralphotometer

Durchführung und Auswertung

1. Bakterien in Mineralsalzmedium mit 1 g/l Lactat anzüchten, 5-ml-Kulturen in Röhrchen.
2. Die angewachsenen Zellen abzentrifugieren und in sterilem Kaliumphosphatpuffer suspendieren.
3. Suspension mit N_2 begasen, dann 1 ml Argininlösung zugeben.

4. Ein Röhrchen nochmals mit N_2 begasen, dann sofort mit Gummistopfen verschließen und 2 Stunden bei 30 °C inkubieren. Das Kontrollröhrchen nach der Argininzugabe 15 Minuten in kochendes Wasserbad stellen, danach Zellen abzentrifugieren.
5. Das bei 30 °C gehaltene Teströhrchen nach 2 Stunden Inkubation ebenfalls 15 Minuten kochen, Zellen abzentrifugieren.
6. Im Überstand Arginin nachweisen: Zu 1 ml Überstand 1 ml 3 normale NaOH, 2 ml Reagenz und 6 ml Wasser geben, 20 Minuten stehen lassen.
7. Bei 535 nm im Spektralphotometer gegen eine Probe messen, die anstelle von Überstand Puffer enthielt (Reagenz, NaOH und Wasser wie beim Meßwert). Durch Vergleich der Extinktion von inkubiertem mit sofort gekochtem Röhrchen läßt sich feststellen, ob Arginin umgesetzt wurde.

3.2 Identifizierung von gleitenden Bakterien

Die gleitenden Bakterien sind eine Gruppe von in Boden und Wasser vorkommenden Mikroorganismen, zu der u. a. Myxobakterien, Flexibakterien und Cytophaga-Arten gehören. Charakteristische Kennzeichen der gleitenden Bakterien sind

a) ihre nur im Kontakt mit einem festen Untergrund mögliche „gleitende Beweglichkeit", die weder durch Geißeln noch durch Achsialfilament zustandekommt.
b) die bei entsprechenden Umweltbedingungen stattfindende Zellaggregatbildung, die zu Pseudoplasmodien und Fruchtkörpern führt.
c) die Bildung von Myxosporen, d. h. von Ruhezellen, die von einer Schleimhülle umgeben sind und die resistenter gegen Hitze, Austrocknung und Strahlung sind als normale Zellen.
d) die Fähigkeit eines Teils dieser Organismen, andere Bakterien lysieren zu können und
e) charakteristische Pigmente.

3.2.1 Nachweis der Gleitbewegung

Objektträgerkultur

Material

Cytophaga spec. als positiver Vergleichsorganismus

Medium für Cytophaga-Arten: 1 g Pepton aus Casein; 0,2 g Hefeextrakt; 0,22 g Natriumacetat; 10 g Agar pro Liter deion. Wasser. Glasmaterial (Objektträger, Deckgläschen, Pasteurpipetten) und Paraffin steril verwenden.

Durchführung und Auswertung

1. Autoklaviertes und abgekühltes noch flüssiges Medium mit Pasteurpipetten auf schräggehaltenen Objektträger auftropfen, so daß ein dünner gleichmäßiger Film entsteht.
2. Nach dem Erkalten mit dem Skalpell den Agar auf dem Objektträger bis auf eine quadratische Fläche (etwas kleiner als ein Deckgläschen) entfernen.
3. Eine Ecke des Agarfilms mit einer jungen Bakterienkultur beimpfen (Impföse).
4. Den Agarfilm mit Deckglas abdecken und den Luftraum am Rand zwischen Objektträger und Deckglas mit Paraffin abdichten.
5. Objektträgerkultur in feuchter Kammer (Glaspetrischale mit befeuchtetem Zellstoff) bei 23°C aufbewahren und regelmäßig mikroskopisch beobachten.
   Bei gleitender Beweglichkeit wandern die Zellen vom Animpfpunkt weg und verteilen sich auf dem Agar.

Wasseragar

Petrischalen mit unterschiedlichen Agarkonzentrationen (0,3; 0,7; 1,0 und 1,5%iger Agar in Wasser) in der Mitte punktförmig beimpfen. Bakterien mit gleitender Beweglichkeit verteilen sich von der Mitte aus auf dem Agar, was nach Inkubation über Nacht als Trübung im Agar beobachtet werden kann.

3.2.2 Nachweis von Carotinoiden und Flexirubinen

Carotinoide sind weitverbreitete gelborange bis rote Pigmente, die auch bei gleitenden Bakterien vorkommen. Einen Hinweis auf Carotinoide erhält man durch Beträufeln von gelben oder roten Kolonien auf Agarplatten mit konz. Schwefelsäure. Sind Carotinoide vorhanden, dann färben sich die Kolonien blau.

Die gelben Flexirubine sind hauptsächlich bei Flexibakterien und Cytophaga-Arten nachgewiesen worden. Flexirubine lassen sich durch Auftropfen von 5%iger methanolischer KOH auf Kolonien einer Agarkultur nachweisen.

Sind Flexirubine vorhanden, dann schlägt die Kolonienfarbe von gelb nach rot bis braunrot um, im negativen Fall bleibt die Kolonienfarbe unverändert. *Flexibacter elegans* reagiert positiv in der KOH-Reaktion.

3.2.3 Nachweis von bakteriolytischen Eigenschaften

Die Fähigkeit, Bakterien mit Hilfe von Exoenzymen lysieren zu können, ist eine Besonderheit der gleitenden Myxobakterien. Tote Bakterien können von vielen Myxobakterien lysiert werden, lebende nur von einigen Arten.

Material

Als Futter- bzw. Testorganismen: *Escherichia coli* oder *Micrococcus luteus,* aber auch andere Bakterien oder Hefezellen können eingesetzt werden.

Als positiver Vergleichsorganismus mit bakteriolytischen Eigenschaften: *Lysobacter enzymogenes*

Durchführung und Auswertung

1. Futterbakterien in einem Liter Medium anzüchten und abzentrifugieren.
2. Für die Prüfung auf Lyse lebender Zellen: Frisch geerntete Futterbakterien in 1 l 55 °C warmem Komplettagar suspendieren, anschließend Platten gießen.
3. Für die Prüfung auf Lyse toter Zellen: Frisch geerntete Futterbakterien in 1 l Komplettagar suspendieren, dann 20 Minuten autoklavieren (121 °C).
   Möchte man die Futterbakterien sparsam verwenden, dann setzt man Petrischalen mit einer Schicht Wasseragar ein und gießt darüber eine dünne Schicht des Zellen enthaltenden Nähragars.
4. Den auf bakteriolytische Eigenschaft zu testenden Organismus auf den stark trüben Agarplatten ausstreichen und bebrüten. Bei bakteriolytischen Bakterien bildet sich ein Aufklärungs- bzw. Lysehof um den Ausstrich.

3.3 Identifizierung von Mikroorganismen mit standardisierten Testsystemen

Während die im vorigen Kapitel beschriebene allgemeine Bakterienidentifizierung mehrere Tage, u. U. auch einige Wochen, dauern kann, ist es bei der Identifizierung von Krankheitserregern sehr wichtig, möglichst schnell zum Ziel zu gelangen, da nur eine exakte Kenntnis des Erregers, verbunden mit einer Empfindlichkeitsprüfung gegen Antibiotika und Chemotherapeutika, eine rechtzeitige und gezielte Therapie erlauben. Alle bisher entwickelten standardisierten Testsysteme beruhen auf den klassischen Verfahren der Bakterienidentifizierung, wobei an erster Stelle die Prüfung von Stoffwechseleigenschaften und daneben für bestimmte Organismen serologische Tests stehen. Andere, neuere Methoden, wie DNA-Hybridisierung, Phagentypisierung oder die chemische Analyse von Zellbestandteilen, haben noch keinen – oder erst anfänglichen – Eingang in diese Art von Bakteriendiagnostik gefunden.

Die standardisierten Systeme beruhen auf klassischen Tests und stellen in erster Linie eine Weiterentwicklung in der Art dar, daß die herkömmlichen Verfahren in verkleinertem Maßstab, in gezielter, genau vorgeschriebener Zusammenstellung der Einzeltests und mit vorgefertigten und damit vergleichbaren und einheitlichen Nährböden durchgeführt werden. Die genannten Eigenschaften standardisierter Systeme ermöglichen nicht nur eine schnellere und bequemere, sondern durch die Miniaturisierung auch materialsparendere Arbeit und führen zu – von Labor zu Labor – besser vergleichbaren und bei richtiger Vorarbeit zuverlässigeren Ergebnissen.

Die bisher entwickelten Testsysteme basieren auf physiologischen Tests, für manche Keime werden zusätzliche Agglutinationstests herangezogen. Die physiologischen Tests sind in ihrer Kombination genau festgelegte „Bunte Reihen“ (vgl. Stoffwechseleigenschaften auf S. 66ff). Entscheidend für den Erfolg eines Systems ist die auf viel Vorarbeit beruhende Auswahl der Tests für die entsprechende Bunte Reihe. Dafür müssen Stoffwechseleigenschaften von einer sehr großen Anzahl von Isolaten – ein Hersteller spricht von mehreren hunderttausend – bestimmt und ausgewertet sein. Anhand dieses Datenmaterials können dann diejenigen Tests ausgewählt werden, die ein noch gut handhabbares, d. h. auf nicht zu vielen Tests beruhendes System ergeben.

Die vorgefertigten Bunten Reihen sind in sehr kleinen Reaktionsgefäßen untergebracht. Verwendung finden Mikrotiterplatten und andere Formen, in denen die Substrate in getrockneter oder in gebrauchsfertiger Form vorgegeben sind. Standardisierte Testsysteme werden nach Kenntnis der Autoren zur Zeit von folgenden Firmen angeboten: api bioMerieux, Nürtingen; Becton Dickinson, Heidelberg; Biologische Arbeitsgemeinschaft, Lich; Biotest Diagnostics, Frankfurt; Dynatech, Denkendorf; Flow Laboratories, Meckenheim; Hoffmann-La Roche Diagnostica, Grenzach-Wyhlen (Abb. 3.6).

3.3.1 Identifizierung von Enterobacteriaceen

Bakterien aus der Familie der Enterobacteriaceae stellen in der medizinischen Mikrobiologie vor den Staphylokokken und Streptokokken die größte und wichtigste Gruppe der Krankheitserreger dar. Sie umfassen klinisch so bedeutsame Gattungen wie Salmonellen, Shigellen, Yersinien, Klebsiellen und Proteus. Angehörige dieser Familien sind verantwortlich für eine Vielzahl unterschiedlichster Infektionskrankheiten.

Am Beispiel der Identifizierung von Enterobacteriaceen mit dem api-20-E-System sollen Grundlagen, Vorgehensweise, Auswertung und Identifizierung mit einem standardisierten Testsystem im Detail abgehandelt werden.

Selektive Anreicherung

Am Beginn der Untersuchung sollte in jedem Fall das mikroskopische Präparat stehen und wenn möglich eine Gram-Färbung erfolgen. Parallel zur mikroskopischen Untersuchung wird sofort ein Verdünnungsausstrich der i. allgem. als Mischkultur vorliegenden Bakterien auf Selektivnährböden durchgeführt. Die dafür verwendeten Selektivnährböden enthalten Substanzen, die das Wachstum bestimmter Bakterien oder Bakteriengruppen spezifisch hemmen (s. auch S. 14).

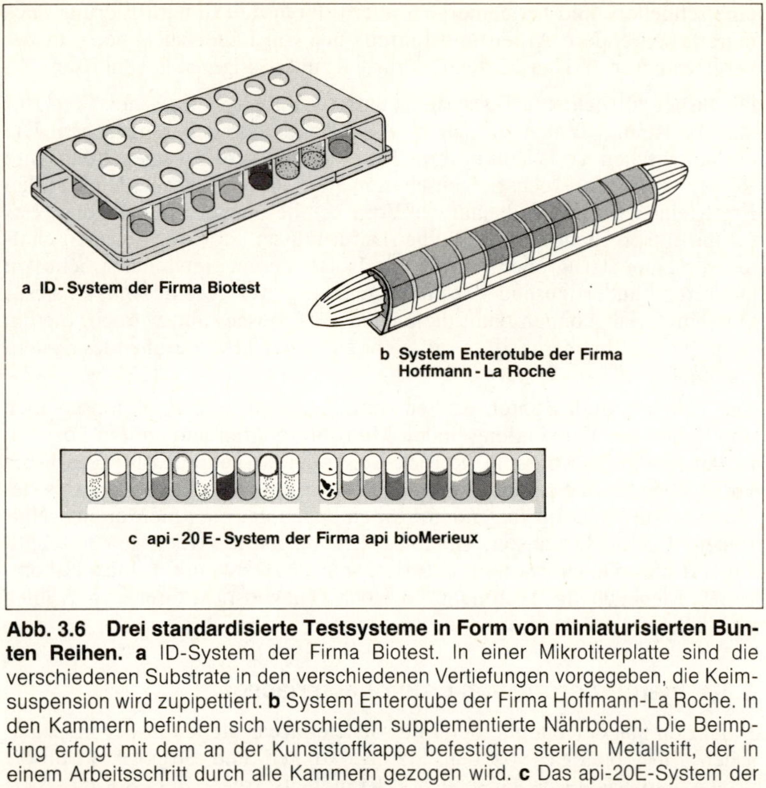

Abb. 3.6 Drei standardisierte Testsysteme in Form von miniaturisierten Bunten Reihen. **a** ID-System der Firma Biotest. In einer Mikrotiterplatte sind die verschiedenen Substrate in den verschiedenen Vertiefungen vorgegeben, die Keimsuspension wird zupipettiert. **b** System Enterotube der Firma Hoffmann-La Roche. In den Kammern befinden sich verschieden supplementierte Nährböden. Die Beimpfung erfolgt mit dem an der Kunststoffkappe befestigten sterilen Metallstift, der in einem Arbeitsschritt durch alle Kammern gezogen wird. **c** Das api-20E-System der Firma api bioMerieux. In den Kunststoffbechern befinden sich verschieden supplementierte Nährböden in dehydratisierter Form, die Bakteriensuspension wird zupipettiert

Folgende Selektivnährböden seien genannt: Endo-Agar, Hektoen-Agar, CLED-Agar, Mac Conkey-Agar, Pyocyanosel-Agar, Selenit-Bouillon, Citrat-Agar (die genaue Zusammensetzung und zu erwartende Differenzierungsergebnisse entnehme man entsprechenden Handbüchern, z. B. von api bioMerieux, BBL, Merck, Oxoid, Pasteur). Die Form und Farbe der sich entwickelnden Kolonien erlauben bereits eine gewisse diagnostische Aussage. Nur mit Reinkulturen ist ein sinnvolles Resultat zu erzielen. Auch mit einer Mischpopulation erhält man in der Bunten Reihe oft ebenfalls ein – allerdings irreführendes – Ergebnis. Mit Mischpopulationen kann man jedoch auch zu Identifizierungszahlen gelangen, die im entsprechenden Index der Identifizierungsvorschläge gar nicht vorkommen. Durch erneutes gleichzeitiges Ausstreichen auf einem Selektiv-Nährboden wird dafür Sorge getragen, daß das Untersuchungsmaterial aufbewahrt bleibt und für eine ev. weitere Überprüfung oder für eine Konservierung zur Verfügung steht.

Bunte Reihe

Tab. 3.3 gibt eine Übersicht über die zur Identifizierung von Enterobacteriaceen im api-20-E-System ausgewählten Stoffwechselreaktionen.

Die Teststreifen werden mit der Suspension einer vom Selektivnährboden stammenden Einzelkolonie beimpft und bei 37 °C 18 bis 24 h bebrütet. Falls nach 18- bis 24stündiger Bebrütung die Reaktion im Glucose-Röhrchen negativ geblieben ist oder insgesamt nur ein bis zwei Reaktionen positiv ausgefallen sind, muß der Streifen weitere 18 bis 24 h inkubiert werden. Dies ist in der Regel bei der Gruppe der sogenannten Nonfermenter (nichtfermentierende Bakterien) der Fall. Neben dem Nachweis der Oxidase können dann folgende Reaktionen zusätzlich überprüft werden: Nitratreduktion, Nitritbildung, Gasbildung (N_2), Beweglichkeit, Katalase, oxidati-

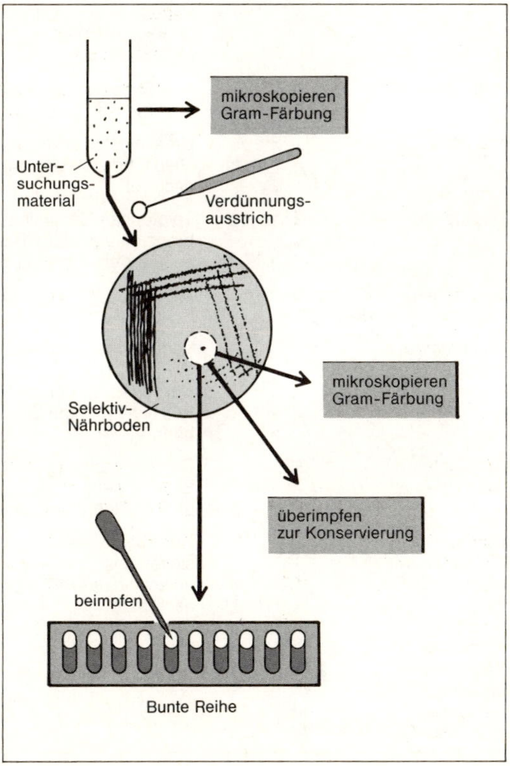

Abb. 3.7 Selektive Anreicherung als Vorarbeit vor der Beimpfung einer miniaturisierten Bunten Reihe

Tab. 3.3 Bunte Reihe im api-20-E-System

Substrate	Abkürzungen	Biochemische und analytische Grundlagen
o-Nitrophenyl-β-galactopyranosid	ONPG	Die Hydrolyse von ONPG durch β-Galactosidase setzt gelbes *o*-Nitrophenol frei
Arginin	ADH	Arginin-Dihydrolase wandelt Arginin in Ornithin, Ammoniak und CO_2 um. Durch pH-Anstieg kommt es zum Farbumschlag des Indikators Phenolrot von gelb nach rot oder orange
Lysin	LDC	Lysin-Decarboxylase setzt Lysin in Kadaverin um. Dieses basische Amin führt zu einem pH-Anstieg und einem Farbumschlag des Indikators Phenolrot von gelb nach rot oder orange
Ornithin	ODC	Ornithin-Decarboxylase setzt Ornithin in ein basisches primäres Amin um. pH-Anstieg führt zum Umschlag des Indikators Phenolrot von gelb nach rot oder orange
Natriumcitrat	CIT	Verwertung von Citrat als einziger Kohlenstoffquelle führt zu pH-Anstieg. Bromthymolblau schlägt von grün nach blau um
Natriumthiosulfat	H_2S	Aus Thiosulfat bildet sich Schwefelwasserstoff, der mit Eisensalzen schwarze Präzipitate bildet
Harnstoff	URE	Urease setzt aus Harnstoff Ammoniak frei. pH-Anstieg führt zum Umschlag von Phenolrot von gelb nach rot
Tryptophan	TDA	Tryptophan-Desaminase bildet aus Tryptophan Indolbrenztraubensäure. Bei Zusatz von Eisen-III-chlorid entsteht eine rot-braune Färbung
Tryptophan	IND	Der Abbau von Tryptophan führt zu Indol, das mit Kovacs-Reagens eine rosarote bis rote Färbung zeigt
Natriumpyruvat Kreatin	VP	Voges-Proskauer: Aus Pyruvat entsteht Acetoin, das durch Bildung eines Farbkomplexes nachgewiesen werden kann. Bei positiver Reaktion nach Zusatz von KOH und α-Naphthol verstärkt Kreatin die rote Färbung
Holzkohle und Gelatine	GEL	Die Verflüssigung von Gelatine durch proteolytische Enzyme setzt schwarze Holzkohle frei, die sich im ganzen Röhrchen verteilt
Glucose + Kaliumnitrat	GLU	Der Abbau dieser Kohlenhydrate führt zu einem Absinken des pH-Wertes verbunden mit einem Farbumschlag des Indikators Bromthymolblau von blau nach gelb
Mannit	MAN	
Inosit	INO	
Sorbit	SOR	
Rhamnose	RHA	
Saccharose	SAC	
Melibiose	MEL	
Amygdalin	AMY	
Arabinose	ARA	

ver bzw. fermentativer Abbau von Kohlenhydraten und Wachstum auf Mac-Conkey-Agar.

Identifizierung

Mit der Prozenttabelle. Man vergleicht hierbei die abgelesenen Reaktionen mit einer Prozenttabelle, in der das biochemische Profil der wichtigsten Vertreter der Enterobacteriaceae angegeben ist. Die Prozentzahl in der Tabelle zeigt hierbei an, bei wieviel Prozent der bisher getesteten Vertreter der betreffenden Spezies die betreffende Reaktion positiv ausgefallen ist. Prozenttabellen zur Identifizierung von Enterobacteriaceae und anderen Gram-negativen Bakterien sind beim Hersteller der Testsysteme erhältlich.

Mit dem Profilindex. Zur Protokollierung der biochemischen Stoffwechselleistungen werden alle positiven Reaktionen auf dem Ergebnisblatt mit einem Plus-, alle negativen Reaktionen mit einem Minus-Zeichen vermerkt. Die Reihe der verschiedenen Reaktionen ist sowohl auf den Teststreifen als auch auf den Protokollstreifen in Dreiergruppen unterteilt. Fällt nun die erste Reaktion einer Dreiergruppe (z. B. ONPG oder ODC oder URE) positiv aus, so wird dies mit einer 1 protokolliert. Ist die zweite Reaktion einer Dreiergruppe positiv, so protokolliert man eine 2, bei der dritten Reaktion eine 4. Im negativen Fall wird stets eine Null protokolliert. Wenn man die Zahlen jeder Dreiergruppe für sich addiert, so erhält man als Summe eine Zahl zwischen null und sieben. Bei 21 Reaktionen im api-20-E-Streifen erhält man somit eine siebenstellige Zahl. Jede dieser siebenstelligen Zahlen repräsentiert somit eine bestimmte Kombination von positiven und negativen Reaktionen. Für jedes biochemische Profil ist immer nur eine Zahl möglich. Umgekehrt kann man, von dieser siebenstelligen Zahl ausgehend, wieder die einzelnen Reaktionen der Bunten Reihe ableiten.

Zu jeder dieser siebenstelligen Zahlen (bei Einbeziehung von sechs Zusatzreaktionen erhält man entsprechend eine neunstellige Zahl) kann man im api-Index der Fa. api bioMerieux das diesem biochemischen Profil entsprechende Bacterium nachschlagen. Der Index gibt darüber hinaus zusätzliche Informationen. So bedeutet z. B. die Angabe „90%", daß die erfolgte Identifizierung mit einer Wahrscheinlichkeit von 90% richtig ist. Weitere Angaben geben Auskunft über widersprechende Testergebnisse sowie Hinweise auf eventuell erforderliche Zusatzreaktionen.

Mit dem Computer. Die Identifizierung von Mikroorganismen durch Vergleich ausgewählter biochemischer Reaktionen und mit Hilfe eines Zahlen-Codes ermöglicht den Einsatz der elektronischen Datenverarbeitung. Das Prinzip ist dasselbe wie beim Index.

Zur Qualitätskontrolle ist das Mitführen von Referenzstämmen empfehlenswert, deren biochemische Stoffwechselleistungen gut bekannt sind. Verwendung finden hierzu in der Regel Stämme der American Type Culture Collection (ATCC) oder der Deutschen Sammlung für Mikroorganismen (DSM). Durch den Vergleich verschiedenartigster Eigenschaften

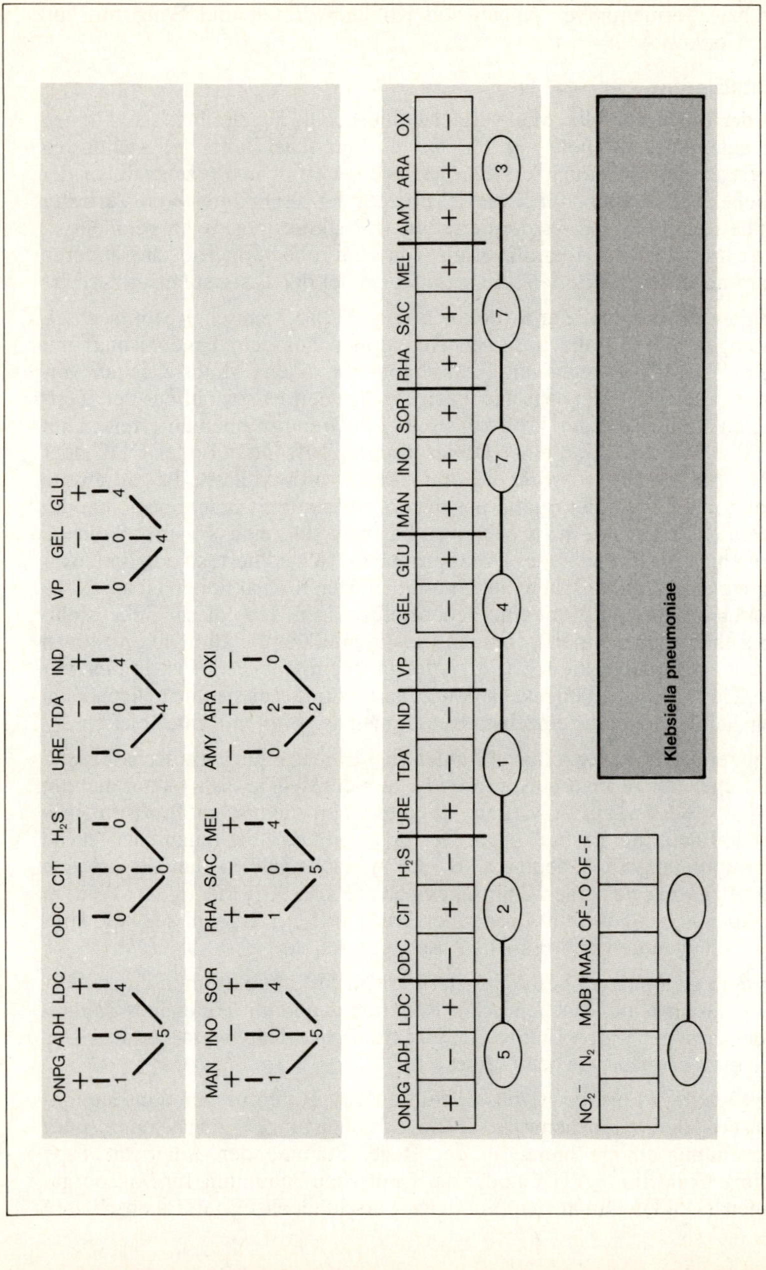

Abb. 3.8 Protokollierung und Auswertung der Testergebnisse mit dem Profilindex beim api-20E-System

```
              API PROFILE RECOGNITION PROGRAM

              STRAIN REFERENCE....A

              API 20E PROFILE...*5 214 773*

     ONPG+ ADH - LDC +   ODC - CIT + H2S -   URE + TDA - IND -
     VP  - GEL - GLU +   MAN + INO + SOR +   RHA + SAC + MEL +
     AMY + ARA + OX  -


              ========================================
     ***GOOD IDENTIFICATION OF KLEBSIELLA PNEUMONIAE

              KLEBSIELLA PNEUMONIAE          %ID=  98.6

              ========================================
------------------------------------------------------------------------------

ATYPICAL TEST RESULTS FOR KLEBSIELLA PNEUMONIAE

      VP   VOGES PROSKAUER....  92%
------------------------------------------------------------------------------

NEXT TAXON

ATYPICAL TEST RESULTS FOR KLEBSIELLA OXYTOCA

CHECK! IND  INDOLE............. 100%          VP   VOGES PROSKAUER....  91%
------------------------------------------------------------------------------
```

Abb. 3.9 Computerausdruck (System apple IIe) zur Identifizierung von Enterobacteriaceae. Es bedeuten: „% ID“ = % identity, d. h. prozentuale Übereinstimmung der Testergebnisse mit dem Identifizierungsvorschlag; „92% VP“ heißt, daß 92% aller bisher getesteten Stämme von *Klebsiella pneumoniae* im Gegensatz zum hier untersuchten Isolat im Voges-Proskauer-Test positiv waren; „next taxon Klebsiella oxytoca“ heißt, daß diese Spezies als nächstbeste Identifizierungsmöglichkeit in Frage kommt

eines untersuchten Bacteriums (z. B. Vergleich der Identifizierung durch die Bunte Reihe mit dem Resistenzmuster) bietet der Computer die Möglichkeit zusätzlicher Sicherheit.

Literatur

Bergey's Manual of Determinative Bacteriology (1974), (Buchanan, R. E., Gibbons, N. E., Herausgeb.), The Williams and Wilkins Comp., Baltimore

Brandis, H., Otte, H. J. (1984), Lehrbuch der Medizinischen Mikrobiologie, Gustav Fischer Verlag, Stuttgart, New York

Difco-Supplementary Literature (1968), Difco Laboratories, Detroit

Drews, G. (1983), Mikrobiologisches Praktikum, Springer Verlag, Berlin, Heidelberg, New York

Gregersen, T. (1978), Rapid Method for Distinction of Gram-negative from Gram-positive Bacteria, Eur. J. Appl. Microbiol. Biotechnol. **5,** 123–127

Handbuch Nährböden Merck (1980), E. Merck Frankfurter Straße 250, D-6100 Darmstadt 1

Identification of Enterobacteriaceae by Rapid Methods, in Bailey and Scott's Diagnostic Microbiology (Finegold, S. M., Martin, W. J., Scott, E. G., Herausgeb.), The C. V. Mosby Company, Saint Louis, 174–176 (1978)

Linzenmeier, G. (1976), Vorfabrizierte „Bunte Reihen“ für Enterobakterien. Aerztl. Lab. **22,** 190–196

Manual of Microbiological Methods. By the Society of American Bacteriologists (Conn, H. J., Herausgeb.), McGraw-Hill Book Company, New York, Toronto, London (1957)

Methods in Microbiology (Norris, J. R., Ribbons, D. W., Herausgeb.), Bd. **5A**, Academic Press, New York, London (1971)

Näveke, R., Tepper, K.-P. (1979), Einführung in die mikrobiologischen Arbeitsmethoden, Gustav Fischer Verlag, Stuttgart, New York

Pate, J. L., Chang, L. V. E. (1974), Evidence that Gliding Motility in Prokaryotic Cells is Driven by Rotary Assemblies in the Cell Envelopes, Curr. Microbiol. **2,** 59–64

Reichenbach, H., Dworkin, M. (1981): The Gliding Bacteria, in The Prokarytes, Springer Verlag, Berlin, Heidelberg, New York, 313–380

Skerman, V. B. D., (1967), A Guide to the Identification of the Genera of Bacteria, Second Edition, The Williams and Wilkins Company, Baltimore

Stanier, R. Y., Palleroni, N. J., Doudoroff, M. (1966), The Aerobic Pseudomonads: a Taxonomic Study, J. Gen. Microbiol. **43,** 159–271

Stolp, H., Gadkari, D. (1981), Nonpathogenic Members of the Genus Pseudomonas, in The Prokaryotes, Springer Verlag, Berlin, Heidelberg, New York, 719–741

Suslov, T. V., Schroth, M. N., Isaka, M. (1982), Application of a Rapid Method for Gram Differentiation of Plant Pathogenic and Saprophytic Bacteria without Staining, Phytophatology **72,** 917–918

The Prokaryotes (1981), A Handbook on Habitats, Isolation and Identification of Bacteria. (Starr, M. P., Stolp, H., Trüper, H. G., Balows, A., Schlegel, H. G., Herausgeb.), Springer Verlag, Berlin, Heidelberg, New York

4. Wachstum der Mikroorganismen

Wachstum ist allgemein definiert als die Zunahme der Masse eines lebenden Organismus durch Synthese von Makromolekülen. Bei Mikroorganismen besteht Wachstum in der Zunahme der Masse der Zellbestandteile. Sie führt zur Vergrößerung der Zelle, schließlich zu einer Zellteilung und somit zum Anwachsen der Zellzahl.

4.1 Wachstum in einer statischen Kultur

Wird das Wachstum von Organismen in einer statischen Kultur verfolgt, so lassen sich in Abhängigkeit von der Zeit bestimmte Wachstumsphasen beobachten, die in der abgeleiteten Kurve der Wachstumskurve, die Änderungen des Wachstums aufzeigt, gedeutet werden (Abb. 4.1). Betrachtet man die Änderung des Wachstums, die Verdoppelungen pro Zeiteinheit in bezug auf die Bakterienmasse, spricht man von Wachstumsrate, in bezug auf die Bakterienzahl von Teilungsrate.

Die Lag-Phase (auch Initial- oder Latenzphase): Änderung des Wachstums = 0

Nach dem Animpfen der Kultur adaptieren sich die Bakterien an die Bedingungen des Mediums, d. h. die Enzymsysteme stellen sich auf die vorhandenen Nährstoffe ein (Induktion bzw. Derepression und Repression). Je mehr sich Vorkultur und Kultur unterscheiden, um so länger ist die Lag-Phase. Der DNA-Gehalt bleibt im wesentlichen konstant, während sich ein beträchtliches Ansteigen des RNA- und Proteingehalts erkennen läßt. Am Ende der Lag-Phase nimmt die Änderung des Wachstums stark zu.

Die logarithmische oder Exponentialphase (Log-Phase): Änderung des Wachstums = konstant

Hat die Verdoppelung der Organismen ihr Maximum erreicht, tritt die Population in die exponentielle Phase ein. Schnell wachsende Bakterienarten teilen sich unter den günstigsten Verhältnissen alle 15 Minuten. Das Zeitintervall einer Zellverdopplung, die Zeit von der Entstehung einer Zelle bis zu ihrer eigenen Zellteilung, heißt Generationszeit, in bezug auf die Bakterienmasse spricht man von Verdoppelungszeit. Bei einer Zweitei-

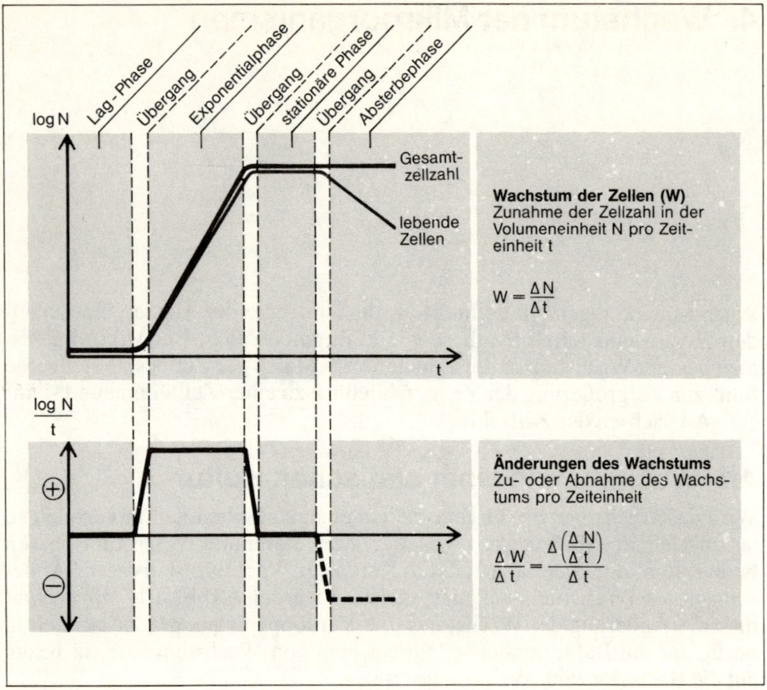

Abb. 4.1 Das Wachstum von Mikroorganismen (nach Monod, I.)

lung der Organismen gilt die Reihe, wenn N_0 die Organismenzahl pro Volumeneinheit zur Zeit $t = 0$ und N die zur Zeit t ist,

$$N_0,\ 2N_0,\ 2^2 N_0,\ 2^3 N_0 \ldots\ 2^n N_0 = N$$

Nach n Generationen beträgt die Zellzahl

$$N = N_0\, 2^n$$

Die Generationszeit g beträgt dann, da $g = t/n$ ist,

$$g = \frac{t \log 2}{\log N - \log N_0}\ [\text{min}]$$

Die Zellteilungsrate ν ist die Anzahl der Generationen pro Zeiteinheit

$$\nu = \frac{n}{t} = \frac{1}{g} = \frac{\log N - \log N_0}{t \log 2}\ [\text{min}^{-1}]$$

Die Zunahme des Wachstums pro Zeiteinheit hängt vom Sauerstoffgehalt, dem Nährstoffangebot (Minimalmedium, Komplettmedium, Spurenelemente, Hemmstoffe), von der Temperatur, dem pH-Wert, der Bewegung des Mediums, dem Alter der Kultur und der Eigenart des Stammes ab. Die Exponentialphase ist in einem solchen geschlossenen System zeitlich begrenzt. Ein offenes System, in dem die Kulturbedingungen konstant gehalten werden, bildet z. B. der Chemostat. Ermittelt man die Generationszeit *g* aus Zellzahlen, erhält man die mittlere Generationszeit. Da aber nicht alle Zellen in einer Population teilungsfähig sind, ist die Generationszeit der sich in aktiver Teilung befindenden Zellen kürzer. Daher bezieht man sich bei wachstumskinetischen Untersuchungen häufig nicht auf die Bakterienzahl, sondern auf die Bakterienmasse (s. S. 30).

Die stationäre Phase (Ruhephase): Änderung des Wachstums = 0

Die folgende Verzögerungsphase ist bedingt durch Erschöpfung der Nährstoffe, Akkumulation toxischer Produkte und Änderung des pH-Wertes. Einige Zellen teilen sich trotzdem weiter, andere sterben ab und können auch lysieren. Die Zahl der lebenden Organismen ist konstant und somit die Änderung des Wachstums null.

Die Absterbephase: Änderung des Wachstums < 0

Giftige Stoffwechselprodukte und alternde Zellen führen schließlich zu einer Verringerung der Neubildungsrate gegenüber der Absterberate. Die optische Dichte der Bakteriensuspension kann durch Autolyse verringert werden. Die Zellen können sogar alle absterben, so daß eine Kultur steril werden kann.

4.1.1 Wachstum in Abhängigkeit von verschiedenen Kohlenstoffquellen

1942 beobachtete J. Monod, daß bei Verwendung von bestimmten Kohlenhydratpaaren, die in einem Minimalmedium den Bakterien als einzige Kohlenstoffquelle dienen (z. B. Glucose-Xylose, Glucose-Arabinose, Glucose-Rhamnose, Glucose-Galactose, Glucose-Sorbit) zwei Wachstumszyklen durchlaufen werden. Das zweiphasige Wachstum wird charakterisiert durch zwei exponentielle Wachstumsphasen, die getrennt sind durch eine Phase, in der die Wachstumsrate ein Minimum durchläuft, in einigen Fällen sogar negativ wird. Monod hatte damit das Phänomen des zweiphasigen Wachstums, der „Diauxie", entdeckt, die den Ausgangspunkt für die von Monod und Jacob 1961 entwickelte Theorie der Regulation der Genaktivitäten bildete (Abb. 4.2).

Das zweiphasige Wachstum führte Lwoff auf eine Enzymadaptation zurück. Diese ist definiert als die Bildung eines spezifischen Enzyms unter dem Einfluß eines Substrates. Wenn die Zellen in ein Medium transferiert werden, das als einzige Kohlenstoffquelle ein Substrat enthält, welches in

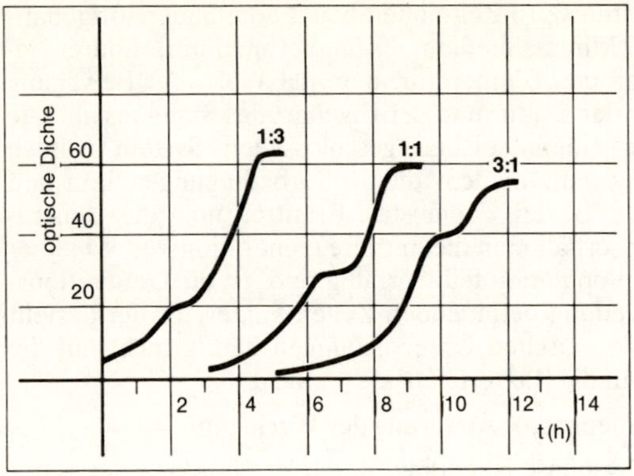

Abb. 4.2 Diauxie (nach Monod, l.). Wachstum von *E. coli* mit Glucose und Sorbit als Kohlenstoffquelle. Glucose: Sorbit im Verhältnis: **A** 1:3; **B** 1:1; **C** 3:1

der Vorkultur fehlte, wachsen die Zellen erst, wenn die abbauenden Enzyme in ausreichender Menge zur Verfügung stehen.

Später ließ sich zeigen, daß hier der bereits um 1900 gefundene „Glucoseeffekt“ zugrunde liegt, der heute als „katabolische Repression“ bekannt ist. In einem Medium mit einem Gemisch, z. B. von Glucose und Lactose, verwerten die Bakterien zuerst die Glucose. Erst wenn diese verbraucht ist, erfolgt eine Adaptation an die noch vorhandene Kohlenstoffquelle Lactose. In Gegenwart von Glucose werden offenbar nur geringe Mengen von Enzymen zur Metabolisierung anderer Verbindungen, wie Lactose, synthetisiert, auch wenn sie in großer Menge zur Verfügung stehen. Glucose reprimiert die Synthese des lactosespaltenden Enzyms. Es ist darin ein ökonomisches Prinzip zu erblicken: Die Zelle baut Lactose nicht ab, solange sie über ausreichend Glucose verfügt. Der Glucoseabbau wird nämlich durch konstitutive Enzyme vorgenommen, die im Gegensatz zu den adaptiven auch in Abwesenheit der Substrate gebildet werden. Zur Lactosespaltung jedoch müssen zur Galactoseverwertung notwendige Enzyme erst induziert werden (adaptives Enzym). Der einer katabolischen Repression zugrunde liegende Mechanismus wurde bei Mikroorganismen 1965 aufgedeckt. Für die Synthese der β-Galactosidase ist cyclo-AMP (cAMP) erforderlich. cAMP wird an ein Protein gebunden, den CRP-Faktor (cAMP-Receptor-Protein, auch CAP-Faktor, „catabolite gene activator protein“). Dieser cAMP-CRP-Regulatorkomplex lagert sich an die Promotorregion des Lactoseoperons an. Dadurch wird die Bindung der DNA-abhängigen mRNA-Polymerase stimuliert. Das Lactoseoperon kann nun mit erhöhter Rate transkribiert werden. Bei Anwesenheit von Glucose wird die intrazelluläre Konzentration von cAMP dadurch niedrig gehalten, daß die Aktivität der cAMP-Adenylcyclase, des cAMP-bildenden Enzyms, und die der Phosphodiesterase, des cAMP-abbauenden Enzyms, entsprechend reguliert werden.

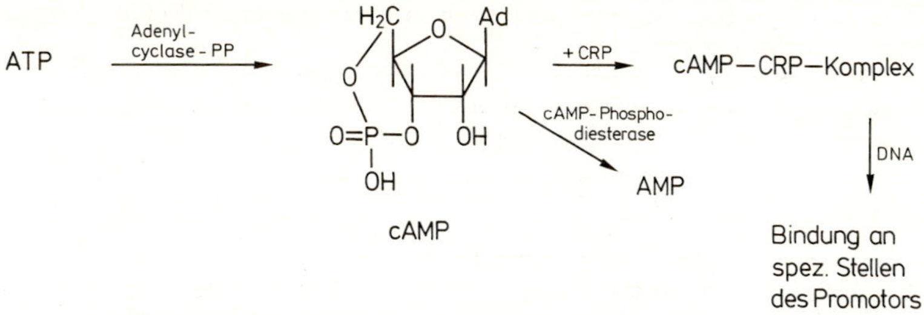

Ist die Glucosekonzentration im Medium hoch, liegt wenig cAMP vor. Sinkt die Glucosekonzentration durch Verbrauch, steigt die cAMP-Konzentration stark an, der cAMP-CRP-Komplex lagert sich an die Promotorregion des Lactoseoperons an und die Enzyme zur Spaltung der Lactose werden synthetisiert.

Die Katabolitrepression bewirkt, daß Lactose solange nicht verwertet wird, wie in der Zelle die vorteilhaftere Glucose zur Verfügung steht.

Aufgaben

1. Es ist der Verlauf der Wachstumskurven bei *Pseudomonas putida* in einem Minimalmedium festzustellen, das verschiedene Kohlenstoffquellen enthält.

2. Das Wachstum von *P. putida* ist durch Trübungsmessung, durch mikroskopische Bestimmung und nach dem Plattierungsverfahren zu verfolgen.

Material

Stamm: *Pseudomonas putida*

Geräte: Schüttelapparat (37 °C), Spektralphotometer, Mikroskop mit Thomazählkammer, Tischzentrifuge

Steriles Material: 50 HNB-Komplettagarplatten (s. S. 63); 1,5 l Salzlösung (s. S. 63); 100 ml Glucoselösung (0,1 g/ml); 100 ml Lactoselösung (0,5 g/ml); 100 ml Sorbitlösung (0,5 g/ml); 2 Büchsen Pipetten zu 1 ml; 2 Büchsen Pipetten zu 5 oder 10 ml; 1 Erlenmeyerkolben (100 ml) mit E-Minimalmedium; 9 Erlenmeyerkolben (1 l) mit 500 ml E-Minimalmedium (ohne Glucose)

E-Minimalmedium: 5,25 g K_2HPO_4; 2,2 g KH_2PO_4; 4,0 g $(NH_4)_2\,SO_4$; 0,2 g $MgSO_4 \cdot 7\,H_2O$; 2,7 mg $FeCl_3 \cdot 6\,H_2O$ und 8 g Glucose (extra autoklavieren) auf 1 l dest. Wasser

Zeitplan und Zeitbedarf

1. Tag: Überimpfen, 10 min
2. Tag: Versuch, 8 h
3. Tag: Auswertung, 2 h

Tab. 4.1 Plan zum Wachstumsversuch in einer statischen Kultur (Zusätze zum E-Minimalmedium)

Arbeitsgruppe	Verfolgen des Wachstums nur mit Trübungsmessung	Verfolgen des Wachstums mit 1. Trübungsmessung 2. Auszählung mit der Thomakammer 3. Plattieren nach Verdünnen
1	1,0 ml Glucoselösung	1,0 ml Glucoselösung 1,0 ml Lactoselösung
2	2,0 ml Glucoselösung	2,0 ml Glucoselösung 1,0 ml Lactoselösung
3	1,0 ml Glucoselösung	1,0 ml Glucoselösung 1,0 ml Sorbitlösung
4	2,0 ml Glucoselösung	2,0 ml Glucoselösung 1,0 ml Sorbitlösung

Durchführung

1. *P. putida* mit einer Impföse von einem Schrägröhrchen auf 50 ml E-Minimalmedium mit Glucose in einen 100-ml-Erlenmeyerkolben überimpfen und über Nacht bei 37 °C schütteln.
2. Vor Beginn des Versuchs alle mit den entsprechenden Medien gefüllten Erlenmeyerkolben temperieren (37 °C).
3. Von der Vorkultur 10 ml Bakteriensuspension abzentrifugieren, zweimal mit 5 ml Salzlösung waschen und in 5 ml Salzlösung aufnehmen.
4. Inzwischen Glucoselösung (0,1 g/ml), Lactose- und Sorbitlösungen (jeweils 0,5 g/ml) in die 1-Liter-Erlenmeyerkolben nach in Tab. 4.1 aufgezeigtem Plan pipettieren.
5. Medien mit 5 ml gewaschener Bakteriensuspension versetzen.
6. Nach kräftigem Durchschütteln zur Zeit $t = 0$ Bakteriensuspension (0,05 ml) der Schüttelkultur entnehmen.
7. Danach Kolben in der Schüttelmaschine bei 37 °C und 150 upm schütteln.
8. Später alle 30 min Proben der Schüttelkultur entnehmen. Proben nach Entnahme und Trübungsmessung sofort in einem Eisbad abschrecken, damit das Zellwachstum gestoppt wird.
9. Röhrchen schütteln und Trübung messen.
10. Mit der Thoma-Kammer Gesamtzahl der Bakterien/ml (vermehrungsfähige und nicht vermehrungsfähige) bestimmen (s. Kap. 1.4, S. 26ff)
11. Zur Lebendzellzahlbestimmung 0,05 ml Bakteriensuspension nach entsprechender Verdünnung auf je eine Platte ausstreichen. Die geeignete Verdünnungsstufe errechnet sich aus der Gesamtzahl (Thoma-Kammer) mit dem Erfahrungswert, daß 20 bis 200 Kolonien pro Petrischale optimal auswertbar sind.

Tab. 4.2 Daten zum Wachstumsversuch

h	Trübung in $OD_{400-600}$ Skalenteile	Gesamtzahl (Thoma-Kammer)		Lebendzellzahl (Plattierung)	
		Verdünnung	Zahl/Kleinquadrat $4 \cdot 10^6 \cdot$ Verdünnung = Zellen/ml	Verdünnung	Kolonien/Platte $20 \cdot$ Verdünnung = Lebendzellzahl/ml
0					
0,5					
1,0					
. . . weiter jede halbe Stunde bis stationäre Phase erreicht ist					

Auswertung

1. Die Versuchsergebnisse sind in Tab. 4.2 einzutragen. Die Trübungswerte sind in Abhängigkeit von der Zeit auf Millimeterpapier und die Gesamtzellzahl sowie die Lebendzellzahl in Abhängigkeit von der Zeit auf halblogarithmisches Papier aufzutragen.

2. Generationenzahl *n* und Generationszeit *g* sind graphisch zu bestimmen.

4.1.2 Wachstum aerober Mikroorganismen in Abhängigkeit von der Sauerstoffversorgung

Während Nährstoffe in ausreichender Menge einem Kulturmedium von vornherein zugegeben werden können, ist dies bei Sauerstoff nur in sehr begrenztem Maße möglich. 1 l luftgesättigtes Wasser enthält bei 20°C bei Atmosphärendruck nur 6,3 ml Sauerstoff, das entspricht 0,28 mmol. Bei höheren Temperaturen sind es weniger. Der von einer Kultur aerober Mikroorganismen verbrauchte gelöste Sauerstoff muß also ständig nachgeführt werden. Dies geschieht durch Grenzflächendiffusion aus der sterilen Gasphase über dem Kulturmedium in das Medium selbst. Nach dem 1. Fick'schen Gesetz ist die Zahl der pro Zeiteinheit durch die Grenzfläche *A* tretenden Teilchen

$$\frac{\mathrm{d}n}{\mathrm{d}t} = D \cdot A \frac{\mathrm{d}c\ (O_2)}{\mathrm{d}x}$$

wobei *D* die spezielle Diffusionskonstante und $\mathrm{d}c(O_2)/\mathrm{d}x$ den Konzentrationsgradienten angibt.

Das resultierende Gefälle des Sauerstoffpartialdrucks zwischen der im Kulturgefäß eingeschlossenen Gasphase und der umgebenden Luft verursacht einen Stoffübergang durch den Zellstoffstopfen. Auch hierfür gilt das 1. Fick'sche Gesetz.

Der Einfluß der Sauerstoffversorgung auf das Wachstum aerober Organismen in einer statischen Kultur läßt sich feststellen, z. B. durch Variieren der Grenzfläche A und des Konzentrationsgradienten $dc(O_2)/dx$: Verwendung verschiedenartiger Kulturgefäße, Wahl der Schüttelfrequenz (intensives und schwaches Schütteln, Standkultur), Stopfen aus Gummi, Zellstoff oder Metallkappe auf dem Kulturkolben sowie Temperaturänderung.

4.2 Wachstum der Mikroorganismen in einer kontinuierlichen Kultur

In der kontinuierlichen Kultur wachsen die Mikroorganismen unter Gleichgewichtsbedingungen. Wachstumsrate und Milieubedingungen (pH-Wert, Nährstoffkonzentration, Belüftung, Metaboliten) bleiben konstant im Gegensatz zur statischen Kultur („batch culture"). Dies kann für die industrielle Produktion von besonderem Vorteil sein. Die Entwicklung der kontinuierlichen Kultur wurde von Monod, J., Novik, A. und Szilad, L. begonnen und von Herbert, D. weitergeführt.

Im wesentlichen besteht das kontinuierliche System aus einem gegen Infektionen geschützten Kulturgefäß, einem Reaktor, in dem die Mikroorganismen in einem Medium von bestimmtem Arbeitsvolumen unter vorgegebenen Bedingungen wachsen (Abb. 4.3). Mit konstanter Flußrate wird mit einer Pumpe frisches Medium zugeführt. Bei manchen Organismen muß durch Anbringen einer Heizspirale um das Zuflußrohr (Thermofalle) ein Zurückwachsen durch den Schlauch zum Vorratsgefäß verhindert werden. Um das Arbeitsvolumen konstant zu halten, ist ein kontinuierlicher Abfluß des Mikroorganismen enthaltenden Mediums erforderlich. Im Kulturgefäß wird eine vollständige Durchmischung des Mediums mit den Mikroorganismen durch einen Magnetrührstab erreicht. Ferner ist je nach Ansprüchen der Mikroorganismen für eine geeignete Begasung, für eine Temperaturregulation durch Heizmantel oder Heizschlangen und eventuell für eine pH-Regulierung zu sorgen.

Eine kontinuierliche Kultur startet mit einer statischen Kultur. Ist während der logarithmischen Phase eine gewünschte Zelldichte erreicht, kann diese durch Regulierung des Zu- und Abflusses konstant gehalten werden. Wird diese mit Hilfe der Trübungsmessung durchgeführt, spricht man vom Turbidostaten. Im Chemostaten dagegen erfolgt die Kontrolle durch einen wachstumslimitierenden Stoff, während alle anderen Stoffe im Überschuß vorhanden sind.

Erfolgt zunächst keine Zellvermehrung, so folgt die Geschwindigkeit, mit der die Organismen aus dem Kulturgefäß ausgewaschen werden, der Gleichung

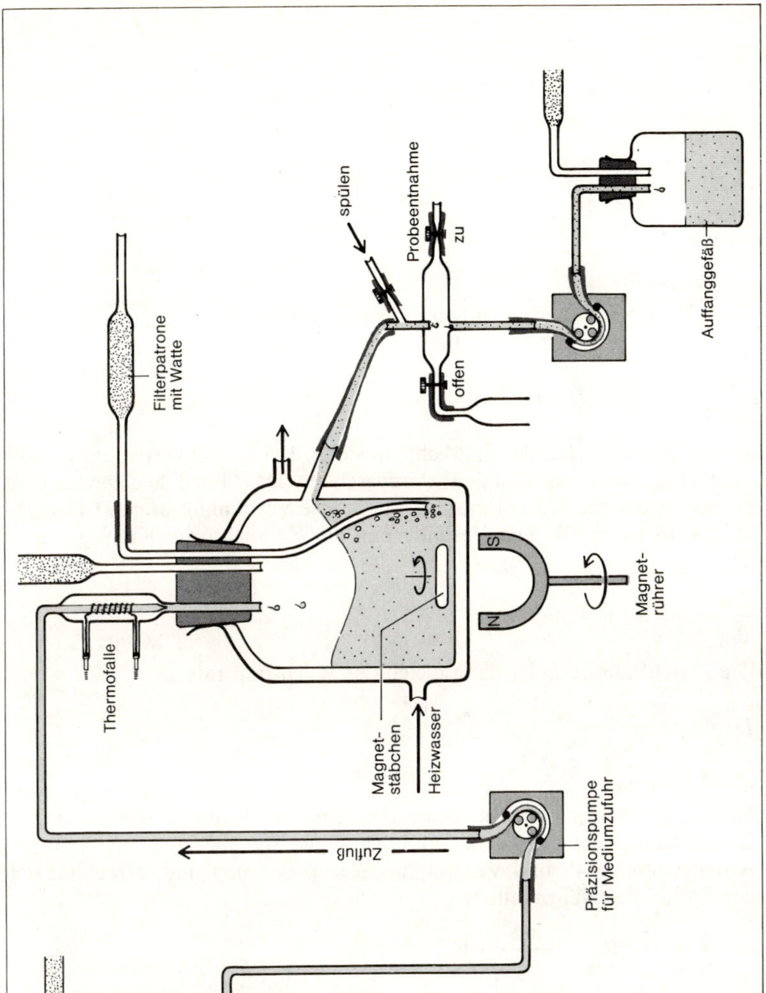

Abb. 4.3 Kontinuierliche Kultur

$$\frac{dx}{dt} = D \cdot x \tag{1}$$

D = Verdünnungsrate oder Durchflußrate
x = Zelldichte
t = Zeit

Für die Zellvermehrung gilt

$$\frac{dx}{dt} = \mu \cdot x \tag{2}$$

μ = Wachstumsrate

Da bei der kontinuierlichen Kultur Wachstum und Auswaschung gleichzeitig erfolgen, gilt für den Anstieg der Zelldichte

$$\frac{dx}{dt} = (\mu \cdot x) - (D \cdot x) \tag{3}$$

$\mu > D$ bedeutet, daß die Zelldichte ansteigt. Bei $\mu < D$ verringert sich die Zelldichte bis zum völligen Auswaschen. Das Fließgleichgewicht ist erreicht, wenn die Wachstumsrate μ durch die Verdünnungsrate D ausgeglichen wird ($\mu = D$). Die Veränderung der Zelldichte im Kulturgefäß ist dann

$$\frac{dx}{dt} = 0 \text{ (steady state)}$$

Die Durchflußrate D ist dann gleich der Wachstumsrate

$$D = \mu = \frac{\ln 2}{t_d} \tag{4}$$

t_d = Verdopplungszeit

Fließgleichgewicht herrscht, wenn die optische Dichte konstant oder die Konzentration des begrenzenden Substrats im Ausfluß konstant ist. Wenn Arbeitsvolumen V_o und Verdopplungszeit t_d gegeben sind, errechnet sich der Zufluß des Nährmediums

$$F = D \cdot V_o = \frac{\ln 2}{t_d} \cdot V_o \tag{5}$$

V_o = konst. Arbeitsvolumen

Zur Ermittlung der Auswaschung einer Verbindung gilt die Beziehung

$$c = c_o \cdot e^{-V/V_0} \tag{6}$$

V = Zuflußvolumen
c_o = Ausgangskonzentration im Kulturgefäß
c = Konzentration nach Zufluß der Menge V

Die kontinuierliche Kultur wird vielfach für Evolutionsversuche herangezogen, in denen unter Selektionsbedingungen bestimmte spontane Mutanten gewonnen werden. Versuche in einer Kultur von *E. coli K12* mit einem Glucose/Lactose-Gemisch führen zur raschen Selektion einer Mutante, die konstitutiv β-Galactosidase synthetisiert und den induzierbaren Wildtyp verdrängt. Die gleichzeitige Anwesenheit von Glucose und Lactose im Medium wirkt sich auf die Selektion einer konstitutiven Mutante günstig aus, da Lactose ständig in hoher Konzentration zur Verfügung steht und Glucose eine Induktion der β-Galactosidase verhindert (Katabolitrepression). Durch Mutation zum konstitutiven Zustand entfällt die Repression und Lactose wird gespalten.

Der folgende Versuch verwendet eine kontinuierliche Kultur in einfacher Ausführung mit einem Arbeitsvolumen von 50 ml.

Aufgabe

In einer kontinuierlichen Kultur in einem Lactose/Glucose-Medium ist das Auftreten einer Mutante zu zeigen, die β-Galactosidase konstitutiv synthetisiert.

Material

Stamm: *E. coli K12*

Geräte: Tischzentrifuge; Thermostat (37 °C); Pumpe oder Preßluft mit Woulfe'scher Flasche zur Belüftung; Flußratemesser (Dreiweghahn mit 10-ml-Pipette und Schlauchmaterial); Magnetrührmotor; 2 Schlauchpumpen; Photometer zur Trübungsmessung, Eisbad

Steriles Material: 100-ml-Kulturgefäß mit 50 ml Medium (Arbeitsvolumen V_0 = 50 ml); Vorratsgefäß (5 l); Auffanggefäß (5 l), Magnetrührstäbchen

Silicon-Schlauchmaterial: 100-ml-Erlenmeyerkolben mit seitlichem Meßrohr und 20 ml Medium zur Vorkultur; Pipetten; Kulturröhrchen

C-Medium: 1 g KCl; 0,2 g $MgCl_2 \cdot 6\ H_2O$; 7,0 g $K_2HPO_4 \cdot 3\ H_2O$; 5,4 g KH_2PO_4; 1,0 g $(NH_4)_2SO_4$; 0,01 g $CaCl_2 \cdot 6\ H_2O$; 0,0005 g $FeSO_4 \cdot 7\ H_2O$; 0,5 g Glucose; 0,5 g Lactose (Zucker extra autoklavieren) auf 1 l dest. Wasser (Medium nach dem Autoklavieren trüb, klart mit dem Abkühlen auf)

CR-Agarplatten: 10 g Glucose; 2 g Lactose (Zucker extra autoklavieren); Salzgemisch wie bei C-Medium; 15 g Agar auf 1 l dest. Wasser

HNB-Agarplatten (s. S. 63)

Weiteres Material – Reduktionspuffer: 1,8 g $Na_2HPO_4 \cdot 2\ H_2O$; 46 mg $MgSO_4 \cdot 7\ H_2O$; 3,4 mg $MnSO_4 \cdot 1\ H_2O$; 0,7 ml 2-Mercaptoethanol, pH 7,0, auf 100 ml dest. Wasser

0,1 molarer Natriumphosphatpuffer, pH 7,0; 10 mmolare *o*-Nitrophenyl-β-*D*-galactopyranosidlösung: 60 mg ONPG auf 20 ml dest. Wasser; Toluol

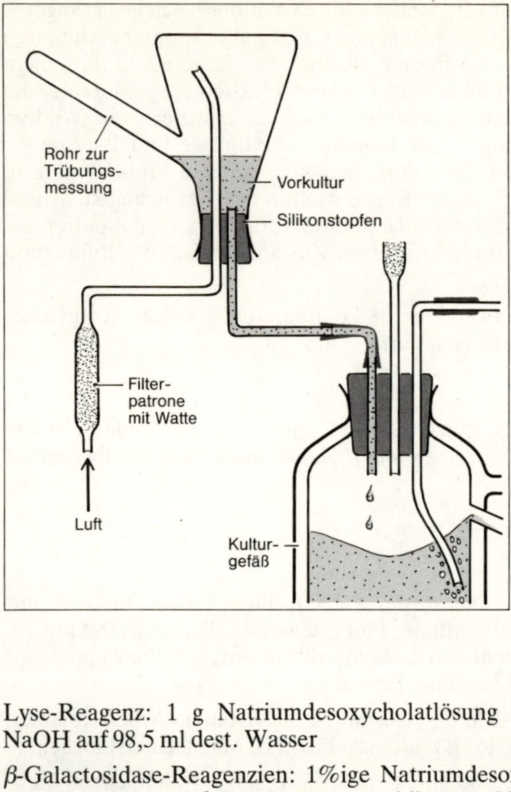

Abb. 4.4 Beimpfung des Kulturgefäßes mit einer Vorkultur

Lyse-Reagenz: 1 g Natriumdesoxycholatlösung im Gemisch mit 0,5 g NaOH auf 98,5 ml dest. Wasser

β-Galactosidase-Reagenzien: 1%ige Natriumdesoxycholatlösung; 3 mmolare *o*-Nitrophenyl-β-*D*-galactopyranosidlösung: 90,4 mg ONPG auf 100 ml Reduktionspuffer; 1 molare Na_2CO_3-Lösung: 10,6 g/100 ml

Zeitplan und Zeitbedarf

1. Tag: Vorbereitungen, Stamm animpfen
2. Tag: Ingangsetzen des Versuchs, 3 h
3. Tag und folgende Tage: alle 9–15 h, 30 min

Durchführung

Vorbereitungen

1. Vor Versuchsbeginn kontinuierliche Kultur nur mit Medium bei 37 °C unter Rühren 24 Stunden laufen lassen. Dadurch soll sichergestellt werden, daß in die Apparatur keine Infektionen geraten sind.

2. Zur Vorkultur E. coli-Stamm in 20 ml C-Medium als Standkultur über Nacht bei 37 °C in 100-ml-Erlenmeyerkolben züchten.

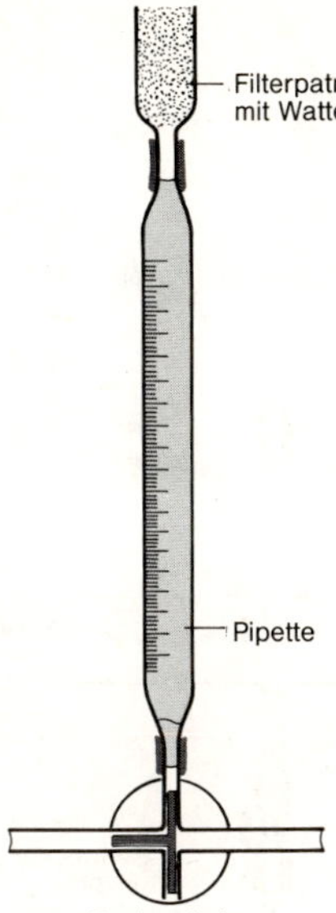

Abb. 4.5 Flußratemesser

Versuch

1. Vorkultur nach Abb. 4.4 in den Kulturkolben einfüllen.
2. C-Medium zufließen lassen, bis Arbeitsvolumen erreicht ist. Zufluß verschließen.
3. Bei 37°C unter Rühren und Belüften (250 ml/min) Kultur wachsen lassen.
4. Trübung messen, Zufluß öffnen und auf eine bestimmte Flußrate F (vom Stamm abhängig) mit Hilfe des Flußratemessers (Abb. 4.5) einregulieren.
5. Wachstumsrate bei drei verschiedenen Zuflußraten bzw. Verdünnungsraten nach Gleichgewichtseinstellung durch Trübungsmessung kontrollieren. Hierzu Proben mit Hilfe der Vorrichtung, s. Abb. 4.6 dem Ausfluß entnehmen und Zelldichte durch Trübungsmessung bestimmen.
6. Kultur auf konstante Verdünnungsrate D einstellen.
7. In Abständen von 9 bis 15 Stunden jeweils zwei Proben zu 5,0 ml entnehmen und in Eis stellen.
8. Gegen Versuchsende Bakterienproben zu 0,05 ml nach Verdünnen auf CR-Agarplatten ausplattieren und bei 37°C 20 Stunden inkubieren.

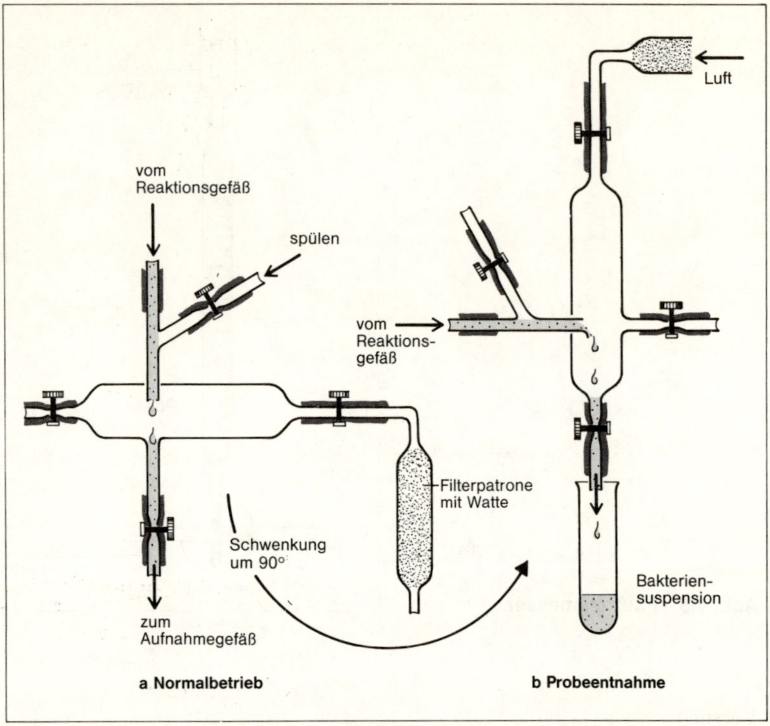

Abb. 4.6 Vorrichtung für Probeentnahme

Platten mit 20 bis 200 Kolonien auf CR- und HNB-Platten stempeln und bei 37 °C bebrüten (s. auch Kap. 8.2.2, S. 183 ff).

9. CR-Platten mit Toluoldampf 5 Minuten behandeln: über ein mit Toluol getränktes Filterpapierblättchen die Petrischale umgekehrt mit der Agarschicht nach oben legen. Mit 1 ml 10 mmolarer ONPG-Lösung überschichten. Gelbfärbung schon nach 5 Minuten zeigt rasche Spaltung des Substrats und damit eine konstitutive β-Galactosidasesynthese an.
10. Konstitutive Mutante von der HNB-Platte abimpfen und auf Schrägagar ausstreichen.
11. Proben von 7. bei 4000 g abzentrifugieren, einmal mit Phosphatpuffer waschen und bis zur Aufarbeitung als Niederschlag einfrieren.

Zur Proteinbestimmung einen Teil in 3 ml Natriumphosphatpuffer aufnehmen. Dazu 1 ml Probe mit 1 ml Lyse-Reagenz mischen und 5 Minuten bei 100 °C halten. Protein nach Bradford (s. S. 259 ff) bestimmen.

Zur Bestimmung der β-Galactosidase den Rest der Bakterien in 2 ml Reduktionspuffer suspendieren, mit 0,05 ml Toluol und 0,05 ml 1%iger Natriumdesoxycholatlösung mischen und bei 37°C 1 Stunde inkubieren. Gemisch auf 30°C bringen, mit 1 ml 3mmolarer ONPG in Reduktionspuffer versetzen und bei 30°C 10 Minuten unter gelegentlichem Schütteln inkubieren. Es tritt eine Gelbfärbung auf. Reaktion durch Zugabe von 2 ml 1molarer Na_2CO_3-Lösung stoppen.

Absorption bei 420 und 550 nm messen. 1 Enzymeinheit ist die Menge, die 1 µmol *o*-Nitrophenol pro Minute bei 28°C und pH 7,0 freisetzt. Eine Lösung von 1 µmol o-Nitrophenol/ml hat eine optische Dichte von 0,0005 bei 1 cm Lichtweg und pH 10,2 in der Meßküvette. (Zur Korrektur Wert bei 550 nm mit 1,65 multiplizieren und vom Wert bei 420 nm abziehen.)

Auswertung

1. Die Beziehung Flußrate und Zellkonzentration (Trübung) ist für 3 Flußraten zu bestimmen.
2. Die Enzymaktivität der β-Galactosidase ist in Abhängigkeit von der Kulturzeit zu bestimmen.
3. Es ist zu zeigen, daß der isolierte Stamm eine konstitutive Mutante ist.

4.3 Synchronisation der Zellteilung in Kulturen von Mikroorganismen

Unter den üblichen Wachstumsbedingungen befindet sich in jedem Augenblick nur ein Teil einer Zellpopulation im Stadium der Zellteilung. Nur in einer synchron wachsenden Zellkultur befinden sich alle Zellen im gleichen Stadium des Zellzyklus. Dies ist daran zu erkennen, daß die Anzahl der Zellen in einer Kultur für eine bestimmte Zeitspanne nahezu konstant bleibt. In dieser Zeit wachsen die neu gebildeten Zellen in der Größe. Dann verdoppelt sich die Anzahl der Zellen plötzlich, worauf die Zellzahl wieder kurze Zeit konstant bleibt und nur das Größenwachstum der Zellen stattfindet. So kommt es zu einer stufenförmigen Gestalt der Wachstumskurve (Abb. 4.7). Allerdings verwischen die Stufen ziemlich schnell, da die Synchronität verlorengeht. Mit synchronisierten Zellen läßt sich auch die Beziehung zwischen Alter der Zelle und Wachstumsgeschwindigkeit bestimmen: Junge kleine Zellen wachsen langsam, mittelgroße Zellen wachsen schnell und alte sehr große Zellen wachsen wieder langsam.

Verschiedene Methoden führen zur Gewinnung synchron wachsender Zellkulturen. Die bekanntesten sind:

1. Die Synchronisation durch spezifische Veränderungen der Umwelt, wie Temperatur oder Nahrungsbedingungen. Durch eine ständige Temperaturverschiebung zwischen 25 und 37°C in bestimmten Intervallen entsteht schließlich eine synchron sich teilende Zellkultur.

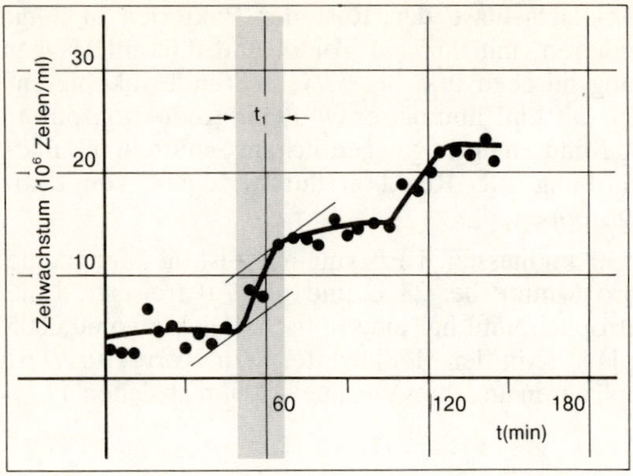

Abb. 4.7 Zellwachstum einer mit Percoll synchronisierten Zellkultur von *E. coli K12* (nach Dwek et al.)
t_1 = Zeitspanne, in der synchrone Vermehrung erfolgt

2. Die Synchronisation einer Zellkultur durch Abtrennung der jungen kleinen Zellen von den großen reifen Zellen mit Hilfe der Filtration oder Gradientenzentrifugation. Bei der Sedimentationsmethode bewegen sich die kleinen Zellen, die am Beginn eines Zellzyklus stehen, langsamer durch den Gradienten als große Zellen.
3. Die Methode von Helmstetter und Cummings beruht darauf, daß manche Bakterien fest am Zellulosenitratfilter (Milliporfilter) haften. Eine nicht synchronisierte Zellkultur wird durch ein Milliporfilter gegossen. Dann wird das Filter umgedreht und frisches Medium durchgegossen. Zunächst werden die lose haftenden Bakterien vom Filter abgewaschen, dann aber gelangen nur die Bakterien in den Flüssigkeitsstrom, die durch Teilung entstanden sind. Vorteilhaft bei dieser Methode sind die geringen Störungen, nachteilig die geringen Zellausbeuten.

Eine allgemein verwendbare Methode (vgl. Abb. 4.7) zur Trennung synchronisierter Zellen ist die Percollgradientenzentrifugation. Percoll ist kolloidale Kieselsäure, die zum Schutz der Zellen vor schädlichen Wirkungen mit Polyvinylpyrrolidon umhüllt wurde. Zur Abschätzung des Grades der Synchronität und zum Vergleich der Methoden dient der Synchronisationsindex S. I. Er ist nach Wolosker und Almeida definiert als

$$\text{S.I.} = 1 - \frac{t_1}{g}$$

t_1 = Zeitspanne in min, in der synchrone Vermehrung erfolgt
g = Generationszeit in min einer normal exponentiell wachsenden Zellkultur

Bei idealer Synchronisation ist

$t_1 = 0$

und damit

S.I. = 1.

Gewöhnlich liegt S.I. zwischen 0,2 und 0,8.

Aufgabe

Es ist eine Zellkultur zu synchronisieren.

Material

Stämme: *B. subtilis 168 trp*⁻- oder *Saccharomyces cerevisiae*

Geräte: Thomakammer mit Mikroskop zur Bestimmung der Zellzahl; Ultrazentrifuge mit Festwinkelrotor Ti50 und Zentrifugenbecher; Schüttelwasserbad (37 °C, 30 °C); Spektralphotometer; Mikrotestplatten

Steriles Material: 100-ml-Erlenmeyerkolben mit angeschmolzenem Reagenzglas; YEPD-Komplettmedium (für Hefen und Bakterien) (s. S. 221), Salzlösung (s. S. 56); Pipetten zu 10 ml und 1 ml

2 100-ml-Erlenmeyerkolben mit 20 ml und 40 ml YEPD-Komplettmedium

Percollgradient: Percoll (Pharmacia Fine Chemicals), 10fach konzentrierte Salzlösung (60 g Na_2HPO_4; 30 g KH_2PO_4; 5 g NaCl; 10 g NH_4Cl auf 1 l dest. Wasser)

Puffer

Weiteres Material: Formaldehyd, Essigsäure, Ethanol

Zeitplan und Zeitbedarf

1. Tag: Überimpfen der Vorkultur, 10 min
2. Tag: Percollgradienten herstellen und Vorversuch ausführen, 6 h
3. Tag: Zellzahl bestimmen, Vorkultur zum Synchronisationsversuch überimpfen, 1 h
4. Tag: Percollgradienten herstellen und Versuch ausführen, 6 h
5. Tag: Kolonien zählen und Versuch auswerten, 2 h

Durchführung

Vorversuch zur Bestimmung der Fraktion größter Zelldichte

1. Erlenmeyerkolben mit 20 ml YEPD-Medium zur Übernachtkultur animpfen.

2. Eine 40-ml-Kultur mit YEPD-Komplettmedium im 100-ml-Erlenmeyerkolben mit 2 ml einer Übernachtkultur des Stammes *B. subtilis* oder der Hefe überimpfen und bei 37 °C bzw. 30 °C schütteln.

3. Vorbereitung des Gradienten: 9 Teile Percoll und 1 Teil 10fach konzentrierte Salzlösung (v/v) in Röhrchen einfüllen.

4. Sobald sich die Zellen in der mittleren logarithmischen Phase befinden, Zellen durch Zentrifugation auf $4 \cdot 10^9$ Zellen/ml konzentrieren und einmal mit Salzlösung waschen.

5. Eine Probe von 1 ml auf den vorbereiteten Gradienten auftragen und in der Ultrazentrifuge 20 Minuten bei 24 °C und 21000 g im Rotor Ti50 zentrifugieren. (Bei Hefe $1{,}2 \cdot 10^9$ Zellen auftragen und nur 12,5 Minuten zentrifugieren).

6. Gradienten in 0,5-ml-Fraktionen austropfen.
7. Zellen der einzelnen Fraktionen mit der Thomakammer zählen. Hierzu Bakterien mit einer 0,2%igen Formaldehydlösung fixieren. (Bei Hefe ein Gemisch Formaldehyd/Essigsäure/70%iges Ethanol [1 : 1 : 18] verwenden). Es ist auch möglich, die Fraktionen in Mikrotestplatten zu messen. Die größte Zelldichte stimmt mit erhaltenen Trübungsbanden im Gradienten überein.

Bestimmung der synchronen Wachstumskurve mit der Fraktion größter Zelldichte (s. Vorversuch 1–6, S. 103f).

8. Arbeitspunkte 1 bis 6 wiederholen.
9. Die Fraktion mit der größten Zelldichte nach Ergebnis von 7. in 12 ml auf 37°C bzw. 30°C vorgewärmtes YEPD-Medium verdünnen und bei 37°C bzw. 30°C inkubieren. Alle 5 min Trübung im Kolben mit dem Spektralphotometer messen, Proben entnehmen und mit der Thomakammer wie bei 7. auszählen oder die geeignete Verdünnung ausplattieren.

Auswertung

1. Die Zellzahl ist in Abhängigkeit von der Percollkonzentration bzw. Fraktionsnummer aufzutragen (halblogarithmisches Papier).
2. Die Zahl der synchronisierten Zellen ist in Abhängigkeit von der Zeit aufzutragen (halblogarithmisches Papier).
3. Der Synchronisationsindex ist zu bestimmen.

Literatur

Botsford, J. L. (1981), Cyclic Nucleotides in Procaryotes, Microbiol. Reviews **45,** 620–642

Dwek, R. D., Kobrin, L. H., Grossman, N., Ron, E. Z. (1980), Synchronization of Cell Division in Microorganisms by Percoll Gradients, J. Bacteriol. **144,** 17–21

Dykhuizen, D. E., Hartl. D. L. (1983), Selection in Chemostats, Microbiol. Reviews **47,** 150–168

Evans, C. G. T., Herbert, D., Tempest, D. W. (1970), The Continuous Cultivation of Micro-organisms in Methods in Microbiology (Norris, J. R., Ribbons, D. W., Herausgeb.), Bd. **2,** Academic Press, London, New York

Herbert, D., Elsworth, R., Telling, R. C. (1956), The Continuous Culture of Bacteria: a Theoretical and Experimental Study, J. Gen. Microbiol. **14,** 601–622

Mendelson, N. H. (1982), Bacterial Growth and Division: Genes, Structures, Forces and Clocks, Microbiol Rev. **46,** 341–375

Monod, J. (1949), The Growth of Bacterial Cultures. Ann. Rev. Microbiol. **3,** 371–394

Novik, A., Szilad, L. (1950), Experiments with the Chemostat on Spontaneous Mutation of Bacteria, Proc. Nat. Acad. Sci. U.S.A. **36,** 708–719

Ron, E. Z., Rozenhak, S., Grossman, N. (1975), Synchronization of Cell Division in Escherichia coli by Amino Acid Starvation: Strain specificity, J. Bacteriol. **123,** 374–376

Schlegel, H. G. (1985), Allgemeine Mikrobiologie, Georg Thieme Verlag, Stuttgart, New York

Silver, S. R., Mateles, R. I. (1969), Control of Mixed-Substrate Utilization in Continuous Cultures of Escherichia coli, J. Bacteriol. **97,** 535–543

Wolosker, H. B. M., de Almeida, D. F. (1979), Qualitative Assessment of the Synchronization of Cell Populations, J. Gen. Microbiol. **110,** 225–227

5. Bakteriophagen

Bakteriophagen sind Viren, die sich in Bakterien vermehren. Untersuchungen mit Phagen spielen in der mikrobiellen Genetik eine wichtige Rolle. Auch in Umwelt und Wirtschaft sind sie von Bedeutung. Bei der Herstellung fermentierter Milchprodukte werden mehr als 80% aller Fermentationsstörungen von Phagen verursacht. Bakteriophagenbefall kann große Fermentationsansätze vernichten. Dies stellt vor allem für die heute in Entwicklung befindlichen kontinuierlichen Fermentationen ein Problem dar.

Bakteriophagen können von Bakterienbanken bezogen werden, lassen sich aber auch leicht isolieren. Die klassische Isolierungsmethode besteht darin, eine wachsende Kultur des Wirtsbacteriums mit phagenhaltigem Material, z. B. mit Abwasser, anzuimpfen. Nach einiger Zeit werden die Zellen entfernt (z. B. durch Chloroform abgetötet und abzentrifugiert) und die Kulturflüssigkeit auf Phagen geprüft. Geeignete Verfahren zur Phagenanreicherung sind Konzentrieren durch Ultrazentrifugation und durch Entwässerung mit Dextransulfat/Polyethylenglykol sowie Gefrierkonzentration.

Auf der Agarplatte mit einem Bakterienrasen zeigt sich eine Phagenkolonie als Loch („Plaque“). Größe und Randbreite des Plaque sind für einen Bakterienstamm charakteristisch (Abb. 5.1). Ein Plaque von 2 mm Durch-

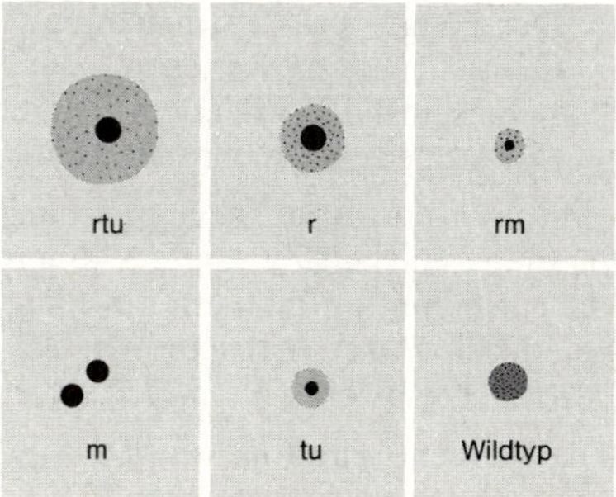

Abb. 5.1 Plaque-Typen
r: rapid lysis
tu: turbid halo
m: minute

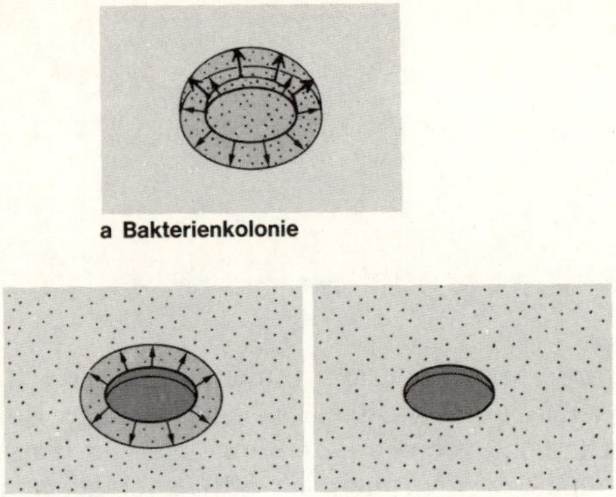

Abb. 5.2 Kolonienwachstum bei
a Bakterien (allgemein); **b** Bdellovibrio und **c** Phagen in einem Wirtsrasen

messer kann 10^7–10^9 Phagen enthalten. Der Bakterienparasit *Bdellovibrio* verursacht ähnliche Plaques. Während die Phagenvermehrung wesentlich an das aktive Wachstum der Wirtszellen gebunden und daher die Plaquebildung nach wenigen Tagen abgeschlossen ist, greift *Bdellovibrio* auch sich nicht mehr teilende lebende Zellen an, wodurch sich die Plaques bis über eine Woche lang vergrößern können (Abb. 5.2).

Virulente Phagen, wie T1 von *E. coli,* zeigen nur einen lytischen Zyklus (daher auch „lytische Pagen", Abb. 5.3). 1950 entdeckte Lwoff bei der Bestrahlung von *Bacillus megaterium* mit UV-Licht temperente Phagen. Infiziert ein temperenter Phage, z. B. der Phage Lambda, eine E. coli-Zelle, so gibt es je nach Medium und physiologischem Zustand der Wirtszelle zwei Möglichkeiten (Abb. 5.3):

1. Der Phage verhält sich virulent, indem er nach einer bestimmten Zeit die Zelle lysiert (lytischer Zyklus).
2. Der Phage verhält sich temperent, indem er in den Prophagenzustand übergeht und in das Genom der Bakterie eingebaut wird (Integration). In diesem wird er mit dem Bakterienchromosom repliziert, ohne daß die Wirtszelle zerstört wird, und auf die Tochterzellen vererbt.

Vor der Integration liegt das Phagengenom in der Wirtszelle in einem plasmidähnlichen Zustand als Präprophage vor. Der temperente Phage P1 oder bestimmte Mutanten des Phagen Lambda behalten ihren Plasmidzustand bei. Das Wirtsbacterium, das einen Prophagen besitzt, heißt „lysogen". Schreibweise: *E. coli K12* (Lambda).

Der lysogene Zustand beruht auf der Repression der Virusfunktionen: Der Lambda-Repressor, der vom cI-Gen des Phagengenoms codiert wird,

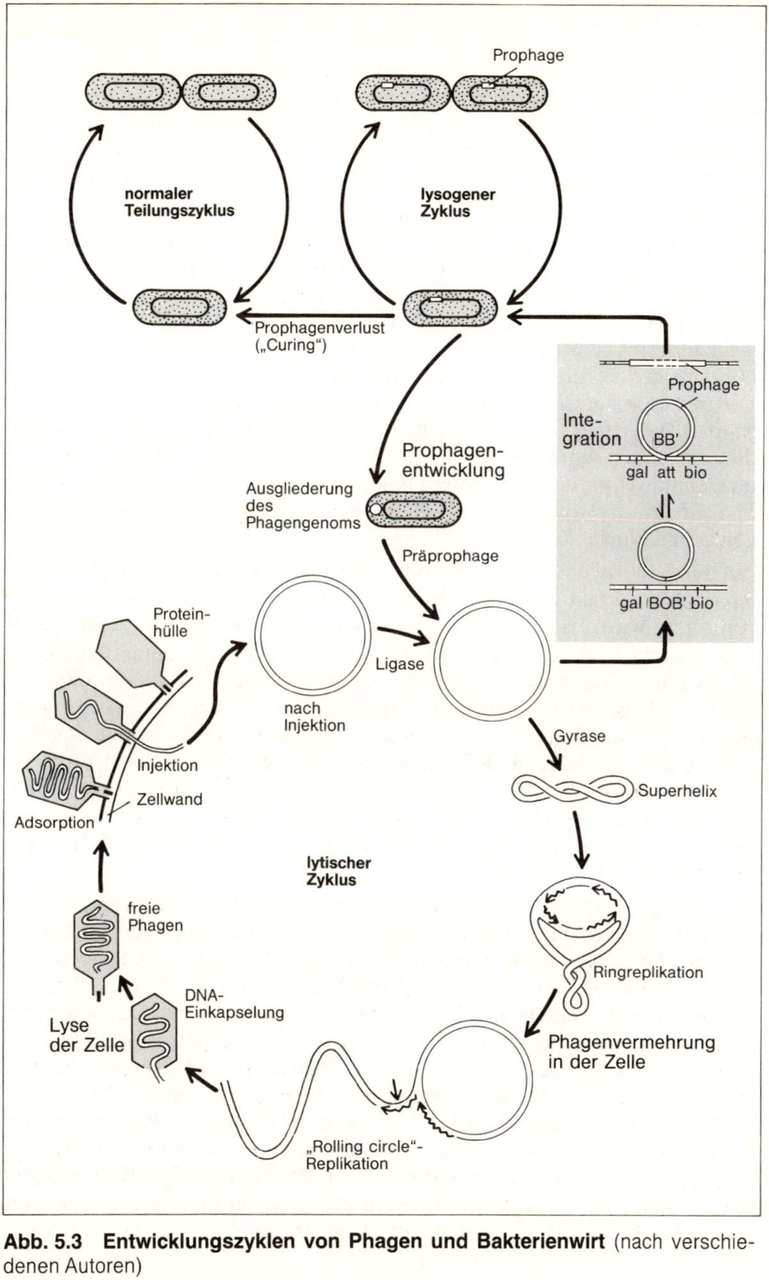

Abb. 5.3 Entwicklungszyklen von Phagen und Bakterienwirt (nach verschiedenen Autoren)

unterdrückt alle Gene, die für die Bakterienlyse notwendig sind. Durch die Repression ist auch eine Immunität gegen einen weiteren Phagenbefall der gleichen Spezies (Superinfektion) gegeben. Immunität bedeutet, daß bestimmte Phagen in der Zelle nicht mehr vermehrt werden, während bei der Resistenz, z. B. aufgrund veränderter Phagenrezeptoren, keine Anheftung des Phagen an der Zelloberfläche mehr stattfindet.

Unter Streßbedingungen – durch physikalische Einwirkungen, durch einen Hungerzustand bei thyminauxotrophen Mutanten oder durch chemische Agenzien – läßt sich die Ausgliederung des Prophagen induzieren. So wird die Prophagenentwicklung durch UV-Strahlen, *N*-Methyl-*N*'-nitro-*N*-nitrosoguanidin oder Mitomycin C, aber auch durch Hitzeschock, Überdruck und Ultraschall ausgelöst. Die Prophageninduktion durch geringe UV-Dosen kann zur Charakterisierung lysogener Populationen herangezogen werden. Bei einer Population von 10^2–10^5 lysogenen Zellen kann es allerdings zu einer spontanen Phagenentwicklung kommen. Ursache der Prophageninduktion ist eine Derepression. Für diese konnte beim Lambda-Phagen eine proteolytische Spaltung des Repressors verantwortlich gemacht werden.

Da durch Lysogenisierung das Bacterium neue existenzfördernde Eigenschaften erwerben kann, während dem Phagen zu größerer Verbreitung verholfen wird, läßt sich die Beziehung Wirtsbacterium/Prophage als Symbiose bezeichnen. Das Wirtsbacterium erwirbt die Immunität, die es gegen eine Superinfektion schützt; nur in seltenen Fällen kann dann ein zweiter Phage vom Bacterium aufgenommen werden. Die Ausprägung neuer Eigenschaften phageninfizierter Zellen unter der Kontrolle des Phagengenoms wird **lysogene Konversion** oder Phagenkonversion genannt. Am bekanntesten ist die Exotoxinsynthese in pathogenen Stämmen von *Corynebacterium diphtheriae.* Der Toxinproduzent enthält das Genom des temperenten β^{tox+}-Phagen im Bakterienchromosom, während nichtlysogene Bakterien apathogen sind.

Der Phage verursacht trübe Plaques in einem Bakterienrasen, die im wesentlichen auf überlebende lysogene Zellen zurückzuführen sind. Temperente Phagen können durch Infektion der Bakterien mit Phagen oder durch Induktion der Prophagenentwicklung vermehrt werden. Bei der Infektion von Bakterienzellen geht man zunächst von einer niedrigen Phagenkonzentration aus, bei der sich die Bakterienzellen im Medium noch über mehrere Stunden vermehren. Durch die aufeinanderfolgenden Infektionszyklen kommt es zum Anstieg des Phagentiters, bis schließlich alle Bakterienzellen infiziert sind und die Bakterienkultur vollkommen lysiert ist. Bei der Induktion der Prophagenentwicklung verwendet man Phagen, die einen temperatursensitiven Repressor (cIts) besitzen. Die Bakterienzellen mit den lysogenen Phagen werden zunächst bei niedriger Temperatur angezüchtet. Durch Erhöhung der Temperatur wird dann die lytische Vermehrung des Phagen induziert.

5.1 Stufenwachstum der Phagen und Phagenzüchtung in Flüssigkultur

Setzt man einer Bakterienkultur Phagen in ausreichender Konzentration zu (1% der Zellen sollten infiziert werden), so beobachtet man bei Messung der optischen Dichte nach anfänglich normalem Wachstumsverlauf eine Verlangsamung des Wachstums. Schließlich hört das Wachstum auf, und die Trübungswerte sinken (Abb. 5.4). Die Bakterienkultur klart auf, da immer mehr Bakterien lysieren. Verfolgt man die Anzahl der Phagen im Medium, bzw. der phagenhaltigen Wirtszellen, in einem Plattentest, so bleibt die Plaquezahl zunächst längere Zeit konstant: Latenzperiode. Darunter versteht man die Minimalzeit zwischen der Adsorption der Phagen an die Wirtszelle und der Lyse der Wirtszelle. Nach der Latenzperiode steigt die Plaquezahl plötzlich um über eine Zehnerpotenz an und bleibt dann wieder nahezu konstant.

Die plötzlich freigewordenen Phagen („Wurf") infizieren nun einen großen Teil der zu 99% noch vorhandenen Zellen. Nach einer weiteren Zeitspanne erfolgt ein zweiter steiler Anstieg. Diese zweite Stufe ist weniger scharf, da die Nachkommen der Phagen des ersten Zyklus nicht alle gleichzeitig die Bakterien infizieren und lysieren. Eine solche Kinetik der Phagenvermehrung wurde zuerst von Ellis und Delbrück 1939 untersucht. Abb. 5.4 zeigt die Phagenzahl, als Plaque bildende Einheiten (pfu: plaque forming units) gegen die Zeit aufgetragen, eine Stufenwachstumskurve. Nicht nur freie

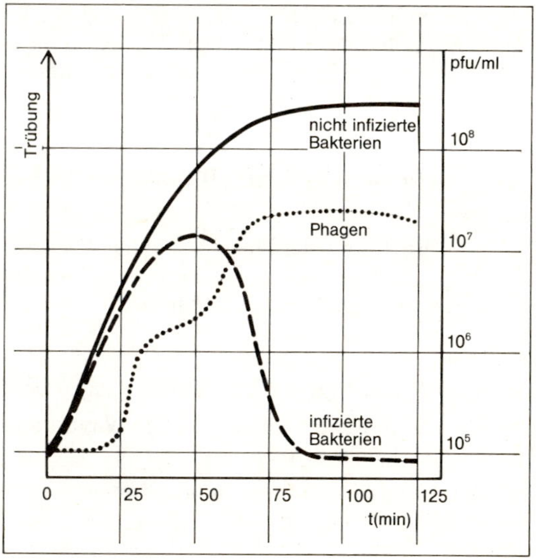

Abb. 5.4 Stufenwachstum des Phagen und Bakterienlyse

Phagen können zu Plaques führen, sondern auch infizierte Zellen. Aus der Bakterienlyse läßt sich die Wurfgröße nur grob abschätzen. Die nicht lysierten Zellen am Ende des ersten Zyklus können auf einer Superinfektion beruhen: Zwei oder mehr Phagen sitzen auf einer Zelle und werden von der Phagentiterbestimmung nicht erfaßt. Kontinuierliches Wachstum nicht infizierter Zellen überlagert sich mit diskontinuierlichem infizierter Zellen. Eine genaue Bestimmung der Wurfgröße gestattet die serologische Methode (s. S. 120).

Für die Phagenzählung über Plaques gibt es hauptsächlich zwei Methoden:

Im **Oberflächenverfahren** plattiert man zunächst eine Suspension von sensitiven Wirtsbakterien auf gut getrockneten Petrischalen aus (Indikatorbakterien). Dann plattiert man die Phagensuspension in einer geeigneten Verdünnung.

Im **Schichtagarverfahren** wird eine Wirtsbakteriensuspension in Weichagaroberschicht mit Phagensuspension in entsprechender Verdünnung gemischt und auf eine Komplettagarplatte gegossen.

Zur Isolierung der Phagen hat sich Chloroform bewährt. Da es Photolyseprodukte bildet, gegen die Phagen empfindlich sind, soll frisch destilliertes Chloroform verwendet werden. 0,5 ml $CHCl_3$ werden mit 10 bis 20 ml Phagensuspension intensiv geschüttelt und nach einigen Minuten die Bakterienreste abzentrifugiert. Diese Methode beruht darauf, daß Phagen im allgemeinen keine Lipidstrukturen besitzen (Ausnahme z. B. PM2-Phagen), während die Membranstrukturen der Bakterien lipidhaltig sind und daher zerstört werden. Weitere Methoden sind Filtration mit 0,45-µm-Filter („bakteriendichte Filter“) oder Zerstörung der Wirtsbakterien durch Hitze bei hitzeempfindlichen Bakterien. Zur Konzentration werden die gereinigten Phagen bei 50 000 g abzentrifugiert. Titer von 10^{10}–10^{12} Phagenpartikel/ml können erreicht werden.

5.1.1 Züchtung von T1-Phagen

Aufgabe

1. Die Vermehrung der Phagen ist anhand der Bakterienlyse zu zeigen.
2. Eine Titerbestimmung ist nach dem Oberflächenverfahren und dem Schichtagarverfahren auszuführen.

Material

Stämme: *E. coli B* (Indikatorstamm), Phagensuspension T1 (10^{11} pfu/ml)

Geräte: Schüttelwasserbad (37°C), Plattierteller, Spektralphotometer, Wasserbad, Kühlzentrifuge

Steriles Material: HNB-Medium, HNB-Agarplatten (s. S. 63); Weichagar (8 g Nutrient Broth, 5 g NaCl, 7 g Agar auf 1 l dest. Wasser); Phagenpuffer zur Aufbewahrung der Phagen (7 g $Na_2HPO_4 \cdot 2\ H_2O$, 3 g KH_2PO_4, 4 g

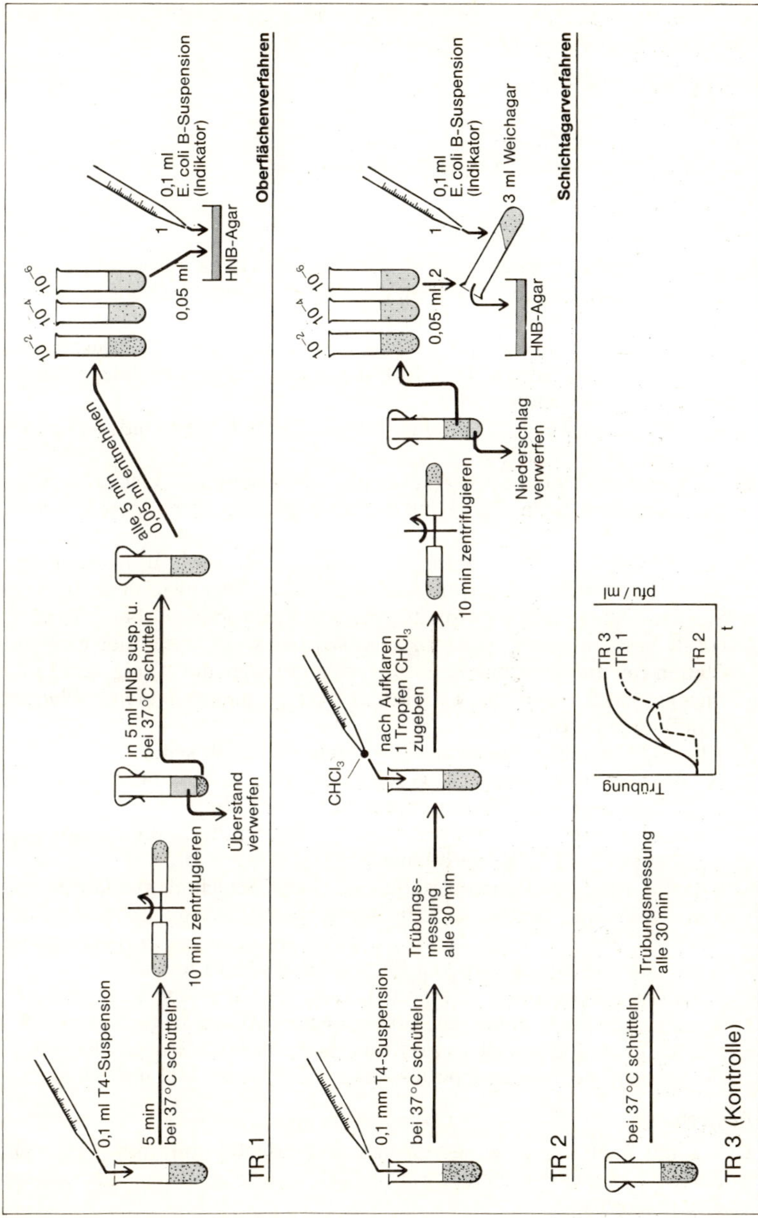

Abb. 5.5 Versuch zum Stufenwachstum

NaCl auf 1 l dest. Wasser); Salzlösung (s. Kap. 8.1., S. 56ff); Zentrifugenröhrchen mit Deckeln, Pipetten zu 5 ml und 1 ml

Zeitplan und Zeitbedarf

Anzucht, 2 h
Aufnahme der Stufenkurve (Plattieren), 1–2 h
Aufnahme der Lysekurve (Trübungsmessung), 5 h
Titerbestimmung, 1 h

Durchführung (s. Abb. 5.5)

1. Drei Zentrifugenröhrchen mit je 5 ml HNB-Medium mit je 0,1 ml einer *E. coli*-B-Suspension versetzen und bis zu einem Trübungswert von $OD_{400-600} \approx 0{,}4$–$0{,}5$ bei 37 °C schütteln.
2. Zwei Röhrchen (TR1 und TR2) mit je 0,1 ml T1-Phagensuspension versetzen und schütteln. Das dritte Röhrchen bleibt ohne Phagenzusatz und dient als Kontrolle (T3).
3. Alle Röhrchen bei 37 °C in einem Wasserbad schütteln und nach Abb. 5.5 wie folgt behandeln:
4. Teströhrchen TR1 nach 5 Minuten abzentrifugieren. Überstand verwerfen. Niederschlag in 5 ml HNB-Medium aufnehmen und weiter schütteln.
5. Alle 5 Minuten 0,05 ml entnehmen und auf 10^{-2}, 10^{-4}, 10^{-6} verdünnen. Von jeder Verdünnungsstufe nach dem Oberflächenverfahren 0,05 ml Suspension auf HNB-Agarplatten plattieren, nachdem vorher 0,05 ml *E. coli*-B-Suspension als Indikator ausgestrichen wurden. Plattiert man auf Platten mit Indikatorbakterien unverdünnte oder nur wenig verdünnte Phagensuspensionen aus, beobachtet man ineinander laufende Plaques (konfluente Lyse).
6. Alle 30 Minuten Trübung von Teströhrchen TR2 messen.
7. Ist Bakterienlyse soweit fortgeschritten, daß die Suspension aufklart, einen Tropfen Chloroform zugeben und gut mischen.
8. Teströhrchen TR2 zentrifugieren und zur Phagentiterbestimmung Überstand auf 10^{-2}, 10^{-4}, 10^{-6} verdünnen.
9. 0,05 ml jeder Verdünnungsstufe nach dem Schichtagarverfahren mit 3 ml Weichagar, der bei 40 °C im Wasserbad gehalten wird, und 0,1 ml *E. coli*-B-Suspension als Indikator mischen, auf eine HNB-Agarplatte gießen und gleichmäßig auf der Plattenoberfläche verteilen.
   Um höhere Phagentiter zu erhalten, kann der Überstand eines größeren Lyseansatzes 30 Minuten bei 30 000 g in einer Kühlzentrifuge in autoklavierten Zentrifugenbechern zentrifugiert werden. Gelartigen Phagenniederschlag in wenig Phagenpuffer aufnehmen und bei 4 °C aufbewahren.

Auswertung

1. Die mit Trübungsmessung verfolgte Bakterienlyse und das Wachstum der unbehandelten Bakteriensuspension sind in Abhängigkeit von der Zeit darzustellen.

2. Die Stufenwachstumskurve ist aufzunehmen: pfu/ml in Abhängigkeit von der Zeit.
3. Der Phagentiter der lysierten Bakterienkultur ist zu bestimmen.
4. Man studiere die Morphologie der Plaques (Skizze).

5.1.2 Züchtung von Lambda-Phagen

Aufgabe

Lambda-Phagen sind zur DNA-Isolierung zu züchten (s. Kap. 13.2, S. 280ff)

Material

Stamm: *E. coli LE 392*

Geräte: s. S. 110

Steriles Material: 250-ml-Erlenmeyerkolben mit 80 ml L-Broth-Medium (10 g Bactotrypton, 5 g Yeast Extract, 10 g NaCl auf 1 l dest. Wasser)
Vier 2-l-Erlenmeyerkolben mit je 300 ml L-Broth, 0,1molare Magnesiumsulfatlösung, Pipetten

Durchführung

1. 250-ml-Erlenmeyerkolben mit Medium mit *E. coli LE 392* beimpfen und über Nacht bei 37 °C schütteln.
2. 15 ml der Vorkultur jeweils auf vier 2-l-Kolben mit je 300 ml Medium verteilen.
3. Nach Zugabe von 3 ml 0,1molarer Magnesiumsulfatlösung (Endkonzentration 1 mmolar) Zellen bei 37 °C stark schütteln, bis optische Dichte von 0,4 erreicht ist.
4. Lambda-Phagen zusetzen. 1 bis 6 ml Phagensuspension zu 300 ml Zellsuspension geben. Es soll eine Konzentration von 2 bis 3mal $\cdot 10^8$ pfu/ml Medium erreicht werden.
5. Alle 30 min optische Dichte messen. Nach Erreichen eines Minimums der optischen Dichte Chloroform zugeben. Weiter wie auf S. 110f.

5.2 Versuche mit temperenten Phagen

Allgemein lassen sich lysogene Kulturen daran erkennen, daß sie immer freie Phagen enthalten. Die freien Phagen lassen sich wegen der Immunität der Wirtszellen mikrobiologisch nur durch einen sensitiven Stamm erkennen (Indikatorstamm). Indikatorstämme findet man am besten in der Kultur des lysogenen Stammes selbst. Durch „Curing“ werden wenige Zellen von ihrem Phagen spontan befreit und dadurch sensitiv (bei *E. coli* [Lambda] 1 Zelle unter 10^5 Zellen). Ein „Curing“ ist auch durch Behandlung mit UV-Strahlen oder durch Superinfektion möglich. Durch UV-

Bestrahlung läßt sich in einem lysogenen Stamm von *Streptococcus lactis* die Prophagenentwicklung auslösen. Bei 0,5% Überlebenden nach einer Behandlung mit UV-Licht beobachtet man Zellen, die keinen Phagen mehr enthalten und sich wie sensitive Indikatorbakterien verhalten.

Um temperente Phagen freizusetzen, wird die Induktion mit UV-Licht oder Mitomycin C (5µg/ml in Komplettmedium mit $2 \cdot 10^8$ Zellen/ml) angewandt. Optimale Induktionen wurden bei Ansätzen beobachtet, bei denen nur wenige Prozent lysogener Zellen überlebten. Nach der Bestrahlung müssen die Zellen in frischem Medium inkubiert werden. Zur Verhinderung der Photoreaktivierung ist Licht auszuschließen (s. S. 193).

5.2.1 Nachweis der Lysogenie

Einen einfachen Nachweis ermöglicht der Kreuzausstrich. Einen sicheren Nachweis bietet das Agarschichtverfahren, in das eine UV-Bestrahlung eingefügt werden kann.

Kreuzausstrich

Material

Stamm: *E. coli K12* (Lambda) und Indikatorstamm
Geräte: 2 HNB-Komplettplatten (s. S. 63), UV-Lampe (30 Watt)

Durchführung: (Abb. 5.6)

1. Lysogenen Stamm und Indikatorstamm auf 2 HNB-Platten kreuzweise ausstreichen.

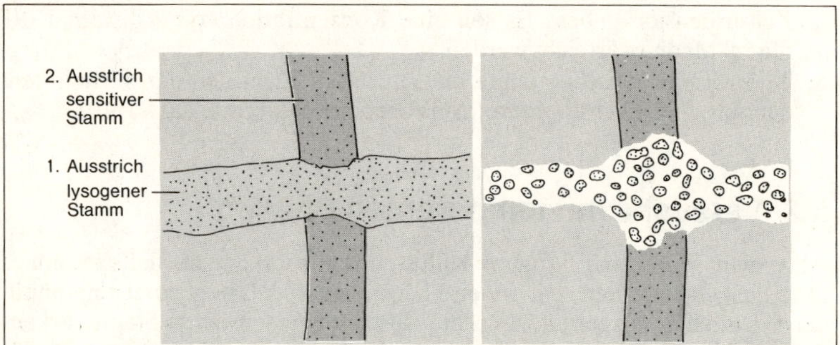

Abb. 5.6 Kreuzausstrich. a Ohne UV-Bestrahlung: **b** Nach kurzer UV-Bestrahlung

2. Eine Platte nach dem Ausstrich 2mal 2 s mit UV-Licht bestrahlen (300 μW/cm², s. S. 193ff).
3. Bei 37 °C inkubieren.

Auswertung

Es ist festzustellen, ob der Kreuzausstrich einen lysogenen Stamm anzeigt. Im unbestrahlten Kontrollversuch ist nur ein enges Lyseband des Indikatorstammes zu beobachten, das den Ausstrich des lysogenen Stammes umgibt. Durch UV-Bestrahlung wird die Koloniendichte verringert, und die durch Prophagenentwicklung frei gewordenen Phagen lysieren stark den Ausstrich des Indikatorstammes.

Agarschichtverfahren

Material

Stamm: *E. coli K12* (Lambda) und Indikatorstamm

Geräte: UV-Lampe (30 Watt), entbehrlich

Steriles Material: 3 (5) Petrischalen mit HNB-Agar (s. S. 63ff), Kulturröhrchen, sterile Filterblättchen (25 mm Durchmesser), Kulturröhrchen mit 3 ml HNB-Weichagar, 2 Kulturröhrchen mit 5 ml HNB-Medium.

Weiteres Material: Chloroform, Becherglas mit wenig Alkohol und Drigalskispatel

Zeitplan und Zeitbedarf

Vorkulturen am Morgen ansetzen, 10 min
Chloroformbehandlung und Verteilen des Indikatorstammes, 2 h

Durchführung: (Abb. 5.7)

1. Lysogenen Stamm und Indikatorstamm in 5-ml-HNB-Röhrchen vorzüchten.
2. Von Plattenvorkultur des lysogenen Stammes etwas Material suspendieren. 3 Petrischalen bereitstellen (1 Platte als Abtötungskontrolle). Falls UV-Bestrahlung erfolgen soll, 2 weitere Platten bereitlegen.
3. 0,05 ml der lysogenen Bakteriensuspension auf HNB-Agarplatten ausstreichen. Hier kann eine UV-Bestrahlung angeschlossen werden. UV-Bestrahlung (300 μW/cm², s. S. 193ff) 2mal 2 Sekunden mit 2-Minuten-Pause. Nach der Bestrahlung 2 Stunden warten.
4. Bakterien auf der Platte mit Chloroform abtöten, indem man auf ein Filterblättchen 2 Tropfen Chloroform gibt und Petrischale, mit Agarschicht nach oben (Abb. 5.7), darauflegt.
5. 30 min zur Befreiung von Chloroform auslüften lassen. Man legt die Agarplatte umgekehrt auf den Petrischalendeckel.

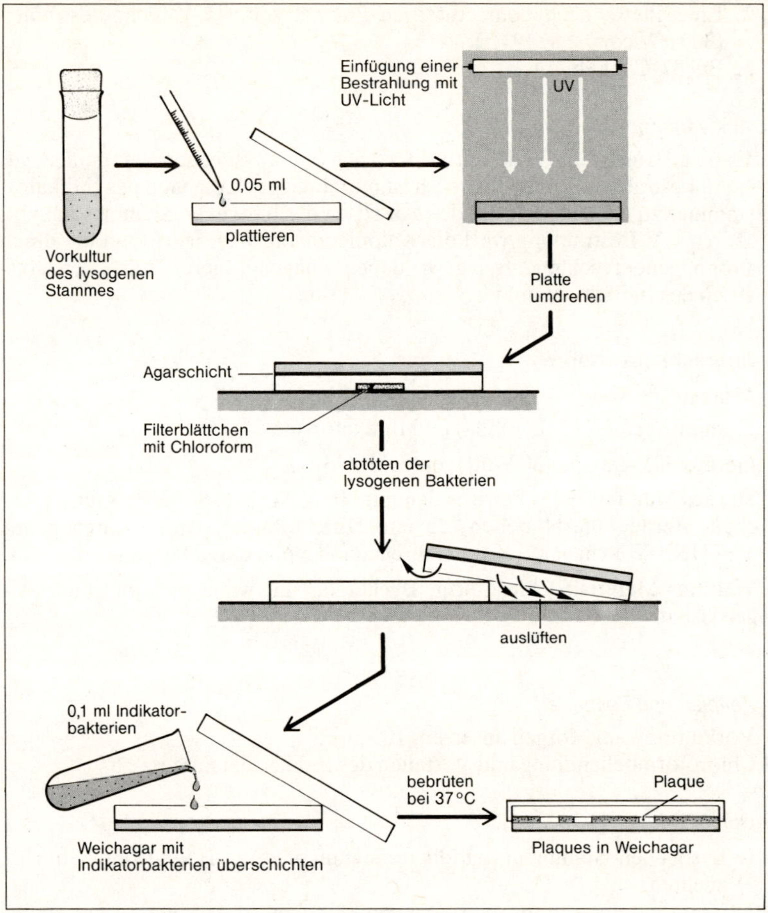

Abb. 5.7 Nachweis der Lysogenie mit dem Agarschichtverfahren

6. 3 ml Weichagar mit 0,1 ml Indikatorbakterien mischen und auf die Platte gießen.
7. Bei 37 °C bebrüten.

Auswertung

Es ist festzustellen, ob ein lysogener Stamm vorliegt.

5.2.2 Isolierung von temperenten Phagen und sensitiven Bakterienstämmen

Aufgabe

1. Aus lysogenen Zellen sind temperente Phagen nach Prophageninduktion zu isolieren.
2. Aus einem lysogenen Stamm sind sensitive Bakterienstämme zu isolieren („Curing").

Material

Stamm: *Streptococcus lactis NCDO 505* (C2)

Geräte: Tischzentrifuge, Stoppuhr, UV-Lampe (30 Watt), Spektralphotometer, UV-Schutzbrille, Wasserbad

Steriles Material: 25 Petrischalen (M17/Ca-Medium, 1,6% Agar); 50 Kulturröhrchen mit Deckel; 2 100-ml-Erlenmeyer mit Meßrohr mit je 25 ml M17/Ca-Medium; 10 Kulturröhrchen mit 3 ml Weichagar (M17/Ca-Medium, 0,4% Agar); Glaspetrischalen; Pipetten zu 1 ml und 5 ml

M17/Ca-Medium: 5 g Pepton aus Sojabohnenmehl; 2,5 g Pepton aus Fleisch; 2,5 g Pepton aus Casein; 2,5 g Hefeextrakt; 2,5 g Fleischextrakt; 5 g D(+)-Lactose; 0,5 g Ascorbinsäure; 19 g Na-β-Glycerophosphat; 0,25 g $MgSO_4 \cdot 7\,H_2O$; 0,01 molares $CaCl_2$ auf 1 l dest. Wasser

Phagenpuffer: 1,0 g K_2HPO_4; 0,54 g KH_2PO_4; 5,0 g NaCl; 0,2 g $MgCl_2$; 0,02 g $CaCl_2$ auf 1 l dest. Wasser

Zeitplan und Zeitbedarf

1. Tag: Überimpfen, 15 min
2. Tag: Versuche, 3 h
3. Tag: 1 h
4. Tag: 1 h

Durchführung

zu 1. Herstellung eines Lysats temperenter Phagen durch Prophageninduktion (Abb. 5.8)

1. 25 ml M17/Ca-Medium in einem 100-ml-Erlenmeyerkolben mit Meßrohr mit dem lysogenen Stamm beimpfen und bei 30°C über Nacht inkubieren.
2. Am folgenden Tag eine 5-ml-Probe entnehmen und auf 20 ml M17/Ca-Medium überimpfen.
3. Sobald die Kultur die optische Dichte von 0,6 bis 0,7 erreicht hat, Portionen zu 5 ml abzentrifugieren und einmal mit Phagenpuffer waschen. Das Waschen ist notwendig, da kleine Nährstoffmengen UV-Licht absorbieren können.

4. Bakterienniederschlag in 5 ml Phagenpuffer suspendieren. Zur Bestimmung des Nullwerts eine Probe zu 0,05 ml entnehmen und auf 10^{-6} verdünnen. Zweimal 0,05 ml auf je eine Petrischale plattieren.
5. Zur Inaktivierung die Bakteriensuspension in eine Glaspetrischale gießen und mit UV-Licht (300 $\mu W/cm^2$, s. S. 193ff) auf sich drehendem Plattierteller verschieden lange bestrahlen (Schutzbrille). Nach den Bestrahlungszeiten von 5, 10 und 30 Sekunden jeweils 0,05 ml Bakteriensuspension entnehmen und auf 10^{-3} und 10^{-4} verdünnen. Von jeder Verdünnungsstufe 0,05 ml auf 2 Petrischalen plattieren. Inkubation bei 30 °C 18 Stunden.
6. Zur Gewinnung der Phagensuspension restliche Zellsuspension mit 5 ml M17/Ca-Meduim vermischen und 1 Stunde bei 20 °C stehen lassen.
7. Danach die bestrahlte Zellsuspension in ein Kulturröhrchen aufnehmen, mit 4 Tropfen Chloroform versetzen und gut schütteln.
8. 10 Minuten in der Tischzentrifuge bei 4000 upm abzentrifugieren. Den klaren Überstand (Phagensuspension) abpipettieren und bei 4°C aufbewahren.

Zwischenauswertung

1. Die Kolonien des Bestrahlungsversuchs (Inaktivierung) auszählen.
2. Die Inaktivierung graphisch als Zahl der überlebenden Zellen in Abhängigkeit von der Bestrahlungsdauer darstellen. Die Platten mit einer Überlebensrate von 0,1 bis 2% aufbewahren.

zu 2. Isolierung eines sensitiven Bakterienstammes aus einem lysogenen Stamm („Curing"), vgl Abb. 5.8.

1. Die durch UV-Behandlung nach I/5 erhaltenen Kolonien (0,1–2% Überlebensrate) auf der Rückseite der Petrischale durchnumerieren (ca. 100).
2. Von jeder Kolonie etwas Impfmaterial S-förmig auf M17/Ca-Platten ausstreichen (ca. 20 Ausstriche pro Platte; Parallelausstrich auf 2 Agarplatten).
3. Auf jeden Ausstrich einer Platte 10 µl der nach I/6 erhaltenen Phagensuspension pipettieren und 18 Stunden bei 37 °C inkubieren.
4. Die von Phagen nicht lysierten Stämme zeigen pfenniggroße trübe Flecke. Sensitive Bakterien dagegen weisen eine glasklare Kreisfläche mit kleinen Einsprenkelungen resistenter Kolonien auf. Die mutmaßlichen sensitiven Stämme überprüfen. Proben in 2-ml-M17/Ca-Röhrchen überimpfen und 18 Stunden bei 30 °C inkubieren.
5. Für jeden Stamm ein 3-ml-M17/Ca-Weichagarröhrchen und eine Hartagarplatte bereitstellen. Agarröhrchen 10 Minuten in kochendes Wasser und dann bis zur Verwendung in ein 40 °C-Wasserbad stellen.
6. 0,1 ml der Bakteriensuspension mit den mutmaßlichen sensitiven Stämmen mit Weichagar im Agarröhrchen vermischen und auf die Hartagarplatte gießen. Agar durch leichtes Kippen auf der Petrischale gleichmäßig verteilen.

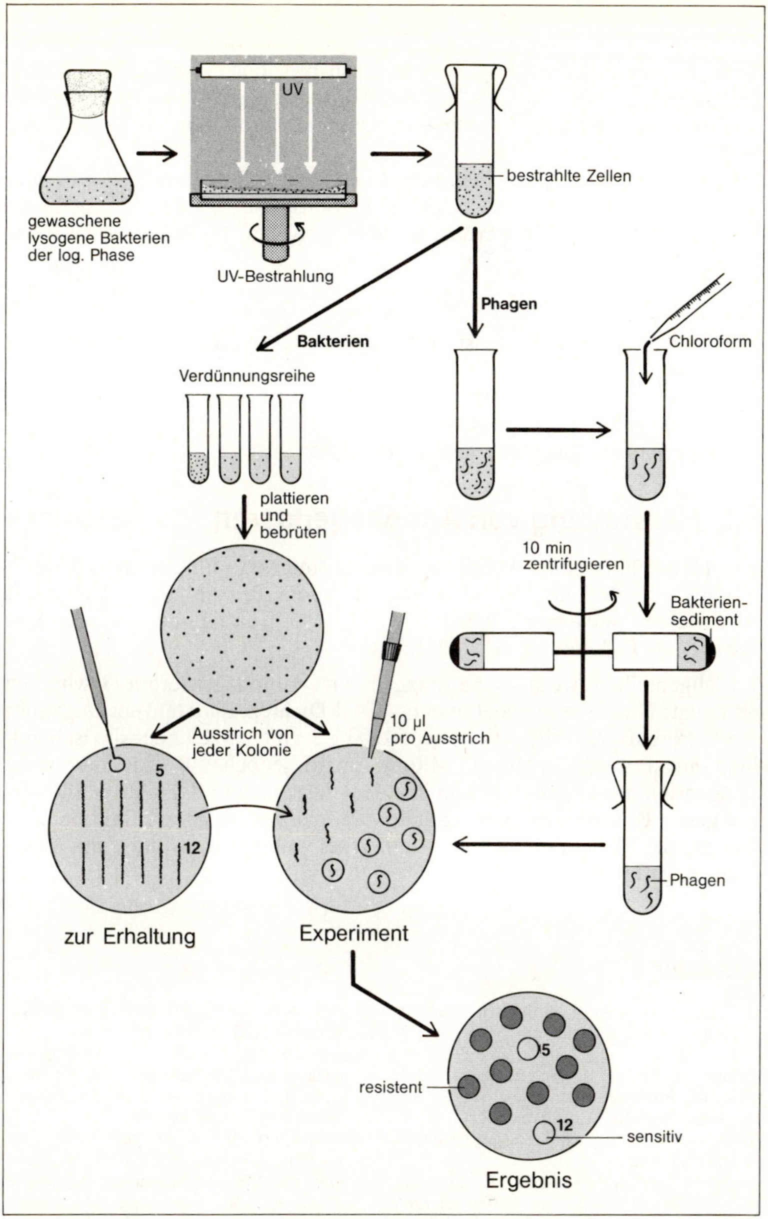

Abb. 5.8 Isolierung von temperenten Phagen und sensitiven Bakterienstämmen

7. Nach dem Erstarren 10 µl der Phagensuspension verschiedener Verdünnungen (unverd., 10^{-2}, 10^{-4} und 10^{-6}) an markierten Stellen (Markierung vorher auf der Plattenunterseite) tropfen. Inkubation 18 Stunden bei 37 °C.
8. Ist der Stamm sensitiv, beobachtet man einen glasklaren Fleck in einem trüben Bakterienrasen. Der Bakterienstamm kann als „geheilt" („cured") angesehen werden, wenn eine weitere Prüfung auf UV-Induzierbarkeit negativ ausfällt.

Auswertung

1. Die Überlebendzellzahl ist in Abhängigkeit von der Bestrahlungsdauer aufzutragen.
2. Der Prozentsatz der durch „Curing" sensitiv gewordenen Bakterienstämme ist festzustellen.
3. Der erhaltene Phagentiter ist zu bestimmen.

5.3 Herstellung von Antiphagenseren

Zur Herstellung eines Antiphagenserums sind hohe Phagentiter (10^{9}–10^{12} pfu/ml) erforderlich. Die Methode erfolgt im Prinzip wie auf S. 335 ff beschrieben, siehe auch Adams, M. H. (1950) und Engel, G, von Milczewski, K. E. Lembke, A. (1975).

Im allgemeinen werden die Phagen zur Antiphagenserum-Gewinnung gereinigt. Hierzu verwendet man die CsCl-Dichtegradientenzentrifugation, die Differentialzentrifugation (bei 50 000 g 2½ h bei 4 °C) oder die Behandlung mit Polyethylenglykol. Mitunter wird jedoch auf eine besondere Phagenreinigung verzichtet. Da das Antiphagenserum dann auch Antikörper gegen Bakterienproteine enthält, gibt man zertrümmerte Bakterienzellen zu, die die unerwünschten Antikörper präzipitieren und dann durch Zentrifugation entfernt werden.

Literatur

Adams, M. H. (1950), Methods of Study of Bacterial Viruses, Methods Med. Res. **2,** 1–73

Adams, M. H. (1959), Bacteriophages, Interscience Publishers, Inc., New York, Interscience Publishers Ltd., London

Douglas, J. (1975), Bacteriophages, Chapman and Hall, London

Engel, G., von Milczewski, K. E., Lembke, A. (1975), Versuche zur Differenzierung von Phagen der Streptococcus lactis- und cremoris-Gruppe: Bakterienspektrum, serologische Beziehungen und morphologische Kriterien, Kiel. Milchwirtsch. Forschungsber. **27,** 25–48

Gasson, M. J., Davies, F. L. (1980), Prophage-Cured Derivatives of Streptococcus lactis and Streptococcus cremoris, Appl. Env. Microbiol. **40,** 964–966

Gunsalus, I. C. (Chefherausgeb.) (1975), The Bacteria, A Treatise on Structure and Function, Bd. **VII,** Mechanism and Adaptation (Sokatch, J. R., Ornston, L. N., Herausgeb.) Academic Press, New York, San Francisco, London

Hendrix, R. W., Roberts, J. W., Stahl, F. W., Weisberg, R. A. (Herausgeb.), (1983), Lambda II, Cold Spring Harbor Laboratory

Krüger, D. H., Schroeder, C. (1981), Bacteriophage T3 and T7 Virus-Host Cell Interactions, Microbiol. Reviews **45,** 9–51

Lwoff, A. (1953), Lysogeny, Bacteriol. Rev. **17,** 269–337

Norris, J. R., Ribbons, D. W. (Herausgeb.), (1969), Methods in Microbiology, Bd. **3B,** Academic Press, New York, London

Seeley, N. D., Primrose, S. B. (1982), A Review, The Isolation of Bacteriophages from the Environment, J. Appl. Bacteriol. **53,** 1–17

Stolp, H., Starr, M. P. (1963), Bdellovibrio bacteriovorus gen. et sp. n., a Predatory Ectoparasitic, and Bacteriolytic Microorganism, Antonie van Leeuwenhoek **29,** 217–248

6. Untersuchungen mit anaerob wachsenden Bakterien

Innerhalb der anaerob wachsenden Mikroorganismen wird, entsprechend ihrer Sauerstofftoleranz, unterschieden zwischen

- fakultativ anaeroben Mikroorganismen, die unter aeroben und anaeroben Verhältnissen gleich gut wachsen können,
- aerotoleranten Mikroorganismen, die unter anaeroben Verhältnissen besser wachsen als unter aeroben,
- mikroaerophilen Mikroorganismen, die nicht unter aeroben Verhältnissen, aber auch nicht bei absoluter Sauerstoffabwesenheit wachsen können, und
- obligat anaeroben bzw. strikt anaeroben Mikroorganismen, die keine Atmungskette haben bzw. die unter Sauerstoffeinfluß geschädigt werden.

Sauerstoff bewirkt in wäßrigem Milieu ein hohes Redoxpotential. Dies kann eine Oxidation der Sulfhydrylgruppen von Proteinen, von Metallproteinen u. a. verursachen und interferiert mit dem zellulären Elektronentransport, so daß ein Wachstum von anaeroben Mikroorganismen schon durch das hohe Redox-Potential unterbunden wird. Andererseits besitzt Sauerstoff eine toxische Wirkung, die jedoch nicht so sehr dem O_2-Molekül zuzuschreiben ist, sondern den nach Reduktion durch Flavoproteine entstandenen sehr reaktionsfähigen Peroxid-Radikalen und Radikal-Anionen. Diese toxischen Produkte können durch die Superoxid-dismutase und die Katalase von aeroben und fakultativ anaeroben Bakterien entgiftet werden. Bei obligat anaeroben Bakterien sind beide Enzyme entweder nur rudimentär vorhanden oder fehlen völlig. Daraus leitet sich u. a. die mehr oder weniger schnelle Abtötung verschiedener Vertreter dieser Mikroorganismengruppe in Gegenwart von Sauerstoff ab.

Die Abwesenheit von Sauerstoff beeinflußt auf der anderen Seite die Energiebilanz. Unter anaeroben Bedingungen können aus 1 mol Glucose über die Substratkettenphosphorylierung 2 mol ATP und 2 mol $NADH_2$ gewonnen werden. Als Elektronen (Wasserstoff)-Akzeptor steht jedoch kein O_2 zur Verfügung. Je nach Mikroorganismus werden die Elektronen (Wasserstoff) auf einen aus dem Stoffwechsel stammenden organischen Wasserstoff-Akzeptor übertragen (Gärungsstoffwechsel) oder auf anorganische Akzeptoren, z. B. Nitrat oder Sulfat (Nitrat- oder Sulfatatmung). Mit der anaeroben Atmung wird mehr Energie gewonnen als mit dem Gärungsstoffwechsel, jedoch weniger als mit der aeroben Atmung. Der insgesamt geringeren Energieausbeute bei anaerob wachsenden Mikroorganismen wird dadurch Rechnung getragen, daß für die Kultivierung im allgemeinen sehr reichhaltige Nährmedien verwendet werden und daß relativ lange inkubiert wird.

Zur Kultivierung von anaeroben Bakterien müssen Nährmedien mit ausreichend niedrigem Redoxpotential verwendet werden. Dies wird erreicht durch Zugabe reduzierender Verbindungen (Thioglykolat, Cystein, Dithiothreitol, Titan(III)-citrat o. ä.) und geringstmögliche Exposition an der Luft. Kommen komplexe Nährmedien mit Luft in Berührung, so bilden sich zudem toxisch wirkende organische Oxide bzw. Peroxide. Manche Autoren empfehlen, dem Medium Katalase zuzusetzen, um eventuell aus Luftsauerstoff gebildetes Wasserstoffperoxid zu zersetzen. Zur Erkennung, ob ein Medium noch ein ausreichend niedriges Redoxpotential besitzt, werden Redoxindikatoren in niedrigen Konzentrationen zugesetzt, die (pH-abhängig) beim Überschreiten eines bestimmten Potentialwertes farbig werden. Methylenblau z. B. ist bis zu einem Redoxpotential von –49 mV (E_H; pH 7,0) farblos und wird bei der Oxidation blau. Dieses Potential erlaubt vielen strikten Anaerobiern jedoch bereits kein Wachstum mehr. Deshalb wird als empfindlicherer Indikator oft Resazurin eingesetzt (0,1–0,2 mg/100 ml), das unterhalb von –110 mV farblos ist und bei der Oxidation rosa (pH 7,0) wird. Geräte aus Chromnickelstahl und Plastik sollen mit dem Medium nicht in Berührung kommen, da sie oxidative Eigenschaften haben. Plastikgefäße sind zudem durchlässig für gasförmigen Sauerstoff, so daß sie auch deshalb nicht zur Aufbewahrung und Bebrütung anaerober Medien geeignet sind. Solche Medien sollten möglichst frisch hergestellt und nur in Glasgefäßen aufbewahrt oder bebrütet werden. Um den Zutritt von Luftsauerstoff zum Medium zu verhindern, kann man es mit einem Schutzgas (z. B. Hungate-Technik, „glove-box") oder mit Vaspar (1 : 1-Mischung von Vaseline und Paraffin) bzw. flüssigem Paraffin überschichten. Der Sauerstoffzutritt wird weiterhin erschwert durch ein möglichst kleines überstehendes Luftvolumen, durch eine kleine Grenzfläche zwischen Luft und Medium und durch mit Agarzugabe erhöhte Viskosität, wodurch der Konvektionstransport von Sauerstoff entfällt.

Arbeiten mit besonders empfindlichen Anaerobierstämmen dürfen nicht in sauerstoffhaltiger Atmosphäre durchgeführt werden. Ideal hierfür ist die sogenannte **„glove-box"**, in die über eine Schleuse die erforderlichen Arbeitsmittel eingebracht werden können und in der eine beliebig zusammengesetzte sauerstofffreie Atmosphäre aufrechterhalten werden kann. Eine weniger teuere Alternative stellt das Arbeiten mit der **Hungate-Technik** dar. Hier wird in Normalatmosphäre, aber unter Begasung der Objekte mit sauerstofffreiem Gas (z. B. N_2, CO_2), gearbeitet. Das Gas wird durch sterilisierbare, mit Baumwolle gefüllte Spritzen und lange, abgewinkelte Kanülen (1,20 bzw. 1,60 · 160 mm) mit stumpfer Spitze zugeführt (Abb. 6.1). Die Strömungsgeschwindigkeit wird so eingestellt, daß die Kanüle beim seitlichen Annähern eine Bunsenbrennerflamme etwas „eindrückt“. Die bei der Hungate-Technik verwendeten PRAS-Medien (**pr**e-**r**educed **a**naerobically **s**terilized) werden in speziellen Hungate-Röhrchen ohne den reduzierenden Zusatz unter ständiger Begasung gekocht, bis der Redoxindikator farblos wird. Immer noch unter Begasung wird abgekühlt und das entsprechende Reduktionsmittel zugegeben, um das Potential im Medium noch weiter zu erniedrigen. Nach Abfüllen in Röhrchen werden immer noch unter Gaszufuhr sterile Butylkautschukstopfen aufgesetzt, kurze Zeit gewartet, bis die Restluft unter den Stopfen vertrieben ist, die Kanülen herausgezogen und gleichzeitig die Stopfen mit einer Drehbewegung festgesetzt. Vor dem Autoklavieren müssen die Stopfen durch Metallbügel o. ä. vor dem Herausfallen gesichert werden. Die fertigen Medien werden kühl und dunkel aufbewahrt und können solange verwendet werden, bis der Redoxindikator umgeschlagen hat. Zum Beimpfen wird die

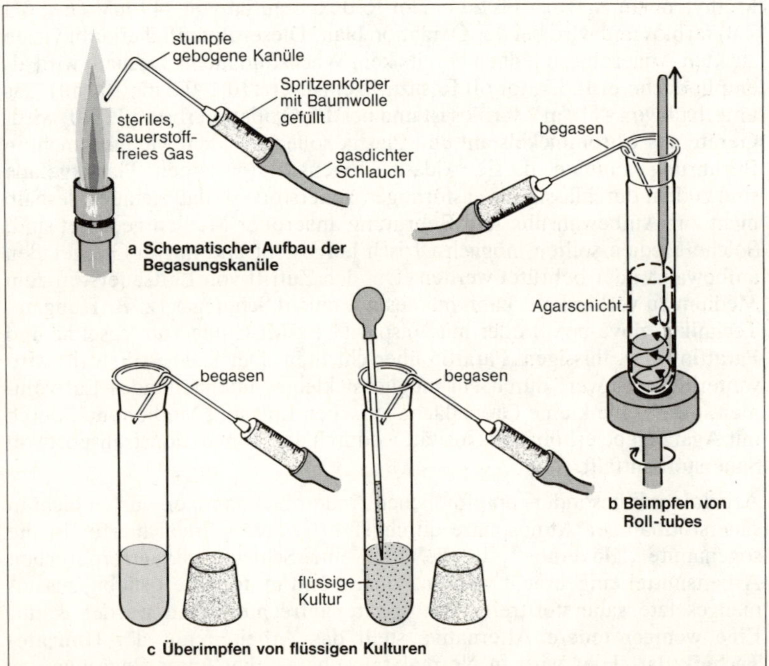

Abb. 6.1 Hungate-Technik

abgeflammte Begasungskanüle neben dem Stopfen in das Röhrchen eingeführt und dieser mit wippender Bewegung entfernt. Entsprechend wird mit dem die Bakterienkultur enthaltenden Röhrchen verfahren. Mit einer Pasteurpipette mit Gummibällchen oder einer Injektionsspritze, die jeweils vorher mehrmals mit dem anaeroben Gas gefüllt werden, wird etwas mehr als das gewünschte Volumen der Bakteriensuspension aufgenommen und so transferiert, daß keine Gasblasen durch das Medium perlen. Die Röhrchen werden wie beschrieben verschlossen und können nun sogar in einem aeroben Brutschrank inkubiert werden.

Das Pendant zur aeroben Plattenkultur stellt bei der Hungate-Technik die „Roll-tube"-Methode zur Isolierung von Einzelkolonien und zur Keimzählung dar. Hier wird vorreduzierter Agar (PRAS-Medium) in Röhrchen geschmolzen und die Probe bzw. Verdünnungen davon in ebenfalls vorreduziertem Medium unter Begasung zugegeben. Nach Verschließen der Röhrchen werden sie waagerecht auf Eis oder unter einem kalten Wasserstrahl gedreht, so daß der Agar in gleichmäßiger Schicht an der Innenseite des Röhrchens erstarrt. Die Röhrchen können auch mit sterilem Agar beschichtet sein und erst später beimpft werden. Dazu wird unter Begasung das Impfmaterial auf den Boden des Röhrchens gebracht, das Röhrchen in einer Maschine um seine Längsachse rotiert (ca. 75 upm) und das Material mit einer Impföse durch langsames senkrechtes Hochziehen spiralförmig auf dem Agar verteilt.

Viele anaerobe Bakterienpopulationen überleben eine kurzzeitige Exposition an der Luft. Mit ihnen kann, besonders bei großen Inokula, unter Normalatmosphäre gearbeitet werden, wenn folgende Punkte berücksichtigt werden:

1. Nährmedien vor Luftsauerstoff schützen: frisch hergestellte und anaerob aufbewahrte Blutagarplatten verwenden, flüssige Nährmedien mit reduzierenden Zusätzen aufkochen, dann mit Vaspar oder Paraffin überschichten oder Viskosität durch Agarzusatz erhöhen.
2. Sämtliche Tätigkeiten mit den Bakterien, wie Animpfen, Ausstreichen u. a., möglichst rasch durchführen und den Ansatz wieder in anaerobe Verhältnisse bringen.

Während die in der „glove-box" verschlossenen Kulturgefäße ebenso wie die Hungate-Kulturen (weil gasdicht) in jedem Brutschrank inkubiert werden können, müssen die in Normalatmosphäre angelegten Kulturen sauerstofffrei bebrütet werden. Dazu werden heute hauptsächlich zwei Verfahren eingesetzt. Der **Anaeroben-Brutschrank** erlaubt durch Evakuieren und Auffüllen der Bebrütungskammer(n) mit geeigneten sauerstofffreien Gasgemischen ein sehr schnelles Einstellen der Anaerobiose. Bei einem hohen Anschaffungspreis, aber geringen Kosten für die Gasmischungen (z. B. 80% N_2, 10% CO_2, 10% H_2) eignet er sich besonders für Institute, die viel mit Anaerobiern arbeiten. Deutlich geringere Anschaffungskosten fallen für **Anaerobentöpfe** an (z. B. GasPak®, BBL). Nach Einbringen der beimpften Kulturen wird ein Plastikbeutel aufgeschnitten, mit 10 ml Wasser gefüllt, senkrecht neben die Kulturen in den Topf gestellt und der Deckel gasdicht verschlossen. Der Topf wird dann im Brutschrank bebrütet. Im Plastikbeutel befinden sich zwei Tabletten, von denen die eine Natriumbicarbonat und Zitronensäure und die andere Natriumborhydrid enthält. Unter dem Einfluß von Wasser entwickeln sich Kohlendioxid und Wasserstoff. Letzterer verbraucht an einem Palladium-Katalysator den eingeschlossenen Luftsauerstoff unter Bildung von Wasser. Die Gasentwicklungssysteme sind nur einmal zu verwenden und nicht billig, so daß die Folgekosten dieses Systems höher liegen als die des Anaeroben-Brutschrankes.

Aufgabe

Untersuchung des Einflusses der Exposition an der Luft auf die Vermehrungsfähigkeit von anaeroben Bakterien.

Material

Stämme: *Clostridium perfringens ATCC 13124, Bacteroides fragilis spp.* oder andere anaerobe Mikroorganismen als 48stündige Kultur auf Blutagarplatten

Geräte: Anaeroben-Brutschrank oder GasPak®-Topf mit CO_2-H_2-Entwickler

Steriles Material: 35 Blutagarplatten (Petrischalen mit Nocken), steriles Paraffinöl, Glasröhrchen, frisch hergestelltes Amies-Medium (3 g NaCl; 0,2 g KCl; 0,1 g $CaCl_2 \cdot 6\ H_2O$; 0,1 g $MgCl_2 \cdot 6\ H_2O$; 0,2 g KH_2PO_4; 1,15 g Na_2HPO_4; 1,0 g Natriumthioglykolat, deion. Wasser ad 1 l, pH 7,2 ± 0,2), Pipetten, Glasperlen

Zeitplan und Zeitbedarf

1. Tag: Amies-Medium herstellen, Röhrchen befüllen, Versuch ansetzen und Luftexposition durchführen, ca 7 h

3. Tag (frühestens): Auswertung (je nach Wachstumsgeschwindigkeit der Bakterien), ca. 2 h

Durchführung (Abb. 6.2)

1. Amies-Medium herstellen: Salze ohne Thioglykolat lösen und autoklavieren. In die noch heiße Lösung steriles Natriumthioglykolat zugeben und durch vorsichtiges Schwenken vermischen (Durchmischung mit Luft muß vermieden werden). pH-Wert überprüfen. Das noch heiße Medium in 7 Glasröhrchen zu je 4,5 ml abfüllen und rasch mit 1,5 ml Paraffinöl überschichten.

2. Mit der Impföse Zellmaterial von der Blutplatte in ein Röhrchen mit Amies-Medium einreiben.

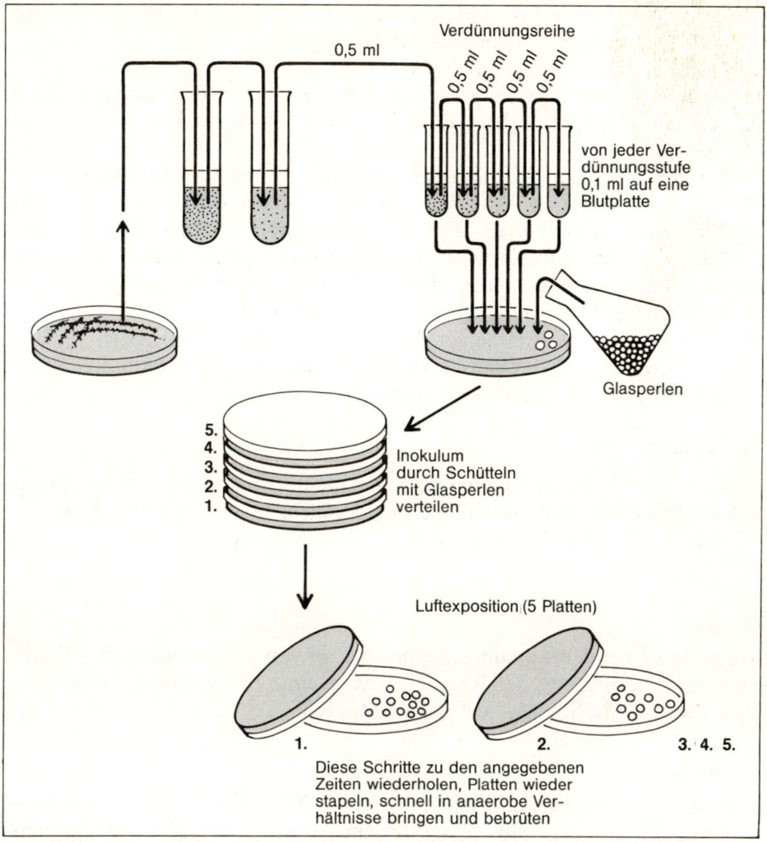

Abb. 6.2 Versuchsschema zur Untersuchung des Einflusses von Luft auf die Vermehrungsfähigkeit von anaeroben Bakterien

3. Von dieser Suspension mit der Pipette soviel in das Amies-Medium unter die Paraffinschicht geben, daß gerade eine sichtbare Trübung auftritt. Mit der Pipette homogen verteilen, ohne daß eine Paraffin-Emulsion auftritt.
4. Aus diesem Röhrchen 0,5 ml Bakteriensuspension ohne Paraffin entnehmen und in 10er Schritten über eine Amies-Paraffin-Reihe bis 10^{-5} verdünnen. (Beim Pipettieren dürfen keine Luftblasen durch die Medien perlen!) Die Röhrchen bei Zimmertemperatur aufbewahren.
5. Von jeder Verdünnungsstufe zügig 0,1 ml auf je eine Blutagarplatte geben, Glasperlen hinzufügen und Platten aufeinander stapeln. Durch

kreisendes Schütteln des Plattenstapels (5 Platten) verteilen die Glasperlen das Inokulum gleichmäßig auf dem Agar.

6. Nach Umdrehen des Stapels die Platten einzeln auf den Deckeln schräg stellen, so daß ungehinderter Luftzutritt zur Agaroberfläche gewährleistet ist. Die Glasperlen verbleiben dabei in den Deckeln der Petrischalen.
7. Nach 1, 2, 3, 3⅓ und 3⅔ Stunden die Schritte 5 und 6 wiederholen.
8. Für den 4-Stunden-Wert den Schritt 5 wiederholen, aber keine Luft-Exposition durchführen. Diesen Plattenstapel unmittelbar nach dem Verteilen des Inokulums anaerob bebrüten. Zum gleichen Zeitpunkt alle unterschiedlich lange der Luft ausgesetzten Platten zu Stapeln zusammenstellen und ebenfalls anaerob bebrüten.
9. Nach mindestens zweitägiger Bebrütung (GasPak®-Töpfe bzw. Anaeroben-Brutschrank) die Platten auszählen und den Logarithmus der Keimzahl über der Expositionszeit auftragen.

Auswertung

Es ist zu ermitteln, wie schnell der untersuchte Anaerobier-Stamm abgetötet wird und wie lange unter Luftzutritt gearbeitet werden darf, bevor die Keimzahl unter die Hälfte absinkt.

Aufgabe

Herstellung von Verdünnungen einer Kultur von obligat anaeroben Bakterien zur Überprüfung der Reinheit bzw. Keimzählung (Injektionstechnik, vgl. Macy, J. M., Snellen, J. E., Hungate, R. E. [1972]).

Material

Stämme: *Clostridium sporogenes ATCC 7955* (DSM 767), *Bacteroides ovatus ATCC 8483* (DSM 1896) oder andere strikt anaerobe Mikroorganismen als flüssige Hungate-Kultur

Geräte: Glasflasche mit sauerstofffreiem Stickstoff, Reduzierventil, je 1 Wasserbad mit 80 °C und mit 45 °C, Schläuche, Schale mit zerstoßenem Eis, Präparationsmikroskop

Steriles Material: Begasungskanülen (entsprechend Abb. 6.1, s. S. 124), 8 Hungate-Kulturröhrchen (Bellco Glass, Inc.) mit Butylkautschuk-Septum und Schraubverschluß mit jeweils 4,5 ml anaerobem Nähragar unter Stickstoffatmosphäre (5 g Pepton; 5 g Hefeextrakt; 2 g Glucose; 4 ml Mineralsalzlösung; 0,5 g Cystein-Hydrochlorid; 5 mg Resazurin; 15 g Agar; 1 l deionisiertes Wasser, pH 7,0. Mineralsalzlösung: 0,2 g $CaCl_2$, 0,2 g $MgSO_4$, 1 g K_2HPO_4, 1 g KH_2PO_4, 10 g $NaHCO_3$ sowie 2 g NaCl einzeln hintereinander lösen und auf 1 l mit deion. Wasser auffüllen)

1-ml-Spritzen mit Kanülen (0,9 × 40 mm), kräftige Pinzette

Zeitplan und Zeitbedarf

1. Tag: Agar verflüssigen, Verdünnungen herstellen, Röhrchen rollen, ca. 4 h

3. Tag (frühestens): Auswertung (je nach Wachstumsgeschwindigkeit der Bakterien), ca. 2 h

Durchführung (Abb. 6.3)

1. Agar in den 8 Kulturröhrchen verflüssigen (Wasserbad 80 °C) und bei 45 °C flüssig halten.
2. Oberfläche der 8 Butylkautschuksepten sterilisieren durch Auftropfen weniger Tropfen Alkohol und abflammen.
3. Spritze mehrfach mit sauerstofffreiem Gas spülen, um Luft zu vertreiben. Mit der Spritze 0,5 ml aus der Hungate-Kultur aufnehmen und durch das Septum in das erste Röhrchen injizieren. Inokulum durch vorsichtiges Schütteln homogen verteilen, 0,5 ml Agar in die Spritze aufziehen und wieder injizieren. Spülvorgang zweimal wiederholen. Erst dann Spritze mit 0,5 ml Agar aus dem Septum herausziehen. (Das Spülen muß rasch erfolgen, um Festwerden des Agars in Spritze bzw. Kanüle zu vermeiden. Beim Spülen und Schütteln sollen im Agar keine Blasen entstehen, da sie die Auswertung erschweren.)

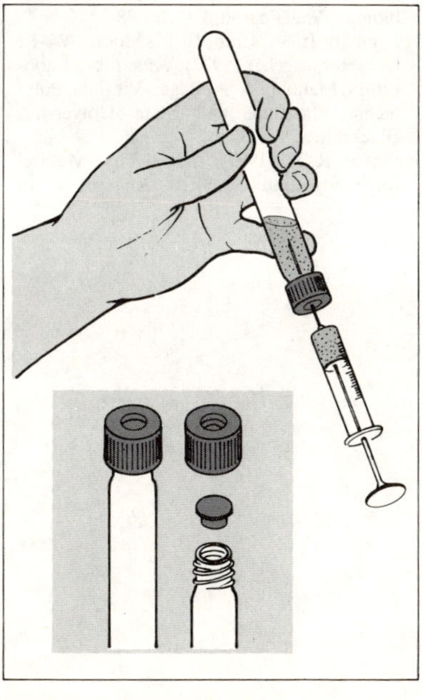

Abb. 6.3 Anaerobes Arbeiten mit der Injektionsmethode

4. Gleiche Spritze in das zweite Röhrchen einstechen und das übertragene Volumen durch den gleichen dreimaligen Spülvorgang und durch Schütteln homogen verteilen. Diesen Schritt bis zum achten Röhrchen wiederholen. Aus dem letzten Röhrchen 0,5 ml Agar entnehmen und verwerfen.
5. Röhrchen einzeln aus dem 45 °C-Wasserbad nehmen und waagrecht auf zerstoßenem Eis drehen, bis der Agar gleichmäßig über die Innenseite der Röhrchen verteilt erstarrt ist.
6. Röhrchen stehend bei 37 °C bebrüten, bis Kolonien durch das Glas der ungeöffneten Röhrchen mit dem Mikroskop eindeutig zählbar sind (2–4 Tage).

Auswertung

Es ist das Totvolumen der Injektionsspritze mit der verwendeten Kanüle zu bestimmen und den jeweils transferierten 0,5 ml zuzuschlagen. Daraus und aus der festgestellten Kolonienzahl ist die Keimzahl der ursprünglichen Hungate-Kultur abzuschätzen.

Literatur

Costilow, R. N. (1981), Biophysical Factors in Growth, in Manual of Methods for General Bacteriology, American Society for Microbiology, Washington, DC, 66–78

Holdeman, L. V., Cato, E. P., Moore, W. E. C., (Herausgeb.) (1977), Anaerobic Laboratory Manual, 4. Auflage, Virginia Polytechnic Institute and State University, Blacksburg, Va.

Hungate, R. E. (1969), A Roll Tube Method for Cultivation of Strict Anaerobes, in Methods in Microbiology (Norris, J. R., Ribbons, D. W., Herausgeb.), Bd. **3B,** Academic Press, New York, 117–132

Macy, J. M., Snellen, J. E., Hungate, R. E. (1972), Use of Syringe Methods for Anaerobiosis, Am. J. Clin. Nutr. **25,** 1318–1323

Schlegel, H. G. (1985), Allgemeine Mikrobiologie, Georg Thieme Verlag, Stuttgart, New York

7. Antibakterielle Wirkstoffe (Synthetische Wirkstoffe, Antibiotika)

Der Beginn wissenschaftlicher Suche nach antibiotischen Wirkstoffen ist mit dem Namen Paul Ehrlich (Nobelpreis 1908) verbunden. Salvarsan® wurde 1910 eingeführt und markiert den Beginn moderner **Chemotherapie mit synthetischen Wirkstoffen.** Die weitere Entwicklung führte über Germanin®, einem Chemotherapeutikum, das 1920 zur Bekämpfung der Schlafkrankheit eingeführt wurde, zu den Sulfonamiden. Für die systematische Untersuchung dieser auch heute noch bedeutenden antibiotischen Substanzgruppe erhielt Gerhard Domagk 1939 den Nobelpreis.

1928 entdeckte Fleming eine von *Penicillium notatum* gebildete antibakterielle Aktivität, die jedoch erst 1940 von Chain, Florey (Nobelpreise zusammen mit Fleming 1945) und Mitarbeitern isoliert wurde. Im Vergleich zu bereits früher eingesetzten antibakteriellen Wirkstoffen mikrobiologischen Ursprungs – z. B. dem von 1901 bis 1935 produzierten Pyocyanin – zeigten die Penicillin-Präparationen eine hervorragende Aktivität und waren zudem systemisch anwendbar. Mit dem erfolgreichen therapeutischen Einsatz im zweiten Weltkrieg brach die **Antibiotika-Ära** an. Einer der Pioniere war Selman A. Waksman (Nobelpreis 1952). Er definierte Antibiotika als Substanzen, die von Mikroorganismen gebildet werden und in geringer Konzentration andere Mikroorganismen hemmen, und entwikkelte auch eine Methode zum Durchmustern einer großen Zahl von Mikroorganismen auf Bildung antibakterieller Stoffwechselprodukte. Dadurch war ein rationelles Auffinden von interessanten Aktivitäten möglich. In den sich daraus entwickelnden Wettbewerb griff sehr früh dann auch die Industrie ein. Dies führte zu großen Anstrengungen, die Suchmethoden zu verbessern, die Antibiotika-Ausbeute der Produzentenstämme zu steigern und die Fermentation und die Isolierung des Wirkstoffs zu verbilligen. Das führte zu neuen Forschungserkenntnissen in der mikrobiologischen Ökologie, Stoffwechselregulation, Genetik, Fermentationstechnologie, Chromatographie und anderen Gebieten. Diese Erkenntnisse wiederum wirkten befruchtend auf die Antibiotikaforschung. So wurden in zunehmend schnellerer Folge neue Antibiotika entdeckt, die gegen Bakterien, Pilze, Viren, Parasiten und Krebszellen wirken. Jedoch kann wegen Verträglichkeitsproblemen, unerwünschten Nebenwirkungen, Instabilität des Wirkstoffs und anderen Gründen nur ein Bruchteil der gefundenen Substanzen auch therapeutisch eingesetzt werden.

Einige der interessantesten Antibiotika werden chemisch modifiziert („halbsynthetische Antibiotika"), entweder

- um eine gegen die Ausgangsverbindung entstandene Resistenz zu umgehen oder
- um eine günstigere Verteilung im Körper zu erreichen oder
- um die Verbindung zu stabilisieren oder
- um die Wirkung bezüglich des Spektrums und/oder der Intensität zu verbessern. Die bekanntesten Beispiele hierzu sind die halbsynthetischen Penicilline und Cephalosporine.

Zu den bisher gefundenen antibiotischen Aktivitäten gehören Hemmstoffe von Makromolekülsynthesewegen und von Enzymen des Intermediärstoffwechsels von Bakterien. Aber auch Inhibitoren von Säugerenzymen sowie Wirkstoffe gegen Organismen, die in der natürlichen Umgebung des produzierenden Mikroorganismus überhaupt nicht vorkommen, können gefunden werden, sobald eine geeignete Suchstrategie vorliegt. Dies sind einige der Gründe, die vermuten lassen, daß die Synthese antibiotischer Sekundärmetaboliten eher zufälliger Natur ist, als daß sie dem Produzentenstamm in seiner natürlichen Umgebung einen Selektionsvorteil verschafft.

7.1 Produktion durch Mikroorganismen

Von den bis Dezember 1972 bekannten 4 076 Antibiotika wurden 3 222 von Mikroorganismen gebildet (Bérdy, J.). Seit dieser Zeit steigt die Zahl der jährlich neu gefundenen und publizierten Antibiotika von 180 im Jahre 1972 über ca. 340 im Jahre 1977 bis heute weiter an (Perlman, D.). Auch wenn davon ein Teil sich nur auf Modifikation eines bereits bekannten chemischen Grundgerüstes bezieht, so darf man doch davon ausgehen, daß heute insgesamt mehr als 6 000 verschiedene Antibiotika bekannt sind. Tab. 7.1 zeigt die Anzahl gefundener Antibiotika bei den angegebenen Produzenten (Stand vom Dezember 1972). Die Wahrscheinlichkeit, ein Antibiotikum zu finden, ist bei den Streptomyceten besonders hoch. Manche Stämme produzieren mehrere, auch chemisch gänzlich verschiedene Antibiotika als Sekundärstoffwechselprodukte nebeneinander.

Die Schwierigkeit bei der Suche nach neuen antibakteriellen Wirkstoffen aus Streptomycetenkulturen liegt heute nicht mehr im Finden einer Aktivität, sondern eher darin, schnell und zweifelsfrei festzustellen, ob die gefundene Aktivität mit einem der mehr als 2 000 schon bekannten Streptomyceten-Antibiotika identisch ist oder nicht. Nachdem durch die intensive Beforschung der Streptomyceten zudem die Wahrscheinlichkeit gesunken ist, hier grundlegend neue Antibiotika-Strukturen bzw. Leitsubstanzen (neue Molekülstrukturen mit antibiotischer Wirkung, die sich chemisch, enzymchemisch oder mikrobiell modifizieren lassen, um Therapeutika mit

Tab. 7.1 Zahl der bei den einzelnen Produzenten gefundenen Antibiotika bis 1972 (Bérdy, J.)

Schizomyceten		
Pseudomonadales	87	
Eubacteriales	274	
Actinomycetales	2078	
– davon Streptomyces sp. allein		1922
Myxobacteriales	9	
Andere	2	
Pilze		
Eumycotina	768	
– Ascomycetes		299
– Basidiomycetes		140
– Fungi imperfecti		315
Andere	4	
Thallophyten außer Pilzen	732	
– Algen		23
– Flechten		56
– Höhere Pflanzen		653
Antibiotika aus dem Tierreich	122	
– Protozoen		8
– Insekten		24
– Molluscen		3
– Schwämme		18
– Würmer		3
– Vertebraten		66
Stand Dezember 1972	4076	

verbesserten Eigenschaften darzustellen) zu finden, wird zunehmend in anderen Organismenklassen nach Produzenten gesucht.

Nutzböden stellen eines der Hauptreservoirs von Mikroorganismen dar. Neben Bakterien, die die größte Zahl der Bodenmikroorganismen stellen (ca. 10^6–10^7 pro Gramm Gartenerde aus 3–8 cm Tiefe), kommen auch Actinomyceten (ca. 10^6 pro Gramm), Pilze (ca. 10^5 pro Gramm) und Algen (ca. 10^4 pro Gramm) vor. Die gegebenen Zahlen nehmen mit der Tiefe, aus der sie isoliert werden, schnell ab. Bei Actinomyceten, die – obwohl sie zum Bakterienreich gehören – bei solchen Populationsanalysen meist getrennt aufgeführt werden, ist dies leicht festzustellen. Sie produzieren Geosmin (vgl. Abb. 7.1, S. 136), ein flüchtiges Stoffwechselprodukt, das Böden den charakteristisch moderigen Geruch verleiht. Erde verliert mit zunehmender Tiefe diesen Geruch.

Zur Isolierung von langsam wachsenden Streptomyceten aus einer geeigneten Bodenprobe müssen zunächst die schnell wachsenden Bakterien gehemmt werden. Dies kann, wie im folgenden Versuch, durch Verwendung von selektiven Nährböden geschehen (z. B. spezifisches Nährsubstrat oder Antibiotikumzugabe), auf denen möglichst nur die gesuchten Streptomyceten noch wachsen können. Um das Wachstum von Pilzen auszuschließen, das bei der benötigten langen Bebrütungszeit die Isolierung von Streptomyceten stören könnte, kann dem Agar ein Fungistatikum zugesetzt werden, das selektiv Pilzwachstum unterdrückt, z. B. Cycloheximid.

Eine andere Art, Streptomyceten selektiv anzureichern, besteht darin, sämtliche vegetative Zellen aus der Bodenprobe abzutöten, z. B. mit Phenol. Von den diese Behandlung überlebenden Sporen werden die der Pilze durch ein Fungistatikum am Auswachsen gehindert, so daß bevorzugt Streptomyceten auswachsen.

Eine schonendere Anreicherungsmethode läßt sich mit der Zentrifuge durchführen. Nach 20minütiger Zentrifugation bei ca. 1200 g sind Pilze und die meisten Pilzsporen sowie die Bakterien, nicht jedoch die Sporen der Streptomyceten, niedergeschlagen. Eventuell sind noch einige Bacillus-Sporen im Überstand. Auch bei dieser Methode kann durch Zugabe von Cycloheximid das Auswachsen von evtl. verbliebenen Pilzsporen unterdrückt werden.

Aufgabe

1. Isolierung von Streptomyceten aus einer Erdprobe.
2. Nachweis der Antibiotikumsbildner anhand der isolierten Streptomyceten-Kolonien.

Material

zu 1. Für die Isolierung von Streptomyceten:

Geräte: Zentrifuge (1200 × g), Rührer oder Schüttler

Steriles Material: Porzellan-Mörser mit Pistill; Erlenmeyerkolben, 200 ml; Pipetten; Petrischalen; Reagenzröhrchen; 200 ml steriles Wasser; 400 ml Glycerin-Arginin-Agar (12,5 g Glycerin, 1,0 g Arginin, 1,0 g NaCl, 1,0 g K_2HPO_4, 0,5 g $MgSO_4 \cdot 7\,H_2O$, 10 mg $Fe_2(SO_4)_3 \cdot 6\,H_2O$, je 1 mg $CuSO_4 \cdot 5\,H_2O$, $ZnSO_4 \cdot 7\,H_2O$ und $MnSO_4 \cdot H_2O$ sowie 15 g Agar und 1 l dest. Wasser; pH 7,0–7,5); 5 ml Cycloheximid(Actidion)-Stammlösung (7,5 mg/ml)

Insteriles Material: Feine Gartenerde oder feiner Kompost (für jede Gruppe andere Proben, möglichst trocken)

zu 2. Für den Nachweis antibiotischer Aktivitäten:

Stämme: *Bacillus subtilis*-Stamm bzw. sensibler *Staphylococcus aureus*-Stamm (z. B. ATCC 25923)

Steriles Material: Pipetten, Erlenmeyer-Kolben (300 ml), 100 ml Antibiotic-Medium-No. 3-Weichagar [5 g Pepton; 1,5 g Hefeextrakt; 1,5 g Lab-Lemco-Pulver (Oxoid); 1 g Dextrose; 3,5 g Kochsalz; 3,68 g K_2HPO_4; 1,32 g KH_2PO_4; 6 g Agar auf 1 Liter deion. Wasser, pH 7,0]

Zeitplan und Zeitbedarf

zu 1. Isolierung von Streptomyceten:

1. Tag: Anreicherung der Streptomyceten und Beimpfen des Agars, ca. 3 h

2. Tag: Auswertung nach 7- bis 14tägiger Bebrütung, ca. 3 h

zu 2. Nachweis antibiotischer Aktivität:

1. Tag: Beimpfen des Weichagars und Verteilen auf die Platten, ca. 3 h

2. Tag: Auswerten des Versuches, ca. 3 h

Durchführung (Abb. 7.1)

zu 1. Isolierung von Streptomyceten:

1. 1 g Gartenerde mit 1 ml Wasser im Mörser verreiben, in einen Erlenmeyerkolben überführen und das Volumen auf 100 ml ergänzen.
2. Nach kräftigem Durchschütteln ca. 10 ml der Suspension genau 20 min bei 1200 g zentrifugieren.
3. Den klaren Überstand vorsichtig mit der Pipette abheben und davon 0,5 ml in ein Röhrchen mit 4,5 ml Wasser geben (Verdünnung 10^{-1}). Nach dem gleichen Verfahren noch 2 Verdünnungen mit dem Faktor 10 herstellen.
4. Den flüssig gehaltenen Glycerin-Arginin-Agar bei Temperaturen von 45 bis 50 °C mit Cycloheximid auf eine Endkonzentration von 75 mg/l einstellen. Jeweils 20 ml dieses Agars in Petrischalen ausgießen.
5. Auf die abgetrockneten Platten je 0,1 ml des unverdünnten Überstandes sowie die Verdünnungen ausspateln. Von jeder Verdünnungsstufe fünf Platten anlegen.
6. Die Platten bei Zimmertemperatur (besser bei 28 °C) bebrüten.

Auswertung

Der ungefähre Streptomycetengehalt der Bodenprobe ist zu bestimmen. Von den weißlichgrauen Kolonien, die einen charakteristischen Geruch ausströmen und meist Pigmente bilden, können Sporen zur Isolierung von Reinkulturen abgeimpft werden.

zu 2. Nachweis antibiotischer Aktivität:

1. 0,2 ml einer Übernachtkultur von einem sensiblen Bakterien-Stamm bei Temperaturen von 40 bis 45 °C mit 100 ml Weichagar vermischen.
2. Platten, auf denen Kolonien von Streptomyceten angewachsen sind, vorsichtig mit 5 ml dieses Weichagars überschichten und nach dem Erstarren im Brutschrank bei 37 °C über Nacht bebrüten.

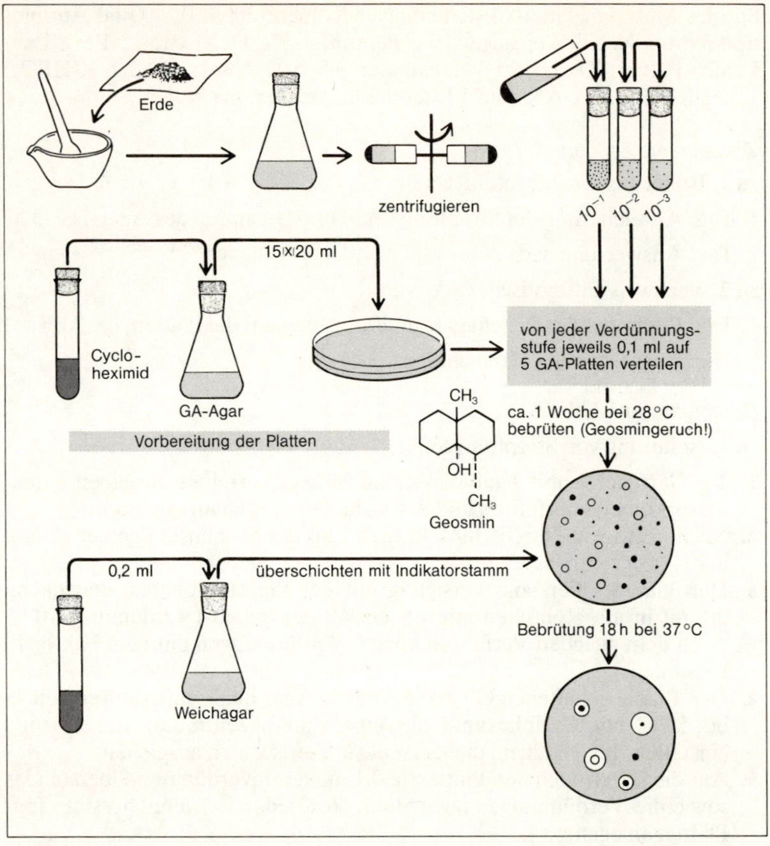

Abb. 7.1 Versuchsschema zur Isolierung von Streptomyceten und zum Nachweis antibiotischer Aktivität

Auswertung

Auszählen der insgesamt angewachsenen Streptomyces-Kolonien und derjenigen, die ein Antibiotikum gebildet haben. Der Anteil der Antibiotikaproduzenten ist zu bestimmen.

7.2 Identifizierung eines antibakteriellen Wirkstoffes

Sobald eine antibakterielle Aktivität im Kulturmedium bzw. im Zellinhalt eines Mikroorganismus gefunden wurde, muß festgestellt werden, ob sie mit einem bereits bekannten Antibiotikum identisch ist. Diese Aufgabe ist in Anbetracht von mindestens 6000 bekannten Antibiotika bedeutend schwieriger als die, eine antibakterielle Aktivität überhaupt zu finden.

Für die Charakterisierung einer antibiotischen Aktivität müssen mehrere Untersuchungen parallel oder hintereinander durchgeführt werden. Oft wird mit der Bestimmung des Wirkortes begonnen. Der Vergleich mit den Eigenschaften bereits bekannter Antibiotika, die den gleichen Wirkort haben, erleichtert die Entscheidung, ob die Charakterisierung bzw. Isolierung der Aktivität weiterbetrieben werden soll. Auch der Befund, ob Mikroorganismen durch die gefundene Aktivität abgetötet werden (bakterizide bzw. fungizide Wirkung) oder nur sich nicht vermehren können (bakteriostatische bzw. fungistatische Wirkung), ist für die Charakterisierung hilfreich.

Zur Bestimmung des Wirkortes einer antibakteriellen Aktivität werden im allgemeinen die Einbauraten von isotopenmarkierten Vorstufen, z. B. Aminosäuren, DNA- bzw. RNA-spezifischen Nukleosiden und Zellwandbausteinen, in die entsprechenden Makromoleküle der lebenden Zelle untersucht. Aus der selektiven Hemmung des Einbaus durch die fragliche Aktivität läßt sich deren Wirkort grob bestimmen.

Entsprechend der Wirkorte lassen sich Antibiotika einteilen in solche, die die DNA-, RNA-, Protein- und Zellwandsynthese blockieren, sowie solche, die wichtige Schritte im Intermediärstoffwechsel inhibieren (Tab. 7.2).

Antibiotika werden heute jedoch meist nach ihrer chemischen Struktur differenziert, nicht nach ihrem Wirkort. In Tab. 7.3 sind die Hauptklassen der Antibiotika mit einigen Vertretern aufgeführt.

Eine Auswahl verschiedener Mikroorganismen, von denen einige gegen bestimmte Antibiotika hochempfindlich, andere dagegen resistent sind, kann ebenfalls einen Hinweis auf die fragliche antibiotische Aktivität geben. Zeigt sich eine Wirkung gegen einen Mikroorganismus, der gegen ein bekanntes Antibiotikum resistent ist, so läßt sich eine Identität der Wirkstoffe ausschließen. Findet man dagegen eine auffallend gute Wirkung gegen einen Stamm, der z. B. auf Zellwandsynthese-Inhibitoren hochempfindlich reagiert, dann liegt wahrscheinlich ein Zellwandsynthesehemmer vor. Durch geeignete Kombination der Indikatororganismen lassen sich viele Aktivitäten so eingrenzen, daß nur noch mit einer handhabbaren Zahl bereits bekannter Verbindungen verglichen werden muß.

Eine andere Methode zur frühen Charakterisierung der antibiotischen Aktivität verwendet statt des am Wirkort orientierten biologischen Tests, deren chemische Eigenschaften. Aminoglycoside lassen sich z. B. mit gebräuchlichen organischen Lösungsmitteln nicht aus wäßriger Lösung extrahieren, und β-Lactam-Antibiotika werden im allgemeinen durch Säuren und Basen zerstört, besonders beim Erwärmen.

Tab. 7.2 Einteilung von Antibiotika nach ihrem Wirkort

Antibiotika	Wirkort
Nukleosidantibiotika Nalidixinsäure u. a. („Gyrase-Hemmer") Actinomycin Ethidiumbromid Bleomycin Mitomycin C	DNA
Rifamycine, z. B. Rifampicin Streptolydigin Actinomycin	RNA
Puromycin Streptomycin, Gentamicin u. a. Tetracyclin, Chlortetracyclin u. a. Chloramphenicol Erythromycin Lincomycin	Proteinsynthese
Fosfomycin Cycloserin Vancomycin Penicillin G. u. a. Cephalosporin C u. a. Bacitracin	Zellwand
Trimethoprim u. a. Sulfonamide u. a.	Intermediärstoffwechsel

Tab. 7.3 Einteilung von Antibiotika nach ihrem chemischen Strukturtyp

Stoffklasse	Vertreter
β-Lactame	Penicilline, Cephalosporine
Aminoglykoside	Gentamicin, Streptomycin
Tetracycline	Oxytetracyclin
Makrolide	Erythromycin
Peptidantibiotika	Polymixin, Colistin
Polyene	Nystatin, Amphotericin
Nukleosidantibiotika	Puromycin

Sowohl zum endgültigen Feststellen der Identität oder Nicht-Identität als auch zur Frühcharakterisierung bieten sich chromatographische Verfahren an. Durch diese Verfahren läßt sich zudem meist vermeiden, daß eine geringe, aber interessante Aktivität übersehen wird, die neben einer starken Aktivität vom gleichen Mikroorganismus gebildet wird. Mittels Papierchromatographie (PC) und Dünnschichtchromatographie (DC) lassen sich komplexe Gemische auftrennen. Die antibiotische Aktivität kann dann z. B. durch **Bioautographie** untersucht werden. Unter Bioautographie versteht man die Lokalisation des Antibiotikums auf dem Chromatographiepapier bzw. der Dünnschichtplatte durch einen biologischen Test. Dazu kann man das Chromatogramm auf einen beimpften Nähragar legen und nach ausreichender Diffusionszeit wieder entfernen oder das Chromatogramm mit beimpftem Agar direkt überschichten. Aus den nach dem Bebrüten entstandenen Hemmzonen kann der R_f-Wert der Aktivität festgestellt werden.

Durch ein geeignetes Hintereinanderschalten von chromatographischen Systemen mit verschiedenen Trägerphasen und Laufmitteln lassen sich für jede Aktivität R_f-Werte ermitteln, die, mit einer möglichst großen Datensammlung verglichen, sehr gute Hinweise auf den Charakter oder die Identität des Antibiotikums geben.

Liegt der Verdacht nahe, daß es sich bei der isolierten Aktivität um ein bereits bekanntes Antibiotikum handelt, so läßt sich Gewißheit schaffen durch Cochromatographie mit der fraglichen Substanz in mehreren Systemen, durch die Verwendung spezieller Stämme für die Bioautographie, durch andere chromatographische Methoden, wie Gaschromatographie (GC) oder Hochdruckflüssigkeitschromatographie (HPLC), eventuell mit Kopplung an ein Massenspektrometer.

Aufgabe

Identifizierung eines Antibiotikums durch Cochromatographie mit bekannten Antibiotika auf Papier und anschließender Bioautographie.

Material

Stamm: Sporen eines empfindlichen Stammes von *B. subtilis*

Geräte: Entwicklungsgefäße für die Papierchromatographie, Fön, Pinzetten

Insteriles Material: Chromatographiepapier, Laufmittelsysteme:
a Isopropanol: Wasser (70 : 30)
b Wassergesättigtes n-Butanol

Steriles Material: große Petrischalen oder sterile Glasplatten mit Rand, flüssiger Nähragar zur Aufnahme der *B. subtilis*-Sporen, zu analysierende antibiotikumhaltige Lösung, wäßrige Lösung von Penicillin G (1,0 mg/l), Chloramphenicol (1,0 mg/l), Streptomycin (1,0 mg/l)

Zeitplan und Zeitbedarf

1. Tag: Papierchromatographie und Platten gießen, ca. 4 h

2. Tag: Auswertung des Bioautogramms, ca. 1 h

Durchführung (Abb. 7.2)

1. Aus Chromatographiepapier zwei Streifen in der Breite schneiden, daß sie sich später auf die *B. subtilis*-Kultur legen lassen, und die Länge mit einem dünnen Bleistiftstrich markieren.
2. Mit Pipette und Fön die Testlösung möglichst punktförmig an den Startlinien auftragen. Von den drei Antibiotikalösungen jeweils 10 µl punktförmig auf die Startlinien auftragen.
3. Wenn die Chromatographiepapiere trocken sind, je eines in die zwei Entwicklungsgefäße hängen.
4. Die *B. subtilis*-Sporen mit dem Nähragar vermischen (ca. 10^5 Sporen/ml) und in Platten ausgießen.
5. Sobald die Lösungsmittelfront den Bleistiftstrich erreicht hat, das entsprechende Chromatogramm herausnehmen und trocknen.
6. Das Chromatogramm entlang des Bleistiftstriches abschneiden, plan auf den Agar legen und über Nacht bebrüten.

Auswertung

Das Antibiotikum ist anhand der Lage der Hemmzonen (R_f-Werte) zu identifizieren. Man überlege, welche weiteren Untersuchungen zur genauen Identifizierung notwendig sind.

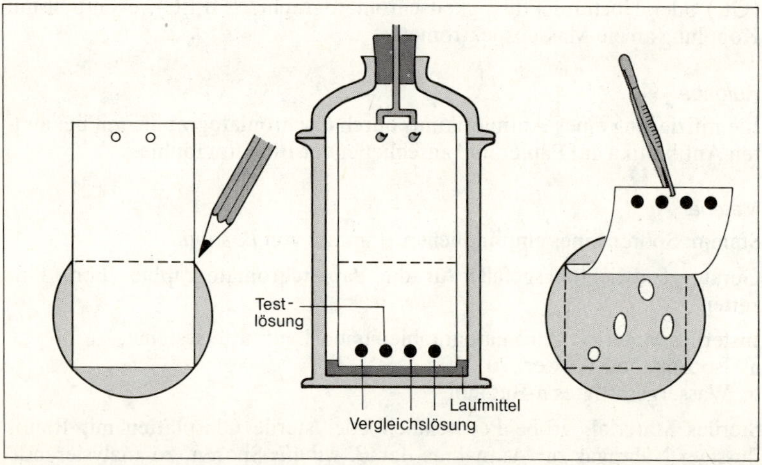

Abb. 7.2 Versuchsschema zur Co-Chromatographie auf Papier und Bioautographie

7.3 Resistenz gegen antibakterielle Stoffe

Resistenz gegen Antibiotika kann entstehen durch Mutation oder durch Inkorporieren zusätzlicher genetischer Information (*R*-Faktoren) in die Bakterienzelle. Beide Ereignisse können in großen Zellpopulationen und unter Selektionsdruck leicht demonstriert werden.

Die Wahrscheinlichkeit spontaner Mutationen, die eine Resistenz bewirken, schwankt zwischen 10^{-6} bis 10^{-11} je nach dem untersuchten Antibiotikum und dem betrachteten Mikroorganismus. In Gegenwart eines mutagenwirkenden Agens kann die Wahrscheinlichkeit beträchtlich erhöht werden. Aus einer entsprechend großen Bakterienpopulation kann durch Zugabe eines Antibiotikums die betreffende resistente Mutante leicht selektiert werden. Im allgemeinen ist diese Mutante nicht nur gegen das verwendete Antibiotikum resistent, sondern auch gegen strukturell ähnliche Verbindungen mit dem gleichen Wirkort oder dem gleichen Transportsystem: **Parallel- oder Kreuzresistenz.** Die Isolierung von Zellen, die gleichzeitig gegen zwei völlig verschiedene Antibiotika resistent sind, ist viel schwieriger, da die Wahrscheinlichkeit einer gleichzeitigen spontanen Doppelmutation mit 10^{-12} bis 10^{-22} sehr gering ist. (Dies macht man sich in der Chemotherapie bei Kombinationsbehandlungen zunutze). Die mutativ entstandene Resistenz gegen Antibiotika verschafft der Bakterienzelle einen Vorteil unter dem ausgeübten Selektionsdruck. Zumindest solange wie dieser anhält, wird diese Eigenschaft an die Tochterzellen vererbt.

Bei dem klinisch und epidemiologisch viel bedeutenderen Resistenztyp werden zusätzliche genetische Informationen auch horizontal weitergegeben an empfängliche Zellen. Hierbei handelt es sich um extrachromosomale DNA-Stücke, die als Resistenzfaktoren die Information für eine Resistenzbildung oft sogar gegen mehrere Antibiotika von Zelle zu Zelle weitergeben können. Dies ermöglicht eine explosionsartig schnelle Ausbreitung von Resistenzfaktoren nicht nur innerhalb einer Bakterienspezies, sondern auch an weniger eng verwandte Zellen und ist deshalb in der Chemotherapie so gefürchtet.

Beide oben angesprochenen Ereignisse können Resistenz durch viele Mechanismen erzeugen. Die häufigsten sind:

- Inaktivierung des Antibiotikums
- Änderung der Permeabilität für das Antibiotikum
- Änderung des Wirkortes
- Umgehung des blockierten Stoffwechselschrittes

Der verbreitetste Resistenzmechanismus beruht auf der Inaktivierung des Antibiotikums. Dazu synthetisiert die Bakterienzelle Enzyme, die zumeist an das Medium abgegeben werden und dort z. B. *β*-Lactame hydrolytisch zerstören, Aminoglykoside durch Anfügen von Acetyl-, Adenyl- und Phosphorylgruppen inaktivieren und Chloramphenicol durch O-Acetylieren ebenfalls unwirksam machen. Ein Beispiel für die Resistenz durch Änderung der Permeabilität der Zellmembran stellt Fosfomycin dar, das bei Ausfall der Zuckerphosphat-Transportsysteme nicht mehr in die Zelle transportiert werden kann. Bei der Tetracyclinresistenz ist wiederum ein anderer Mechanismus realisiert. Die in der Zelle vorhandene Tetracyclinkonzentration wird durch ein Exportsystem niedrig gehalten, das auf diese Weise der Zelle Resistenz gegen das Antibiotikum verleiht. Durch Mutation des Wirkortes kann die Interaktion mit dem Antibiotikum soweit herabgesetzt sein, daß der Mikroorganismus resistent ist, z. B. können Mutationen am Ribosom eine Resistenz gegen Streptomycin und Makrolide verursachen und Mutationen an der RNA-Polymerase eine Resistenz gegen Rifampicin hervorrufen. Eine Resistenz durch Umgehung des blockierten Stoffwechselschrittes ist beschrieben für Trimethoprim. Die resistenten Zellen besitzen neben dem hemmbaren Enzym ein „resistentes" Isoenzym, mit dessen Hilfe der Syntheseblock umgangen werden kann.

Die Ausbildung einer Resistenz ist für die jeweiligen Zellen energieaufwendig bzw. setzt deren Stoffwechselrate herab, weil zusätzlich zum Primärstoffwechsel Enzyme synthetisiert oder Transportproteine ausgeschaltet werden und/oder weil Enzyme des Primärstoffwechsels verändert werden. Vor diesem Hintergrund ist verständlich, weshalb beim Wegfallen des Selektionsdrucks durch ein Antibiotikum die dann am schnellsten sich vermehrende Bakteriensubpopulation isoliert wird. Diese ist oft identisch mit der sensiblen Ausgangskultur.

Aufgabe

Bestimmung der Anteile streptomycinresistenter Subpopulationen bei verschiedenen Bakterienstämmen.

Material

Stämme: z. B. *Escherichia coli ATCC 25922, Staphylococcus aureus ATCC 25923* oder andere streptomycinempfindliche Stämme als Bouillon-Übernachtkulturen

Geräte: Wasserbad (45 °C)

Steriles Material (für die Untersuchung eines Stammes): 4mal 8 Petrischalen, 50-ml-Erlenmeyerkolben, 4mal 190 ml Nähragar (im Wasserbad flüssig gehalten), physiologische Kochsalzlösung, Stammlösung von Streptomycin in dest. Wasser (Wirkstoffgehalt 160 mg/l)

Zeitplan und Zeitbedarf

1. Tag: Streptomycin- und Keimverdünnungen herstellen. Gießen der Platten, 5 h

2. oder 3. Tag: Auszählung der Platten und Auswertung, ca. 3 h

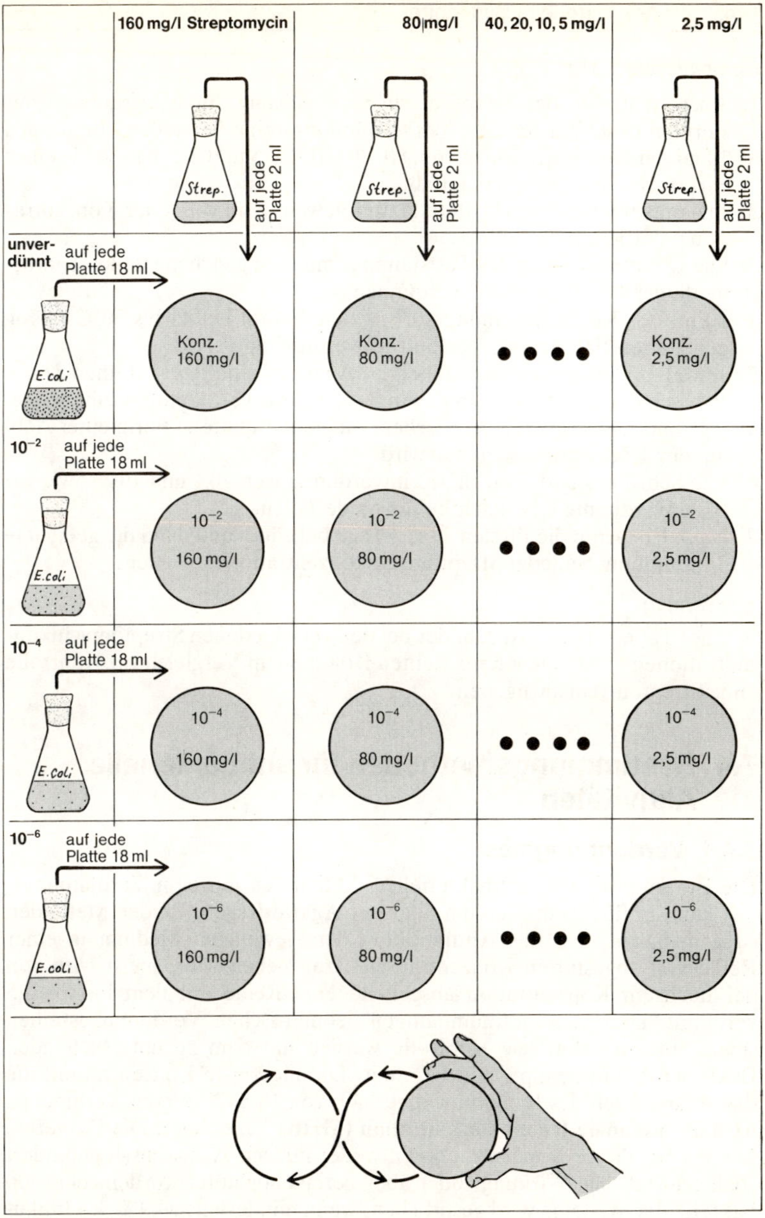

Abb. 7.3 Versuchsschema zur Bestimmung streptomycinresistenter Subpopulationen

Durchführung (Abb. 7.3)

1. Ausgehend von der Streptomycin-Stammlösung durch Verdünnen mit sterilem dest. Wasser eine Vorverdünnungsreihe herstellen, die jeweils 10 ml der Konzentrationen 160, 80, 40, 20, 10, 5 und 2,5 mg/l sowie einer wirkstofffreien Kontrolle umfaßt.
2. In 4 entsprechend beschriftete Platten jeweils 2 ml von jeder Konzentration pipettieren.
3. Die Übernachtkultur des Teststammes mit dem gleichen sterilen Kulturmedium 10^{-2}, 10^{-4} und 10^{-6} verdünnen.
4. 10 ml der Keimverdünnung 10^{-6} zu den 190 ml bei 45 bis 50°C flüssig gehaltenen Nähragars geben und gut vermischen.
5. Jeweils 18 ml dieses noch flüssigen Agars in eine der 4 Reihen von 8 Petrischalen pipettieren, in denen 2 ml der Vorverdünnungsreihe vorgelegt sind und sorgfältig vermischen, indem die Platte in Form einer Acht auf der Tischplatte geschoben wird.
6. Die Schritte 4 und 5 für die Keimverdünnungen 10^{-4} und 10^{-2} sowie für die unverdünnte Übernachtkultur wiederholen.
7. Nach Erstarren die Platten 1 bis 3 Tage bebrüten und dann die geeignete Verdünnung bei jeder Streptomycinkonzentration auszählen.

Auswertung

In einer Tabelle ist die Anzahl der bei den verschiedenen Streptomycinkonzentrationen entstandenen resistenten Kolonien im Vergleich zur Kontrolle ohne Streptomycin anzugeben.

7.4 Bestimmungsmethoden für antibakterielle Aktivitäten

7.4.1 Verdünnungstest

Die Bestimmung von antibakteriellen Aktivitäten mit dem Verdünnungstest kann in flüssigem Medium oder auf Agar erfolgen. Beiden Methoden ist gemeinsam, daß das Antibiotikum dem jeweiligen Medium in einer Reihe von abgestuften Konzentrationen zugegeben wird; meist wird von der höchsten Konzentration ausgehend eine Reihe mit dem Faktor 0,5 verdünnt. Diese antibiotikumhaltigen geometrischen Verdünnungsreihen sowie eine wirkstofffreie Kontrolle werden mit dem zu untersuchenden Bakterienstamm beimpft und bebrütet. Die niedrigste Konzentration, die das Auswachsen des Inokulums innerhalb von 18 ± 2 Stunden verhindert, wird als **minimale Hemmkonzentration (MHK)** bezeichnet. Die Bakterien können bei dieser Konzentration entweder nur am Auswachsen gehindert (bakteriostatische Wirkung) oder aber bereits abgetötet worden sein (von bakterizider Wirkung wird gesprochen, wenn mindestens 99,9% des Inokulums abgetötet wurden). Meist ist die **minimale bakterizide Konzentration (MBK)** – sofern das untersuchte Antibiotikum überhaupt eine bakterizide

Wirkung besitzt – jedoch höher als die MHK. Um die MBK zu messen, wird ein vom Inokulum abhängiges Volumen aus den nicht bewachsenen, also klar gebliebenen Röhrchen in genügend viel wirkstofffreies Nährmedium gegeben (um die inhibitorischen Antibiotikumskonzentrationen zu verdünnen) und erneut bebrütet. Die niedrigste Konzentration, bei der weniger als 0,1% des Inokulums noch vermehrungsfähig ist, wird als MBK bezeichnet.

MHK und MBK werden von der Größe und der Wachstumsphase des Inokulums sowie der Bebrütungszeit beeinflußt. Auch das verwendete Nährmedium mit seiner Zusammensetzung, seiner Osmolalität und seinem pH-Wert hat einen Einfluß auf die Ergebnisse. Deshalb wurden nationale und internationale Standardmethoden eingeführt, die einen Vergleich der Ergebnisse aus verschiedenen Instituten bzw. Kliniken zulassen.

Für eine routinemäßige Empfindlichkeitsbestimmung ist das Herstellen und Beimpfen von Röhrchen- oder Plattenreihen recht aufwendig. Deshalb wurden von einzelnen Instituten bzw. der Industrie vereinfachte Verfahren entwickelt. Diese reichen von auf 2 Platten mit klinisch wichtigen Antibiotikumskonzentrationen reduzierten Agarreihen, die mit bis zu 25 verschiedenen Erregerstämmen beimpft werden können, bis zu Mikrotiterplatten, in deren Vertiefungen lyophilisierte Antibiotika nach Rehydratisierung mit Nährmedium und Erregersuspension bereits die gewünschten Konzentrationen ergeben.

Bei MHK-Bestimmungen erhält man ein Ergebnis, das Konzentrationsangaben auf der Basis des 2er-Logarithmus liefert. Die „wahre" MHK muß nicht auf diesen Konzentrationsschritten liegen. Als Näherungen werden oft angegeben der Modalwert (der innerhalb einer gleichartigen Meßreihe am häufigsten gefundene Wert) oder der Medianwert (entspricht dem Maximum der Normalverteilung und ist nur anzugeben, wenn sicher ist, daß die Häufigkeit der Meßwerte auf arithmetischer oder geometrischer Basis normal verteilt ist).

Aufgabe

Bestimmung der MHK von Streptomycin und Chloramphenicol bei einem *Escherichia coli*-Stamm in Abhängigkeit von der Größe des Inokulums.

Material

Stämme: z. B. *Escherichia coli ATCC 25922* als Übernachtkultur

Steriles Material: 5mal 13 Röhrchen, dest. Wasser, Nährbouillon (z. B. Standard-I-Nährbouillon, Merck), Stammlösungen von Streptomycin und Chloramphenicol in deionisiertem Wasser (Wirkstoffgehalt je 640 mg/l)

Zeitplan und Zeitbedarf

1. Tag: Antibiotikum- und Keimverdünnungen herstellen. Versuch ansetzen, ca. 4 h

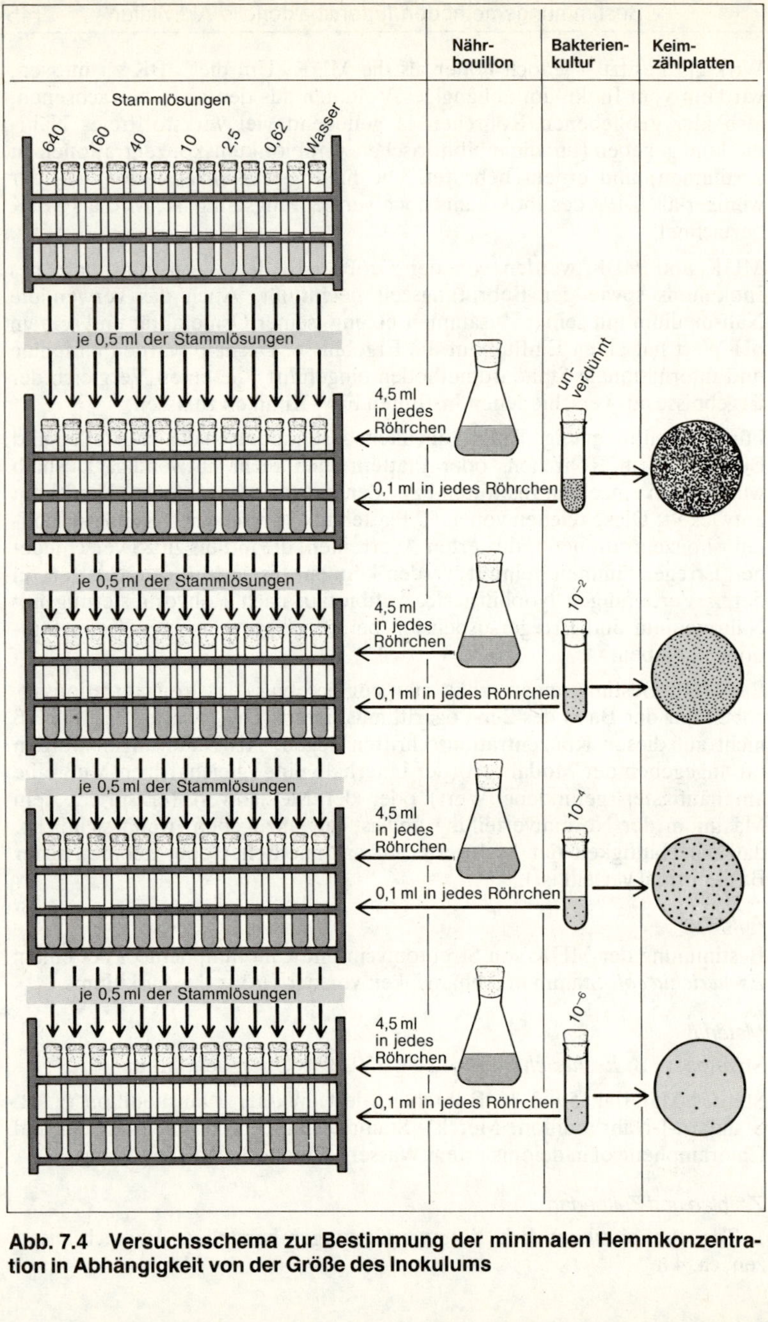

Abb. 7.4 Versuchsschema zur Bestimmung der minimalen Hemmkonzentration in Abhängigkeit von der Größe des Inokulums

2. Tag: MHK ablesen und Versuch auswerten, ca. 2 h

Durchführung (Abb. 7.4)

1. Von den Stammlösungen ausgehend eine geometrische Vorverdünnungsreihe (Faktor 0,5) von Streptomycin und Chloramphenicol mit sterilem dest. Wasser herstellen, die die Konzentrationen von 640 bis 0,312 mg/l sowie eine wirkstofffreie Kontrolle umfaßt (13 Röhrchen). Von jeder Konzentration sollen 3 ml vorhanden sein.
2. Aufstellung von 4 Reihen mit 13 Röhrchen. In die ersten 4 Röhrchen jeweils 0,5 ml der höchsten Konzentration pipettieren. Die zweiten 4 Röhrchen mit ebenfalls jeweils 0,5 ml der zweithöchsten Konzentration beschicken usw., bis die letzten 4 Röhrchen jeweils 0,5 ml Wasser enthalten (Röhrchen beschriften mit Reihe und Konzentration!).
3. Zu jedem der 4mal 13 Röhrchen 4,5 ml der sterilen Nährbouillon geben.
4. Von der Übernachtkultur die Keimverdünnungen 10^{-2}, 10^{-4} und 10^{-6} mit steriler Bouillon herstellen und Keimzählplatten zur Bestimmung des Inokulums anlegen.
5. Die erste Reihe mit je 0,1 ml der unverdünnten Übernachtkultur, die zweite mit der Verdünnung 10^{-2}, die dritte mit 10^{-4} und die vierte mit 10^{-6} beimpfen.
6. Röhrcheninhalt durch Schütteln mischen und für 18 ± 2 Stunden bei 36 ± 1 °C bebrüten.

Auswertung

Es ist die MHK in einer Tabelle gegen die Inokulumsdichte aufzutragen. Man überlege sich, warum MHK und MBK von der Inokulumsgröße und der Wachstumsphase abhängen.

7.4.2 Agardiffusionstest

Bestimmte Formen des Agardiffusionstestes sind bereits beim Nachweis der Antibiotikaproduktion durch Mikroorganismen und beim Autobiogramm beschrieben worden. Weitere Einsatzmöglichkeiten dieses äußerst vielseitig verwendbaren Tests sind z. B. Konzentrationsbestimmungen, Isolierung und Bestimmung auxotropher Mutanten und Mutagenitätsprüfung mit Bakterien. Allen gemeinsam ist, daß eine Substanz von dem Auftragepunkt aus in den Agar diffundiert, der vorher oder nachher mit einem Mikroorganismus beimpft wurde. Es handelt sich also um einen physikalisch-chemischen Vorgang, bei dem der Mikroorganismus als Indikator eingesetzt wird.

Die meisten der gebräuchlichen Agargele bestehen zu mehr als 96% aus Wasser. Eine in geeigneter Form auf den Agar gebrachte wasserlösliche Substanz wird also eine wäßrige Lösung mit einer der Substanzmenge entsprechenden Konzentration ergeben. Diese oder eine direkt eingesetzte Lösung diffundiert pro Zeiteinheit umso weiter in den Agar, je höher die Konzentration, je dünner die für die Diffusion zur Verfügung stehende

Agarschicht, je besser die Wasserlöslichkeit, je niedriger die relative Molekülmasse und je höher die Temperatur ist. Zudem spielen die chemische Natur der Substanz, die Zusammensetzung des Mediums und andere Faktoren eine Rolle bei der Diffusion.

Die Größe der auf dem Agar entstehenden Hemm- bzw. Wachstumszone wird auch von dem verwendeten Mikroorganismus beeinflußt. Die entstandenen Zonen sind umso größer, je empfindlicher der verwendete Mikroorganismus reagiert, je niedriger das Inokulum ist oder je langsamer er zu Kolonien auswächst. Letzteres kann wiederum durch die Zusammensetzung des Nährmediums beeinflußt werden.

Für eine halbquantitative und besonders für eine quantitative Untersuchung mit dem Agardiffusionstest ist bei dieser Vielzahl von Einflußgrößen eine genügend strenge Standardisierung der Versuchsbedingungen unumgänglich. Für jeden einzelnen Test müssen die optimalen Bedingungen der oben aufgeführten Parameter gefunden werden und für die betreffende Untersuchung dann so genau wie möglich eingehalten werden. Für manche Zwecke sind einige Einflußgrößen des Agardiffusionstests nicht frei wählbar; sie müssen bei den Tests dann konstant gehalten werden.

Die in Tab. 7.4 aufgeführten Beispiele lassen sich in zwei Fragestellungen einteilen:

- Zum einen lassen sich mit einem geeigneten Agar und einem bestimmten Mikroorganismus die angegebenen Parameter einer genügend wasserlöslichen Substanz qualitativ und quantitativ untersuchen.

Tab. 7.4 Einsatzmöglichkeiten für den Agardiffusionstest

Untersuchungsgut	untersuchter Parameter (qualitativ + quantitativ)	Test z. B.
Substanz	antibiotische Wirkung	Wirkungsnachweis Wirkungsspektrum Konzentrationsbestimmung
	nutritive Wirkung mutagene Wirkung Interaktion mit anderen Substanzen	Fütterungstest „Ames-Test" Gradientenstreifentest, Kreuzstreifentest
Mikroorganismus	Empfindlichkeit gegen Antibiotika	Empfindlichkeitsprüfung mit dem Blättchentest
	Mutationsrate eines Stammes	Plattentest (Papillenmethode)
	Untersuchung der Auxotrophie	Fütterungstest

- Zum anderen können mit einem geeigneten Agar und einer definierten Substanz(menge) umgekehrt die angegebenen Parameter eines beliebigen Mikroorganismus untersucht werden.

Die Mikroorganismen können für den Test bereits im Agar suspendiert sein, oder sie werden nachträglich auf der Oberfläche des sterilen Agars durch Spateln oder Fluten verteilt. Noch besser ist das Aufbringen einer zweiten Agarschicht, die durch ein genau definiertes und sehr gut verteiltes Inokulum in geringer Schichtstärke ein exakteres Ablesen der Hemmzonen gestattet („Seed"-Schicht). Für qualitative Untersuchungen läßt sich das Inokulum auch in Form von Impfstrichen aufbringen.

Für das Einbringen der Substanz in den Test bestehen neben den zwei schon beim Autobiogramm und dem Zwei-Schichten-Agar beschriebenen, und nur qualitativ auswertbaren Verfahren noch folgende Möglichkeiten (Abb. 7.5): die Substanzlösung kann in definierter Menge auf sterile Filterpapierscheibchen (d = 6–10 mm) aufgebracht und auf den Agar gelegt werden: **Blättchentest.** Bei der routinemäßigen Empfindlichkeitsprüfung von Infektionserregern gegen Chemotherapeutika mit dem Blättchentest werden mehrere Filterpapierscheibchen auf Agarplatten, die mit dem zu untersuchenden Bakterienstamm beimpft wurden, aufgelegt. Jedes dieser Scheibchen enthält eine definierte Menge eines anderen Chemotherapeutikums. Nach dem Auflegen saugen sich die Scheibchen mit Wasser voll, der Wirkstoff wird gelöst und diffundiert entsprechend der entstandenen Konzentration und der Substanzeigenschaften in den Agar (Fick'sches Gesetz). Je größer der nach der Bebrütung entstandene Hemmhof ist, desto empfindlicher ist der geprüfte Stamm gegen das entsprechende Chemotherapeutikum; resistente Stämme zeigen – wenn überhaupt – nur kleine Hemm-

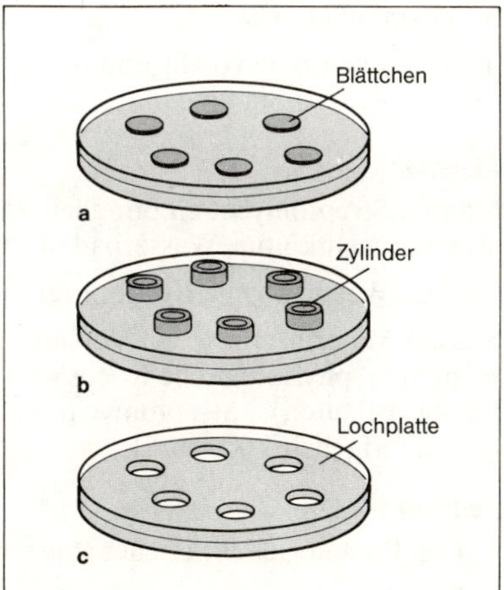

Abb. 7.5 Verschiedene Formen des Agardiffusionstestes

höfe. Die Hemmhofdurchmesser, die für die Beurteilung der Empfindlichkeit verwendet werden, sind für jedes Chemotherapeutikum notwendigerweise anders. Stammspezifische Einflüsse auf den Hemmhofdurchmesser werden bei diesem Test in der Praxis allerdings nicht berücksichtigt.

Beim **Zylindertest** werden Zylinder aus inertem Material (Edelstahl, Glas etc.) auf den Agar aufgesetzt und so angedrückt, daß die in die Zylinder einpipettierte Lösung weder durch Undichtigkeiten zwischen Zylinder und Agaroberfläche noch durch Haarrisse, die durch zu starkes Andrücken im Agar entstehen können, auslaufen kann.

Zum **Lochplattentest** wird mit dem abgeflammten Korkbohrer (d = 6–10 mm) ein Loch in den Agar gestanzt, mit Spatel, Präpariernadel o. ä. das Agarscheibchen entfernt und das entstandene Loch mit einem genau abgemessenen Volumen der Substanzlösung gefüllt. Hier ist die Füllmenge von entscheidender Bedeutung, während sie beim Zylindertest keine Rolle spielt, solange gewährleistet ist, daß am Ende des Tests noch etwas Substanzlösung der ursprünglichen Konzentration in den Zylindern vorhanden ist.

Für quantitative Untersuchungen mit dem Agardiffusionstest muß wegen der oben aufgezeigten Fehlermöglichkeiten nicht nur eine Standardisierung der Randbedingungen erreicht werden, sondern auch noch bei jedem Ansatz ein interner Standard mitgeführt werden. Dies wird am Beispiel der Konzentrationsbestimmung auf S. 156ff gezeigt.

Aufgabe

Untersuchung des Einflusses von

1. Inokulum
2. Vordiffusionszeit
3. Vorinkubationszeit

auf die Hemmhöfe von Streptomycin im Rasen eines empfindlichen *Staphylococcus aureus*-Stammes

Material

Stamm: Streptomycin-empfindlicher *S. aureus*-Stamm (z. B. *ATCC 25923*) als Übernachtkultur, Wasserbad (45 °C)

Geräte: Wasserwaage, Korkbohrer, Schiebelehre

Steriles Material (für jeden Versuch): 6 Petrischalen (mit ebenem Boden!), Röhrchen, physiologische Kochsalzlösung, 100 ml Nähragar (im Wasserbad flüssig gehalten), Streptomycin-Stammlösung in deionisiertem Wasser (Wirkstoffgehalt 1 000 mg/l)

Zeitplan

1. Tag: Platten gießen, Löcher stanzen und beschicken

2. Tag: Auswertung

Zeitbedarf am 1. Tag ca. 5 Stunden für die Untersuchung des Inokulumeinflusses, bzw. ca. 8 Stunden für den Einfluß von Vordiffusions- und Vorinkubationszeit, am 2. Tag jeweils ca. 3 Stunden

Durchführung

zu 1. Einfluß des Inokulums auf den Agardiffusionstest (Abb. 7.6)

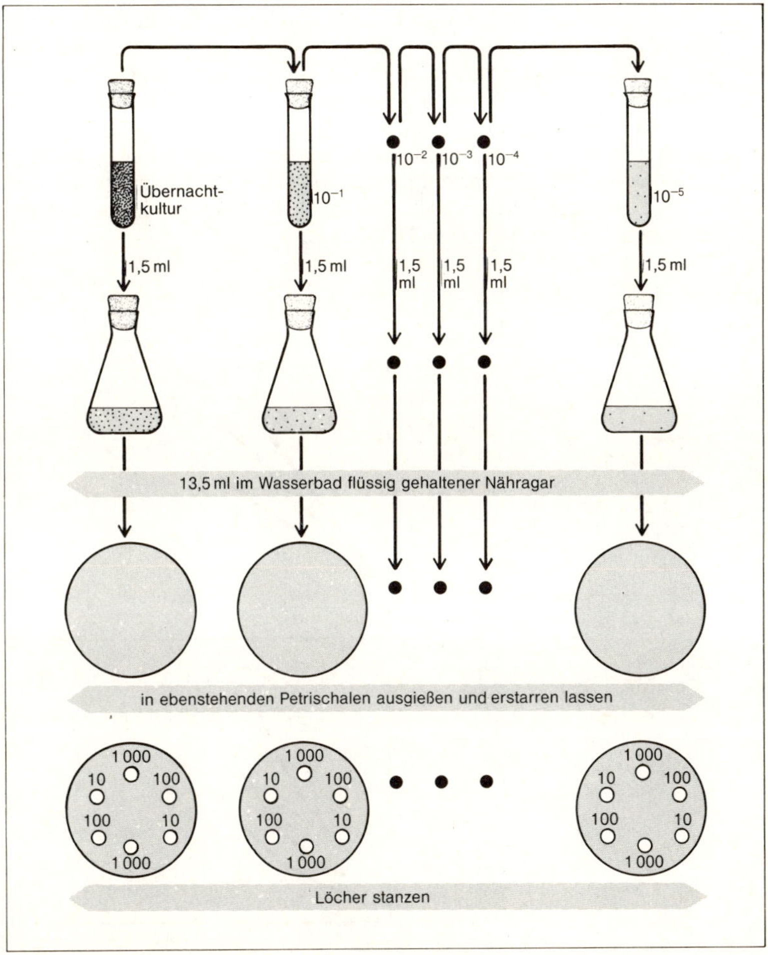

Abb. 7.6 Versuchsschema zur Bestimmung des Inokulumeinflusses auf den Agardiffusionstest

1. Von der Übernachtkultur mit der gleichen Nährbouillon eine Reihe von Keimverdünnungen mit dem Faktor 1 : 10 bis zur Verdünnung 10^{-5} (Keimzählplatten anlegen!) herstellen.
2. Jeweils 1,5 ml jeder Verdünnung mit 13,5 ml des flüssig gehaltenen Nähragars vermischen und in die absolut eben stehenden Petrischalen ausgießen (Wasserwaage!).
3. Nach dem Erstarren des Agars (vorteilhaft ist ein ca. zweistündiges Altern des Agars im Kühlschrank) mit einem zuvor in Alkohol getauchten und dann abgeflammten Korkbohrer pro Platte 6 Löcher mit einheitlichem Durchmesser ausstanzen und Agarscheibchen mit einem scharfen flachen Gegenstand entfernen, ohne den Agarrand zu verletzen.
4. Ausgehend von der Streptomycinstammlösung, mit dest. Wasser die Konzentrationen 100 und 10 mg/l herstellen.
5. Berechnung des Volumens der ausgestanzten Löcher. Etwas kleinere Volumina von den 3 Streptomycinlösungen exakt einpipettieren und zwar so, daß jede Konzentration zweimal, diagonal gegenüberliegend, vorhanden ist. Über Nacht bei 37 °C bebrüten.

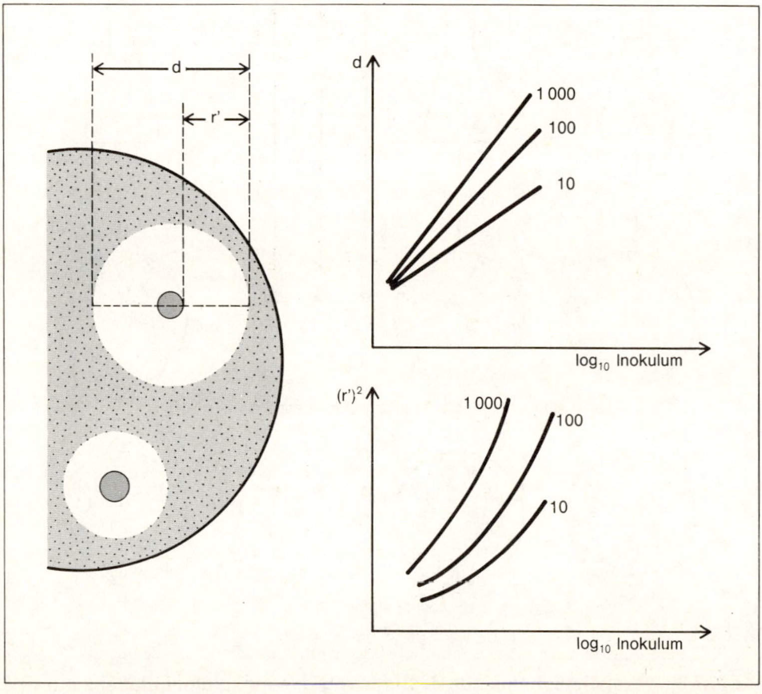

Abb. 7.7 Schema zum Ausmessen und Auswerten des Agardiffusionstests

Auswertung

Die Durchmesser der entstandenen Hemmhöfe *(d)* und die Hemmzonenradien *(r')* sind mit der Schiebelehre auszumessen und für jede der 3 Konzentrationen die gemittelten Quadrate der Hemmzonenradien über dem Logarithmus des Inokulums aufzutragen. Entsprechend sind die gemittelten Hemmhofdurchmesser über dem Logarithmus des Inokulums aufzutragen (Abb. 7.7).

zu 2. Einfluß der Vordiffusionszeit auf den Agardiffusionstest (Abb. 7.8)

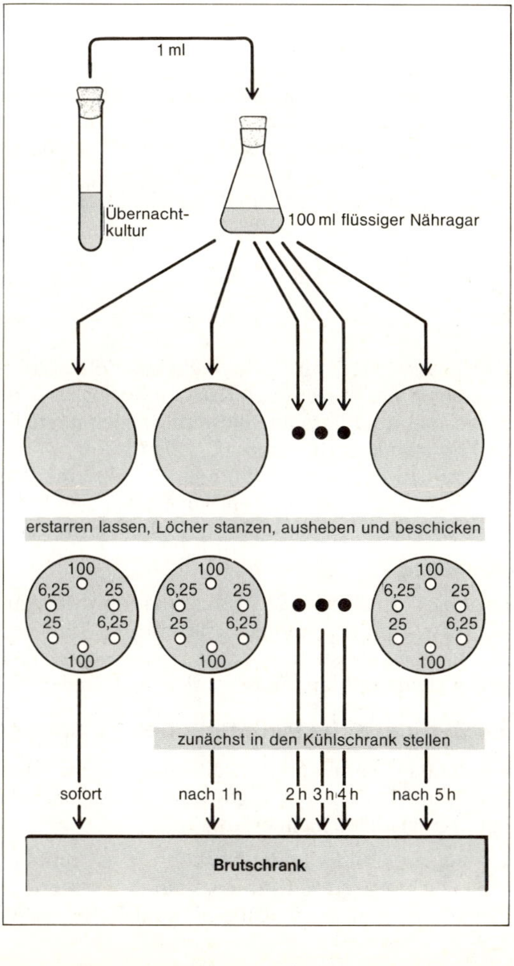

Abb. 7.8 Versuchsschema zur Untersuchung des Einflusses der Vordiffusionszeit auf den Agardiffusionstest

1. 1 ml der Übernachtkultur mit 100 ml des flüssig gehaltenen Nähragars vermischen.
2. Jeweils 15 ml davon in 6 absolut eben stehende Petrischalen ausgießen (Wasserwaage!).
3. Analog Aufgabe 1 Ziffer 3.
4. Ausgehend von der Streptomycin-Stammlösung mit dest. Wasser die Konzentrationen 100, 25 und 6,25 mg/l herstellen.
5. Analog Aufgabe 1 Ziffer 5.
6. Die erste Platte sofort in den Brutschrank stellen. Die anderen 5 Platten kommen in den Kühlschrank, von wo nach Ablauf jeder Stunde eine in den Brutschrank gestellt wird. Über Nacht bei 37°C bebrüten.

Auswertung

Die Durchmesser der entstandenen Hemmhöfe *(d)* und die Hemmzonenradien *(r')* sind mit der Schiebelehre auszumessen und für jede der 3 Konzentrationen die gemittelten Quadrate der Hemmzonenradien bzw. die gemittelten Hemmhofdurchmesser über der Vordiffusionszeit aufzutragen.

zu 3. Einfluß der Vorinkubationszeit auf den Agardiffusionstest

1.–4. Analog Aufgabe 2 Ziffern 1 bis 4.

5. Etwas weniger als das berechnete Volumen von den 3 Streptomycinlösungen paarweise über Kreuz in die Löcher pipettieren, allerdings nur bei einer(!) Platte und diese zusammen mit den 5 anderen unbeschickten Platten in den Brutschrank stellen.
6. Nach 1, 2, 3, 4 und 5 Stunden jeweils eine Platte aus dem Brutschrank nehmen, mit den 3 Streptomycinlösungen beschicken und sofort wieder in den Brutschrank stellen und über Nacht bebrüten.

Auswertung

Die wie bei Aufgabe 2 (Einfluß der Vordiffusionszeit) bestimmten Werte über der Vorinkubationszeit auftragen. Man überlege sich, mit welchen Maßnahmen zu steile oder zu flache Korrelationskurven (Konzentration gegen Hemmhofdurchmesser) geändert werden können.

7.4.3 Kinetische Meßmethoden für antibakterielle Wirkungen

Verdünnungsteste und Agardiffusionsteste werden am Ende einer vorgegebenen Inkubationszeit ausgewertet. Zwischenzeitlich aufgetretene Reaktionen werden dabei nicht erfaßt.

Ein besseres Bild von der Wirkung eines Antibiotikums ergibt sich aus der Untersuchung seines Einflusses auf die Bakterienzellzahl über die gesamte Zeitspanne von der Zugabe bis zum Ende des Versuchs. Dabei kann die

Zellzahl entweder direkt bestimmt oder eine andere Meßgröße verwendet werden, die in einer Beziehung zur Zellzahl steht (s. Kap. 1.4, S. 21ff).

Bei der Bestimmung der Lebendzellzahl in einer antibiotikumhaltigen Kultur muß darauf geachtet werden, daß die mit der Probe entnommene Menge an Antibiotikum durch Verdünnen, Inaktivieren oder Auswaschen so reduziert wird, daß sie keinen Einfluß mehr auf das Auswachsen der Zellen auf den Keimzählplatten hat. Die Bestimmung der Gesamtzellzahl bzw. der Lichtstreuung (auch abgestorbene Bakterienzellen streuen das Licht) gibt selbst bei lytisch wirkenden Antibiotika ein falsches Bild, da nicht alle Zellen, die abgetötet werden, auch lysieren. Ein weiterer Nachteil der Messung mit der Lichtstreuung ist die ungünstige untere Nachweisgrenze, die bei ungefähr 5mal 10^6 Zellen pro ml und 1 cm Lichtweg liegt.

Das in Abb. 7.9 dargestellte Beispiel zeigt, daß die Zugabe bakteriostatisch wirkender Antibiotika (z. B. Chloramphenicol, Tetracycline) ein weiteres Wachstum der Kultur verhindert bzw. allenfalls zu einer mäßigen Keimreduktion führt. Nach Zugabe bakterizid wirkender Antibiotika (z. B. β-Lactamantibiotika, Aminoglykoside) nimmt die Lebendzellzahl innerhalb kurzer Zeit um mehrere Zehnerpotenzen ab. Die Abnahme der vermehrungsfähigen Zellen ist mit der Trübungsmessung aus den oben angegebenen Gründen nur qualitativ zu verfolgen.

Nach anfänglicher Hemmung bzw. Abtötung durch Antibiotika von beiden Wirkungstypen kann manchmal ein Auswachsen der Kulturen beobachtet werden. Dieses Phänomen läßt sich zurückführen auf eine Induktion von Resistenzmechanismen bei den untersuchten Mikroorganismen bzw. auf eine Selektion von resistenten Subpopulationen oder aber auf eine spontanchemische bzw. enzymatische Inaktivierung des Antibiotikums. Im ersten Fall würde man nach erneuter Zugabe des gleichen Antibiotikums zur

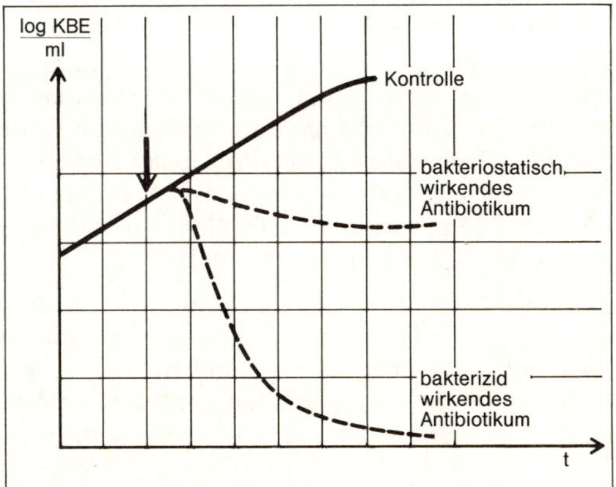

Abb. 7.9 Änderung der Zellzahl einer Bakterienkultur nach Zugabe eines bakteriostatisch bzw. bakterizid wirkenden Antibiotikums. Der Zeitpunkt der Zugabe ist durch einen Pfeil markiert

Kultur eine deutlich reduzierte Wirkung erwarten, während im zweiten Fall eine mit der ursprünglichen vergleichbare auftreten müßte.

7.4.4 Konzentrationsbestimmungen von antibakteriellen Stoffen

Bei der fermentativen Herstellung von Antibiotika muß während des Prozesses laufend die antibiotische Aktivität verfolgt werden. Zur Untersuchung des Wirkstoffgehaltes der verschiedenen Darreichungsformen eines Chemotherapeutikums sowie zur Untersuchung der Stabilität und der Haltbarkeit dieser Pharmaka sind Konzentrationsbestimmungen notwendig. Nicht zuletzt muß auch – besonders bei potentiell toxischen Chemotherapeutika – der Konzentrationsverlauf im Serum der behandelten Patienten bestimmt werden können. Um diese und ähnliche Fragen lösen zu können, gibt es prinzipiell zwei Verfahren.

Die **physikalisch-chemischen Methoden** bestehen meist aus einem chromatographischen Schritt und, nachgeschaltet, einer quantitativen Untersuchung der entsprechenden Bande (meist spektroskopisch). In relativ „reinen" Lösungen bekommt man so sehr schnell ein zuverlässiges Ergebnis, sofern ein für die betreffende Substanz ausgearbeitetes Verfahren vorhanden ist. Liegen jedoch, wie im Falle von Serum oder Fermentationsbrühen, sehr komplexe Lösungen vor, dann müssen die Proben aufgearbeitet werden, was eine beträchtliche Fehlerquelle darstellen kann.

Bei **biologischen Konzentrationsbestimmungen** stört die Komplexizität solcher Lösungen nicht. Nur wenn ein oder mehrere Bestandteile eine eigene antibakterielle Aktivität besitzen oder die der zu untersuchenden Substanz beeinflussen, sind Schwierigkeiten zu erwarten. Neben der Spezifität biologischer Konzentrationsbestimmungen ist auch das relativ problemlose Einrichten solcher Tests von Vorteil. Nachteilig dagegen wirkt sich der zeitliche Verzug bis zum Vorliegen des Ergebnisses aus.

Die biologischen Verfahren zur Konzentrationsbestimmung beruhen alle auf dem Vergleich der antibakteriellen Wirkung der Probe mit der antibakteriellen Wirkung von mehreren bekannten Konzentrationen der gleichen Substanz. Dies entspricht im Prinzip der Konzentrationsbestimmung wachstumsfördernder Substanzen (z. B. Vitamine, Aminosäuren) mit entsprechenden Mutanten, nur werden hier wachstumshemmende Substanzen mit geeigneten Mikroorganismen untersucht.

Das am häufigsten eingesetzte Verfahren ist der **Agardiffusionstest.** Hier wird ein für die Untersuchung genügend empfindlicher Mikroorganismus in oder auf dem Agar verteilt, und mehrere verschiedene, aber bekannte Konzentrationen des zu untersuchenden Stoffes werden in geeigneter Form (s. S. 149) auf den erstarrten Agar gebracht. In der gleichen Form wird die Probe – möglichst in mehreren Verdünnungen – ebenfalls eingesetzt. Nach Bebrütung über Nacht werden die Hemmhöfe ausgemessen und eine lineare Korrelation zwischen dem Logarithmus der Standardkonzentrationen und einem geeigneten Meßparameter hergestellt. Dies kann einerseits der gesamte Hemmhofdurchmesser *(d)* oder aber das Quadrat der Hemmzonenradien $[(r')^2]$ sein. Die Konzentration der Probenverdünnung, die innerhalb des linearen Bereiches liegt, kann aus dem gemessenen Parameter durch Interpolation bestimmt und daraus über den bekannten Verdünnungsfaktor die Konzentration in der ursprünglichen Probe berechnet werden (Abb. 7.10).

Gegenüber dem Agardiffusionstest bietet das **turbidimetrische** Verfahren einen zeitlichen Vorteil. Es ist allerdings nicht so allgemein einsetzbar, und seine Randbedingungen müssen äußerst exakt eingehalten werden. Für dieses Verfahren müssen sterile Glasröhrchen aus gleichem Material, mit gleicher Wandstärke und gleichem Durchmesser verwendet werden. Sie dürfen zudem nicht zerkratzt sein. Eine Reihe dieser Röhrchen wird mit gleichen Volumina von kühlschrankkalter beimpfter Nährbouillon beschickt. Gleiche Volumina der zu untersuchenden Substanz werden in verschiedenen, aber bekannten Verdünnungen zugegeben. Mit den Probelösungen wird ebenso verfahren. Alle Röhrchen werden in einem geeigneten Ständer zusammen in ein temperiertes Wasserbad gegeben und für 3 bis 5 Stunden inkubiert. Danach wird der Ständer mit allen Röhrchen zum Abtöten der Mikroorganismen in ein z. B. auf 80 °C eingestelltes Wasserbad gebracht (die Temperatur muß zum Abtöten ausreichen, es dürfen sich jedoch keine Koagulationsflocken bilden). Mit dem Photometer werden die erreichten Trübungs- bzw. Absorptionswerte der Röhrchen bei einer geeigneten Wellenlänge gemessen und eine lineare Korrelation zum Logarithmus der Konzentration hergestellt. Durch Interpolation kann nun die Konzentration der im linearen Bereich der Standardkurve liegenden Probeverdünnung und daraus die Konzentration der Probe selbst bestimmt werden.

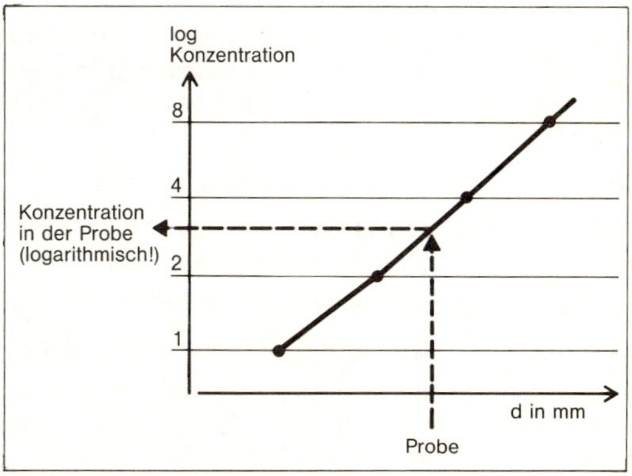

Abb. 7.10 Konzentrationsbestimmung mit dem Agardiffusionstest. Aus dem Hemmhofdurchmesser wird durch Interpolation der Logarithmus der Konzentration bestimmt

Bei diesem Verfahren ist eine absolut gleiche Behandlung der Röhrchen sehr wichtig. Schon eine um 1 Minute längere Bebrütungszeit von einem Röhrchen bewirkt bei einem Mikroorganismus mit einer Generationszeit von 20 Minuten eine 3,5%ige Zunahme der Zellzahl. Da die Temperatur in den einzelnen Röhrchen die Generationszeit beeinflußt, muß der Wärmedurchgang durch alle Röhrchen der gleiche sein und das Wasserbad gerührt (bzw. die Röhrchen) darin geschüttelt werden, um Temperaturgradienten zu vermeiden.

Ein weiteres biologisches Verfahren entspricht der Umkehrung der Bestimmungsmethode für die MHK (s. S. 144ff). Eine Reihe von bekannten Konzentrationen der zu untersuchenden Substanz wird ebenso wie die zu untersuchende Probe und ihre Verdünnungen mit einem Mikroorganismus bekannter Empfindlichkeit beimpft und bebrütet. Die minimale Hemmkonzentration der Standardreihe und der Probenreihe muß – da es sich um einen Parallelversuch mit gleicher Substanz und gleichem Mikroorganismus handelt – identisch sein. Damit läßt sich auf die Konzentration in der Probe zurückrechnen.

Aufgabe

Bestimmung der Streptomycinkonzentration der ausgegebenen Probe mit

1. dem Agardiffusionstest
2. dem turbidimetrischen Verfahren

Material

zu 1.

Stamm: Sporensuspension von *Bacillus subtilis* (z. B. *ATCC 6633*)

Geräte: Wasserbad (45 °C), Wasserwaage, Korkbohrer, Schiebelehre

Steriles Material: 3 Petrischalen (mit ebenem Boden!), Röhrchen, physiologische Kochsalzlösung, 50 ml Nähragar (im Wasserbad flüssig gehaltenes Antibiotic Medium No. 5: auf 1 l dest. Wasser 6 g Pepton; 3 g Hefeextrakt; 1,5 g Fleischextrakt; 5 ml 1normale Natronlauge; 10 g Agar, pH 7,9), deionisiertes Wasser, Streptomycinstammlösung in deionisiertem Wasser (Wirkstoffgehalt 4 mg/l), streptomycinhaltige Probelösung (Wirkstoffgehalt 1–600 mg/l)

zu 2.

Stamm: Streptomycinempfindlicher Stamm von *Staphylococcus aureus* (z. B. *ATCC 25923*) als Übernachtkultur in Nährbouillon

Geräte: Schüttelwasserbad (37 °C), Schüttelwasserbad (80 °C), Photometer

Insteriles Material: wasserfeste Reagenzglasständer

Steriles Material: Glasröhrchen (ohne Kratzer, mit gleichen Abmessungen und Wandstärken), physiologische Kochsalzlösung, 300 ml Nährbouillon (kühlschrankkalt), deionisiertes Wasser, Streptomycinstammlösung in deionisiertem Wasser (Wirkstoffgehalt 10 mg/l), streptomycinhaltige Probelösung (Wirkstoffgehalt 2–40 mg/l)

Zeitplan und Zeitbedarf

zu 1.

1. Tag: Platten gießen, Löcher stanzen und beschicken, ca. 5 h

2. Tag: Auswertung, ca. 3 h

zu 2.

Versuchstag: Verdünnen, Beschicken der Röhrchen, Inkubation und Hitzeabtötung. Ausmessen der Trübungswerte. Graphische Auswertung eventuell am nächsten Tag

Zeitbedarf: 5 bis 8 Stunden für den Versuch. Wächst die Kultur schnell an, dann ist die graphische Auswertung (ca. 2 Stunden) noch am gleichen Tag möglich

Durchführung

zu 1. Konzentrationsbestimmung mit dem Agardiffusionstest (Abb. 7.11)

1. Den flüssig gehaltenen Nähragar mit der B. subtilis-Sporensuspension beimpfen (ca. 10^5 KBE/ml) und gut durchmischen.
2. Jeweils 15 ml dieses Agars in jede der absolut eben stehenden Petrischalen pipettieren (Wasserwaage!)
3. Nach dem Erstarren des Agars (vorteilhaft ist ein zweistündiges Altern des Agars im Kühlschrank) mit einem abgeflammten Korkbohrer in jede Platte 6 Löcher mit einheitlichem Durchmesser stanzen und die Agarscheibchen mit einem scharfen flachen Gegenstand entfernen, ohne den Agarrand zu verletzen.
4. Ausgehend von der Streptomycinstammlösung mit deionisiertem Wasser die Standardkonzentrationen 2, 1 und 0,5 mg/l herstellen.
5. Bei allen Platten gleiche Volumina der 4 Standardkonzentrationen in jeweils ein Loch pipettieren. Dabei darf nichts überlaufen!
6. Von der Probelösung mit deionisiertem Wasser die Verdünnungen 1 : 3, 1 : 9, 1 : 27, 1 : 81 und 1 : 243 herstellen.
7. Die 2 verbliebenen Löcher der 3 Platten mit den gleichen Volumina der konzentrierten Probelösung sowie ihrer Verdünnungen beschicken und über Nacht bebrüten.

Auswertung

Nur die Platten sind auszumessen, bei denen die Hemmhofdurchmesser der Proben innerhalb des Bereichs der Standardwerte liegen (Schieblehre). Bei diesen Platten einmal die Hemmhofdurchmesser *(d)* und zum anderen die Quadrate der Hemmzonenradien (r'^2) gegen den Logarithmus der Konzentration der Standardlösungen auftragen und durch graphische Interpolation aus beiden Diagrammen die Konzentration der Probelösung bestimmen. Es

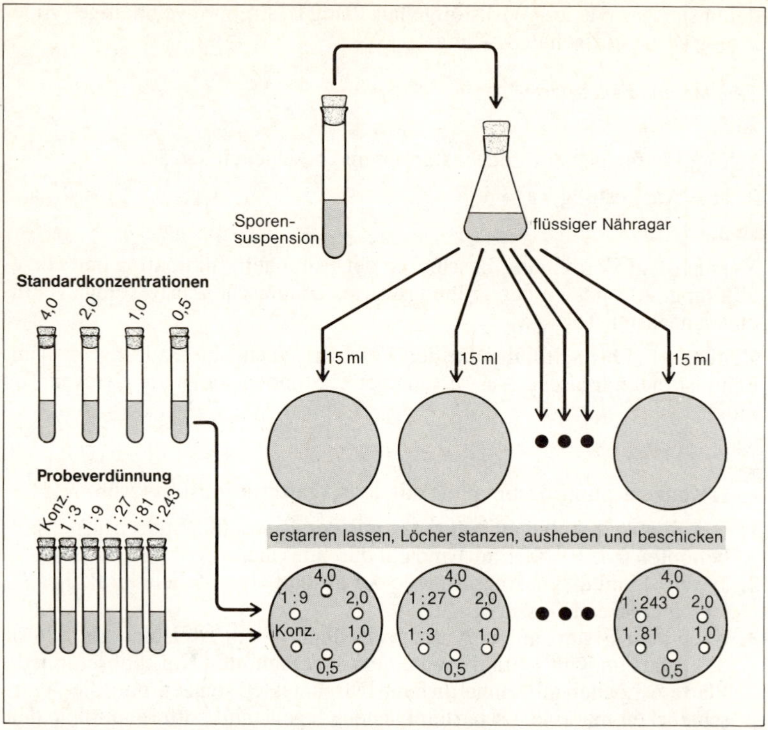

Abb. 7.11 Versuchsschema zur Konzentrationsbestimmung mit dem Agardiffusionstest.

ist zu ermitteln, wie sich die Konzentrationen ändern würden, wenn der Hemmhofdurchmesser 1 mm größer oder kleiner abgelesen worden wäre.

Durchführung

zu 2. Konzentrationsbestimmung mit dem turbidimetrischen Verfahren (Abb. 7.12)

1. Aufstellung von 4 Reihen mit je 13 ausgelesenen Röhrchen (s. S. 157 f) in einem wasserbeständigen Reagenzglasständer.
2. Ausgehend von der Streptomycinstammlösung mit deionisiertem Wasser die Konzentrationen 7, 4,5, 3, 2, 1,5, 1 und 0,6 mg/l herstellen.
3. Von der Probelösung mit deionisiertem Wasser die Verdünnungen 1 : 2, 1 : 4 und 1 : 8 herstellen.
4. Jeweils 8 der 13 Röhrchen mit je 0,5 ml der bekannten Konzentrationen sowie jeweils eines mit dem gleichen Volumen deionisierten Was-

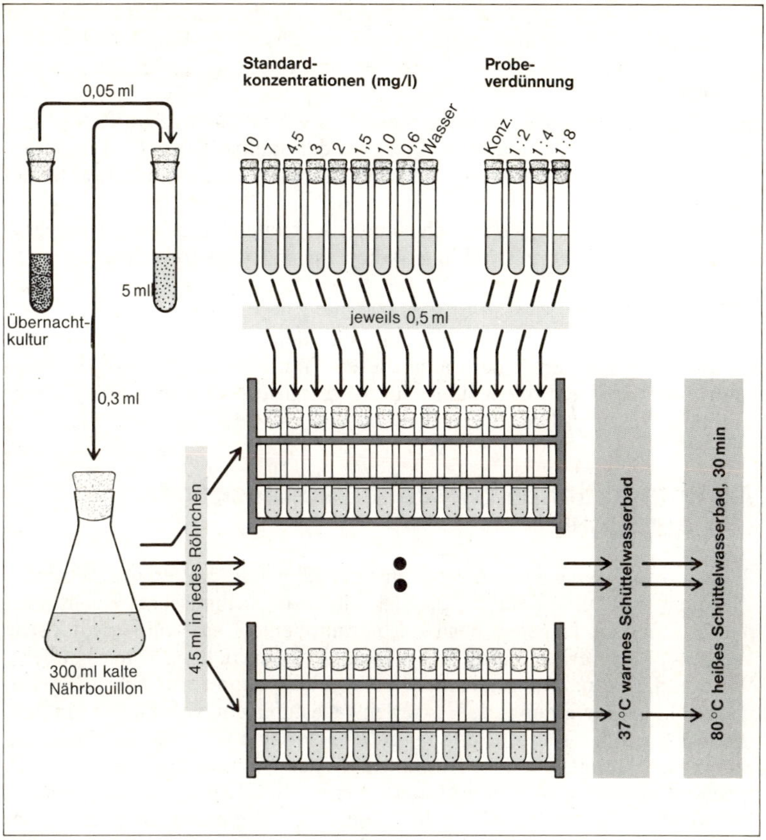

Abb. 7.12 Versuchsschema zur Konzentrationsbestimmung mit dem turbidimetrischen Verfahren

sers beschicken. Die restlichen 4 Röhrchen mit ebenfalls 0,5 ml der konzentrierten Probelösung und der 3 Verdünnungen beschicken.

5. Die Übernachtkultur des Staphylococcus-Stammes 1 : 100 mit Nährbouillon verdünnen. Davon 0,3 ml zu den 300 ml kühlschrankkalter Nährbouillon geben und gut durchmischen (ca. 10^5 KBE/ml).
6. Zu jedem der 4mal 13 Röhrchen zügig jeweils 4,5 ml der kalten beimpften Bouillon geben.
7. Nach kräftigem Durchschütteln den ganzen Ansatz mit dem Reagenzglasständer in das 37 °C warme Schüttelwasserbad stellen.
8. Durch Verdünnen der Übernachtkultur mit Nährbouillon eine Bakteriensuspension in einem Röhrchen herstellen, die im Photometer

gemessen eine optische Dichte von ca. 0,3 oder ca. 50% Transmission ergibt. Dieses Röhrchen für 30 min in das heiße Wasserbad (80 °C) stellen zum Abtöten der Bakterien und als Trübungsstandard aufbewahren.

9. Die Inkubation des Ansatzes beenden, sobald das wirkstofffreie Kontrollröhrchen die gleiche Trübung wie der Standard zeigt (2–5 h), durch Einstellen des gesamten Ansatzes in das heiße Schüttelwasserbad (80 °C).
10. Entnahme des Ansatzes nach 30 min, Abkühlung auf Zimmertemperatur und im Photometer (530 nm) die Transmission vermessen.

Auswertung

Die Mittelwerte der Transmission sind über dem Logarithmus der Konzentrationen aufzutragen. Über die mittleren Transmissionswerte ist die Konzentration in der Probelösung durch graphische Interpolation zu bestimmen.

7.5 Interaktionen zwischen verschiedenen Antibiotika

Penicillin und seine Derivate haben eine sehr gute bakterizide Wirkung, allerdings nur auf Bakterien, die sich in der logarithmischen Wachstumsphase befinden. Dagegen besitzt Chloramphenicol eine bakteriostatische Wirkung, induziert durch die Hemmung der bakteriellen Proteinsynthese. Werden die Präparate miteinander verabreicht, dann verursacht Chloramphenicol eine Hemmung des Bakterienwachstums und vermindert (antagonisiert) dadurch die ansonsten sehr gute bakterizide Wirkung des Penicillinpräparates. Der gegenteilige Effekt wird Synergismus genannt (s. Tab. 7.5). Solche Fälle können dann auftreten, wenn beide Kombinationspartner in der gleichen Biosynthesekette hintereinander hemmend eingreifen. Das wohl bekannteste Beispiel hierfür ist das als Cotrimoxazol auch therapeutisch eingesetzte Kombinationspräparat Trimethoprim-Sulfamethoxazol. Beide Substanzen greifen in die Tetrahydrofolsäurebiosynthese ein, aber auf verschiedenen Ebenen. Ein weiteres Beispiel für eine synergistisch wirkende sequentielle Blockade liegt vor bei der Kombination 3-Fluoro-D-alanin und Cycloserin (s. Abb. 7.13).

Ein synergistisches Zusammenwirken kann aber auch erzielt werden, wenn einer der beiden Kombinationspartner, der überhaupt keine eigene antibakterielle Aktivität haben muß, den anderen vor einer Inaktivierung durch die Bakterien schützt. Dieser Fall liegt vor bei der Kombination β-Lactam-Antibiotikum und β-Lactamase-Hemmer (Beispiel: Amoxycillin-Clavulansäure). Für die meisten Kombinationen von Chemotherapeutika ist jedoch eine sichere Vorhersage der Art des Zusammenwirkens gegen bestimmte Mikroorganismen nicht möglich.

Tab. 7.5 Interaktionsmöglichkeiten von zwei Antibiotika

Synergismus
Durch die Kombination wird die Wirkung des aktiveren Kombinationspartners überadditiv verstärkt (potenziert). Um die gleiche Wirkung mit der Einzelsubstanz zu erzielen, ist ein Mehrfaches der Konzentration notwendig, sofern die Kombinationswirkung mit der Einzelsubstanz überhaupt erreichbar ist.

Additivität
Nach Zugabe des Kombinationspartners ist – um die gleiche Wirkung mit der Kombination zu erzielen – von der anderen Substanz eine dementsprechende geringere Konzentration notwendig.

Indifferenz
Keiner der beiden Kombinationspartner beeinflußt die Wirkung des anderen, so daß für die Wirkung der Kombination wie auch der Einzelsubstanz die gleiche Konzentration notwendig ist.

Antagonismus
Durch Zugabe des Kombinationspartners wird die Wirkung der aktiveren Substanz vermindert. Um eventuell die gleiche Wirkung, welche die Einzelsubstanz besitzt, in der Kombination erzielen zu können, sind höhere Konzentrationen der anderen Substanz notwendig.

Für die Untersuchung des Zusammenwirkens von zwei Chemotherapeutika gibt es im Labor drei grundlegende Verfahren, von denen eine Reihe von Variationen existieren.

Bei der Untersuchung mit dem **Agardiffusionstest** bringt man die zu prüfenden Substanzen in einem geeigneten Träger auf den beimpften Agar. Die sich ausbildenden Diffusionszonen der Substanzen überlagern sich, und nach der Bebrütung kann aus der Form der Hemmzone auf die Art des Zusammenwirkens beider Substanzen gegen den betreffenden Stamm geschlossen werden. Die Variante nach Chabbert und Patte unterscheidet sich dadurch, daß im unbeimpften Agar ein Konzentrationsgradient der beiden Substanzen aufgebaut wird. Danach wird ein steriles Cellophanpapier auf den Agar gelegt und beimpft. Nach der Beurteilung der Hemmzonen kann das bewachsene Cellophan abgenommen werden und auf wirkstofffreiem Agar ein zweites Mal bebrütet werden. Aus dem jetzt entstandenen Muster kann abgelesen werden, ob die Chemotherapeutika bakterizid wirkten und ob in der Kombination sich die Bakterizidie gegenüber den Einzelsubstanzen verändert hat (s. Abb. 7.14).

Diese Methode erlaubt ohne großen Aufwand Aussagen über die Interaktion einer bestimmten Kombination. Der Ansatz ist jedoch nicht quantitativ auszuwerten, und es besteht die Gefahr der Fehlinterpretation besonders bei Substanzen mit sehr unterschiedlichem Diffusionsverhalten.

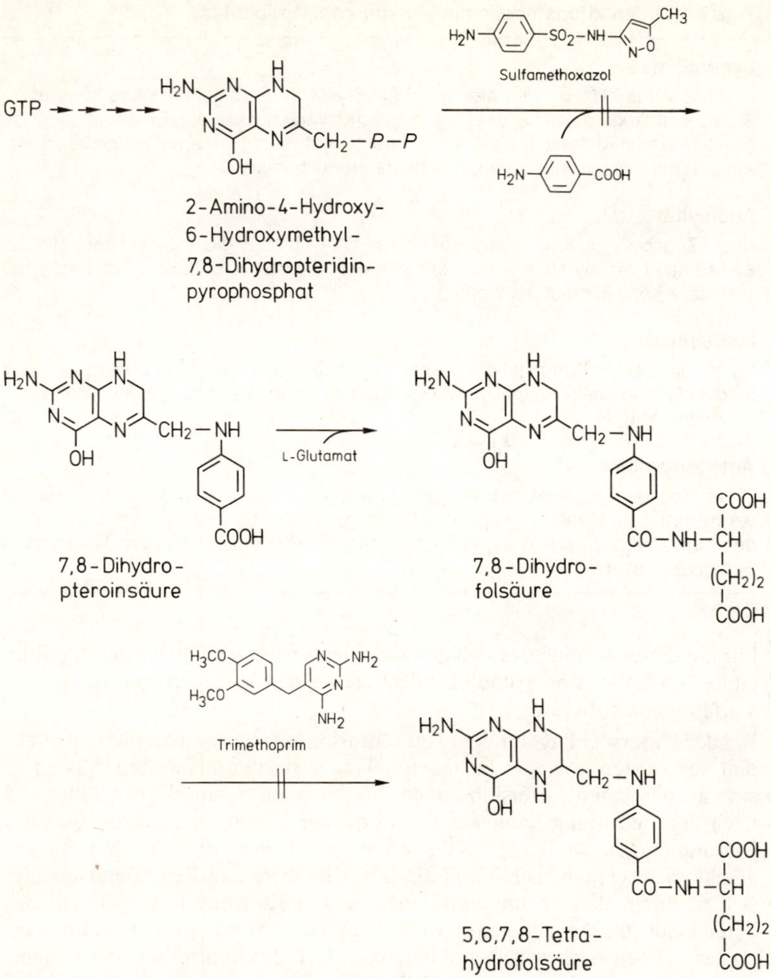

Abb. 7.13a Beispiele für die sequentielle Blockade innerhalb einer Biosynthesekette. Sulfamethoxazol und Trimethoprim blockieren die Tetrahydrofolsäurebiosynthese. **b** 3-Fluoro-*D*-alanin und Cycloserin hemmen die Synthese von Vorläufern für die Zellwandbiosynthese

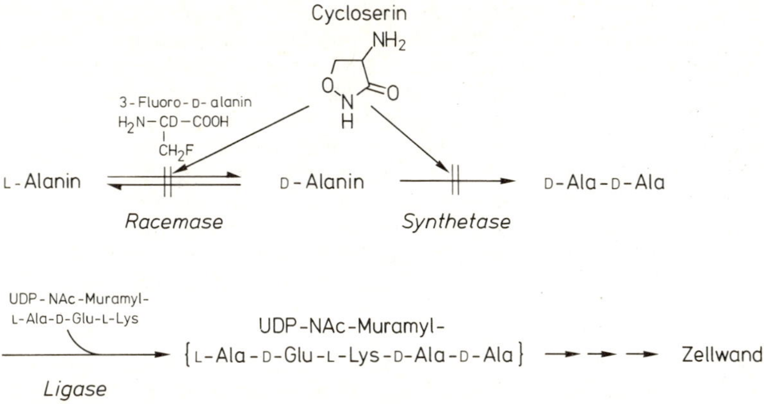

Abb. 7.13b

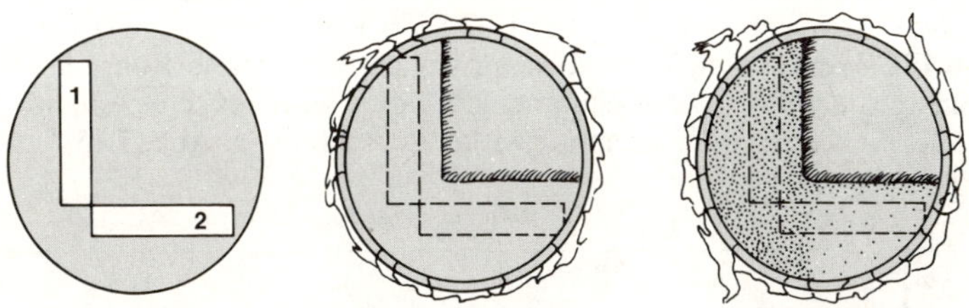

Filterpapierstreifen mit den Antibiotika 1 bzw. 2 auf Agarplatte

cellophanbespanntes „Tambourin“ umgekehrt auf Antibiotika-haltigem Agar, beimpft und bebrütet

cellophanbespanntes „Tambourin“ bebrütet nach Umsetzen auf wirkstofffreien Agar

Abb. 7.14 Untersuchung der Interaktion zweier Antibiotika mit dem Agardiffusionstest

links Die Antibiotika 1 und 2 diffundieren in den Agar und bilden sich überlagernde Konzentrationsgradienten aus.

Mitte Die Streifen wurden entfernt, ein „Tambourin“ aufgelegt, beimpft und bebrütet. Die bakteriostatische Wirkung beider Antibiotika wird durch den jeweiligen Partner nicht beeinflußt (Indifferenz).

rechts Nach erneutem Bebrüten auf wirkstofffreien Agar zeigt sich, daß Antibiotikum I die Bakterien nicht abgetötet hat und daß es die bakterizide Wirkung von Antibiotikum 2 verhindert

Eine andere Methode ist die Untersuchung des Einflusses eines Kombinationspartners auf die minimale Hemmkonzentration des anderen. Wegen der guten Quantifizierbarkeit wird dieser heute als **„Schachbrett-Titration"** bezeichnete Test sehr häufig durchgeführt. Dazu werden wie bei der Bestimmung der minimalen Hemmkonzentrationen von zwei Substanzen die entsprechend abgestuften (bei Kombinationsversuchen besser mit kleinerem Abstufungsfaktor, z. B. 1,5) Konzentrationen hergestellt. Nun wird aber außerdem jede einzelne Konzentration der einen Substanz mit jeder der anderen Substanz zusammengegeben, so daß in Gegenwart von jeder Konzentration der Substanz A sämtliche Konzentrationen der Substanz B vorliegen und umgekehrt. Nach Beimpfen mit dem zu untersuchenden Bakterienstamm wird bebrütet und ausgewertet. Als Meßparameter wird meist die minimale Hemmkonzentration gewählt. Für manche Zwecke – besonders wenn die MHK nicht eindeutig festlegbar ist – kann auch das Überschreiten eines bestimmten Transmissionswertes am Photometer als Meßgröße verwendet werden. Zur Beurteilung der Interaktion wird die Konzentration jeder Einzelsubstanz in der Kombination dividiert durch die Konzentration, bei der man mit der Einzelsubstanz die gleiche Wirkung erzielt. Diese Größe wird „fractional inhibitory concentration (FIC)" genannt. Für sich alleine hat der FIC-Wert keine Bedeutung. Er wird zu dem FIC-Wert der anderen Substanz für das betrachtete Konzentrationsverhältnis addiert. Diese Summe gibt als FIC-Index eine quantitative Größe, die die Art des Zusammenwirkens beschreibt (s. Abb. 7.15).

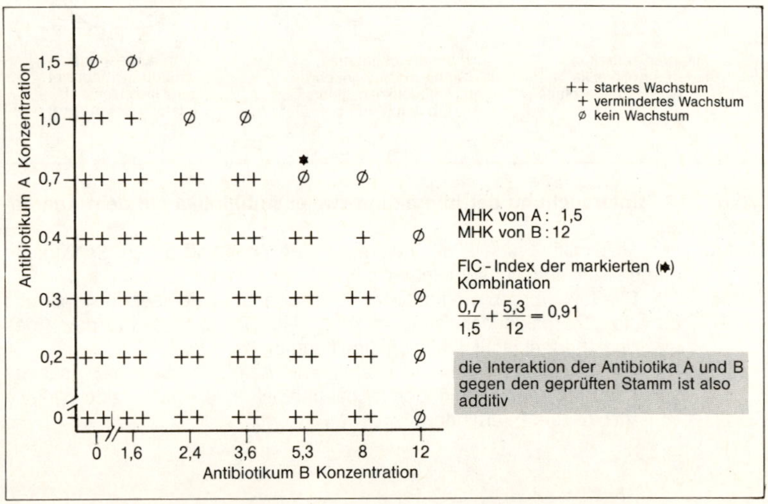

Abb. 7.15 Beispiel für die Auswertung der „Schachbrett-Titration"

Kombinationen, bei denen die FIC-Indizes kleiner als 0,5 (bei manchen Autoren kleiner als 0,75) sind, werden als synergistisch bezeichnet. Solche, bei denen die FIC-Indizes um 1 liegen, sind additiv. Tritt keine gegenseitige Beeinflussung auf, liegen also die FIC-Indizes zwischen 1 und 2, liegt Indifferenz vor, und bei größeren Werten handelt es sich um Antagonismus. Durch Entnahme einer geeigneten Probemenge und Subkultivierung in oder auf aktivitätsfreiem Nährmedium kann auch die Bakterizidie-Interaktion der beiden Kombinationspartner bestimmt werden. Die Beurteilung einer Antibiotikakombination mit der „Schachbrett"-Methode ist also ein recht aufwendiges Verfahren, das allerdings den Vorteil der Quantifizierbarkeit bietet.

Ähnlich aufwendig ist das **kinetische Verfahren,** das als letztes beschrieben werden soll. Von vier identischen Kulturen wird eine auf ¼ der MHK des Antibiotikums A, die zweite auf ¼ der MHK des Antibiotikums B, eine dritte auf je ¼ der MHK der Antibiotika A und B eingestellt und die vierte Kultur bleibt als aktivitätsfreie Kontrolle unverändert. Wie auf S. 23 beschrieben, werden aus den vier Kulturen zu bestimmten Zeiten Proben entnommen und daraus die Lebendzellzahl pro Volumeneinheit bestimmt. Zeigt sich, daß die Bakterizidie in der Kombination schlechter als die der bakterizideren Einzelsubstanz ist, dann liegt antagonistisches Verhalten vor. Ist sie genauso gut, dann spricht man von Indifferenz (Abb. 7.16), ist sie besser, dann handelt es sich um additives bzw. synergistisches Verhalten. Zwischen den beiden letzteren kann nur durch das Ausmaß der Wirkungsverbesserung differenziert werden.

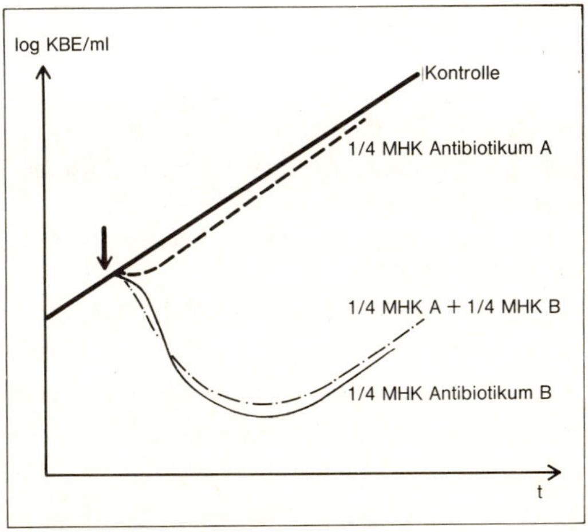

Abb. 7.16 Untersuchung der Interaktion zweier Antibiotika mit der Bakterizidiekinetik

Aufgabe

Bestimmung der Art des Zusammenwirkens von Oxacillin (bzw. Cloxacillin, Dicloxacillin oder Flucloxacillin) und Penicillin G gegen einen β-Lactamase produzierenden *Staphylococcus-aureus*-Stamm mit

1. dem Agardiffusionstest (Chabbert-Methode) und
2. der „Schachbrett-Titration"-Methode.

Material

Stämme: Übernachtkulturen von

- penicillinasebildendem *Staphylococcus aureus*-Stamm (z. B. *ATCC 11632*)
- sensiblem *S. aureus*-Stamm (z. B. *ATCC 25923*)

zu 1. Geräte: Fön

Insteriles Material: Schere, Pinzette, Glasringe (d = 80 mm, 10–20 mm hoch), Cellophanpapier (wie zum Verschließen von Marmeladegläsern, Haushaltswarengeschäft), hitzefeste Gummiringe (evtl. Silikonkautschuk)

Steriles Material: autoklaviertes Chromatographiepapier (z. B. Schleicher & Schüll, Qualität 2045 b); 4 Petrischalen mit je 25 ml Nähragar (d = 90 mm); sterilfiltrierte Stammlösungen von Penicillin G, penicillinasefestem Penicillin (z. B. Oxacillin) und Streptomycin in deionisiertem Wasser (Wirkstoffgehalt jeweils 2 mg/ml)

zu 2. Steriles Material: Röhrchen und Reagenzglasgestelle, deionisiertes Wasser, 800 ml Standard-I-Nährbouillon (Merck), Stammlösungen von Penicillin G, Oxacillin oder ähnlichem und Streptomycin in deionisiertem Wasser (Wirkstoffgehalt entsprechend den Vorversuchen, s. S. 145ff)

Zeitplan und Zeitbedarf

zu 1.

1. Tag: Streifen beschicken, auflegen und Platten über Nacht inkubieren, ca. 1 h

2. Tag: „Tambourins" herstellen, autoklavieren, auflegen, beimpfen und über Nacht inkubieren, ca. 4 h

3. Tag: Auswerten der bakteriostatischen Interaktion und transferieren auf wirkstofffreien Agar, 1 h

4. Tag: Auswerten der bakteriziden Interaktion, 1 h

zu 2.

1. Tag: Verdünnungsreihen herstellen und Versuch ansetzen, ca. 4–5 h

2. Tag: Auswerten des Versuchs, ca. 2 h

Durchführung

zu 1. Kombinationsuntersuchung mit der Chabbert-Methode (Abb. 7.17)

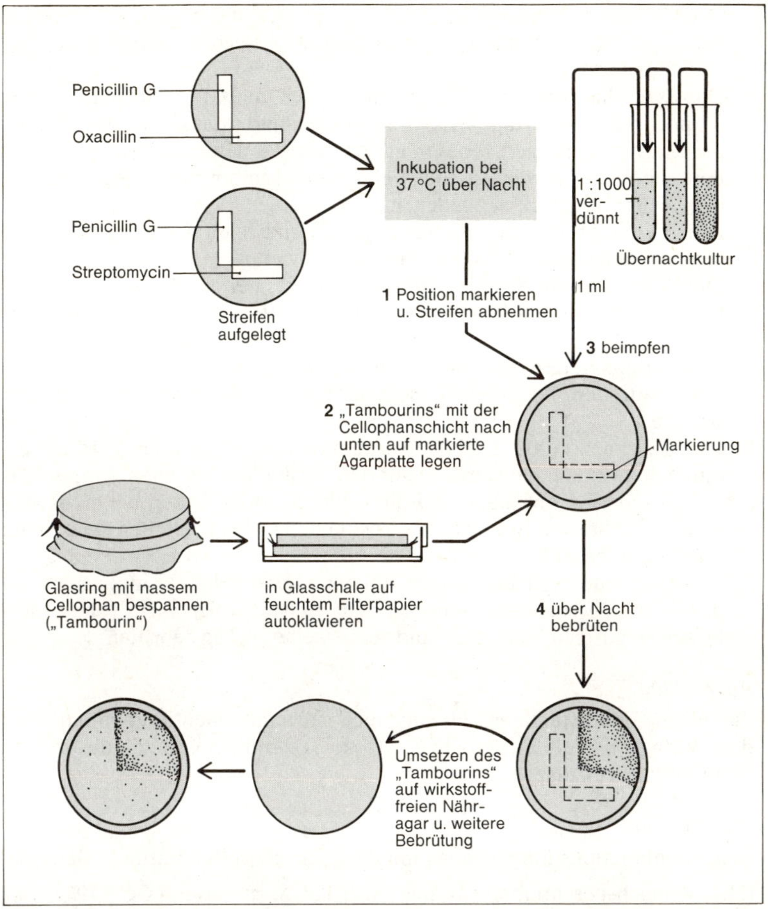

Abb. 7.17 Versuchsschema zur Bestimmung der Interaktion zweier Antibiotika mit dem Agardiffusionstest

1. Aus dem Chromatographiepapier 4 Streifen mit den Abmessungen 50 · 5 mm ausschneiden.
2. Einen Streifen mit der Pinzette halten, mit der Pipette 50 μl von einer der Stammlösungen darauf verteilen und mit dem Fön trocknen. Auf diese Art 2 Penicillin G- und je einen Oxacillin (o. ä.)- und Streptomycinstreifen herstellen.
3. Auf die eine Platte einen Penicillin G- und einen Oxacillinstreifen, auf die zweite einen Penicillin G- und einen Streptomycinstreifen legen. Die

Streifen sollen rechtwinklig in Form eines „L" und ohne Luftblasen auf dem Agar liegen. Beide Platten werden über Nacht im Brutschrank bei 37 °C inkubiert.

4. Das Cellophanpapier in 150 · 150 mm große Quadrate zerschneiden, eine Stunde in deionisiertem Wasser auskochen und in nassem Zustand über die Glasringe spannen, wo sie mit den hitzestabilen Gummiringen fixiert und glattgezogen werden (die Cellophan-„Tambourins" dürfen zu keinem Zeitpunkt trocken werden!).

5. Die „Tambourins" in Glasschalen, auf deren Boden sich nasses Filterpapier befindet, bei 121 °C für 15 min autoklavieren.

6. Die Positionen der Streifen auf der Rückseite der inkubierten Petrischalen mit einem Filzstift markieren. Die Streifen mit einer Pinzette abnehmen.

7. Die autoklavierten feuchten „Tambourins" mit dem Cellophan nach unten auf den Agar legen, so daß keine Luftblasen eingeschlossen werden.

8. Die Übernachtkultur 1 : 1 000 verdünnen und 1 ml dieser Verdünnung durch Schwenken gleichmäßig auf dem Cellophan verteilen. Überschüssige Suspension absaugen und die Cellophanoberflächen bei halbgeöffnetem Deckel im Brutschrank trocknen. Deckel schließen und Platte über Nacht bebrüten.

9. Die entstandenen Hemmzonen dokumentieren, die „Tambourins" mit den Kulturen vorsichtig abheben, auf wirkstofffreien Agar (ohne Luftblasen einzuschließen) legen und einen weiteren Tag bebrüten.

Auswertung

Die Form der entstandenen Hemmzonen ist zu dokumentieren und mit der des Vortags zu vergleichen. Die Art des Zusammenwirkens der beiden Antibiotika ist anzugeben.

Durchführung

zu 2. Kombinationsuntersuchung mit der „Schachbrett-Titration"-Methode

(Die Versuchsbeschreibung bezieht sich auf *S. aureus ATCC 25923*. Für andere Stämme müssen in Vorversuchen die jeweiligen MHK-Werte ermittelt (s. S. 145) und die entsprechenden Konzentrationsreihen angesetzt werden.)

Bei *S. aureus ATCC 25923* werden meist folgende MHK-Werte gefunden

– Penicillin G	: 0,1 mg/l	Überprüfung
– Oxacillin	: 0,2 mg/l	durch
– Streptomycin	: 1 mg/l	Vorversuche!

Im weiteren wird die „Schachbrett-Titration" mit Penicillin G und Streptomycin beschrieben. Die Untersuchung mit Penicillin G und Oxacillin wird analog durchgeführt:

1. Eine Verdünnungsreihe von Penicillin G mit deionisiertem Wasser herstellen von 10 bis 0,17 mg/l unter Verwendung des Verdünnungsfaktors 1 : 1,5 (11 Konzentrationen).
2. Auf die gleiche Art eine Verdünnungsreihe von Streptomycin herstellen von 80 bis 1,38 mg/l (ebenfalls 11 Konzentrationen).
3. In Reagenzglasgestellen 12mal 12 Röhrchen bereitstellen.
4. In die Röhrchen der ersten Reihe 12mal 0,25 ml deionisiertes Wasser pipettieren. Die zweite Reihe wird mit dem gleichen Volumen der niedrigsten Konzentration der Penicillin-G-Verdünnungsreihe, die dritte mit der nächst höheren usw. beschickt, bis zur letzten Reihe, in die jeweils 0,25 ml der höchsten Penicillin-G-Konzentration pipettiert werden.
5. In die Röhrchen der ersten Spalte jeweils 0,25 ml deionisiertes Wasser pipettieren. Die zweite Spalte wird mit dem gleichen Volumen der niedrigsten Streptomycin-Konzentration beschickt usw., bis die Röhrchen der letzten Spalte schließlich 0,25 ml der höchsten Streptomycin-Konzentration enthalten. Damit enthält jedes Röhrchen 0,5 ml eines speziellen Konzentrationsverhältnisses.
6. Die Nährbouillon mit 1 ml der 1 : 1 000 verdünnten Übernachtkultur des *S. aureus*-Stammes (ca. 10^5 KBE/ml) beimpfen und davon 4,5 ml in jedes der 12mal 12 Röhrchen pipettieren.
7. Nach Durchschütteln der Röhrchen wird über Nacht bei 37 °C bebrütet.

Auswertung

Für jede Reihe oder Spalte ist die MHK zu bestimmen. Daraus sind die FIC-Werte und die FIC-Indices zu berechnen und die antibiotische Interaktion zu beurteilen.

Man überlege, warum eine Substanz, gegen die der getestete Stamm resistent ist, als Kombinationspartner eingesetzt, die Wirkung einer anderen trotzdem beeinflussen kann.

Literatur

zu 7.1

Alexander, M. (1977), Introduction to Soil Microbiology, Wiley, New York, zitiert nach Tortora, G. J., Funke, B. R., Case, C. L. (1982), Microbiology: An Introduction, Benjamin/Cummings, Menlo Park, California

Bérdy, J. (1974), Recent Developments of Antibiotic Research and Classification of Antibiotics According to Chemical Structure, Adv. Appl. Microbiol. **18,** 309–406

Conover, L. H. (1971), Discovery of Drugs from Microbiological Sources. Drug Discovery. Science and Development in a Changing Society. Advances in Chemistry, Seri. **108,** American Chemical Society, Washington D. C.

Drews, G. (1984), Mikrobiologisches Praktikum, 4. Auflage, Springer Verlag, Berlin, Heidelberg, New York

Kutzner, H. J. (1981), The Family Streptomycetaceae, in The Prokaryotes, (Starr, M. P., Stolp, H., Trüper, H. G., Balows, A., Schlegel, H. G., Herausgeb.), Bd. **II,** Springer Verlag, Berlin, Heidelberg, New York

Perlman, D. (1977), The Roles of the Journal of Antibiotics in Determining the Future of Antibiotic Research, J. Antibiot. **30,** Suppl., 133–137

Waksman, Selman A. (1970), Erfolg und Mißerfolg bei der Suche nach Antibiotika, Naturwiss. Rundsch. **23,** 85–89

zu 7.2

Gale, E. F., Cundliffe, E., Reynolds, P. E., Richmond, M. H., Waring, M. J. (1981), The Molecular Basis of Antibiotic Action, 2. Auflage, John Wiley and Sons, London

Betina, V. (1964), A Systematic Analysis of Antibiotics using Paper Chromatography, J. Chromatogr. **15,** 379–392

Mitscher, L. A., Omoto, S., Foltz, R. L. (1977), Modern Instrumental Methods for Identification of Antibiotics, Jpn. J. Antibiot. **30,** Suppl. 246–261

zu 7.3

Davies, J. (1979), General Mechanisms of Antimicrobial Resistance, Rev. Infect. Dis. **1,** 23–27

Normark, S., Bergström, S., Edlund, T., Grundström, T., Jaurin, B. (1980), Bacterial Defence against Antibiotics, Scand. J. Infect. Dis., Suppl., **24,** 188–194

zu 7.4

Baars, B., Opferkuch, W. (1979), Wichtige Parameter des Agardiffusionstestes zur bakteriellen Antibiotika-Resistenz-Bestimmung, Lab. Med. **3,** 129–135

DIN 58940, Teile 5 und 6 (August 1979), Beuth Verlag, Berlin, Köln

DIN 58940, Teile 1 bis 3 (Oktober 1978 bis Mai 1981), Methoden zur Empfindlichkeitsprüfung von bakteriellen Krankheitserregern (außer Mykobakterien) gegen Chemotherapeutika, Beuth Verlag, Berlin, Köln

Hewitt, W. (1977), Microbiological Assay. An Introduction to Quantitative Principles and Evaluation, Academic Press, New York, London, San Francisco

Kavanagh, F. W. (Herausgeb.) (1963), Analytical Microbiology, Bd. **I,** Academic Press, New York

Kavanagh, F. W. (Herausgeb.) (1972), Analytical Microbiology, Bd. **II,** Academic Press, New York

zu 7.5

Brumfitt, W., Curcio, L., Silvestri, L. (Herausgeb.) (1979), Combined Antimicrobial Therapy. New Perspectives in Clinical Microbiology. Bd. **3,** Martinus Nijhoff Publishers, Hague, Boston, London

Chabbert, Y. A., Patte, J. C. (1960), Cellophane Transfer. Application to the Study of Activity of Combinations of Antibiotics, Appl. Microbiol., Baltimore, **8,** 193–199

Elion, G. B., Singer, S., Hitchings, G. H. (1954), Antagonists of Nucleic Acid Derivatives, VIII. Synergism in Combinations of Biochemically Related Antimetabolites, J. Biol. Chem. **208,** 477–488

Garrod, L. P., Waterworth, P. M. (1962), Methods of Testing Combined Antibiotic Bactericidal Action and the Significance of the Results, J. Clin. Path. **15,** 328–338

Patte, J. C., Hirsch, H., Chabbert, Y. (1958), Etude des Courbes D'effet Bactériostatique des Associations D'antibiotiques, Ann. Inst. Pasteur **94,** 621–635

8. Mutationsauslösung mit N-Methyl-N'-Nitro-N-Nitrosoguanidin, Isolierung von Mutanten und Photoreparatur

Die Erbinformation ist in der DNA festgelegt. Zu Veränderungen der DNA und damit zur Veränderung des Sinngehalts kann es durch Deletion oder Insertion einer oder mehrerer Basen (Rasterverschiebung oder „frameshift") oder durch Austausch einer Base gegen eine andere kommen:

1. Transversion
Purinbase $\rightleftharpoons$ Pyrinmidinbase,

2. Transition
Purinbase$_1$ $\rightleftharpoons$ Purinbase$_2$
Pyrimidinbase$_1$ $\rightleftharpoons$ Pyrimidinbase$_2$

Deletionen oder Insertionen,die nicht zu einer Rasterverschiebung um drei Basen oder einem Vielfachen davon führen, bewirken, daß alle auf den Ort der Veränderung folgenden Codons falsch gelesen werden.

Ersatz einer Base durch eine andere kann den Einbau einer falschen Aminosäure zur Folge haben, oder kann auch, wenn ein Aminosäurecodon in ein Terminationscodon verwandelt wurde, zum vorzeitigen Kettenabbruch führen, so daß nur ein Fragment des normalen Proteins synthetisiert werden kann. Wird ein Terminationscodon verändert, kann dies zur Folge haben, daß eine Aminosäure eingebaut und in das nächste Gen weitergelesen wird, wodurch überlange Proteinketten entstehen. Alle derartigen Veränderungen in der Nukleotidsequenz der DNA sind Mutationen.

Mutationen können durch Chemikalien oder durch Strahlung (z. B. UV-Licht) induziert werden. Mutagene Chemikalien kann man grob in 2 Gruppen einteilen:

- Zur ersten Gruppe gehören Rasterverschiebungsmutagene oder frameshift-Mutagene, z. B. Acridinorange oder ICR 191 („Institute for Cancer Research").
- Zur zweiten Gruppe zählen Verbindungen, die Basen chemisch verändern, so daß sie bei der folgenden DNA-Replikation als eine andere Base erkannt werden, z. B. Ethylmethansulfonat oder N-Methyl-N'-nitro-N-nitrosoguanidin (MNNG).

In der Mikrobiologie spielen Mutanten eine große Rolle, z. B. auxotrophe Mutanten bei der Aufklärung von Biosynthesen (s. Kap. 10, S. 216ff). Mit

MNNG erhält man eine hohe Ausbeute an Mutanten bei gleichzeitig geringer Inaktivierung und einen großen Typenreichtum. Doch sollte man sich bei der Mutantensuche nicht auf ein einziges Mutagen beschränken. Es ist auch ratsam, Rasterverschiebungsmutagene einzusetzen. In neuerer Zeit hat auch die Mutationsauslösung mit transponierbaren, d. h. ortsveränderlichen, DNA-Elementen an Bedeutung gewonnen, die zu eindeutigen und sehr stabilen Mutanten führt. Sie erfordert zur Konjugation befähigte Bakterienstämme.

MNNG ist auch als Cancerogen, Cytostatikum und Allergen bekannt. Es überraschte, daß ein *β*-D-Glucosaminderivat des *N*-Methyl-*N*-nitrosoharnstoffs als Antibiotikum Streptozotocin in der Natur vorkommt. Es wird von *Streptomyces achromogenes* produziert und zur Behandlung maligner Inseltumoren verwendet (Abb. 8.1).

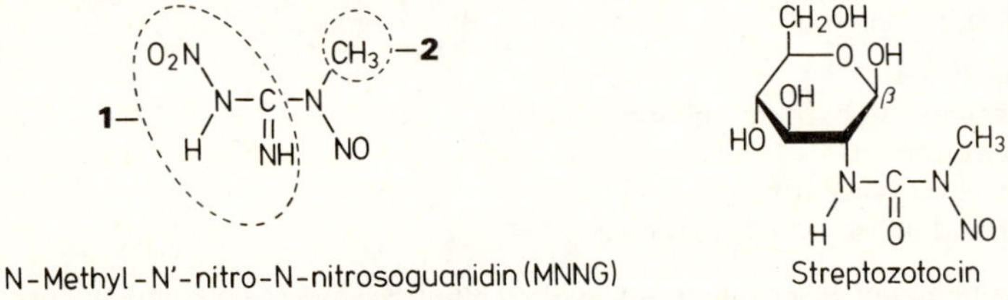

Abb. 8.1 Mutagene Nitrosamide

MNNG zeigt in der Regel bei pH 5,5 bis 6,0 eine optimale Mutantenhäufigkeit. In stark alkalischem Milieu zersetzt es sich unter Bildung von Diazomethan.

Durch Umsetzung von MNNG mit Guanin entsteht N7-Methylguanin (Abb. 8.2). Lange nahm man eine Reaktion über Diazomethan an, obwohl CH_2N_2 überhaupt erst oberhalb pH 10 nachweisbar ist, eine maximale Mutantenhäufigkeit aber bei pH 6 festgestellt wurde. Die Massenspektrometrie der mit Deuterium markierten Methylgruppe des MNNG ergab, daß die Methylgruppe des MNNG intakt auf das Guaninmolekül übertragen wird.

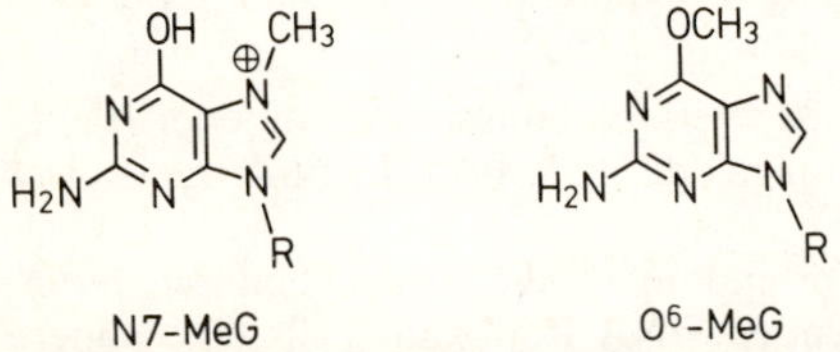

Abb. 8.2 Methylierungsprodukte des Guanins

Bei der Methylierung entsteht neben Nitrocyanamid Methyldiazohydroxid, das vermutlich nach Umwandlung in Methyldiazoniumhydroxid als das eigentliche methylierende Agens mit Guanin reagiert (Abb. 8.3). Das elektrophile Methylkation, als solches nicht nachweisbar, bindet am Stickstoffatom in 7-Stellung des Guanins.

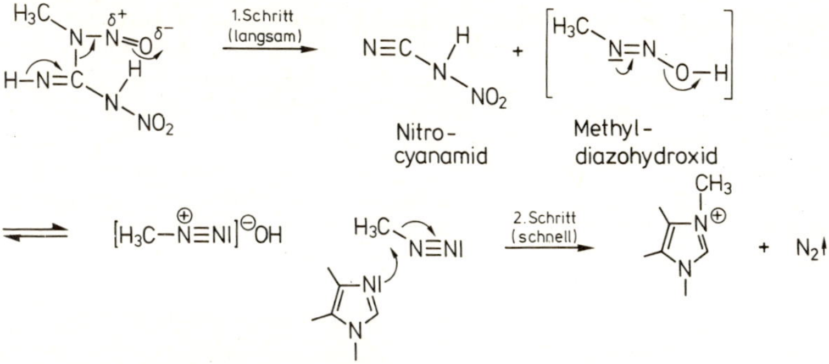

Abb. 8.3 Die Methylierungsreaktion

Genaue Untersuchungen weiterer Methylierungen der DNA durch MNNG führten zum Nachweis des unter pH 1 und über 70°C unbeständigen O^6-Methylguanins (Abb. 8.2).

Mehta, J. R. und Ludlum, D. B. konnten in einem System *in vitro* mit einer DNA-Polymerase zeigen, daß O^6-Methylguanin zu einer Falschpaarung führt, und somit der O^6-Alkylierung wesentliche Bedeutung bei der Mutationsauslösung zukommt:

Falschpaarung führt, und somit der O^6-Alkylierung wesentliche Bedeutung bei der Mutationsauslösung zukommt:

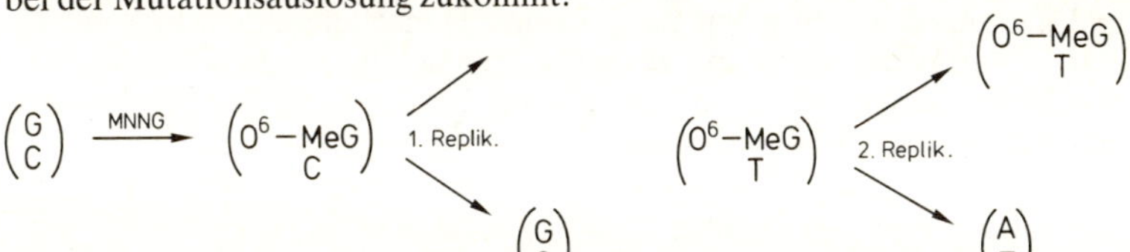

O^6-Methylguanin ist auch für die Cancerogenese bedeutsam, da Tumore nach Behandlung mit alkylierenden Agenzien vorwiegend in solchen Organen auftreten, die keine Fähigkeit haben, O^6-Methylguanin zu beseitigen.

8.1 Behandlung einer Bakterienkultur mit Mutagen und Bestimmung der Inaktivierung

Vor der Isolierung von Mutanten ist zunächst eine Inaktivierungskurve aufzustellen. Unter Inaktivierung versteht man die Aufhebung der Vermehrungsfähigkeit von Zellen, die im allgemeinen noch Stoffwechseltätigkeit zeigen, aber keine Kolonien mehr bilden wie die „Überlebenden". In der Regel gilt, Mutanten sind nach Einwirkung eines Mutagens zu erhalten, wenn eine Inaktivierung gegeben ist. Man ist dann gewiß, daß ein Mutagen mit Zellbestandteilen und damit wahrscheinlich auch mit der DNA reagiert hat. Eine Besonderheit von MNNG ist, daß man bei kaum merklicher Inaktivierung bereits Mutanten erhält. Im allgemeinen wird man für die Mutationsauslösung eine Inaktivierung von 80–99% wählen, um zu einer vertretbaren Mutantenausbeute zu gelangen. Mit stärkerer Inaktivierung steigt der Anteil der Mehrfachmutanten, die meist unerwünscht sind. Nach der Einwirkungsdauer richtet sich die Konzentration des Mutagens. Häufig wird mit höherer Konzentration bei geringerer Einwirkungszeit gearbeitet. Die Mutantenvielfalt wird stark von der Wachstumsphase beeinflußt, in der sich die Zellen während der Mutagenbehandlung befinden. Untersuchungen zeigten, daß bei *E. coli*-Zellen der logarithmischen Wachstumsphase die mutierten Gene über das ganze Bakteriengenom verteilt sind, während bei Zellen der Ruhephase nur in der zuletzt replizierten Genomhälfte Mutationen auftreten.

Eine Inaktivierungskurve läßt sich mathematisch durch die Exponentialfunktion

$$N = N_o \cdot e^{-ct}$$

N = Zellzahl zur Zeit t (Überlebende)
N_o = Zahl der Zellen zur Zeit $t = 0$

beschreiben, die aus der Differentialgleichung

$$-\frac{dN}{dt} = Nc$$

hergeleitet wird. Die Größe c hängt ab u. a. vom Stamm, der Temperatur und dem Medium. In halblogarithmischer Darstellung erhält man für Inaktivierungskurven näherungsweise Geraden mit der Steigung c (Abb. 8.4). Knicke in der Kurve lassen sich aus der Existenz von Subpopulationen unterschiedlicher Resistenz erklären.

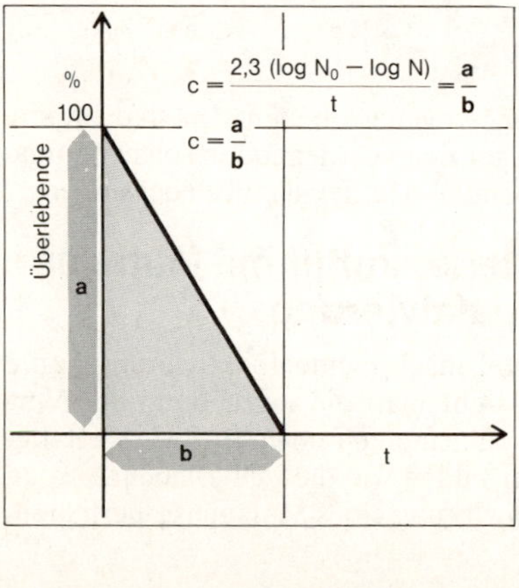

Abb. 8.4 Inaktivierungskurve

Aufgabe

Eine Zellpopulation von *E. coli* ist mit dem Mutagen MNNG bei pH 6 zu behandeln. Die Inaktivierung ist in Abhängigkeit von der Zeit festzustellen.

Material

Stamm: *E. coli B*

Geräte: Tischzentrifuge, Schüttelwasserbad (37°C), Photometer zur Trübungsmessung, Plattierdrehtisch

Steriles Material: 1 1-Liter-Erlenmeyerkolben mit 500 ml HNB-Komplettmedium (10 g Nutrient Broth; 5 g Yeast-Extract und 5 g NaCl auf 1 l dest. Wasser) für die Vorkultur; Citronensäure-Phosphatpuffer (CP-Puffer), pH 6 [7,6 g Citronensäure (Monohydrat); 22,6 g $Na_2HPO_4 \cdot 2\ H_2O$ auf 1 l dest. Wasser (pH nachprüfen!)]; 6 Erlenmeyerkolben zu 100 ml; 100 HNB-Komplettagarplatten (2,5 l HNB-Medium, vor dem Autoklavieren 15 g Agar/l zusetzen); 30 AM-Minimalagarplatten: AM-Medium [3,5 g K_2HPO_4; 0,5 g Natriumcitrat $\cdot$ 2 H_2O; 0,1 g $MgSO_4 \cdot 7\ H_2O$; 1,0 g $(NH_4)_2SO_4$; 2 g Glucose auf 1 l dest. Wasser, dazu 15 g Agar]; 80 bis 100 Schrägröhrchen mit Komplettagar; 500 ml Salzlösung (5 g NaCl; 0,12 g $MgSO_4 \cdot 7\ H_2O$ auf 1 l dest. Wasser)

Kulturröhrchen für Tischzentrifuge, 2 Büchsen mit Pipetten zu 1 ml, 2 Büchsen mit Pipetten zu 5 ml oder 10 ml

Weiteres Material: MNNG-Lösung (1 mg/ml dest. Wasser)

Zur Beachtung: Da MNNG Allergien auslösen kann und ein Cancerogen ist, muß vorsichtig und am besten mit Einmalhandschuhen gearbeitet werden. MNNG-Abfälle können leicht mit verdünnter Ammoniaklösung zerstört werden.

Zeitplan und Zeitbedarf

1. Tag: Stamm überimpfen, 10 min
2. Tag: Versuch, 5–7 h
3. Tag: Kolonien zählen, 1 h

Durchführung

1. *E. coli B* in je 500 ml HNB-Medium in 1-Liter-Erlenmeyerkolben bei 37°C über Nacht schütteln.

2. Bakterien zweimal waschen, indem zweimal in 5 ml Salzlösung suspendiert und wieder zentrifugiert wird, dann in 300 ml Salzlösung aufnehmen. Proben von 2,5 ml der Bakteriensuspension mit 2,5 ml Salzlösung verdünnen und messen. Liegt der Trübungswert über 1,0, weiter mit Salzlösung verdünnen. Die Suspension soll eine Trübung von ca. 1,0 (bei 400–600 nm) besitzen. Nach der Einstellung die Suspension auf 100-ml-Erlenmeyerkolben entsprechend der Zahl der Arbeitsgruppen verteilen.

3. In jeden 100-ml-Erlenmeyerkolben pipettieren: 12,5 ml Bakteriensuspension und 12,5 ml CP-Puffer. Dann ist $OD_{400-600} \approx 1{,}0$.
4. Vor der Zugabe des Mutagens Nullwert bestimmen: 0,5 ml Bakteriensuspension entnehmen, $1:10^5$ verdünnen und 0,05 ml ausplattieren.
5. Zum Start des Versuchs 24,5 ml Bakteriensuspension in den Erlenmeyerkolben mit 0,5 ml MNNG-Lösung versetzen. (Nicht sehr reines MNNG ist zersetzlich und muß in höherer Konzentration eingesetzt werden.) Kolben sofort umschütteln und bei 37 °C im Schüttelbad inkubieren (Startzeit notieren, Schüttelbad eingeschaltet lassen!).
6. Nach Ablauf der in der Tab. 8.1 angegebenen Inkubationszeiten Proben entnehmen und unverzüglich verdünnen. Wegen der starken Verdünnung kann auf ein Waschen der Zellen verzichtet werden.
7. Von jeder Verdünnungsstufe 0,05 ml Bakteriensuspension auf je 2 Komplettplatten ausplattieren und bei 37 °C inkubieren.
8. Zur Bestimmung der Mutantenhäufigkeit und der Mutanten (s. Kap. 8.2) Proben zu 0,05 ml von zwei Verdünnungsstufen auf jeweils 30 Komplettplatten ausplattieren und 1 Tag bei 37 °C inkubieren. Entsprechend der Anzahl der Arbeitsgruppen nach 0,5 bis 1,0 und 2,0stündiger Inkubation mit dem Mutagen Mutantenhäufigkeit und Mutanten bestimmen.

Tab. 8.1 Inkubationszeiten und Verdünnungsstufen

E. coli B

Inkubationszeit in h	Verdünnungsstufen, bei denen auszuplattieren ist	
0 (0-Wert)	$1:10^5$	
0,25	$1:10^4$,	$1:10^5$
0,5; 0,75; 1,0; 1,5; 2,0; 2,5	$1:10^3$,	$1:10^4$
3,0	$1:10^2$,	$1:10^3$

Auswertung (Tab. 8.2)

Die Inaktivierungskurve ist auf halblogarithmischem Papier aufzutragen (Prozentsatz an Überlebenden als Funktion der Inkubationszeit, Abszisse: 2 cm ≙ 1 h). Man bestimme aus der graphischen Darstellung näherungsweise die Größe c (1/h) in der Exponentialfunktion

$$N = N_0 e^{-ct}$$

(bzw. die beiden c-Werte im Fall eines Knicks der Kurve)!

Tab. 8.2 Daten zur Aufstellung der Inaktivierungskurve

Inkubationszeit in h	Verdünnung	Kolonien/ Platte	Zellen/ml	Überlebende in % (für Inaktivierungskurve)
0 (0-Wert)	1 : 10^5			100

8.2 Isolierung und Bestimmung von Mutanten nach Mutagenbehandlung

Anstelle einer direkten Plattierung einer Bakteriensuspension (s. Kap. 8.1, S. 178) kann zur Vermeidung sektorierter Mutantenkolonien (Mischkolonie Mutante/Wildtyp), eine Zwischenzüchtung vorgenommen werden:

1. 0,5 ml Bakteriensuspension in sterile Zentrifugenröhrchen pipettieren. Bakterien abzentrifugieren, einmal mit 5 ml Saline waschen und in 5 ml HNB-Medium aufnehmen.
2. Bei 37°C 5 h schütteln.
3. Bakteriensuspension kann anschließend mehrere Tage bei 4°C aufbewahrt werden.

Zur Weiterverarbeitung Bakterien abzentrifugieren, mit 0,5 ml Salzlösung aufnehmen und nach dem Verdünnen ausplattieren. Da sich die Bakterien vermehrt haben, jeweils die um eine Zehnerpotenz stärkere Verdünnungsstufe wählen.

8.2.1 Mutantenanreicherungsverfahren

Bei Anwendung von MNNG ist ein Mutantenanreicherungsverfahren nicht erforderlich, da leicht Mutantenausbeuten von 1 bis 10% erreicht werden und somit eine direkte Mutantenisolierung möglich ist. Zur Isolierung von Rasterverschiebungsmutanten (frameshift-Mutanten) mit Acridinfarbstoffen, z. B. ICR 191, und allgemein bei geringen Mutantenausbeuten ist ein Anreicherungsverfahren unumgänglich.

Der Anreicherung von Mutanten liegt das Prinzip zugrunde, Zellen einer Organismensuspension, die mit einem mutagenen Agens behandelt wurden, solchen Bedingungen auszusetzen, unter denen die gewünschten Mutanten nicht wachsen, während die Wildtypzellen wachsen und dadurch „herausgesiebt" werden können, z. B. durch manche Antibiotika. Ein buchstäbliches Herausfiltrieren der Mutanten mit einem Seihtuch ist bei Mutanten von Pilzkonidien in Minimalmedien möglich.

Als Mittel zur Trennung von Mutanten und Wildtypen hat sich bei Bakterien Penicillin bewährt. Diese Technik wurde von Davis, B. D. und Lederberg, J. entwickelt. Penicillin vermag nur wachsende Zellen abzutöten. Während nach Lederberg und Davis die Penicillinbehandlung, deren Vorbereitung und Beseitigung des Penicillins in Flüssigkultur vorgenommen werden, erfolgen die Arbeitsgänge nach Adelberg und Myers auf Agarplatten in einem Vielschichtverfahren.

Penicillintechnik nach Lederberg und Davis (Abb. 8.5)

1. Eine Bakteriensuspension von 10^8–10^9 Zellen/ml, z. B. *Escherichia coli,* mit Mutagen behandeln (s. Kap. 8.1, S. 177 ff).
2. Die Überlebenden in einem Komplettmedium 5 Stunden wachsen lassen (Zwischenzüchtung) und Nährstoffe durch zweimaliges Zentrifugieren und Aufnehmen in N-freiem Glucosemedium herauswaschen.
3. Zellen 5 Stunden in N-freiem Glucosemedium bebrüten, um die Mutanten auszuhungern und die Wildtypen im Wachstum zu hemmen. Die Zellkonzentration soll höchstens 10^7/ml betragen, da sonst zu viele Stoffwechselprodukte der nichtmutierten Zellen vorliegen. Diese würden auch den Mutanten ein Wachstum in Minimalmedium gestatten und sie für die Penicillinbehandlung ungewollt empfindlich machen.

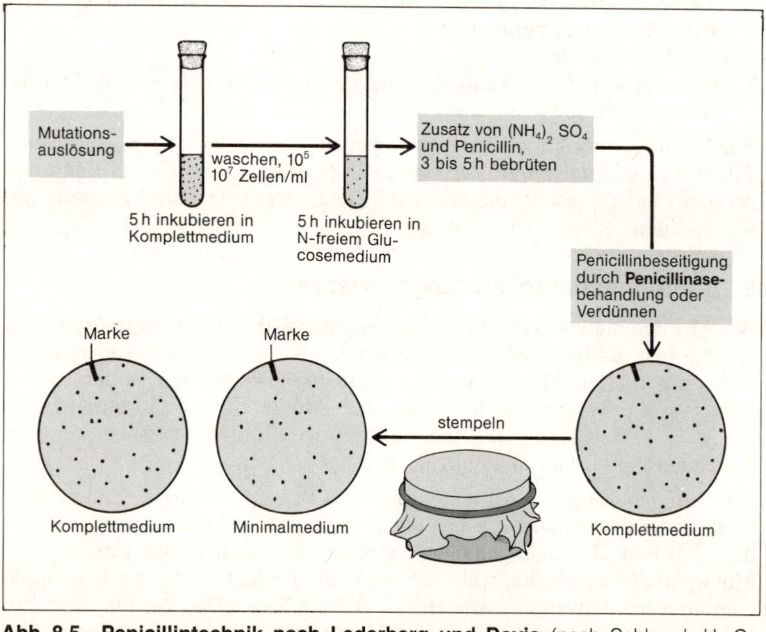

Abb. 8.5 Penicillintechnik nach Lederberg und Davis (nach Schlegel, H. G. [1964])

4. Penicillin G (200 µg/ml) und $(NH_4)_2SO_4$ (Menge, die dem Minimalmedium entspricht) zugeben, wobei das Volumen des N-freien Glucosemediums zu berücksichtigen ist. 3 bis 5 Stunden bebrüten. Die wachsenden prototrophen Wildtypzellen werden von Penicillin abgetötet.
5. Penicillin entweder durch zweimaliges Waschen oder durch ausreichenden Penicillinase-Zusatz entfernen.
6. Die Bakteriensuspension nach entsprechender Verdünnung auf Komplettmedium plattieren und die Platten 1 bis 2 Tage bei 37 °C bebrüten.
7. Die Platten nach Abb. 8.5 stempeln (Stempeltechnik s. S. 182). Man erhält neben vielen auxotrophen Mutanten (über 80% können erreicht werden) auch noch überlebende prototrophe Wildtypzellen. Daher ist ein Strichtest erforderlich.

Penicillintechnik nach Adelberg und Myers (Abb. 8.6)

1. Die mit Mutagen behandelten Zellen in Komplettmedium bebrüten (Zwischenzüchtung) und waschen.

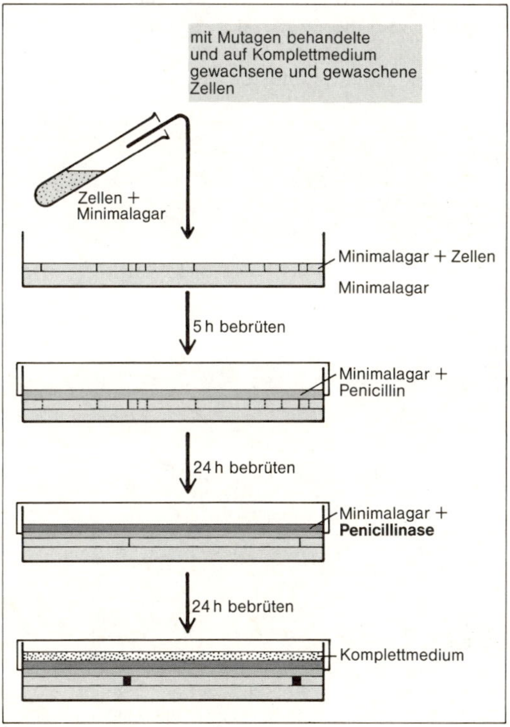

Abb. 8.6 Penicillintechnik nach Adelberg und Myers (nach Schlegel, H. G. [1964])

2. Zellen (10^7/ml) mit Minimalagar vermischen und auf eine Minimalagarplatte ausgießen. Zur Aushungerung der Mutanten 5 Stunden bei 37°C bebrüten.
3. Auf diese Schicht ein Gemisch aus Minimalagar und Penicillin G (120 mg/l) gießen. 24 Stunden bebrüten. Dabei werden die wachsenden Wildtypzellen abgetötet.
4. Zur Inaktivierung des Penicillins eine ausreichende Menge Penicillinase in Minimalagar auf die Agarplatte gießen. 24 Stunden bebrüten.
5. Zuletzt mit Komplettagar überschichten und 1 bis 2 Tage bei 37°C bebrüten. Die diffundierenden Nährstoffe ermöglichen den Mutanten das Wachstum.

8.2.2 Stempeltest

Zur Selektion auxotropher Mikroorganismen in einer Zellpopulation bedient man sich der sogenannten Replika-Technik nach Lederberg. Der Lederbergstempel besteht aus einem zylinderförmigen Block (Durchmesser etwas kleiner als die Petrischale), über den ein Stück autoklavierter Samt mit Hilfe eines Metallrings gespannt wird (Abb. 8.7). Die Samtfläche wird auf das Kolonienmuster gedrückt und dieses zuerst auf Minimalagar übertragen, auf dem keine auxotrophen Mutanten, sondern nur Wildtypzellen wachsen können. Dann wird das Kolonienmuster auf Komplettmedium

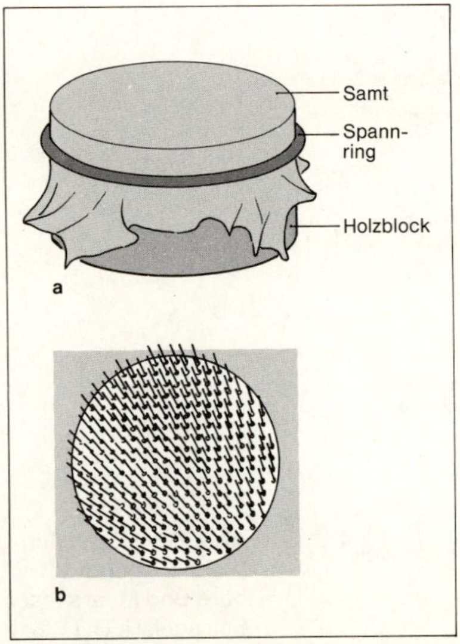

Abb. 8.7 **a** Samtstempel nach Lederberg; **b** Nagelstempel

übertragen, auf dem sich beide vermehren können. Die auxotrophen Mutanten erkennt man bei Vergleich der Kolonienmuster auf Komplett- und Minimalagar (Abb. 8.8 und 8.9).

Für fädige Mikroorganismen, wie Aspergillus und Actinomyceten, hat sich statt des Samtstempels ein Replikator aus Stahlnägeln (vgl. Abb. 8.7) bewährt. In eine Holzplatte werden Löcher in 0,5 cm Abstand gebohrt.

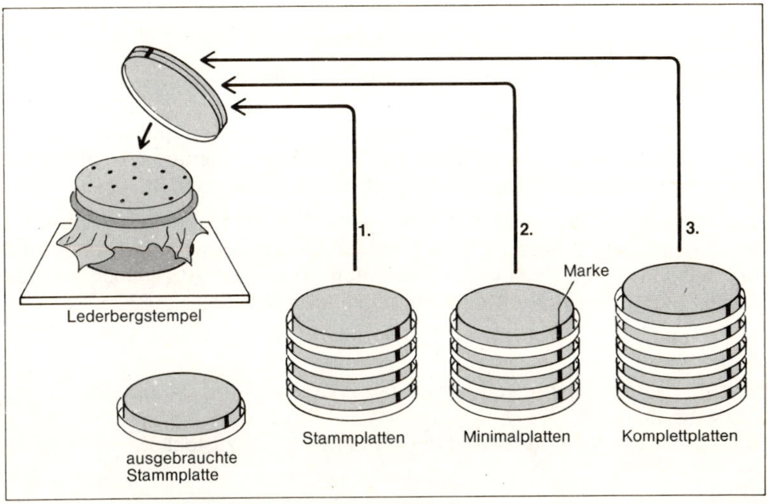

Abb. 8.8 Die Replika-Technik nach Lederberg

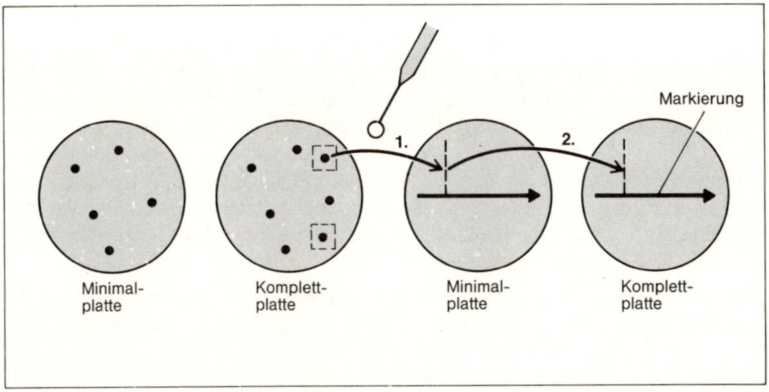

Abb. 8.9 Ausführung des Strichtests

Dann werden Nägel soweit durchgestoßen, daß ihre Spitzen in einer Ebene liegen.

Nach dem Ergebnis des Strichtests kann die Mutantenausbeute ermittelt werden. Sie wird als Mutationshäufigkeit oder Mutationsfrequenz bezeichnet. Man versteht darunter die in einer Population in einem gegebenen Moment nachweisbare Anzahl von Mutanten pro Gesamtzahl der vorhandenen Zellen unabhängig davon, ob sie spontan oder durch Mutagene entstanden sind.

$$\begin{array}{l}\text{Mutantenhäufigkeit}\\ \text{(Mutantenausbeute)}\end{array} = \frac{\text{Mutantenzahl}}{\text{Anzahl der Überlebenden}}$$

Die Mutationsrate dagegen ist die Wahrscheinlichkeit, mit der ein bestimmtes Mutationsereignis pro Zelle im Verlaufe einer Generation, d. h. der für einen Fortpflanzungszyklus erforderlichen Zeitspanne eintritt.

Es ist wichtig, daß man nur dann von Mutanten spricht, wenn nach mehreren Überimpfungen das zu prüfende Merkmal unverändert bleibt. Ist das nicht der Fall, liegen nur Varianten vor. Erfahrungsgemäß werden daher durch den Strichtest viele Mutanten nicht bestätigt.

Aufgaben

1. Die Mutantenhäufigkeit (nach dem Ergebnis des Strichtests) ist zu bestimmen.
2. Der genaue Nährstoffbedarf der Mutanten ist festzustellen.

Material

Stämme: Platten, vgl. Kap. 8.1 (S. 177), mit 20 bis 200 Kolonien pro Platte

Geräte: Lederberg-Stempel, Wasserbad (45 °C), weitere Geräte wie auf S. 177 beschrieben, Testblättchen (Tab. 8.3, s. S. 185)

Herstellung der Testblättchen: 20 mg der Verbindungen (jedoch bei Threonin 80 mg und bei Pyridoxin, Thiamin, Calciumpantothenat, D (+) Biotin, Cobalamin je 2 mg) in sterilen Kulturröhrchen in 3 ml sterilem deion. Wasser lösen. In die Lösungen jeweils ca. 400 Testblättchen (Macherey, Nagel & Co., Düren MN 621, $d = 6$ mm, können mit einem Papierlocher hergestellt werden) geben und in Porzellanschälchen bei 80 °C trocknen. Ab und zu Blättchen umrühren. Für die Gruppenblättchen werden alle Verbindungen (Tab. 8.3) jeweils einer Gruppe eingesetzt. Das Gesamtblättchen enthält alle 33 Testverbindungen.

Steriles Material: Büchse mit ca. 100 Samtlappen (15 · 15 cm), 80 Petrischalen, 100 Kulturröhrchen mit je 5 ml HNB-Medium (s. S. 177), 50 Zentrifugenröhrchen, 2 Büchsen mit Pipetten zu 5 ml, 1 l AM-Agar in 2 Meplatflaschen (s. S. 177), 500 ml Salzlösung (s. S. 177)

Weiteres Material: Pinzetten, Becherglas mit Alkohol

Tab. 8.3 Testgruppen

Gruppe 1	Gruppe 2	Gruppe 3
1. L-Cystin (Cystin)	1. L-Leucin (leu)	1. L-Tyrosin (tyr)
2. L-Methionin (met)	2. L-Isoleucin (ile)	2. L-Phenylalanin (phe)
3. L-Serin (ser)	3. L-Valin (val)	3. L-Tryptophan (trp)
4. Glycin (gly)	4. L-Threonin (thr)	4. *p*-Aminobenzoesäure (Pabs)
	5. L-Lysin (lys)	5. Pyridoxin · HCl (Pdx)
		6. Nicotinsäureamid (Nia)
Gruppe 4	**Gruppe 5**	**Gruppe 6**
1. L-Glutaminsäure (glu)	1. Thiamin (B_1 oder Thia)	1. Adenin (A)
2. L-Glutamin (gln)	2. Riboflavin (B_2)	2. Guanin (G)
3. L-Asparaginsäure (asp)	3. Ca-Pantothenat (Pant)	3. Thymin (T)
4. L-Asparagin (asn)	4. D(+)-Biotin (H oder bio)	4. Uracil (U)
5. L-Alanin (ala)	5. Folsäure (Fol)	5. L-Arginin (arg)
6. L-Prolin (pro)	6. Cobalamin (B_{12} oder Cob)	6. L-Histidin (his)

Zeitplan und Zeitbedarf

1. Tag Stempeln, 2 h
2. Tag Mutanten suchen und Strichtest durchführen, 2 h
3. Tag Mutanten in HNB-Medium überimpfen, 1 h
4. Tag Gruppenblättchentest und Mutanten überimpfen, 2 h
5. Tag Einzelblättchentest, 1 h
6. Tag Mutanten tabellieren, 1 h

Durchführung

Zur Isolierung der nährstoffbedürftigen Mutanten werden die auf den Petrischalen (Stammplatten) sichtbar gewordenen Kolonienmuster mit dem Lederberg-Stempel auf Minimal- und Komplettplatten durch Stempeln übertragen.

1. Vor Beginn des Stempelns Stammplatten, Minimal- und Komplettplatten geordnet bereitlegen und mit Filzschreiber numerieren (jeder Stammplatte sind eine Minimal- und eine Komplettplatte zuzuordnen, vgl. Abb. 8.8, S. 183). Am Rand jeder Agarplatte, nicht am Deckel, eine

Marke anbringen, die eine rasche Orientierung bezüglich des Kolonienmusters bei der Suche nach Mutanten ermöglicht.

2. Zum Stempeln ist eine Kolonienzahl von 20 bis 200 Kolonien pro Platte am geeignetsten. Kolonienmuster der Stammplatte durch sanften Druck des agartragenden Teils der Stammplatte auf den Samtstempel übertragen. Darauf zuerst die jeweilige Minimal- und dann die Komplettplatte andrücken. Den Samtlappen durch einen sterilen austauschen und mit den anderen Stammplatten analog verfahren.
3. Alle Platten 1 Tag bei 37 °C bebrüten.

8.2.3 Strichtest

1. Für den Strichtest Minimal- und Komplettplatten auf der Rückseite des agartragenden Teils der Petrischale mit einem Pfeil markieren, damit die zusammengehörenden Ausstriche erkannt werden können (vgl. Abb. 8.9, S. 183).
2. Von der Komplettplatte jede Kolonie, die auf der Minimalplatte nicht wächst (also wahrscheinlich eine Mutante ist), abimpfen und zur Kontrolle zuerst auf einer Minimal- und dann auf einer Komplettplatte ausstreichen (etwa 10–20 Kolonien pro Platte).
3. Platten über Nacht bei 37 °C bebrüten.
4. Am folgenden Tag nur diejenigen Ausstriche weiter prüfen, die lediglich auf der Komplettplatte Wachstum zeigen. Diese Mutanten durchnumerieren.
5. Mutanten auf Schrägröhrchen oder auf eine Komplettplatte (10–20 Mutantenausstriche) überimpfen und über Nacht bei 37 °C bebrüten.

8.2.4 Blättchentest

Die Stoffwechselmutanten werden im Blättchentest auf ihren genauen Nährstoffbedarf geprüft.

1. AM-Agar in Flaschen autoklavieren und in einem Wasserbad bei 45 °C halten. (Zur Wiederverflüssigung, falls der Agar festgeworden ist, 10 Minuten langes Autoklavieren bei 120 °C.)
2. Für jede Mutante eine Petrischale vorbereiten. Mit Filzschreiber nach Abb. 8.10 mit einem Pfeil Richtung der Reihenfolge der Testblättchen markieren.
3. Mutante vom Schrägröhrchen bzw. der Petrischale in ein Zentrifugenröhrchen mit Komplettmedium übertragen (möglichst schwach animpfen) und über Nacht bei 37 °C bebrüten.
4. Die Zellsuspension am folgenden Tag zweimal waschen, in 3 ml Salzlösung aufnehmen und in eine sterile Petrischale pipettieren.
5. Dazu etwa 20 ml des auf 45 °C erwärmten AM-Agars in die Petrischale gießen. Durch leichtes Hin- und Herbewegen der Petrischale in

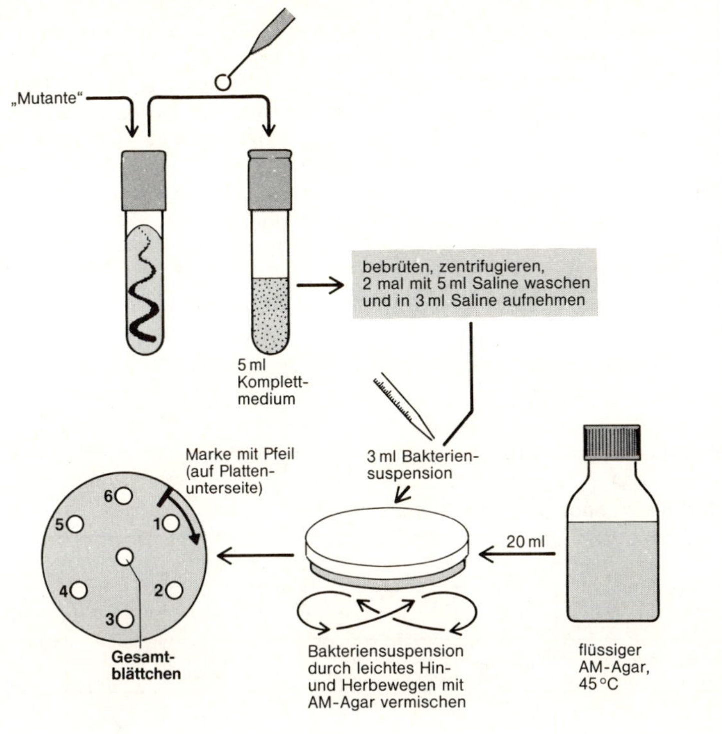

Abb. 8.10 Der Blättchentest

Achterform auf der Tischplatte wird eine Vermischung des Minimalagars mit der Bakteriensuspension erzielt.

6. **Gruppenblättchentest:** Die Gruppenblättchen enthalten alle Stoffe jeweils einer Testgruppe (1–6). Im Zentrum liegt das Gesamtblättchen, das alle Stoffe aller Gruppen enthält. Nach dem Erstarren des Agars Testblättchen im Sinne der Pfeilmarkierung mit einer sterilen Pinzette auflegen, am besten mit Hilfe einer auf Papier gemalten Schablone, auf die man die Platte legt. Platten bei 37 °C bebrüten.
7. Am folgenden Tag notieren, um welche Blättchen eine verstärkte Zellvermehrung stattgefunden hat (Trübungshof, vgl. Abb. 8.11, S. 189).

   Zeigt sich ein Wachstumseffekt um einen oder mehrere Gruppenblättchen, so ist in jeder der entsprechenden Testgruppen der genaue Nährstoffbedarf zu prüfen.

8. **Einzelblättchentest:** Um den genauen Nährstoffbedarf in einer Gruppe festzustellen, wieder eine gewaschene Mutantensuspension mit flüssigem Agar vermischen und in Petrischale gießen.
9. Testblättchen einer Gruppe, von denen jedes nur einen Nährstoff enthält, in Richtung der Pfeilmarkierung der Reihe nach auf den erstarrten Agar legen. Das zugehörige Gruppenblättchen in die Mitte legen. Petrischalen bei 37 °C bebrüten.
10. Am folgenden Tag den Nährstoffbedarf, der sich durch einen Trübungshof zu erkennen gibt, protokollieren.

Auswertung

1. Monoauxotrophe Mutantentypen. Die Ergebnisse sind in Tab. 8.4 einzutragen.

Die Mutanten der folgenden Gruppen sind genau zu charakterisieren:

2. Mutanten mit sich gegenseitig vertretendem Nährstoffbedarf
3. Polyauxotrophe Mutanten
4. Inhibierbare Mutanten

Tab. 8.4 Monoauxotrophe Mutantentypen

Testgruppe	Testsubstanzen					
	1	2	3	4	5	6
I	Cystin	met	ser	gly		
II	leu	Ile	val	thr	lys	
III	tyr	phe	trp	Pabs	Pdx	Nia
IV	glu	gln	asp	asn	ala	pro
V	B_1	B_2	Pant	Bio	Fol	B_6
VI	A	G	T	U	arg	his

8.2.5 Deutung von auxotrophen Mutantentypen

Monoauxotrophe Mutanten

Durch Mutation kann es zum Ausfall bestimmter Syntheseleistungen kommen. (Die Synthesewege der mit den 33 Testblättchen geprüften Stoffe sind einschlägigen Lehrbüchern oder z. B. der Karte der Biochemical Pathways von G. Michal, Boehringer Mannheim, zu entnehmen.)

Es ist bekannt, daß die induzierten Mutanten ein Mutantenspektrum mit bestimmter Häufigkeitsverteilung aufweisen. Dabei spielt jedoch schon die Methode der Mutantenisolierung eine große Rolle, z. B. hängt die Häufigkeitsverteilung von *E. coli*-Mutanten nach Induktion mit salpetriger Säure von der Länge der Penicillinbehandlung ab.

Manche Mutantentypen können nicht oder nur schwer gefunden werden. Dies kann daran liegen, daß ein Stoff nicht in die Zelle aufgenommen werden kann, z. B. Riboflavin bei *E. coli.* Es ist auch möglich, daß ein Stoff auf mehreren Wegen synthetisiert werden kann. Asparaginsäuremutanten sind schwer zu finden, weil diese Aminosäure sowohl aus Fumarsäure als auch aus Oxalessigsäure gebildet werden kann.

Mehrfachmutanten können in Form von Mutanten mit sich gegenseitig vertretendem Nährstoffbedarf oder polyauxotrophen Mutanten auftreten. Vermutungen, wie mehrfacher Nährstoffbedarf zu deuten ist, bedürfen einer genauen Prüfung z. B. durch Kreuzfütterungs- oder Wachstumstest (s. S. 221 ff) und des Enzymtests.

Auxotrophe mit sich gegenseitig vertretendem („variablem") Nährstoffbedarf.

Stellt man Wachstum um mehrere Testblättchen fest (Abb. 8.11), so kann es sich um auxotrophe Mutanten mit sich gegenseitig vertretendem Nährstoffbedarf handeln, Symbol: A, B.

Sind Fehler auszuschließen und liegt ein reiner Stamm vor, kann man folgende Deutungen geben:

1. Zwei Metaboliten können ineinander übergeführt werden:

$$A \longrightarrow B \dashv\!\!\vdash\!\!\rightarrow C \rightleftharpoons D$$

Die gemeinsame Synthese der Stoffe C und D ist blockiert. Da die Reaktion von C nach D aber reversibel ist, genügt es, wenn C oder D

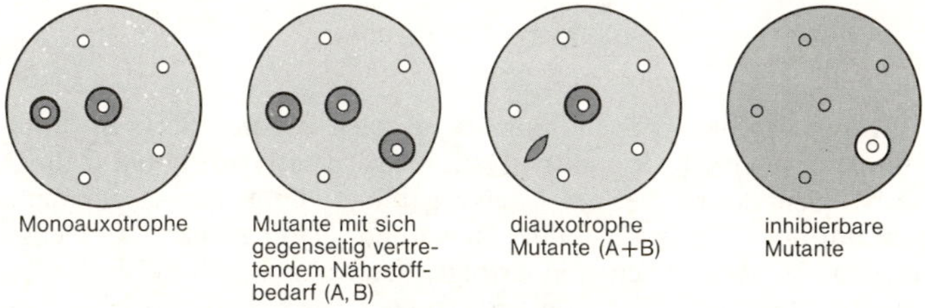

Abb. 8.11 Wachstum verschiedener Mutantentypen im Blättchentest (bei Betrachtung gegen das Licht)

zum Wachstum angeboten wird. Bekannte Beispiele sind die Biosynthesen von Glutaminsäure und Glutamin wie auch Serin und Glycin.

Mutante: Glu, Gln

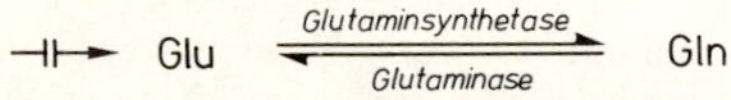

Ein weiteres Beispiel sei genannt: Vitamin B_6 kann Isoleucin vertreten (B_6, Ile). Die Threonin-desaminase benötigt zur Synthese von α-Ketobuttersäure Pyridoxalphosphat. Ist sie defekt, wird im allgemeinen kein Isoleucin mehr gebildet. In Gegenwart größerer Mengen Pyridoxalphosphat kann jedoch in bestimmten Fällen die Synthese möglich sein, nämlich dann, wenn ein durch Mutation verringertes Bindungsvermögen von Vitamin B_6 an die Threonin-desaminase durch ein Überangebot des Vitamins kompensiert wird.

Mutante: B_6, Ile

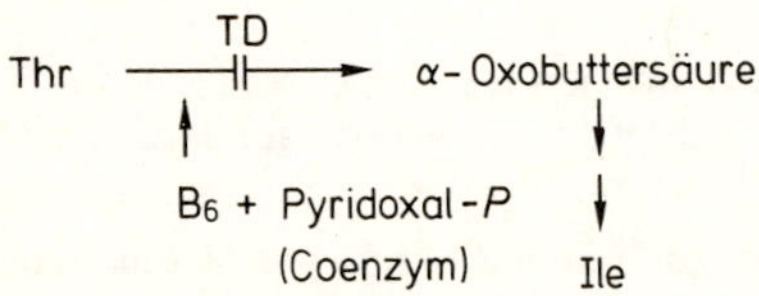

Solche durch eine Mutation in ihrer Aktivität nicht völlig zerstörten, sondern nur geschwächten Enzyme („leaky", von to leak = lecken, tröpfeln, d. h. der Syntheseweg ist nicht völlig blockiert) erklären auch den

2. Rückstau bei geschädigten Enzymen („Spareffekte")

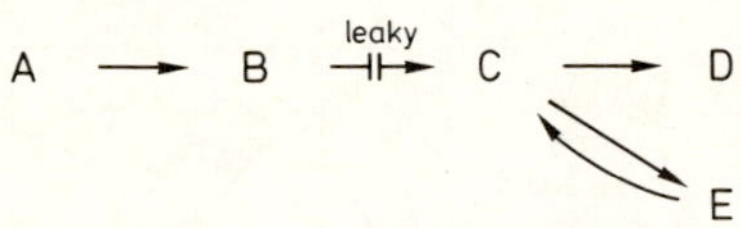

Das Enzym, das die Umwandlung von B nach C katalysiert, ist durch Mutation nur noch schwach aktiv. Dadurch wird ein Vorprodukt C für D und E in nicht ausreichender Menge gebildet. Gibt man E zu, dann braucht nur noch D aus C gebildet zu werden. Dafür kann die C-Menge ausreichen, so daß Wachstum erfolgt, z. B. kann Phenylalanin bei bestimmten Mutanten Tryptophan ersetzen (phe, trp). Durch einen Rückstau bis zur Chorisminsäure kann schließlich soviel Chorisminsäure vorliegen, daß diese zur Tryptophansynthese und damit zum Wachstum ausreicht.

Polyauxotrophe Mutanten

Beobachtet man zwischen zwei Testblättchen Bakterienwachstum, das sich durch eine spindelförmige Trübungsfläche zu erkennen gibt, so kann es sich um eine polyauxotrophe Mutante handeln. Polyauxotrophe Mutanten sind dadurch gekennzeichnet, daß mehrere Nährstoffe gleichzeitig zum Wachstum erforderlich sind: Symbol A + B + . . . Bei MNNG wurden bis zu 14fache auxotrophe Mutanten gefunden.

Die folgenden Beispiele zeigen mögliche Deutungen:

1. In einer Doppelmutante können zwei getrennte Biosynthesewege blokkiert sein, deren Gene auf einem DNA-Strang liegen. Hierbei ist kein Biosynthesezusammenhang gegeben („verschleierte Doppelmutante").

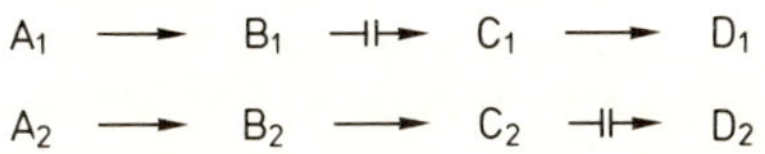

Einen Zusammenhang der Biosynthesen zeigen jedoch folgende Fälle:

2. Ausschaltung von 2 Synthesewegen aufgrund gemeinsamer Enzyme. Ein Enzym katalysiert gleichzeitig Reaktionen für 2 Biosynthesewege:

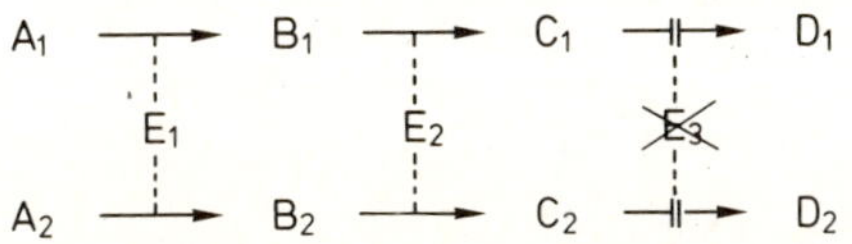

Beispiel: val + ile

Jede Mutante aber, der eine intakte Transaminase (letzter Schritt der Isoleucin- und Valinbiosynthese) fehlt, zeigt einen Bedarf für Isoleucin und Valin. Ein Fehlen der Dehydrase, der α-Aceto-α-hydroxysäure-synthetase (kondensierendes Enzym), oder der Reduktoisomerase kann zu einer dreifachen Mangelmutante führen.

ile + val + leu

(Panthothensäure wird nur in Spuren gebraucht).

Bei einer verzweigten Biosynthese führt der Ausfall eines Enzyms im gemeinsamen Grundzweig zu einer Mehrfachmutante.

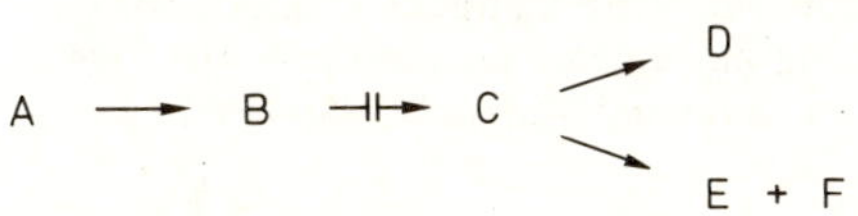

Bekanntes Beispiel ist tyr + phe (s. S. 219).

Inhibierbare Stämme

Bei inhibierbaren Stämmen ist innerhalb der Wachstumszone ein klarer Hof um ein Testblättchen zu erkennen. Inhibierbare Mutanten lassen sich durch Regulationsphänomene erklären. Da die Testbedingungen unnatürliche Verhältnisse schaffen, z. B. Überschuß einer Aminosäure auf den Testblättchen, kann man inhibierbare Stämme auch bei Wildtypen beobachten. Bekanntes Beispiel ist die Retroinhibition durch Valin.

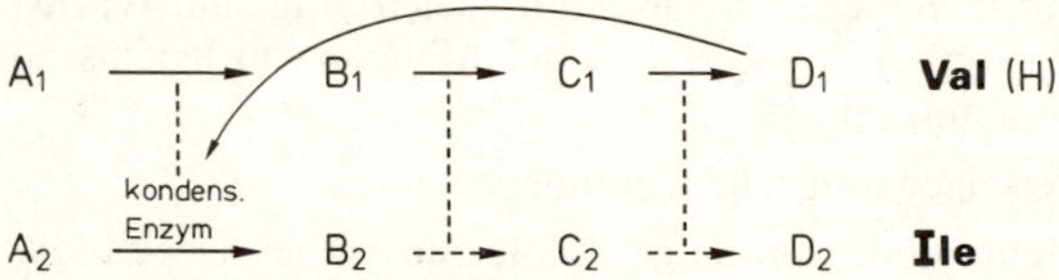

Eine wirksame Hemmung der α-Aceto-α-hydroxysäure-Synthese durch Valin führt zu Isoleucinmangel. Bei *E. coli K12* reicht das Valin in der auf dem Testblättchen gebotenen Menge bereits zu einer Hemmung der Isoleucinsynthese aus. Gibt man Isoleucin hinzu, kommt es zur Aufhebung der Wachstumshemmung.

Ist die Regulation der Phenylalanin-Synthese ausgefallen, kann eine überschießende Produktion von Phenylalanin zur Wachstumshemmung führen. Hemmeffekte können als Folge eines Enzymdefektes auch auftreten, wenn Zwischenprodukte akkumuliert werden, die schließlich wachstumshemmend wirken.

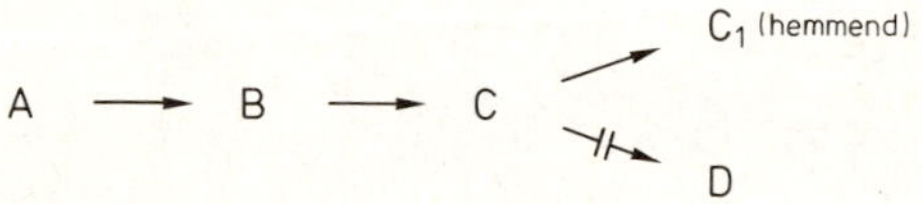

Wird ein Zucker z. B. nicht mehr zu einer Säure abgebaut, kann der pH-Wert so stark ansteigen, daß eine Wachstumshemmung auftritt.

8.2.6 Isolierung verschiedener Mutantentypen

Das beschriebene Grundschema kann zur Isolierung verschiedenartiger Mutantentypen abgewandelt werden.

Isolierung einer bestimmten auxotrophen Mutante

Wenn bestimmte auxotrophe Mutanten, z. B. Isoleucin-Mutanten, gewünscht werden, plattiert man die MNNG-behandelte Bakteriensuspension in entsprechender Verdünnung auf einer Komplettplatte aus. Dann wird auf Agarplatten mit Minimalmedium und Minimalmedium + Isoleucin gestempelt.

Reversionsmutanten

Eine Mutante kann durch eine echte Reversion (Wiederherstellung des ursprünglichen Codons) oder durch Suppressormutation (lediglich Wiederherstellung der ursprünglichen Genaktivität) in den Wildtyp oder in wildtypähnliche Zellen verwandelt werden. Bei auxotrophen Stämmen plattiert man hierzu eine dichte Zellsuspension auf Minimalplatten und eine stark verdünnte Zellsuspension auf eine Komplettplatte zur Zellzahlbestimmung aus. Reversionsmutanten werden in der Mutagenitätsprüfung angewendet (s. S. 200ff).

Resistente Mutanten

Mutanten, die gegen Antibiotika, toxische Stoffe oder Phagen resistent sind, lassen sich mit Hilfe eines Nährbodens, der den Hemmstoff enthält, gewinnen. Zur Isolierung bebrütet man eine Zellsuspension in hoher Zelldichte auf einem Nährboden, der den Hemmstoff enthält. Es ist zweckmäßig, die wirksame Hemmkonzentration in einem getrennten Versuch vorher festzustellen.

Die nicht plasmidcodierte Resistenz gegen Penicillin entwickelt sich über mehrere Einzelschritte. Eine Reihe von spezifischen Mutationen führt schließlich zur Resistenz gegen hohe Antibiotikakonzentrationen.

Sensitive Mutanten

Mutanten, die gegen Antibiotika, toxische Stoffe oder Phagen sensitiv sind, lassen sich indirekt mit Hilfe der Stempeltechnik erkennen. Sie wachsen auf dem Nährboden mit niedriger Hemmstoffkonzentration und können durch Vergleich mit dem Kolonienmuster auf Nährboden mit höherer Hemmstoffkonzentration herausgelesen werden.

Temperatursensitive Mutanten

Mutanten solcher Art lassen sich mit Hilfe der Penicillintechnik erkennen. Die bei höherer Temperatur nicht wachsenden temperatursensitiven Mutanten werden im Gegensatz zum wachsenden Wildtyp von Penicillin nicht abgetötet. Nach Penicillinase-Behandlung wachsen die temperatursensitiven Mutanten bei niedrigerer Temperatur.

Über Isolierung von Regulationsmutanten und Antibiotikaproduktionsstämmen siehe Lehrbücher.

8.3 Photoreaktivierung bei Bakterien

Als Mutagen für möglichst nicht pigmentierte Mikroorganismen wurde früher häufig UV-Licht verwendet. Zur Mutationsauslösung wählte man eine Bestrahlungszeit, die zu 0,1 bis 1% Überlebenden führte. Dabei konnten gewöhnlich große Deletionen beobachtet werden.

DNA-Schäden, die Mutationen oder den Zelltod verursachen können, vermag die Zelle mit Reparatursystemen zu begegnen: Photoreaktivierung, Exzisionsreparaturen und Postreplikationsreparatur.

Bereits 1877 wurde erkannt, daß mit UV-Licht Bakterien abgetötet werden können (s. S. 8). Sinsheimer und Hastings stellten 1949 fest, daß sich

Uracil und Uridin im UV-Licht in eine Verbindung umwandeln lassen, die später als Produkt der Wasseranlagerung an die 5,6-Doppelbindung des Uracilmoleküls erkannt wurde (Abb. 8.12).

1960 fanden Beukers und Berend bei Thymin und 1961 Wacker und Mitarbeiter bei Uracil und Uridin, daß bei Bestrahlung mit UV-Licht der Wellenlänge 254 nm eine Dimerisierung durch Ausbildung eines Cyclobutanringes erfolgt (vgl. Abb. 8.12). Nach *in vitro*-Versuchen mit DNA treten T <> T-Dimerenringe zu 5 bis 10% auf gegenüber C <> T 2 bis 4% und C <> C 0,1 bis 0,8%.

In neuerer Zeit wurde ein weiteres Bestrahlungsprodukt entdeckt, das mengenmäßig 10% der Cyclobutandimere ausmacht: das (6-4)-Photoprodukt, auch Pyrimidin-pyrimidon-(6-4)-Photoprodukt (vgl. Abb. 8.12).

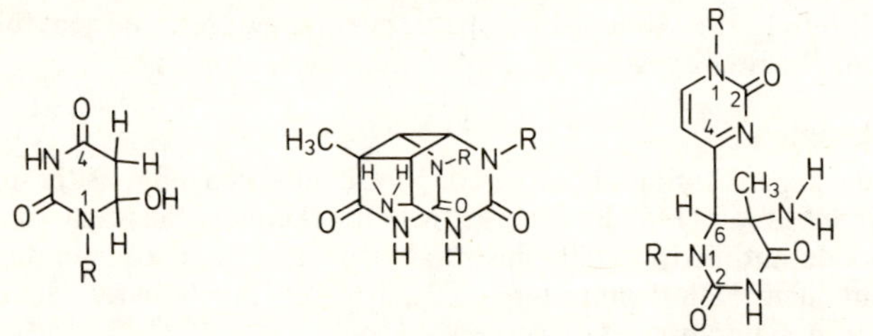

Wasseranlagerung an die 5,6-Doppelbind. — Cyclobutandimer — TC (6-4)-Photoprodukt

Abb. 8.12 Derivate der Pyrimidinbasen, die nach Bestrahlung mit UV-Licht nachgewiesen wurden

Die photochemischen Dimerisierungen werden als wesentliche Ursache für die UV-Inaktivierung von Mikroorganismen angesehen. Die Photoreaktivierung beseitigt die Dimere durch eine Spaltung der intermolekularen Bindung unter Bildung der ursprünglichen Pyrimidinbasen. Die Photoreaktivierung ist heute außer bei vielen Mikroorganismen bei Pflanzen, Tieren und auch beim Menschen bekannt. Sie erfolgt bei *E. coli* in einem Wellenlängenbereich von 340 bis 500 nm. Dies erlaubt, bei Gelblicht zu arbeiten, ohne die Photoreaktivierung auszulösen.

Bei der Photoreaktivierung eliminiert das Enzym Photolyase unter Mitwirkung von Licht die durch UV-Strahlung verursachten Schäden. Aus E. coli- oder Hefezellen läßt sich das Photoreaktivierungsenzym (PRE) isolieren, dessen Wirkungsweise folgende Reaktionsgleichung wiedergibt (k_1, k_2, k_3 Reaktionskonstanten):

$$E + S \underset{k_2}{\overset{k_1}{\rightleftharpoons}} ES \xrightarrow[k_3]{\text{Licht}\,(h \cdot \nu)} E + P$$

Das Reaktivierungsenzym E bindet im Dunkeln das Substratmolekül S, die UV-geschädigte DNA, in einer reversiblen Reaktion zu einem Enzym-Substrat-Komplex ES. Bei der Absorption von Licht (maximale Wirkung 340 bis 370 nm) tritt eine Spaltung der intermolekularen Bindung der Pyrimidinbasen auf, worauf eine Dissoziation von ES in aktives Enzym E und reparierte DNA (P) erfolgt. Die Wirkungsweise des Repair-Enzyms entspricht der Michaelis-Menten-Reaktion, wobei jedoch für den zweiten Schritt das Licht unerläßlich ist.

Auch zur Mutationsauslösung wurde die Photoreaktivierung mit einer wiederholten UV-Behandlung verwendet. Hierdurch konnte ein gesteigerter Mutationseffekt erzielt werden.

Während die Inaktivierung der Mikroorganismen durch UV-Licht geklärt scheint, ist die biochemische Grundlage der UV-Mutagenese noch unklar. Es wird angenommen, daß Cyclobutandimere die DNA-Replikation blokkieren. Dadurch wird eine SOS-Reparatur induziert, die fehlerhaft (error-prone) arbeitet und daher zu einer erhöhten Mutationsauslösung führt. Durch Photoreaktivierung lassen sich aber die meisten DNA-Schäden beseitigen, die eine solche SOS-Reparatur auslösen würden. Daher bilden die (6-4)-Photoprodukte für die Erklärung der UV-Mutagenese eine Alternative zu den Cyclobutandimeren.

Die UV-Dosis (genauer: Dosis/Flächeneinheit) ist definiert als Produkt aus Bestrahlungsstärke in $\mu W/cm^2$ und Bestrahlungsdauer in s. Wird zum Nachweis der Photoreaktivierung eine Zellsuspension mit der UV-Dosis *L* (Abb. 8.13) bestrahlt, dann überleben ohne Photoreaktivierung $Ü_D$%. Der Prozentsatz an Überlebenden steigert sich aber durch die Photoreaktivie-

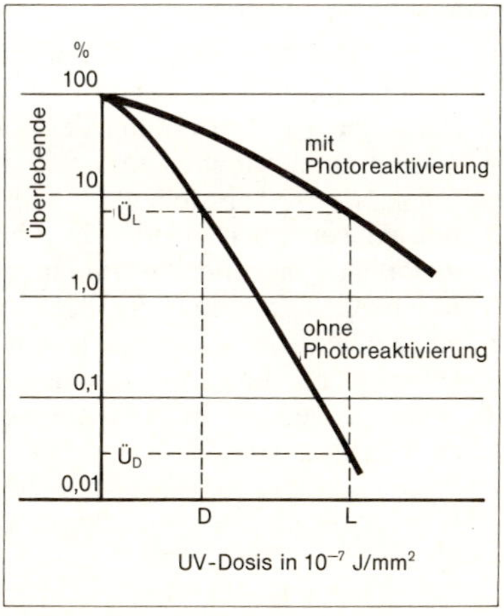

Abb. 8.13 Dosis-Reduktions-Prinzip

rung auf $Ü_L\%$. Diesen Wert würde man auch erhalten, wenn man von vornherein die Organismen mit der kleineren Dosis D ohne nachfolgende Photoreaktivierung bestrahlt hätte. Den Wert L/D nennt man **Dosis-Reduktionsfaktor.** Er bildet einen für jeden Stamm charakteristischen Wert, ist von der UV-Dosis unabhängig und liegt zwischen 1 und 10.

Aufgabe

Bei einem Bakterienstamm ist die Photoreaktivierung nachzuweisen als Abhängigkeit der Überlebenden von der UV-Bestrahlungsdauer bei konstanter Bestrahlungsstärke und von der Bestrahlungsstärke bei konstanter Bestrahlungsdauer.

Material

Stamm: *Salmonella typhimurium TA 1538*

Geräte: UV-Lampe [z. B. Sterisol-Strahler (30 W)], Tischlampe (100 W), Gelblichtbirne, Spektralphotometer, Stoppuhr, Schutzbrille, UV-Meter (z. B. Blak-Ray)

Steriles Material: Erlenmeyerkolben zu 100 ml mit 25 ml HNB-Medium (s. Kap. 8.1), HNB-Komplettplatten, Salzlösung (s. Kap. 8.1), Pipetten zu 1 ml und 5 ml, Kulturröhrchen, 2 Petrischalen aus Glas

Zeitplan und Zeitbedarf

1. Tag: Stamm animpfen, 10 min
2. Tag: Bestrahlungsversuch, 2 h
3. Tag: Kolonien zählen und auswerten, 1–2 h

Durchführung (Abb. 8.14)

1. 25 ml HNB-Medium in 100-ml-Erlenmeyerkolben mit dem Bakterienstamm beimpfen und bei 30 °C über Nacht züchten.

2. Bakterien zur Entfernung der UV-Strahlung absorbierenden Medienreste einmal waschen und mit dem Photometer auf optische Dichte $OD_{400–600} \approx 1{,}0$ einstellen.

3. Anzahl der Überlebenden in Abhängigkeit von der UV-Bestrahlungsdauer bei konstanter Bestrahlungsstärke:
In eine Glaspetrischale 6 ml der Bakteriensuspension pipettieren. 0,2 ml als Nullwert entnehmen. Die folgenden Arbeitsschritte werden bei Gelblicht und unter Verwendung einer UV-Schutzbrille ausgeführt.

4. Während der UV-Bestrahlung die Petrischale in einem für 300 $\mu W/cm^2$ zu bestimmenden Abstand von der UV-Lampe sanft bewegen, am besten auf einem eingeschalteten Plattierteller (Vorsicht mit bloßen Händen!). Für die Dauer der in Tab. 8.5 angegebenen Bestrahlungszeit Deckel der Petrischale entfernen. Danach UV-Lampe ausschalten, 0,2 ml in ein Kulturröhrchen füllen. Danach Bestrahlung fortsetzen.

Tab. 8.5 Daten zum Photoreaktivierungsversuch

Röhrchen Nr.	UV-Bestrahlung Dauer in s	Belichtung	Kolonien/Platte	Überlebende/ml
1	1	a) + b) −		
2	2	a) + b) −		
3	3	a) + b) −		
4	5	a) + b) −		
5	10	a) + b) −		

5. Nach Beendigung der Bestrahlung von den 5 Proben in den Röhrchen je eine Verdünnungsreihe herstellen (10^{-2}, 10^{-4}, 10^{-6}). Von jeder Zellkonzentration, auch von unverdünnter Probe, 0,05 ml auf je 2 Agarplatten plattieren. Platten in völliger Dunkelheit (in einer Schachtel) bei 37 °C inkubieren.

6. Zur Photoreaktivierung einen Teil der bestrahlten Bakteriensuspension einer Belichtung unterwerfen. Die unverdünnten Bakteriensuspensionen in den Röhrchen 60 Minuten dem Tageslicht oder dem Lampenlicht in 30 cm Abstand aussetzen. Danach verdünnen und weiter wie unter 5. verfahren.

Die Photoreaktivierung ist auch gut zu beobachten, wenn die bereits ausplattierten Bakterien belichtet werden, wie das auf der Abb. 8.14 dargestellt ist. Dies bestätigt auch eine interessante Variante: Nach der UV-Bestrahlung die Hälfte der Petrischalen mit schwarzem Papier abdecken und 60 Minuten dem Tageslicht oder Lampenlicht aussetzen. Danach die Platten in völliger Dunkelheit bei 37 °C inkubieren.

Anzahl der Überlebenden in Abhängigkeit von der Bestrahlungsstärke bei konstanter Bestrahlungsdauer:
Wie bei Abhängigkeit von der Bestrahlungsdauer verfahren, jedoch die Bestrahlungsstärke unter Beibehaltung einer konstanten Bestrahlungsdauer von 5 Sekunden variieren. Dies kann man durch Veränderung des Abstandes UV-Lampe/Petrischale vornehmen, da die Bestrahlungs-

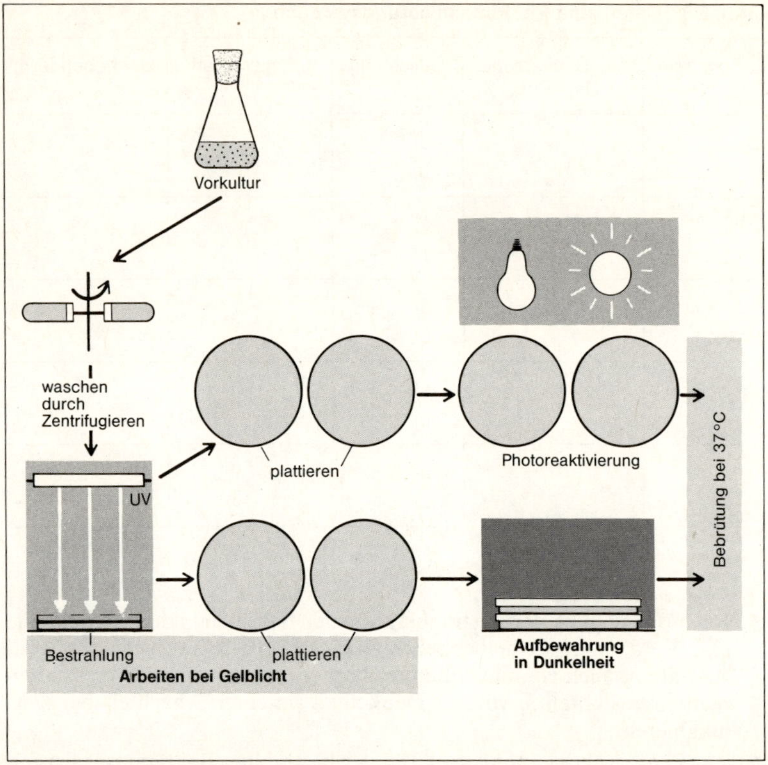

Abb. 8.14 Photoreaktivierung

stärke einer Fläche dem Quadrat ihres Abstandes von der Strahlenquelle umgekehrt proportioniert ist (s. Tab. 8.6, die Bestrahlungsstärke mit dem UV-Meter prüfen!). Wenn $\mu W/cm^2$ mit 10 multipliziert wird, erhält man $10^{-7} J/s/cm^2$.

Tab. 8.6 Intensität/Abstandsbeziehung für 30-W-Strahler

$\mu W/cm^2$	0	100	150	200	300	400	500
Abstand UV-Quelle/Petrischale in cm	–						

Auswertung

1. Es ist graphisch darzustellen: Prozent Überlebende a in Abhängigkeit von der UV-Bestrahlungsdauer und b von der UV-Bestrahlungsstärke für durch Belichtung nachbehandelte und nicht nachbehandelte Bakterien.
2. Der Dosis-Reduktionsfaktor *L/D* ist zu bestimmen.

Literatur

Adelberg, E. A., Mandel, M., Chein Ching Chen, G. (1965), Optimal Conditions for Mutagenesis by N-Methyl-N'-nitro-N-nitrosoguanidine in Escherichia coli. Biochem. Biophys. Res. Commun. **18,** 788–795

Auerbach, C. (1976), Mutation Research, Problems, Results and Perspectives; Champman and Hall, London

Drake, J. W., Baltz, R. H. (1976), The Biochemistry of Mutagenesis; Annu. Rev. Biochem. **45,** 11–37

Haseltine, W. A. (1983), Ultraviolet Light Repair and Mutagenesis Revisited, Cell **33,** 13–17

Hollaender, A. (Herausgeb.) (1971 ff.), Chemical Mutagens, Principles and Methods for their Detection; Plenum Press, New York, London

Lawley, P. D., Thatcher, C. J., (1970) Methylation of Deoxyribonucleic Acid in Cultured Mammalian Cells by N-methyl-N'-nitro-N-nitrosoguanidine. Biochem. J. **116,** 693–707

Lederberg, J., Lederberg, E. M. (1952), Replica Plating and Indirect Selection of Bacterial Mutants, J. Bacteriol. **63,** 399–406

Lemontt, J. F., Generoso, W. M. (Herausgeb.) (1982), Molecular and Cellular Mechanisms of Mutagenesis, Plenum Press, New York, London

Loveless, A. (1969), Possible Relevance of O^6-Alkylation of Deoxyguanosine to the Mutagenicity and Carcinogenicity of Nitrosamines and Nitrosamides. Nature **223,** 206–207

Mehta, J. R., Ludlum, D. B. (1978), Synthesis and Properties of O^6-Methyldeoxyguanylic Acid and its Copolymers with Deoxycytidylic Acid: Biochim. Biophys. Acta **521,** 770–778

Schlegel, H. G. (1964), Methoden der Anreicherung und Isolierung von Mutanten in Anreicherungskultur und Mutantenauslese: Zentralblatt für Bakteriologie, Parasitenkunde, Infektionskrankheiten und Hygiene (Schlegel, H. G., Kröger, E., Herausgeb.), 1. Abteilung Supplementheft 1, 204–222

Schumann, W. (1980), Mechanismen der DNA-Reparatur, Biologie in unserer Zeit **10,** 33–38

Süssmuth, R., Haerlin, R., Lingens, F. (1972), The Mode of Action of N-methyl-N'-nitro-N-nitrosoguanidine in Mutagenesis, VII. The Transfer of the Methyl Group of N-Methyl-N'-nitro-N-nitrosoguanidine. Biochim. Biophys. Acta **269,** 276–286

9. Mutagenitätsprüfung mit bakteriellen Systemen

Bakterielle Testverfahren sind wegen der Schnelligkeit, Wirtschaftlichkeit, Einfachheit in der Handhabung und Empfindlichkeit und als alternatives Screening-Verfahren zum Tierversuch das Mittel der Wahl für eine Mutagenitätsprüfung. Darüberhinaus haben sie in Verbindung mit metabolisierenden Zusätzen als Vortests auf Carcinogene große Bedeutung gewonnen (Abb. 9.1).

Im Mutationstest kann auf Vorwärts- und Rückmutationen (Reversionen) geprüft werden. Bei Vorwärtsmutationen geht eine Genaktivität, z. B. eine Synthesefähigkeit, die zu auxotrophen Mutanten führt, oder die Empfindlichkeit gegen eine bestimmte Verbindung verloren. Der valinsensitive Stamm *E. coli AB 1621* z. B. hat sich zum Nachweis von Mutagenen bewährt, da Valinresistente auf einem valinhaltigen Agar leicht nachgewiesen werden können.

Leicht nachzuweisen sind auch Reversionen, da z. B. auf einem Minimalmedium in einer Suspension von Auxotrophen nur Revertanten zu sichtbaren Kolonien auswachsen. Bei Revertanten wird eine verloren gegangene Genaktivität wieder hergestellt. Bekannt geworden sind besonders die Histidin-Mangelmutanten von *Salmonella typhimurium* von Ames, B. N. und Mitarbeitern. Als Prüfstämme dienen die **Basensubstitutionsmutante** *S. typhimurium TA 1535,* in der ein Codon für das 1. Enzym der Histidinbiosynthese verändert ist, und die **Rasterverschiebungsmutante** *S. typhimurium TA 1538,* in der ein Basenpaar im Aminotransferase-Gen des Histidinoperons zusätzlich vorhanden ist. Um hydrophoben Testverbindungen den Weg durch die Zellwand zu erleichtern, wurden rfa-Mutationen erzeugt. In diesen ist die Synthese der ins Medium gerichteten hydrophilen Polysaccharidketten von Bestandteilen der äußeren Zellmembran genetisch blockiert („rough-Mutanten"). Durch eine Deletionsmutation des uvrB-Gens, das an der Exzisionsreparatur beteiligt ist, wurde die Empfindlichkeit gegen Mutagene um das 10 bis 100fache gesteigert. Schließlich gelang eine weitere Empfindlichkeitssteigerung durch Einführung des pKM-101-Plasmids, wodurch aus *S. typhimurium TA 1535 TA 100* und aus *TA 1538 TA 98* entstand.

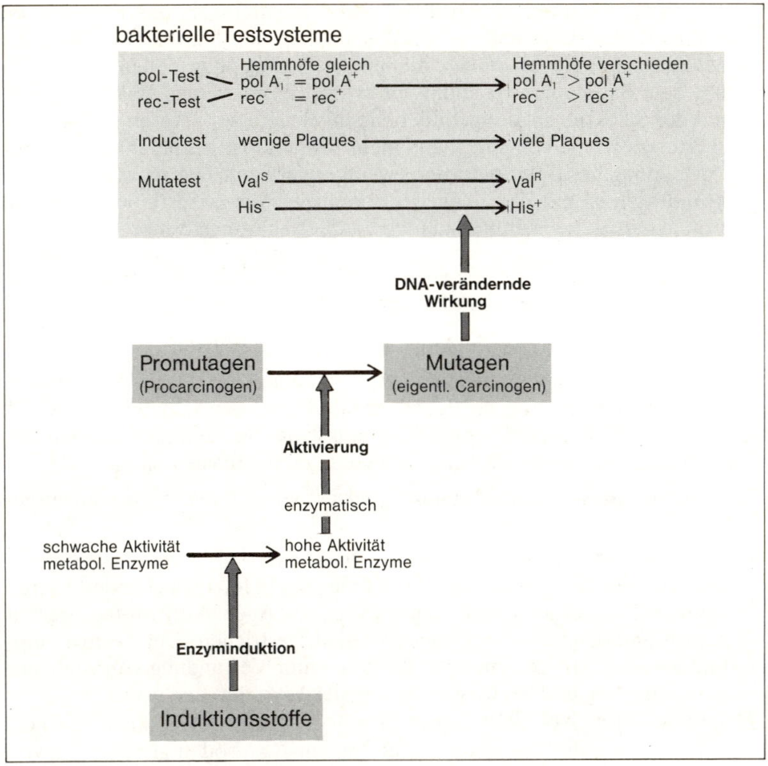

Abb. 9.1 Bakterielle Testsysteme in der Mutagenitätsprüfung

Das Plasmid trägt neben einem Ampicillinresistenz-Gen ein Gen, das zur Erhöhung der Mutabilität infolge Verstärkung einer zu Fehlern neigenden Reparatur, die die Basenpaarungsregeln nicht streng befolgt (Error-prone-Reparatur), beiträgt. Die Ampicillin-Resistenz hat mit der verstärkten Mutationsauslösung nichts zu tun.

Die Anzahl der Spontanrevertanten pro Platte ist stammspezifisch und in weiten Grenzen (ca. 10^5–10^8) von der Anzahl der ausplattierten Zellen unabhängig. Sie beträgt bei *S. typhimurium TA1535* 10 bis 35, *TA1538* 15 bis 35, *TA100* 120 bis 200 und *TA98* 30 bis 50 Revertanten pro Platte. Zwei Gruppen von spontanen Mutanten sind zu unterscheiden:

1. Die eine Gruppe ist bereits zum Zeitpunkt des Plattierens vorhanden. Ihre Mutanten entstanden während der vorausgehenden Zellvermehrung.

2. Die zweite Gruppe, zu der die meisten Mutanten gehören, entsteht erst während der Vermehrung der Zellen auf der Platte. Die Zahl der Mutanten hängt hier von der Anzahl der auxotrophen Zellen ab, die sich auf dem Supplement Histidin vermehren, bis sie einen Bakterienrasen auf der Selektionsplatte gebildet haben. Bei einer stärkeren Aussaat der Bakterien werden entsprechend mehr Mutanten mitgebracht und bis zur Ausbildung des Bakterienrasens weniger gebildet. Der schwache Untergrundrasen ist mit dem Auge zu erkennen. Aus dieser Überlegung gilt für die induzierte Mutantenhäufigkeit die Näherungsformel

$$\frac{(\text{Mutanten pro Platte})_{\text{behandelt}} - (\text{Mutanten pro Platte})_{\text{Kontrolle}}}{(\text{Überlebende pro Platte})_{\text{behandelt}}}$$

Im allgemeinen genügt die Angabe Kolonienzahl/Platte.

Eine Testverbindung gilt als mutagen, wenn eine klare Dosis-Wirkungsbeziehung gegeben ist und die Kolonienzahl/Platte bei *S. typhimurium TA 1535* und *TA 1538* gegenüber der Spontanmutationsrate reproduzierbar das 2- bis 3fache und bei *TA 100* und *TA 98* das 1,5- bis 3fache beträgt.

Der **Mutationstest** (kurz **„Mutatest“**) wird in verschiedenen Formen ausgeführt:

1. im **Treat-and-plate-Test** werden die Testbakterien in wäßriger Suspension mit der Testverbindung bei definiertem pH-Wert behandelt, durch Waschen, Verdünnen oder ein chemisches Agens von Mutagenresten befreit und dann auf Selektionsplatten ausgestrichen. Der Test ist empfindlich und sehr geeignet zur Prüfung einer Verbindung vorgegebener Konzentration und bei vorgegebenem pH-Wert der Testlösung.
2. Im **Spot-Test** (Abb. 9.2), der auf Iyer, V. N. und Szybalski, W. zurückgeht, werden die Testbakterien auf einem Agarboden gleichmäßig verteilt. In ein gestanztes Loch oder auf Filterblättchen wird die Testverbindung pipettiert.
3. Im **Plate-incorporation-Test** werden Teststamm und Testverbindung in Weichagar als Oberschichtagar gemischt und auf eine Basisplatte mit Hartagar gegossen.

Zur Mutagenitätsprüfung kann auch die Prophagenentwicklung herangezogen werden:

Im **Prophageninduktionstest (Induc-Test)** werden lysogene Bakterien mit Mutagen behandelt, z. B. *E. coli* (λ). Auf dieser Methode beruht auch ein Test auf Cytostatika.

Den Nachweis einer Schädigung der DNA durch eine Testverbindung erlaubt auch der **Repair-Test** nach Rosenkranz, M. S. In diesem Test vergleicht man das Wachstum einer Mutante, die eine defekte DNA-Polymerase besitzt und daher DNA-Schäden erschwert zu reparieren vermag, mit dem Wachstum des Wildtyps mit intakter Polymerase. Man prüft hier nicht auf einen Anstieg der Mutantenzahl, sondern auf eine Reaktion

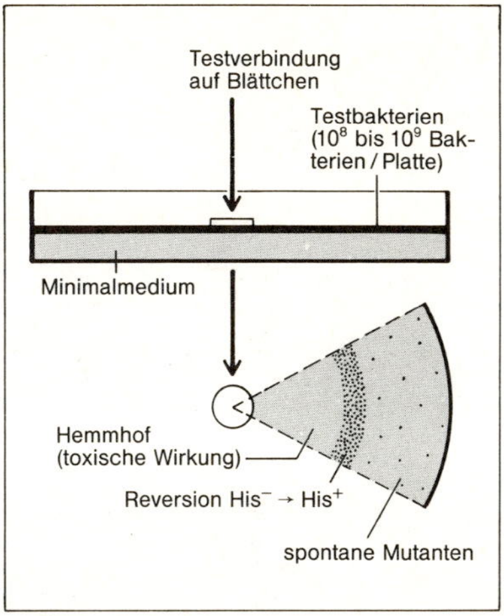

Abb. 9.2 Der Spot-Test bei einer Histidin-Mutante

der Testverbindung mit der DNA, die sich in einer stärkeren Wachstumshemmung der polymerasedefekten Mutante gegenüber dem Wildtyp zu erkennen gibt. Ein ähnlicher Test mit Rekombinationsmutanten ist der **„Rec-Test"** von Kada, T. und Mitarbeitern. Sie verwenden *B. subtilis H17* (rec^+, arg^-, trp^-) und M45 (rec^-, arg^-, trp^-), der über einen Rekombinationsdefekt verfügt. Dieser Test wird mit Komplettplatten vorgenommen und hat sich bei Mykotoxinen und Metallsalzen bewährt.

Es ist das Verdienst von Ames, B. N. und seinen Mitarbeitern, einen von Malling, H. V. bei Dimethylnitrosamin verwendeten Bakterientest unter Benutzung von Lebermikrosomen zur Einbeziehung des Säugetierstoffwechsels weiterentwickelt zu haben. Dadurch wurden viele cancerogene Nichtmutagene, wie Benz(a)pyren, nach Behandlung mit Lebermikrosomen einer erfolgreichen Mutagenitätsprüfung zugänglich. Da es sich hierbei vielfach um bekannte Carcinogene handelte, erfuhr die Mutationstheorie des Krebses eine starke Stütze. Mikrosomen sind Bruchstücke des endoplasmatischen Reticulums, dessen Membranen mit Enzymsystemen assoziiert sind. Sie bestehen u. a. aus Cytochrom P450-Monooxygenasen und NADH-Cytochrom-P450-Reduktase. Versuche zeigten, daß eine durch Enzyme der Mikrosomenfraktion aktivierte Verbindung direkt von der Mikrosomenmembran in die Zellwand von *S. typhimurium* übertreten kann. Da die hydrophile Polysaccharidschicht durch Mutation weitgehend beseitigt worden war, trifft das auch für hydrophobe Verbindungen zu. In der elektronenmikroskopischen Aufnahme sieht man die Mikrosomen als kugelige Membranstücke direkt in der äußeren Zellwand sitzen.

Miller und Miller sehen die molekulare Basis mutagener und carcinogener Wirkung in der Bildung elektrophiler Molekülgruppen, die in der Zelle mit

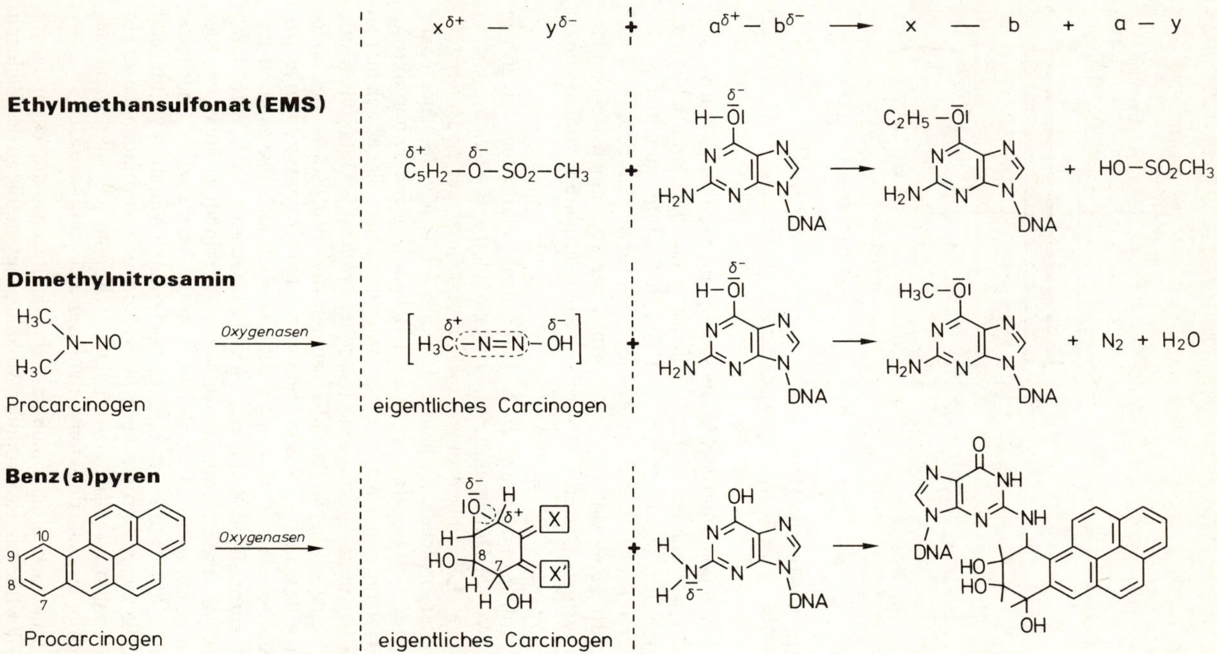

Abb. 9.3 Molekulare Basis mutagener und carcinogener Wirkung: Bildung elektrophiler Gruppen (vgl. S. 199: Miller, E. C., Miller, J. A. in Hollaender, A., Chemical Mutagens 83–113)

Molekülgruppen hoher Elektronendichte und damit auch der DNA reagieren (Abb. 9.3). Ethylmethansulfonat wirkt ohne Metabolisierung als Mutagen und Carcinogen. Sein Ethylkation reagiert mit dem Sauerstoff des Guanins in O^6-Stellung. Dimethylnitrosamin und Benz(a)pyren jedoch müssen als nicht mutagene Promutagene bzw. Procarcinogene erst durch Oxygenasen der Mikrosomen in einen reaktionsfähigen Zustand versetzt werden, um als Mutagene bzw. eigentliche Carcinogene zu wirken. Im sogenannten **Ames-Test** werden die Mikrosomen enthaltende Fraktion und aktivierende Stoffe dem Oberschichtagar zugesetzt. Durch diese metabolisierenden Zusätze lassen sich auch Prophageninduktionstest und Repair-Test zur Vorprüfung auf Carcinogene verwenden.

Die Synthese der Komponenten dieses aktivierenden Enzymsystems wird durch polychlorierte Biphenyle, Barbitursäurederivate, Kohlenwasserstoffe und andere Verbindungen verstärkt bzw. induziert. Somit läßt sich der Bakterientest auch zur Prüfung von Induktionsstoffen des Enzymsystems verwenden, das Promutagene in Mutagene und damit Procarcinogene in Carcinogene verwandeln kann (vgl. Abb. 9.1, S. 201).

9.1 Mutagenitätstest mit metabolischer Aktivierung von Testverbindungen (Ames-Test)

Zur Erhöhung der Aktivität des metabolisierenden Enzymsystems wird den Ratten pro kg Körpergewicht 500 mg eines Gemischs polychlorierter Biphenyle (Aroclor 1254 oder Clophen A 50) intraperitoneal injiziert. Wegen der Gefährlichkeit dieser Stoffe wird auch ein Gemisch von Phenobarbital und β-Naphthoflavon verwendet. Pro kg Körpergewicht werden einer Ratte 80 mg β-Naphthoflavon in 0,2 ml Maisöl (je 2 und 5 Tage vor Tötung des Tieres) und dreimal je 50 mg Phenobarbital in 0,2 ml Wasser (je an 3 aufeinanderfolgenden Tagen, letzte Injektion 24 Stunden vor Tötung des Tieres) intraperitoneal injiziert. Wenn Hefe in hohen Glucosekonzentrationen gezüchtet wird, entsteht auch ein mikrosomales Cytochrom-P450-Monooxygenasesystem, dessen Aktivität sich durch Zusatz von Phenobarbital zum Kulturmedium noch erhöhen läßt (Abb. 9.4).

Aufgabe

Verbindungen sind auf Mutagenität zu prüfen.

Material

Teststämme: *Salmonella typhimurium TA 1535, TA 1538, TA 98* und *TA 100;* 2 Sprague-Dawley-Ratten (für das metabolisierende Enzymsystem)

Geräte: Wasserbad (37°C), Eisbox, Potter-Homogenisator, Kühlzentrifuge, Ultrazentrifuge, Spektralphotometer, Schüttelapparat

Testverbindungen: 2-Aminoanthracen, Benzidin (Vorsicht Carcinogene! Handschuhe, evtl. Mundschutz verwenden, sehr sauber arbeiten, keine

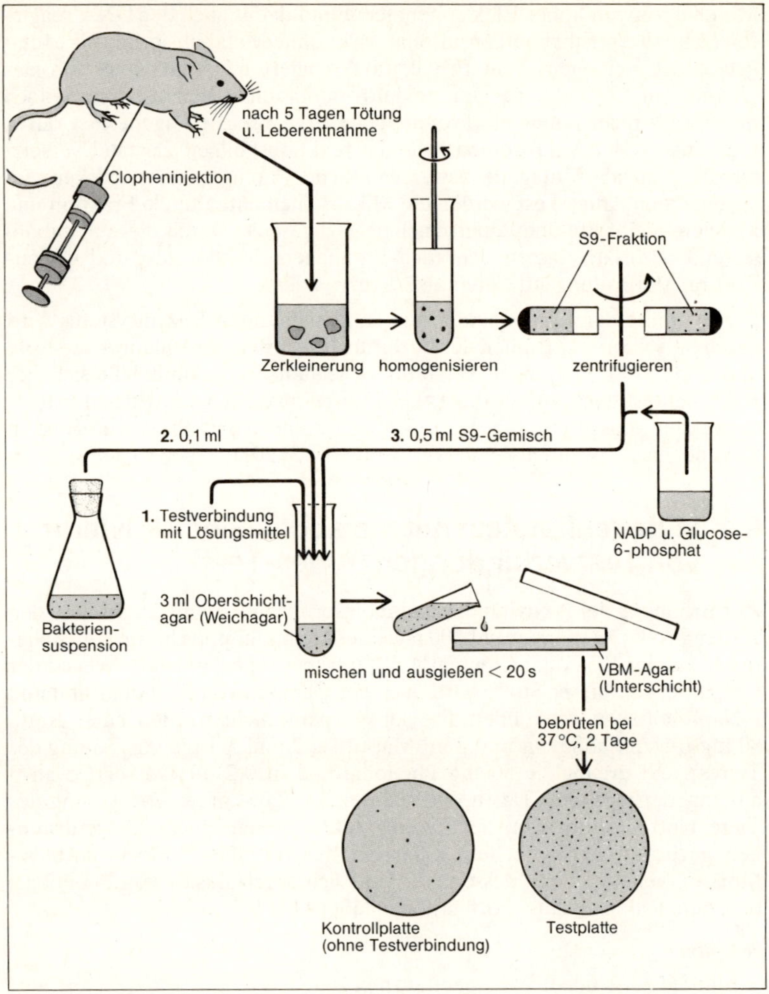

Abb. 9.4 Der Ames-Test

Aerosole und keinen Staub verursachen). Als geeignete Lösungsmittel erwiesen sich u. a. Dimethylsulfoxid, Dimethylformamid, Formamid, 95% Ethanol, Aceton

Steriles Material:

Pipetten 1 und 5 ml; Kolbenhubpipette (5–50 µl) mit 50 sterilen Spitzen; Filterblättchen; Bechergläser; Verbandgaze; 100-ml-Erlenmeyerkolben;

Sterilfiltrationsgerät mit Membranfilter (0,2 und 0,45 µm Porenweite); Kulturröhrchen

Medien und Lösungen

1. Medien für die Mutagenitätsprüfung

Medien zur Vorkultur der Stämme:

8 g Nutrient broth (Difco); 5 g NaCl auf 1000 ml dest. Wasser, 30 min autoklavieren

Konzentrierte Vogel-Bonner-Salzlösung (50 · VB):

10 g $MgSO_4 \cdot 7\,H_2O$; 100 g Citronensäure (Monohydrat); 500 g K_2HPO_4; 175 g $NaNH_4HPO_4 \cdot 4\,H_2O$ auf 1000 ml dest. Wasser

VB-Agarplatten (Basis-Platten):
20 ml 50 · VB-Lösung; 15 g Agar auf 930 ml dest. Wasser; autoklavieren und mit 50 ml extra autoklavierter 40%iger Glucoselösung mischen

Oberschichtagar („top-Agar"):

Zuerst Lösung a und Agar b getrennt herstellen:

a	0,5 mmolare	Histidin-Biotin-Lösung:
	30,9 mg	D-Biotin (in heißem Wasser lösen)
	24,0 mg	L-Histidin · HCl
	250 ml	dest. Wasser
		Sterilfiltration (0,2 µm-Membranfilter)
		oder 20 min bei 120 °C autoklavieren
b	6 g	Agar (Difco)
	5 g	NaCl auf 1000 ml dest. Wasser; autoklavieren

Agar b in Kulturröhrchen zu 2-ml-Portionen abfüllen. Dazu 0,2 ml Lösung a geben und mischen. Im Wasserbad bei 40 °C und 45 °C halten.

2. Das metabolisierende System

0,2molarer Phosphatpuffer, pH 7,4:
1,66 g $NaH_2PO_4 \cdot H_2O$; 12,5 g Na_2HPO_4 auf 500 ml dest. Wasser; auf pH 7,4 einstellen und autoklavieren

0,1molare NADP-Lösung:
38,3 mg NADP in 5 ml dest. Wasser lösen; bei –20°C einfrieren; mindestens 6 Monate haltbar.

1molares Glucose-6-phosphat:

2,82 g Glucose-6-phosphat (Dinatriumsalz) auf 10 ml dest. Wasser; bei –20°C einfrieren.

$MgCl_2$/KCl-Lösung (1,65mol/0,4mol)
6,15 g KCl; 4,07 g $MgCl_2 \cdot 6\,H_2O$ auf 50 ml dest. Wasser; autoklavieren
0,15molare KCl-Lösung

S9-Gemisch nach Ames:
25,0 ml 0,2molarer Phosphatpuffer, pH 7,4; 2,0 ml 0,1molares NADP; 0,25 ml 1molares Glucose-6-phosphat (Dinatriumsalz); 1,0 ml $MgCl_2$/KCl-Lösung; 3,0 ml Rattenleber-S9-Fraktion (s. S. 209); 18,75 ml dest. Wasser; steril filtrieren (0,2 µm-Filter).
Der Proteingehalt entspricht 2,4 mg/ml, das sind 1,2 mg/Platte. Für manche Testverbindungen ist ein höherer oder niedrigerer S9-Zusatz (1,5–5,0 mg/ml) erforderlich.

S9-Gemisch nach Gesellschaft für Strahlen- u. Umweltforschung (GSF):
15,0 ml 0,2molarer Phosphatpuffer, pH 7,4; 2,0 ml 0,1molares NADP; 5,0 ml DL-Isocitronensäure (258,1 mg DL-Isocitronensäure in 5 ml Wasser lösen); 1,0 mg Isocitrat-dehydrogenase, 1,0 ml $MgSO_4 \cdot 7\ H_2O$ (86,3 mg $MgSO_4 \cdot 7\ H_2O$ in 1 ml Wasser lösen); 3,0 ml Rattenleber-S9-Fraktion (s. Kap. 9.1.1); 23,0 ml dest. Wasser; steril filtrieren (0,2 µm-Filter).

3. Lösungen und Medien zur Prüfung der Stämme:

Kristallviolettlösung:
0,1 g Kristallviolett auf 100 ml dest. Wasser, in brauner Flasche bei 4°C aufbewahren.

Ampicillinlösung zur *R*-Faktor-Kontrolle (TA-98- und TA-100-Stämme):
0,8 g Ampicillintrihydrat in 100 ml 0,02normaler NaOH gelöst, durch 0,2-µm-Membranfilter filtrieren.

Histidin-Biotin-Platten zum Test auf his-Bedürftigkeit der *R*-Faktor-freien Stämme:
10 ml 50 · VB-Salzlösung und 7,5 g Agar auf 457 ml dest. Wasser; autoklavieren und mit 25 ml extra autoklavierter 40%iger Glucoselösung mischen. Danach steril filtrierte Lösung aus 5 ml Histidinlösung (0,5 g Histidin · HCl auf 100 ml H_2O) und 3 ml 0,5mmolarer Biotinlösung (12,2 mg D-Biotin auf 100 ml H_2O) zugeben und mischen.

Ampicillin-Platten zur Kontrolle der TA-100-und TA-98-Stämme:
Wie Histidin-Biotin-Platten, zusätzlich 1,6 ml steril filtrierte Ampicillinlösung (s. oben)

Biotin-Platten
wie Histidin-Biotin-Platten, jedoch ohne Histidin-Zusatz

NB-Agarplatten zum Test mit Kristallviolett (rfa) und zum Test auf UV-Sensitivität (ΔuvrB):

25 g Nutrient Broth (Oxoid Nr. 2), 15 g Agar auf 1000 ml dest. Wasser. 30 min autoklavieren

Zeitplan und Zeitbedarf

2 Tage (mit Präparation der S9-Fraktion, 7 Tage)
Herstellung der S9-Fraktion, Prüfung der Test-Stämme, 5 Tage, davon 3 Wartetage
Stamm überimpfen und Ames-Test, 1–2 Tage

Praktische Durchführung

Präparation des metabolisierenden Systems

1. 6 bis 8 Wochen alte männliche Sprague-Dawley-Ratten (ca. 200 g Körpergewicht) intraperitoneal 100 µl Clophen A50 (Vorsicht! Carcinogen!) oder die Kombination β-Naphthoflavon/Phenobarbital, injizieren (s. S. 205). Die viskose Flüssigkeit erfordert eine dickere Kanüle oder es kann eine Lösung in Maisöl appliziert werden.
2. Die Ratten nach 5 Tagen betäuben und töten. Leber aseptisch entnehmen, wiegen und in kleine Stücke zerschneiden.

Die folgenden Schritte sind unter sterilen Bedingungen und unter ständiger Kühlung der Proben auszuführen.

3. Die frisch entnommenen Lebern, ca. 10 bis 15 g, in ein Becherglas, das vorher gewogen wurde, legen und mit 10 ml gekühlter 0,15molarer KCl-Lösung übergießen (1 ml/g Feuchtlebergewicht).
4. Lebern mehrmals mit frischer gekühlter 0,15molarer KCl-Lösung waschen, um Hämoglobin zu entfernen, das die Aktivität der Cytochrom-P450-Enzyme hemmen kann.
5. Die gewaschenen Lebern in einen Becher geben, der 0,15molares KCl (3 ml/g Feuchtleber) enthält, und mit einer sterilen Schere in kleine Stücke schneiden.
6. Im Homogenisator (Potter) bei 0 bis 4 °C homogenisieren, indem der Stempel 15mal bei 250 upm hin und her bewegt wird.
7. Das Homogenat zur Entfernung grober Gewebsreste durch 8 Lagen steriler Verbandsgaze passieren.
8. 10 min bei 9 000 g zentrifugieren. Der Überstand stellt die S9-Fraktion dar.
9. Zur Sterilitätskontrolle 0,1 ml auf Histidin-Biotin-Minimalagar plattieren. Platten bei 37 °C inkubieren.
10. Den Proteingehalt mit Puffer auf 40 mg Protein/ml einstellen (s. Kap. 12.1, S. 255).
11. Die S9-Fraktion in 1 bis 2-ml-Portionen in kleine sterile Präparatefläschchen verteilen, in Trockeneis einfrieren und sofort bei –80 °C aufbewahren. Die Monooxygenase-Aktivität bleibt 3 bis 5 Monate voll erhalten. S9-Fraktion nicht ein zweites Mal einfrieren.
12. Für den Versuch bei Zimmertemperatur auftauen. Falls die S9-Fraktion trotz aseptischer Leberentnahme und Arbeitens unter sterilen Bedingungen nicht keimfrei ist, muß steril filtriert werden (0,45 µm-Filter). Hierbei kann es zu beträchtlichen Enzymverlusten kommen.

Prüfung und Haltung der Teststämme S. typhimurium TA 1535, TA 1538, TA 98 und TA 100

Prüfung der Teststämme auf Histidinbedürftigkeit

Die Stämme auf Histidin-Biotin-Platten und zur Kontrolle auf Biotinplatten ausstreichen. Auf Biotinbedürftigkeit zu prüfen, ist nicht notwendig, da das Biotin-Gen nicht revertieren kann.

Prüfung auf rfa-Mutation

Der Prüfung des deep-rough-Merkmals (rfa) dient der Kristallviolett-Test.

1. 0,1 ml einer Übernachtkultur in ein Kulturröhrchen mit 2 ml Oberschichtagar (45 °C) pipettieren und mischen.
2. Ausgießen auf NB-Platten und gleichmäßig verteilen.
3. Auf diese Agarplatte ein steriles Filterblättchen legen, auf das vorher 10 µl Kristallviolettlösung pipettiert wurden.
4. Bei 37 °C inkubieren.

Nach 12 h Inkubation zeigt eine klare Hemmzone um das Filterblättchen die Gegenwart der rfa-Mutation an. Diese gestattet großen Molekülen wie Kristallviolett das Eindringen in die Zelle.

Prüfung auf uvr-B-Mutation

1. Die Teststämme auf NB-Platten in parallelen Linien ausstreichen. Ein Wildstamm mit Repairenzymen sollte zur Kontrolle ausgestrichen werden.
2. Die Hälfte der Platte mit Karton abdecken und die Platte mit einem Raumentkeimungsstrahler (15 W, 33 cm Abstand) bestrahlen: *TA 1535* und *TA 1538* ca. 6 Sekunden, *TA 98* und *TA 100* ca. 8 Sekunden
3. 12 bis 24 h bei 37 °C inkubieren. Stämme mit der uvr-B-Deletion wachsen nur auf nichtbestrahlter Plattenhälfte.

Prüfung auf *R*-Faktor *(S. typhimurium TA 98* u. *TA 100)*

Das pKM-101-Plasmid, das u. a. ein Resistenzgen für Ampicillin enthält, kann den Teststämmen verloren gehen.

1. Die Teststämme auf einer Ampicillinplatte ausstreichen. Einen Nicht-*R*-Faktor-Stamm zur Kontrolle ausstreichen.
2. Nach 12 bis 24 h Inkubation bei 37 °C sollten die Teststämme wachsen.

Aufbewahrung der Prüfstämme

1. 1 ml frische NB-Kultur (1- bis 2mal 10^9 Zellen/ml) wird mit 0,09 ml Dimethylsulfoxid (spektrophotometrisch rein) versehen.
2. In mehrere sterile Fläschchen (fast voll) abfüllen, 15 min stehen lassen.
3. Aufbewahren in einer –80 °C-Tiefkühltruhe, 3 Jahre haltbar.

Bei 4 °C können Kulturen auf Histidin-/Biotin-Platten 2 Monate lang gehalten werden.

Spot-Test

Der Spot-Test ist ein einfacher, vor allem qualitativer Test, geeignet besonders für starke und flüchtige Mutagene, z. B. Methylmethansulfonat. Wenige Mikroliter eines gelösten oder flüssigen Mutagens oder ein paar Kristalle können auf die mit den Testbakterien beimpfte Agaroberfläche gebracht werden. Da die Testverbindung in den Agar diffundiert, erhält man einen ganzen Konzentrationsbereich. In diesem befindet sich eine zur Mutationsauslösung geeignete Mutagenkonzentration. Jedoch hängt die Hemmhofgröße von der Fähigkeit der Verbindung ab, in den Agar zu diffundieren.

Ein negatives Ergebnis ist daher noch keine ausreichende Anzeige für eine Nichtmutagenität bei Salmonella-Stämmen. Ein positives Ergebnis andererseits sollte durch die Dosis-Wirkungs-Beziehung im Plate-incorporation-Test bestätigt werden. Der Spot-Test zeigt auch an, ob ein aktivierendes S9-Gemisch erforderlich ist.

Material

Suspension der Teststämme; VB-Platten; Kulturröhrchen mit je 2,2 ml Histidin-Biotin-Oberschichtagar füllen; beschriften und im Wasserbad bei 40 bis 45 °C halten; S9-Gemisch (im Eisbad); Testverbindung in verschiedenen Konzentrationen, z. B. 10, 20 und 40 µl 2-Aminoanthracen (250 µg/ml Aceton); Korkbohrer.

Durchführung

1. Teststamm suspendieren, S9-Fraktion und Oberschichtagar mischen und auf die Platte gießen.
2. Nach Erkalten mit abgeflammtem Korkbohrer Loch stanzen.
3. Die Testlösung in ein zentral gestanztes Loch gießen oder auf 6 mm große sterile Filterblättchen pipettieren. Auch können Kristalle auf die Agarplatte gelegt werden.
4. Bei 37 °C inkubieren.

Plate-incorporation-Test

Um keine zu alten Zellen zu verwenden, ist eine Übernachtkultur mit frischem Medium zu verdünnen. Die Bakterien werden nochmals in frischem Medium gezüchtet. Eine Vorkultur sollte 12 Stunden (nicht länger als 16 Stunden) bei 37 °C gezüchtet (ca. 2mal 10^9 Zellen/ml) werden.

In der nachstehenden Versuchsausführung ist der Mutagenitätstest in der neuen Standardausführung nach Ames beschrieben, für Verbindungen gedacht, deren mutagene Wirkung unbekannt ist. Bei Weglassen der aktivierenden Zusätze, S9, NADP und Glucose-6-phosphat, liegt der einfache Mutatest vor, wie er für direkt reagierende Mutagene, wie Alkylmethansulfonate und MNNG, in Frage kommt. Alternativ zum S9-Gemisch nach

Ames kann das S9-Gemisch nach der GSF verwendet werden. Folgende Kontrollen sind notwendig (vgl. auch Tab. 9.1):

1. Feststellung der spontan entstehenden Kolonien in Gegenwart des S9-Gemischs (S9-Gemisch kann die spontane Mutationsrate beeinflussen).
2. Feststellung spontan entstehender Mutantenkolonien.
3. Positive Kontrolle mit Standardverbindung.
   a) Test mit metabol. Aktivierung (mit S9-Gemisch): z. B. 2-Aminoanthracen.
   b) Test ohne metabol. Aktivierung (ohne S9-Gemisch): z. B. MNNG.
4. Sterilitätskontrolle.

Material

(wie auf S. 205 ff, beschrieben)

Durchführung

1. Die Teststämme in 20 ml NB-Medium in einem 100-ml-Erlenmeyerkolben 12 Stunden mit einer Frequenz von 60 Umdrehungen pro Minute schütteln.
2. Die Bakterien werden unmittelbar eingesetzt und nicht im Eisbad gehalten, um einen Kälteschock zu vermeiden.

Tab. 9.1 Pipettiertabelle zum Ames-Test (Jeder Ansatz ist doppelt auszuführen)

	1. Histidin/Biotin-Oberschichtagar in ml	2. Bakterien-suspension in ml	3. Test-verbindung in ml	4. Lösungs-mittel in ml	5. S9-Gemisch in ml
1. Kontrollen					
1. Einfluß von S9-Fraktion	2,2	0,1	–	0,1	0,5
2. Spontane Mutanten	2,2	0,1	–	0,1	–
3. Positive Kontrolle	2,2	0,1	Standardverbindung	–	0,5
4. Sterilitäts-kontrolle	2,2	–	–	0,1	0,5
2. Test					
1.	2,2	0,1	0,1	–	0,5
1.	2,2	0,1	0,1	–	–
2.	2,2	0,1	0,1	–	0,5
2.	2,2	0,1	0,1	–	–

3. Nach Tab. 9.1 in die Histidin-Biotin-Oberschichtagarröhrchen pipettieren:
   0,1 ml der Teststammsuspension
   0,1 ml (oder weniger) Testverbindung der Standardverbindung oder des Lösungsmittels der Testverbindungen
   0,5 ml S9-Gemisch
4. Innerhalb von 20 s: Mischen, auf die VB-Platten gießen und durch leichtes Kippen gleichmäßig verteilen.
5. Platten 1 h stehen lassen (bei lichtempfindlichen Verbindungen sofort ins Dunkle stellen).
6. Platten bei 37 °C 48 h in Dunkelheit bebrüten.

Auswertung

Kolonien pro Platte bestimmen. Neben den Revertantenkolonien muß ein Untergrundrasen zu sehen sein. Zur Feststellung der Dosis-Wirkungs-Beziehung pro Platte Kolonienzahl gegen µg Testverbindung auftragen.

9.2 Repair-Test

Zellen, die geschädigte Reparaturenzyme haben, sind empfindlicher gegen die Wirkung von mutagenen Agenzien als die Wildtypzellen. Ungeschädigte Zellen schneiden die veränderten DNA-Teile aus und versuchen, den Schaden durch Resynthese zu reparieren. Dadurch weisen im Spot-Test die pol-A_1^--Platten (Mutante mit defekter Polymerase A) einen größeren Hemmhof auf als pol A^+-Platten mit Zellen, deren Polymerase A intakt ist.

Aufgabe

Eine Testverbindung ist im Repair-Test zu prüfen.

Material

Testverbindungen: z. B. Methylmethansulfonat, *N*-Methyl-*N'*-nitro-*N*-nitrosoguanidin (MNNG), Tetracyclintestblättchen

Stämme: *E. coli W3110* (pol A^+), *E. coli P3478* (pol A_1^-)

Geräte: Wasserbad, 44 °C; Kolbenhubpipetten, 10µl und 5 µl; Korkbohrer

Steriles Material: (HA + T)-Medium aus

Flasche 1: Auf 900 ml dest. Wasser: 3 g KH_2PO_4; 7 g K_2HPO_4; 1 g $(NH_4)_2SO_4$; 0,5 g Natriumcitrat; 0,4 ml einer 1,0molaren $MgSO_4$-Lösung.

Flasche 2: Auf 100 ml dest. Wasser: 5 g Glucose; 10 mg Casamino acids; 5 mg Thiaminhydrochlorid; 5 mg Thymin.

Beide Flaschen getrennt autoklavieren und dann Inhalte mischen. Flasche 2 nur 20 min bei 120 °C autoklavieren!

Für Platten sind 15 g Agar/l Medium, für Weichagar (Oberschicht) 5 g Agar/l Medium in Flasche 1 zuzusetzen.

Zwei 100-ml-Erlenmeyerkolben mit je 20 ml (HA + T)-Medium, Röhrchen, Pipetten 1 ml und 5 ml, Pipettenspitzen, Salzlösung (s. S. 177).

Zeitplan und Zeitbedarf

1. Tag: Stämme überimpfen, 10 min
2. Tag: Versuch, 3 h

Durchführung (Abb. 9.5)

1. Vorkulturen der Stämme *E. coli pol* A^+ und *pol* A_1^- in 100-ml-Erlenmeyerkolben mit 20 ml (HA + T)-Medium bei 37 °C bis zur mittleren logarithmischen Phase ($OD_{400\text{–}600} \approx 0{,}6\text{–}0{,}8$) züchten.

2. Methode 1 (Schichtagarmethode)
Die Kulturen von *E. coli pol* A^+ und *pol* A_1^- 1 : 50 mit (HA + T)-Medium verdünnen. 0,1-ml-Portionen der verdünnten Kulturen mit je

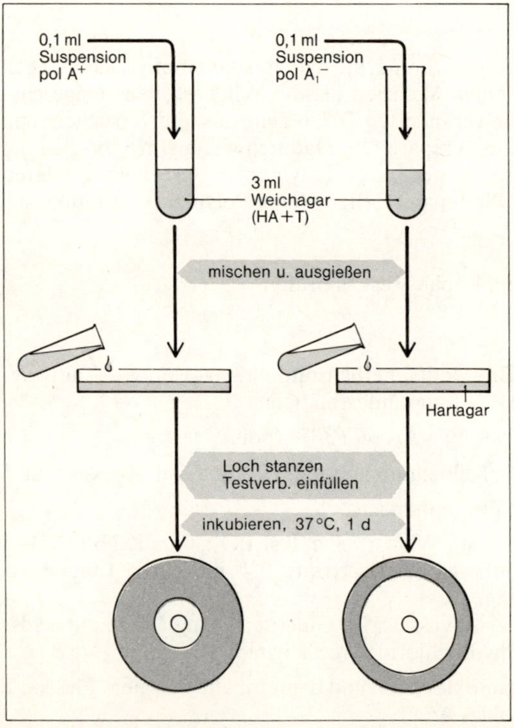

Abb. 9.5
Der Repair-Test

3 ml Weichagar mischen und auf eine Agarplatte ausgießen.
Methode 2 (Plattiermethode)
Je 0,1 ml Bakteriensuspension auf HA-Platten plattieren.

3. Die Testverbindungen in Wasser lösen und verdünnen.
4. Sobald die Plattenoberfläche trocken ist, Löcher mit abgeflammtem Korkbohrer stanzen. Die vorbereiteten Testverbindungen in mehreren Verdünnungen in die Löcher pipettieren.
   Anstelle der Löcher können Filterblättchen aufgelegt werden, auf die 10 μl von verschiedenen Konzentrationen der Testverbindung pipettiert wurden.
   Als Kontrollen dienen MNNG-Lösungen (0,5 und 1,0 μg/ml Wasser) und Tetracyclinblättchen.
5. Die Platten bei 37 °C 18 bis 24 Stunden in der Dunkelheit inkubieren und dann auswerten. Dann weiter 24 Stunden bei 30 °C inkubieren und erneut auswerten.

Auswertung

Der Hemmhofdurchmesser in mm ist in Abhängigkeit von der Konzentration der Testverbindung graphisch darzustellen. Die Kontrollwerte sind ebenfalls einzuzeichnen.

Literatur

Ames, B. N., Durston, W. E., Yamasaki, E., Lee, F. D. (1973), Carcinogens are Mutagens: a Simple Test System Combining Liver Homogenates for Activation and Bacteria for Detection, Proc. Nat. Acad. Sci. U. S. A. **70,** 2281–2285

Green, M. H. L., Muriel, W. J. (1976), Mutagen Testing Using trp^+ Reversion in Escherichia coli, Mutat. Res. **38,** 3–32

Iyer, V. N., Sybalski, W. (1958), Two simple Methods for the Detection of Chemical Mutagens, Appl. Microbiol. **6,** 23–29

Kanematsu, N., Hara, M., Kada, T. (1980), Rec. Assay and Mutagenicity Studies on Metal Compounds, Mutat. Res. **77,** 109–116

Kilbey, B. J., Legator, M., Nichols, W., Ramel, C. (Herausgeb.) (1984), Handbook of Mutagenicity Test Procedures, Elsevier, Amsterdam, New York, Oxford

Malling, H. V. (1971), Dimethylnitrosamine: Formation of Mutagenic Compounds by Interaction with Mouse Liver Microsomes, Mutat. Res. **13,** 425–429

Maron, D. M., Ames, B. N. (1983), Revised Methods for the Salmonella Mutagenicity Test, Mutat. Res. **113,** 173–215

Moreau, P., Bailone, A., Devoret, R. (1976), Prophage λ Induction in Escherichia coli K12 envA uvrB: A Highly Sensitive Test for Potential Carcinogens, Proc. Nat. Acad. Sci. U. S. A. **73,** 3700–3704

Oesch, F. (1977), Bedeutung verschiedener Enzyme in der Kontrolle mutagener und kanzerogener polyzyklischer Kohlenwasserstoffe, Der Hautarzt **28,** 563–573

Paget, G. E. (Herausgeb.) (1979), Mutagenesis in sub-Mammalian Systems, Status and Significance, MIP Press limited, International Medical Publishers, Falcon House, Cable Street, Lancaster, England

Slater, E. E., Anderson, M. D., Rosenkranz, H. S. (1971), Rapid Detection of Mutagens and Carcinogens, Cancer Res. **31,** 970–973

10. Untersuchungen von Biosynthesen mit Hilfe von Mutanten

Die Zelle benötigt zum Wachstum eine große Anzahl von Verbindungen, die durch ebenso viele Biosynthesen bereitgestellt werden (anabolischer Stoffwechsel). Diese anabolischen Reaktionen brauchen zu ihrem Ablauf Energie, die durch den „Abbau“ von Verbindungen, die „katabolischen Reaktionen“, gewonnen wird. Katabolische und anabolische Reaktionen lassen sich nicht immer streng voneinander trennen. Bakterien sind für die Aufklärung von Biosynthesen sehr gut geeignete Objekte, da sie in kurzer Zeit aufgrund ihrer hohen Teilungsrate eine große Menge an Zellmasse und Zellprodukten liefern. Die meisten Enzyme sind am aktivsten und daher für die Aufklärung der Biosynthesen geeignet, wenn sie von Zellen aus der Wachstumsphase gewonnen werden. Seit den Arbeiten von Beadle und Tatum sind auxotrophe Mutanten das wichtigste Hilfsmittel bei der Aufklärung von Biosynthesen. Zur raschen Isolierung brauchbarer Mutanten empfiehlt sich die induzierte Mutation (s. S. 173ff). Auxotrophe Mutanten sind aufgrund eines genetischen Defekts nicht fähig, einzelne lebenswichtige Verbindungen zu synthetisieren, z. B. kann ein Block der Biosynthese zwischen B und C zur Akkumulation eines Zwischenprodukts B führen, das sich isolieren und charakterisieren läßt.

$A \longrightarrow B \longrightarrow C \longrightarrow D$ prototropher Stamm

$A \longrightarrow B \not\longrightarrow C \cdot\cdot > D$ auxotropher Stamm

Zur Aufklärung von Biosynthesen ist der Kreuzfütterungstest oder Wachstumstest mit auxotrophen Mutanten von großer Bedeutung. Durch ihn läßt sich die Reihenfolge der Intermediärprodukte einer Biosynthese feststellen. Eine Aussage über die Größe des Abstandes zwischen zwei betrachteten Intermediärprodukten, d. h. über die Anzahl der tatsächlichen Zwischenprodukte, ist jedoch nicht möglich.

Neben der Verwendung von auxotrophen Mutanten werden auch Radioisotope zur Aufklärung von Biosynthesen eingesetzt. Hierbei werden in der Regel Ausgangsverbindungen oder vermutete Intermediärprodukte als Metaboliten radioaktiv markiert angeboten. Das zeitlich nacheinander zu beobachtende Auftauchen der markierten Verbindungen kann die Folge der Intermediärprodukte widerspiegeln. Bei der Isotopenverdünnungsmethode „füttert" man die Ausgangsverbindung einer Biosynthese in hoch markierter Form. Setzt man das vermutete Intermediärprodukt unmarkiert zu, sinkt die spezifische Radioaktivität des Intermediärprodukts und aller Folgeprodukte.

Die sich aus den Versuchen mit auxotrophen Mutanten oder aus der Radioisotopenmethode ergebenden Intermediärprodukte müssen durch Enzymtests bestätigt werden. Hierfür werden zunächst Zellextrakte verwendet, aus denen dann das entsprechende Enzym zu isolieren ist. Dieses fehlt in der entsprechenden auxotrophen Mutante bzw. ist nur in inaktiver Form vorhanden, aber z. B. durch immunologische Reaktionen nachweisbar.

Im ersten der folgenden Versuche wird gezeigt, wie mit Mangelmutanten die Reihenfolge von Intermediärprodukten einer Biosynthese festgestellt werden kann (Kreuzfütterungstest). Mit verschiedenen Mangelmutanten lassen sich zweitens durch einen Wachstumstest die Biosyntheseblocks in eine Reihenfolge einordnen. Im dritten Versuch werden durch Akkumulation Intermediärprodukte in Mengen angereichert, die eine chemische Analyse erlauben.

10.1 Untersuchungen von Biosynthesen mit Mangelmutanten

Mangelmutanten wachsen je nach Lage ihres genetischen Blocks nicht nur mit dem Endprodukt des unterbrochenen Biosynthesewegs, sondern u. U. auch mit Zwischenprodukten des Synthesewegs. In vielen Fällen ermöglicht das akkumulierte Zwischenprodukt einer auxotrophen Mutante anderen Mutanten das Wachstum, die in der gleichen Biosynthesekette weiter vorne blockiert sind.

Durch Mutanten, die Zwischenprodukte akkumulieren, und durch enzymatische Untersuchungen konnte die Biosynthese der Aromaten aufgeklärt werden. Sie beginnt mit Intermediärprodukten des Kohlenhydratstoffwechsels. Der erste Schritt im Grundzweig der Aromatenbiosynthese („Shikimisäure-Weg") (Abb. 10.1, S. 218) ist die Kondensation von Phosphoenolbrenztraubensäure **1** mit Erythrose-4-phosphat **2** zu 3-Desoxy-2-Oxo-araboheptonsäure-7-phosphat (DAHP) **3.** Diese Reaktion wird von der DAHP-Synthetase katalysiert. Der Schritt wird bei vielen Mikroorganismen von mehreren Isoenzymen ermöglicht, die die gleiche Reaktion katalysieren, aber in charakteristischer Weise von den verschiedenen Endprodukten der verzweigten Biosynthesekette gehemmt werden. Der zweite Schritt des Grundzweiges ist die Umsetzung zur 5,5-Didehydrochinasäure **4,** die unter Mitwirkung von Co^{2+} von einer Synthetase katalysiert wird. Der Hauptzweig führt weiter über die 5,5-Didehydroshikimisäure **5,** Shikimisäure **6,** Shikimisäure-5-phosphat **7,** den 3-Enolbrenztraubensäureether von **7** und

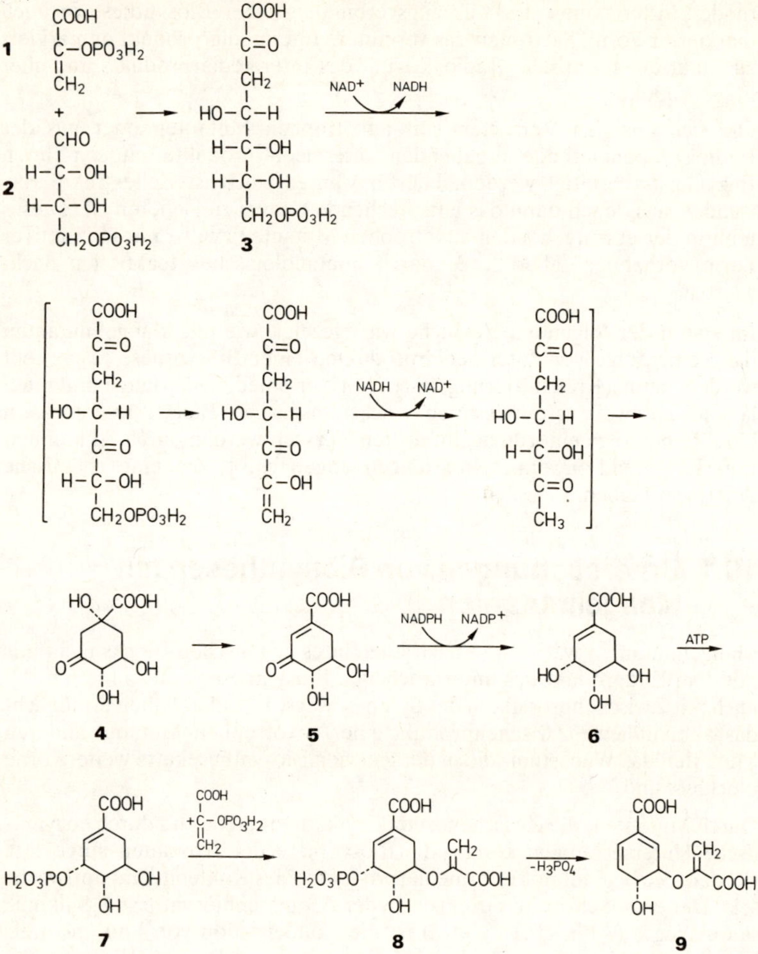

a

Abb. 10.1 Aromatenbiosynthese a bis zur Chorisminsäure **9**; **b** des Phenylalanins **14** und Tyrosins **15**; **c** der Anthranilsäure **16** und *p*-Hydroxybenzoesäure **20** sowie **d** des Tryptophans **21**

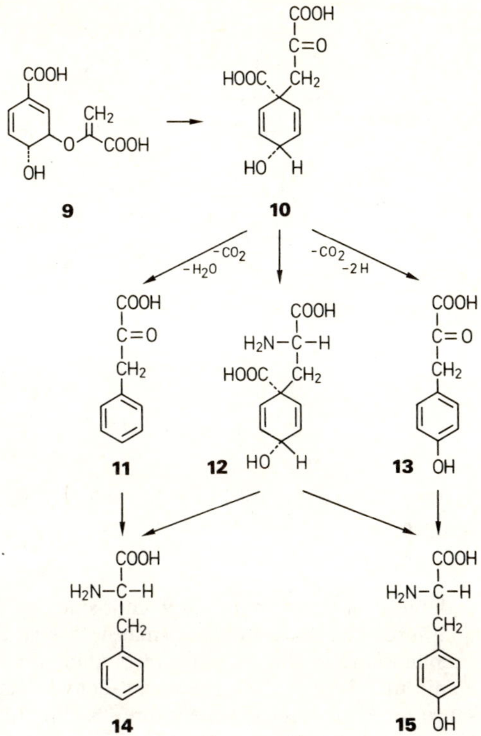

b

Abb. 10.1 b

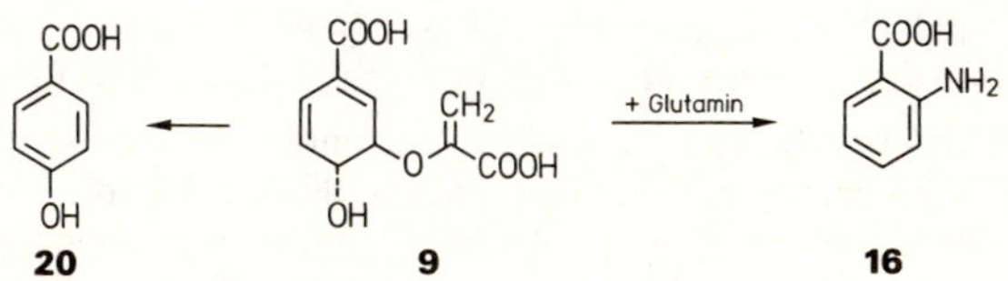

c

Abb. 10.1 c

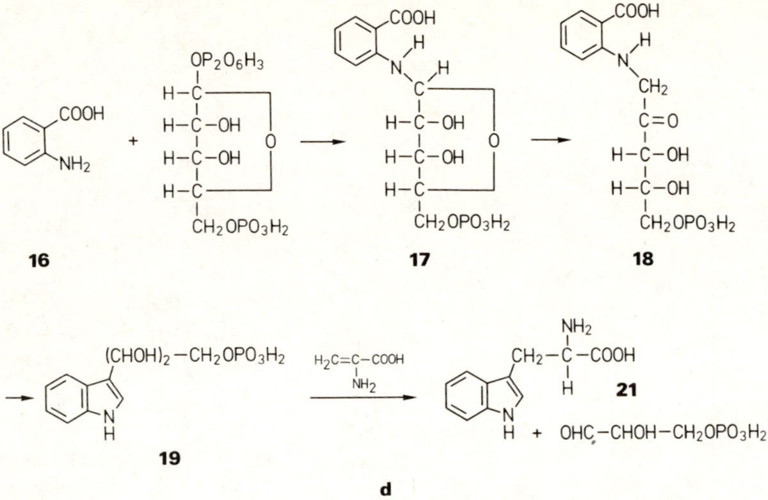

Abb. 10.1 d

endet mit der Chorisminsäure **9** (chorismos, gr., für Trennung). Die Chorisminsäure wird duch die Chorismatmutase zu Prephensäure umgesetzt **10.** Prephensäure ist die Ausgangsverbindung für die Biosynthese von Phenylalanin und Tyrosin. Die Prephenat-dehydratase aromatisiert die Prephensäure zur Phenylbrenztraubensäure **11.** Die Prephenat-dehydrogenase katalysiert die Umsetzung in die *p*-Hydroxyphenylbrenztraubensäure **13,** wozu NAD^+ als Cofaktor erforderlich ist. Eine reduktive Transaminierung der Phenylbrenztraubensäure ergibt Phenylalanin **14,** und die *p*-Hydroxyphenylbrenztraubensäure liefert entsprechend Tyrosin **15.** 1974 wurde Arogensäure als neues Zwischenprodukt in der Aromatenbiosynthese entdeckt. Es zeigte sich, daß prinzipiell je zwei Wege für die Biosynthese von Phenylalanin und Tyrosin existieren. Durch reduktive Transaminierung von Prephensäure kann Arogensäure **12** gebildet werden. Aus Arogensäure **12** kann durch eine Arogenat-dehydratase Phenylalanin **14** entstehen, und die Reaktion der Arogensäure mit Arogenat-dehydrogenase führt zu Tyrosin **15.**

Der erste Schritt in der Tryptophanbiosynthese ist die Umwandlung der Chorisminsäure **9** in die Anthranilsäure **16,** die von der Anthranilatsynthetase katalysiert wird. Die Aminogruppe stammt vom Glutamin. Die Anthranilat-phosphoribosyl-transferase katalysiert die Umsetzung der Anthranilsäure **16** mit dem 1-Pyrophosphoryl-D-ribose-5-phosphat zu 1-*o*-Carboxyphenyl-D-ribosylamin-5-phosphat **17.** Daraus entsteht über eine Amadoriumlagerung 1-*N*-(*o*-Carboxyphenylamino)-1-desoxy-D-ribulose-5-phosphat **18.** Es folgt eine Decarboxylierung mit Ringschluß zum 3-(Indol-

3-yl)-glycerin-1-phosphorsäureester **19.** Im letzten Schritt der Tryptophanbiosynthese erfolgt mit **(19)** die Kondensation von α-Aminoacrylsäure, die aus Serin entsteht, unter Abspaltung von Glycerinaldehydphosphat. Tryptophan bildet die Ausgangsverbindung für die Nicotinsäure. Vom Grundzweig leitet sich auch die Biosynthese der *p*-Aminobenzoesäure ab, die zur Biosynthese der Tetrahydrofolsäure dient. Auch Vitamin K und Ubichinon leiten sich von der Aromatenbiosynthese über *o*-Succinylbenzoesäure ab.

10.1.1 Kreuzfütterungstest mit Mangelmutanten

Aufgaben

1. Die Reihenfolge der genetischen Blocks in der Biosynthese des Tryptophans ist für 3 gegebene Mangelmutanten zu bestimmen.
2. Es sind die Mutanten festzustellen, die ein Akkumulat bilden, das im UV-Licht fluoresziert.

Material

Stämme: Tryptophan-Mangelmutanten von *Saccharomyces cerevisiae: HK 51, HK 78* und *HK 145*

Geräte: Tischzentrifuge, Brutschrank (30 °C), UV-Lampe

Steriles Material: 3 Zentrifugenröhrchen mit je 5 ml YEPD-Medium: Auf 1 l dest. Wasser 10 g Hefeextrakt, 10 g Pepton, 20 g Glucose (oder Saccharose), 100 ml Salzlösung (s. S. 177)

100 ml BM-Minimalagar
Auf 1 l dest. Wasser 0,875 g KH_2PO_4; 0,125 g K_2HPO_4; 0,5 g $MgS0_4 \cdot 7\ H_2O$; 0,1 g NaCl; 0,1 g $CaCl_2 \cdot 6\ H_2O$; 1,0 g $(NH_4)_2SO_4$; 10 g Glucose; 10 ml Spurenelementlösung und 15 g Agar

Spurenelementlösung: Auf 1 l dest. Wasser 50 mg Borsäure; 4 mg $CuSO_4 \cdot 5\ H_2O$; 10 mg KI; 20 mg $FeCl_3 \cdot 6\ H_2O$; 40 mg $MnSO_4 \cdot 4\ H_2O$; 20 mg Ammoniummolybdat; 40 mg $ZnSO_4 \cdot 7\ H_2O$; 10 mg Biotin

4 Petrischalen, 1 Büchse mit Pipetten zu 5 oder 10 ml

Zeitplan und Zeitbedarf

1. Tag Mutanten überimpfen, 10 min
2. Tag Versuch, 1 h
5. Tag Anthranilsäure im UV-Licht nachweisen, 30 min

Durchführung (Abb. 10.2)

1. 3 Tryptophan-Mangelmutanten von *Saccharomyces cerevisiae (HK 51, HK 78* und *HK 145)* in Zentrifugenröhrchen in 5 ml YEPD-Medium 1 Tag bei 30 °C vorzüchten.
2. Zweimal mit 5 ml Salzlösung durch Abzentrifugieren waschen und in 4 ml Salzlösung suspendieren.

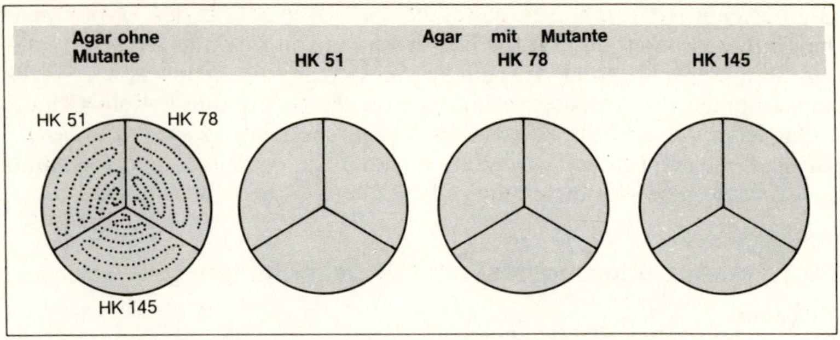

Abb. 10.2 Kreuzfütterungstest mit 3 Tryptophan-Mangelmutanten

3. Für jede der 3 Mutanten 3 ml der Suspension mit 15 ml verflüssigtem BM-Minimalagar (maximal 45 °C) in sterilen Petrischalen durch leichtes Hin- und Herbewegen der Petrischale auf dem Tisch in Achterform vermischen. Eine vierte Platte mit Minimalagar ohne Zellen dient als Kontrolle.
4. Den restlichen Milliliter der 3 Suspensionen mit 5 ml Salzlösung verdünnen und nach Erstarren des Agars auf jeder Agaroberfläche mit einer Platinöse in jeweils einem von drei Sektoren zickzackförmig ausstreichen.
5. Nach 2 bis 4 Tagen Bebrütung bei 30 °C das Wachstum protokollieren. Hinweis: Akkumulierte Anthranilsäure ist in den Platten im UV-Licht an blauer Fluoreszenz erkennbar.

Auswertung

1. Das Ergebnis des Kreuzfütterungstests ist in die Abb. 10.2 einzutragen.
2. Die genetischen Blocks der Mutanten sind anzugeben:

HK 51: A ⟶ B ⟶ C ⟶ Tryptophan
HK 78: A ⟶ B ⟶ C ⟶ Tryptophan
HK 145: A ⟶ B ⟶ C ⟶ Tryptophan

10.1.2 Lokalisierung eines Biosyntheseblocks von Mangelmutanten durch einen Wachstumstest

Aufgabe

Die Lage des genetischen Blocks im Biosyntheseweg der aromatischen Aminosäuren ist bei vorgegebenen Mutanten festzustellen.

Material

Stämme: Mutanten von *Saccharomyces cerevisiae: HK 11, HK 51, HK 78, HK 99, HK 145, HK 135, SP 1, KP 171-1*

Steriles Material: 7 Zentrifugenröhrchen mit je 5 ml YEPD-Medium für jede Mutante (s. S. 221), Pipetten zu 10 ml und 1 ml, 1 l Salzlösung (s. S. 177)

Weiteres Material: Lösungen (1 mg/ml dest. Wasser) von Anthranilsäure, Indol, Phenylalanin, Shikimisäure, Tryptophan und Tyrosin, Lösung von *p*-Aminobenzoesäure (0,1 mg/ml), 20 Kulturröhrchen mit je 5 ml BM-Medium (s. S. 221) für jede Mutante

Zeitplan und Zeitbedarf

1. Tag Mutanten überimpfen, 10 min
2. Tag Medien pipettieren, autoklavieren und beimpfen, 3 h
4. Tag Versuch auswerten, 30 min

Durchführung

1. Die Mutanten 1 Tag in 5 ml YEPD-Medium in Kulturröhrchen bei 30 °C vorzüchten.

2. Jede Arbeitsgruppe erhält eine Mutante. Der Wachstumstest wird in supplementiertem Minimalmedium durchgeführt. Als Wuchsstoffe dienen: Tyrosin, Phenylalanin, Tryptophan, *p*-Aminobenzoesäure, Indol, Anthranilsäure und Shikimisäure.
Man überlege sich an Hand des Schemas der Aromatenbiosynthese (Abb. 10.3) die Auswirkungen der einzelnen Blocks und stelle danach die Testlösungen zusammen. Je nach Lage der Blocks sind auch Kombinationen der Wuchsstoffe einzusetzen, so daß sich insgesamt 10 Test-

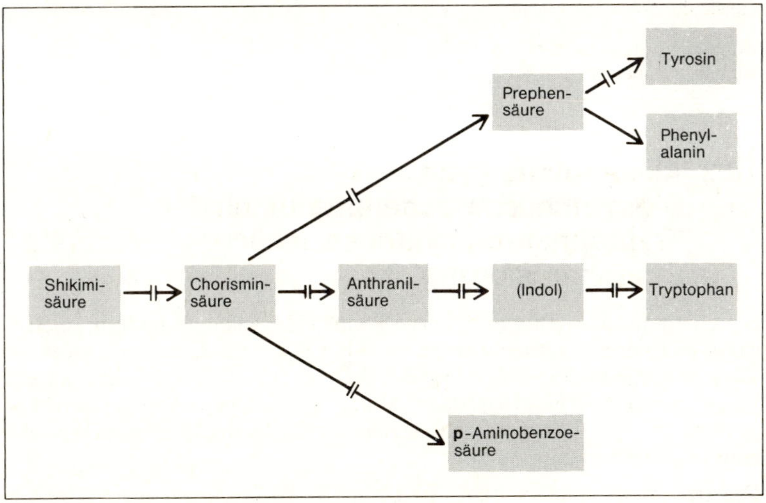

Abb. 10.3 Schema der Aromatenbiosynthese

möglichkeiten ergeben. Bei doppelter Ausführung des Tests (mit Kontrollen) sind also $2 \cdot 10 = 20$ Röhrchen zu beimpfen. Dazu je 5 ml frisch angesetztes BM-Medium insteril in Kulturröhrchen füllen, jeweils 0,1 ml der Wuchsstofflösungen dazu pipettieren und autoklavieren.

3. Inzwischen die vorgezüchteten Mutanten abzentrifugieren, zweimal in 5 ml Salzlösung resuspendieren und auf das 50fache verdünnen.
4. Von dieser verdünnten Zellsuspension jedes Röhrchen mit 1 Tropfen beimpfen. Kurz aufschütteln!
5. Bei 30 °C inkubieren (Standkultur) und nach 1, 2 und 4 Tagen Wachstum in den Röhrchen nach gründlichem Aufschütteln protokollieren. Der ungefähre Grad der Trübung ist durch Kreuze (+, ++, +++), keine Trübung durch einen Strich (–) anzugeben.

Auswertung

1. In Tab. 10.1 sind die erforderlichen Zusätze einzutragen (Röhrchen kennzeichnen!). Wie hoch ist die Konzentration der Wuchsstoffe?
2. In welchen Röhrchen die Mutante wächst, ist in Tab. 10.1 zu notieren.
3. Der genetische Block der einzelnen Mutanten ist zu lokalisieren (s. Abb. 10.3, S. 223).

Tab. 10.1 Daten zum Wachstumstest

	Mutante Nr. . . .									
	1	2	3	4	5	6	7	8	9	10
Zusatz zum Minimalmedium	kein									
Wachstumsintensität der Mutante (Trübung)										

10.2 Akkumulation von Biosynthesezwischenprodukten der Tryptophan-biosynthese, Isolierung und erste Charakterisierung

Bei einem intakten Biosyntheseweg können Zwischenprodukte normalerweise nicht nachgewiesen werden, weil die Konzentration durch sofortige Weiterverarbeitung in das Folgeprodukt viel zu gering ist. Fällt aber ein Enzym des Biosynthesewegs durch Mutation aus, häuft sich das Zwischenprodukt an, welches durch das genetisch blockierte Enzym nicht mehr verwertet werden kann.

Die trp$^-$-, tyr$^-$-, phe$^-$-Mutante 62-1 von *Klebsiella pneumoniae,* die von Gibson, F. isoliert wurde, besitzt folgende Syntheseblocks:

N-(5-Phosphoribosyl)anthranilsäure $\not\rightarrow$ 1-(*o*-Carboxyphenyl-amino)desoxyribulose-5-phosphat
Prephensäure $\not\rightarrow$ *p*-Hydroxyphenylbrenztraubensäure
Chorisminsäure $\not\rightarrow$ Prephensäure

Mit dieser trp^-, tyr^-, phe^--Mutante kann man die heute auch synthetisch zugängliche Chorisminsäure herstellen.

Zur Trennung der akkumulierten Verbindungen werden die Dünnschichtchromatographie und die Säulenchromatographie eingesetzt.

Zur Charakterisierung einer Substanz kann das UV-Spektrum verwendet werden. Man erhält es, wenn die Extinktion in Abhängigkeit von der Wellenlänge bei konstanter Konzentration und Schichtdicke aufgetragen wird. Das UV-Spektrum ist in wäßrigen Lösungen bei neutralen, sauren und auch alkalischen pH-Werten sowie in bestimmten organischen Lösungsmitteln für viele Verbindungen charakteristisch.

Die Bestimmung der Konzentration eines gelösten bekannten Stoffes kann mit Hilfe einer Absorptionsbande vorgenommen werden. Da nach dem Lambert'schen Gesetz die Abnahme der Lichtintensität der Schichtdicke des absorbierenden Mediums proportional ist und nach dem Beer'schen Gesetz die Abnahme der Lichtintensität der Konzentration der absorbierenden Verbindungen proportional ist, gilt im Lambert-Beer'schen Gesetz

$$E = \log \frac{I_0}{I} = \varepsilon_\lambda \cdot c \cdot d$$

E: Extinktion (engl.: optical density)

I_0: Intensität des auf die absorbierende Verbindung auffallenden Lichts

I: Intensität des aus der absorbierenden Verbindung austretenden Lichts

c: Konzentration in mol/l

ε_λ: molarerExtinktionskoeffizient, charakteristisch für die absorbierende Verbindung und abhängig von der Wellenlänge

d: Schichtdicke in cm.

Da bei konstanter Wellenlänge und konstanter Schichtdicke die Extinktion proportional zur Konzentration der Lösung ist, läßt sich die Konzentration leicht bestimmen.

Der molare Extinktionskoeffizient wird in der Absorptionskurve in Abhängigkeit von der Wellenlänge dargestellt.

Aufgaben

1. Die Verbindung ist zu charakterisieren, die als blau fluoreszierendes Produkt von der trp^-, tyr^-, phe^--Mutante von *Klebsiella pneumoniae 62-1* akkumuliert wird.

2. In welcher Menge wird sie von Bakterien gebildet?

Material

Stamm: *Klebsiella pneumoniae 62-1* (trp^-, tyr^-, phe^-)

Geräte: Rotationsverdampfer, Tischzentrifuge, UV-Lampe, Spektralphotometer mit 1-cm-Quarzküvetten, Schüttelapparat (37 °C)

Steriles Material: 1 Erlenmeyerkolben zu 200 ml mit 150 ml Komplettmedium

Auf 1 l dest. Wasser 2 g Yeast Extrakt; 2 g Caseinhydrolysat/sauer hydrolysiert (Merck); 3,6 g Glucose (Glucose muß extra autoklaviert werden); 41 mg DL-Tryptophan; 20 ml Mineralsalzstammlösung folgender Zusammensetzung: Auf 670 ml aqua bidest. 10 g $MgSO_4 \cdot 7\ H_2O$; 100 g Citronensäure ($C_6H_8O_7 \cdot H_2O$); 500 g K_2HPO_4; 175 g $NaNH_4HPO_4 \cdot 4\ H_2O$; Medium 15 min bei 121 °C autoklavieren.

100 ml Minimalmedium:

Auf 1 l dest. Wasser 32,6 g $Na_2HPO_4 \cdot 12\ H_2O$; 1,36 g KH_2PO_4; 2,7 g NH_4Cl; 20 mg $MgCl_2 \cdot 6\ H_2O$; 18 g Glucose

100 ml Salzlösung (s. S. 177), 1 Erlenmeyerkolben zu 200 ml mit 100 ml Komplettmedium, 1 Büchse mit Pipetten zu 1 ml und 10 ml

Weiteres Material: 1 Flasche mit 100 ml Essigester; 1 Flasche mit 20 ml Ethanol; 6 Petrischalen mit HNB-Komplettagar (s. S. 177), 1 Reagenzglasständer mit je 20 Reagenzgläsern; pH-Papier; 12normale Salzsäure; 12normale Natronlauge; Bakterienfilter; Nutsche und Wasserstrahlpumpe; 1 großer Scheidetrichter; 1 Büchse mit Pipetten zu 10 ml; 1 Säule mit SE-Sephadex-C 25 (Na^+-Form); 1 großes Stativ mit Vorratsgefäß (200 ml); 6 Kulturröhrchen; Meßzylinder; kleiner Trichter mit Filterpapier; 1 Erlenmeyerkolben; 1 Rundkolben (für Rotationsverdampfer); 1 l 0,01molarer Elutionspuffer [pH 3,5, 1,46 g Citronensäure ($C_6H_8O_7 \cdot H_2O$) und 1,08 g $Na_2HPO_4 \cdot 2\ H_2O$ auf 1 l dest. Wasser]; 1 Flasche 0,1mmolare Anthranilsäure in Elutionspuffer, pH 3,5; Kieselgelplatten F_{254} mit Fluoreszenzindikator; DC-Kammer; Laufmittel (0,1molares Idranal III ($Na_2[EDTA]$)/3% NH_4Cl, mit NH_3 auf pH 7 eingestellt, 50 : 50, *V*/*V*)

Zeitplan und Zeitbedarf

1. Tag: Mutanten überimpfen, 10 min
2. Tag: Mutantenkultur 7 Stunden züchten, abzentrifugieren und in Minimalmedium überführen
   UV-Spektrometrie der Anthranilsäure, 1 h
3. Tag: Akkumulate aufarbeiten, Chromatographie, Spektrometrie, 8 h
4. Tag: Auswertung

Durchführung: (Abb. 10.4)

I. Vorbereitung

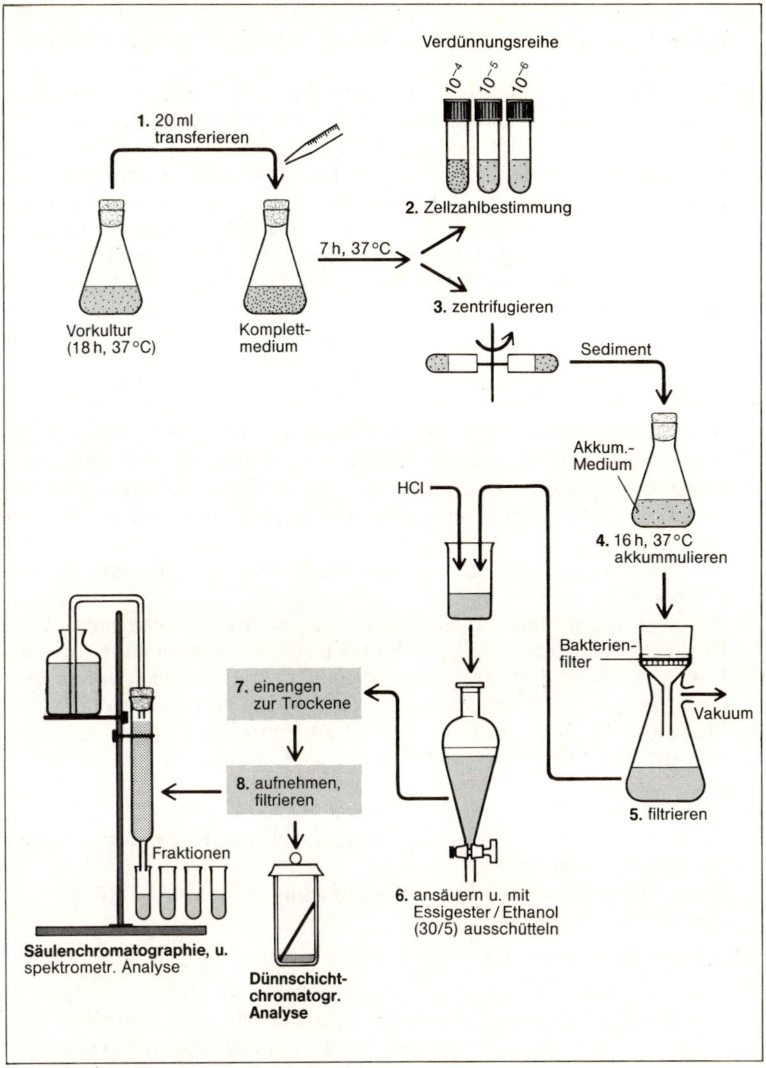

Abb. 10.4 Ablauf des Akkumulationsversuchs

1. Zur Vorkultur Mutante 62-1 in 150 ml Komplettmedium in 200-ml-Erlenmeyerkolben überimpfen. Über Nacht bei 37 °C inkubieren (Standkultur).
2. Säule mit Puffer füllen und die Abflußkapillare schließen, bevor die Säule leergelaufen ist. Von dem bei Raumtemperatur gequollenen Gel (1 g Trockengel ergibt 2,3 ± 0,3 ml Säulenmaterial) den Überstand abgießen und das Gel mit warmem Elutionspuffer so anrühren, daß Luftblasen leicht aufsteigen können. Säule mit dieser Suspension möglichst in einem Guß füllen. Sobald sich eine Schicht von ein paar cm Höhe gebildet hat, Abflußkapillare öffnen. Auf die Säule Puffer nachlaufen lassen in dem Maße, wie er aus der Säule tropft. Läuft die Säule trocken, treten Risse auf, und die Säule muß noch einmal neu gefüllt werden. Nach dem Füllen Säule mit Elutionspuffer, pH 3,5, gründlich spülen.

II. Akkumulation

1. Je 20 ml Vorkultur in die 200-ml-Erlenmeyerkolben mit 100 ml Komplettmedium steril pipettieren und 7 Stunden kräftig bei 37 °C schütteln.
2. Bakteriensuspension zur Bestimmung der Zellzahl verdünnen (1 : 10^6, 1 : 10^8, 1 : 10^{10}). Von jeder Verdünnungsstufe 0,05 ml auf je 2 Platten ausstreichen.
3. Am Nachmittag Zellen in der Tischzentrifuge 30 min abzentrifugieren. Überstand verwerfen.
4. Zellen in die mit steriler Salzlösung ausgespülten Kolben mit 100 ml Minimalmedium überführen. 16 Stunden bei 37 °C akkumulieren lassen.
5. Bakterien durch Filtrieren aus dem akkumulathaltigen Medium entfernen.
6. Medium mit konz. Salzsäure auf pH 1 ansäuern (pH-Papier). Akkumulate mit 30 ml Essigester und 5 ml Ethanol dreimal im Scheidetrichter ausschütteln.
7. Mit Akkumulaten angereicherte Essigesterphasen (obere Phasen) sammeln und am Rotationsverdampfer zur Trockene einengen (die Phasen trennen sich langsam).
8. Rückstand mit 2 ml Elutionspuffer aufnehmen. Unlösliche Rückstände durch Filtrieren entfernen.

III. Chromatographie und UV-Spektrometrie

1. Zur Dünnschichtchromatographie eingeengtes Akkumulat (Essigesterphase) auf DC-Platten mit einer Kapillare strichförmig auftragen. Die Breite der Startlinie soll zwischen 2 und 5 mm, das Auftragsvolumen je nach Konzentration zwischen 1 bis 20 µl liegen. Als Vergleichssubstanz Anthranilsäure punktförmig auftragen.
2. Nach dem Trocknen der Substanzflecken DC-Platte in die DC-Kammer stellen, die ca. 0,5 cm hoch mit Laufmittel gefüllt ist.
3. Nach Entwicklung Platten an der Luft trocknen und R_f-Werte unter UV-Licht (254 nm) bestimmen.

$$R_f = \frac{\text{Abstand des Konzentrationsmaximums vom Startpunkt}}{\text{Abstand der Fließmittelfront vom Startpunkt}}$$

4. Zur Säulenchromatographie zuerst überstehendes Elutionsmittel abpipettieren. Sobald der Rest gerade eingesickert ist, 2 ml Akkumulatlösung vorsichtig mit der Pipette auf die Geloberfläche tropfen, einsickern lassen und mit Elutionspuffer nachspülen. Mit Elutionspuffer auffüllen und Säule verschließen. Vor dem Auftragen der Probe Durchflußgeschwindigkeit bestimmen.

5. Chromatographie im UV-Licht verfolgen. Schon ca. 40 Minuten nach Beginn der Chromatographie treten zwei blau fluoreszierende Zonen auf. Eluat in Fraktionen zu 50 Tropfen in Reagenzgläsern auffangen. Untersuchung auf die fluoreszierenden Verbindungen beschränken.

6. Fraktionen im UV-Licht prüfen und die am intensivsten fluoreszierende Fraktion UV-spektrometrisch untersuchen. UV-Spektrum in verdünnter Salzsäure (Zugabe eines Tropfens 12normaler HCl) und in verdünnter Natronlauge (Zugabe eines Tropfens 12normaler NaOH) messen.

Auswertung

1. Die R_f-Werte der akkumulierten Substanzen und der Anthranilsäure sind zu vergleichen.

2. Die Säulendimension (Durchmesser in cm · Füllhöhe in cm), der Durchfluß in $ml \cdot h^{-1}$ und die Durchflußgeschwindigkeit in $ml \cdot cm^{-2} \cdot h^{-1}$ (Säulenquerschnitt in cm^2) sind zu bestimmen.

3. Die gemessenen UV-Spektren sind mit denen der Anthranilsäure (0,1mmolar) zu vergleichen und die molaren Extinktionen der Maxima (ε_λ) anzugeben.

4. Die Menge des Akkumulats ist mit Hilfe der im Sauren erhaltenen Maxima zu berechnen und die in den 16 Stunden gebildete Akkumulatmenge pro Zelle (µg Akkumulat/Zelle) zu bestimmen.

Literatur

Cohen, G. (1972), Der Zellstoffwechsel und seine Regulation, Friedrich Vieweg und Sohn, Braunschweig

Gibson, M. I., Gibson, F. (1964), Preliminary Studies on the Isolation and Metabolism of an Intermediate in Aromatic Biosynthesis: Chorismic Acid, Biochem. J. **90,** 248–256

Hellmann, H., Lingens, F. (1961), Aufklärung biologischer Syntheseketten an Mikroorganismen, Angew. Chem. **73,** 107–113

Lingens, F. (1968), Die Biosynthese aromatischer Aminosäuren und deren Regulation, Angew. Chem. **80,** 384–394

Lingens, F., Keller, E. (1983), Zur Biosynthese von Phenylalanin und Tyrosin, Arogensäure, ein neues Zwischenprodukt, Naturwissenschaften **70,** 111–115

Sephadex, Theorie und Experiment, Technik der Gelfiltration, Pharmacia Fine Chemicals, Uppsala, Schweden

Stahl, E. (1967), Dünnschichtchromatographie, Springer Verlag, Berlin, Heidelberg, New York

11. Regulation von Stoffwechselvorgängen

In einer lebenden Zelle existieren Regulationsmechanismen, die Aufnahme, Synthese und Abbau wichtiger Substanzen in einer sinnvollen, ökonomischen Weise aufeinander abstimmen. Die Koordination der einzelnen Stoffwechselleistungen wird dabei durch die Eigenschaften der Enzymproteine, ihrer Synthese und ihrer Funktion gesteuert. Die Regulation des Stoffwechsels erfolgt auf zwei Ebenen, einerseits durch Steuerung der Enzymbildung, andererseits durch Veränderung der Aktivität der Enzyme.

Regulation der Enzymsynthese. Die Konzentration eines Enzyms in der Zelle hängt von der Syntheserate und damit von der Häufigkeit der Transkription der mRNA ab. Viele Enzyme werden konstitutiv, d. h. unabhängig von den Medienbedingungen, gebildet. Andere werden erst in Gegenwart eines Metaboliten induziert oder in ihrer Synthese reprimiert.

Regulation durch Induktion und Katabolitrepression bei Abbauwegen: Katabolische Stoffwechselvorgänge sind in der Regel induzierbar. Die Enzyme werden nur gebildet, wenn das abzubauende Substrat (externer Induktor) im Medium vorliegt. Stehen der Zelle zwei verschiedene Substrate zur Verfügung, so werden zunächst die Enzyme induziert, die zum Abbau des Substrates notwendig sind, das schnelleres Wachstum ermöglicht. Die zum Abbau des anderen Substrates notwendigen Enzyme werden solange reprimiert, bis das erste Substrat verbraucht ist (Katabolitrepression).

Regulation durch Derepression und Repression bei Biosynthesewegen: Wenn das Endprodukt eines Biosyntheseweges in ausreichender Menge im Medium vorhanden ist, wird in der Zelle die Synthese der für diese Biosynthese notwendigen Enzyme reprimiert (Endprodukt-Repression). In einer einfachen Mineralsalznährlösung und bei zu geringen Konzentrationen des Endproduktes im Medium wird die Synthese der Enzyme der Biosynthesekette wieder eingeschaltet, d. h. es erfolgt eine Derepression der Enzyme.

Der **Mechanismus dieser Regulationsvorgänge** wurde durch das Modell von Pardee, Jacob und Monod 1960 beschrieben und konnte inzwischen durch zahlreiche genetische und biochemische Befunde bestätigt werden.

In der Abb. 11.1 ist dieser **Repressor/Operator-Regulationsmechanismus** am Beispiel des Lactoseabbaues dargestellt. Für die Regulation sind spezifische funktionelle Abschnitte auf der DNA verantwortlich: ein Regulatorgen bildet ein Repressorprotein, das an einen Operatorbereich bindet, und so die Transkription der Strukturgene unterbindet. Lactose inaktiviert als Induktor das Repressormolekül und ermöglicht so die Transkription der Strukturgene für *β*-Galactosidase, Galactosid-permease und Transacetylase (Genprodukte z, y, a). Eine solche Regulationseinheit wird als Operon bezeichnet.

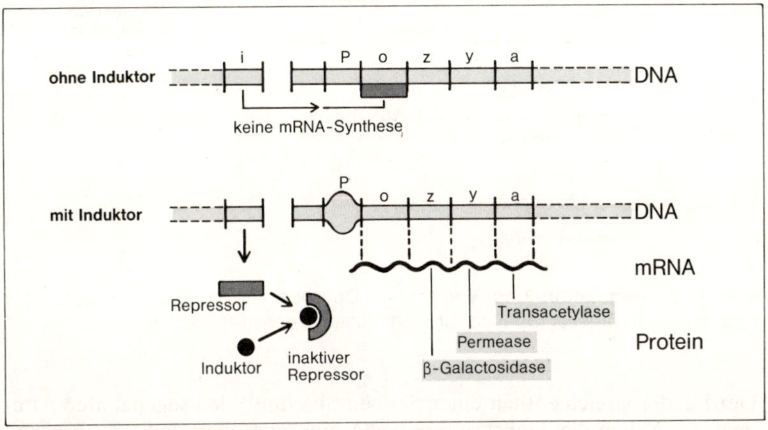

Abb. 11.1 Regulation des Lactose-Operons (Induktion); (Repressor-Operator-Mechanismus)

Die Transkription des Lactoseoperons ist negativ kontrolliert, denn die Gene bleiben bei Lactoseabwesenheit abgeschaltet (s. Kap. 11.3, S. 250ff).

Der Repressor-Operator-Mechanismus ist auch bei Biosynthesewegen gültig. In Abwesenheit des Endproduktes wird hier jedoch ein inaktiver Repressor (Aporepressor) synthetisiert und erst in Gegenwart des Endproduktes (Corepressor) ein aktiver Repressorkomplex gebildet, der am Operator binden kann und so die weitere Transkription der gesamten Biosynthesegene verhindert (Abb. 11.2).

Der **Attenuatormechanismus,** Johnston, 1980 (Abb. 11.3), ist der direkteste Weg, die intrazelluläre Konzentration einer Aminosäure festzustellen und auch zu steuern. Dabei dient die Geschwindigkeit, mit der ein spezielles kurzes Peptid – das Leader-Peptid – synthetisiert werden kann, als Signal, um die Transkription der Gene des betreffenden Operons zu regulieren. Entscheidend ist dabei die Ausbildung der Sekundärstruktur der m-RNA in einem Leader-Bereich, der sich zwischen Promotor und Strukturgen-Region befindet.

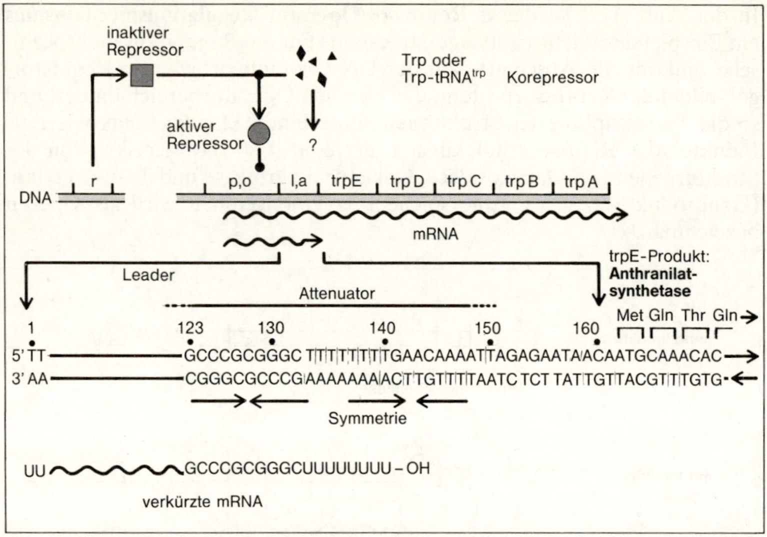

Abb. 11.2 Regulation des Tryptophan-Operons (Derepression, Endproduktrepression); Repressor-Operator und Attenuator-Mechanismus

Der Leaderbereich enthält einen Sequenzabschnitt, den sogenannten Attenuator, an dem die Transkription bei Aminosäureüberschuß abgebrochen wird. Im vorderen Abschnitt des Leaderbereichs befindet sich eine Sequenz mit mehreren hintereinandergeschalteten Codons für die entsprechende Aminosäure (z. B. 7 Histidin-Codons). Wenn genügend Aminoacyl-t RNA zur Verfügung steht, kann das Ribosom der RNA-Polymerase schnell folgen und ohne Verzögerung über diese Codonsequenz lesen und dadurch eine Attenuatorstruktur ausbilden, die die weitere Transkription der Strukturgene unterbindet (Repression).

Steht nicht genügend beladene Aminoacyl-tRNA zur Verfügung, so fällt das Ribosom gegenüber der RNA-Polymerase zurück, so daß die Attenuator-Stammstruktur nicht ausgebildet werden kann und die Strukturgene transkribiert werden. Bei allgemeinem Aminosäuremangel fehlen auch die Aminosäuren am Anfang des Leaderpeptids, so daß das Ribosom gegenüber der RNA-Polymerase noch weiter zurückfällt. Unter diesen Bedingungen kann sich wieder eine Attenuatorstruktur bilden, die eine Transkription der Strukturgene verhindert, da bei allgemeinem Aminosäuremangel kein Protein synthetisiert werden kann.

Die Attenuatorregulation ist bei der Histidin- und Tryptophanbiosynthese nachgewiesen worden. Leaderbereiche findet man auch bei der Threonin-,

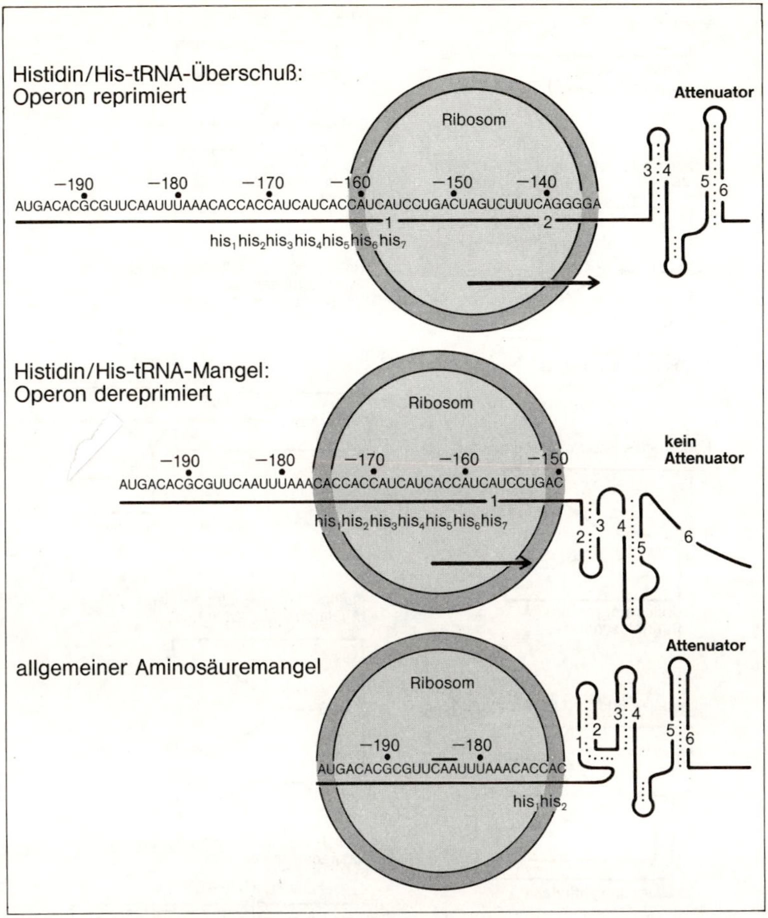

Abb. 11.3 Attenuator-Mechanismus am Beispiel des Histidin-Operons

Leucin-, Isoleucin-, Valin- und Argininbiosynthese. Sie deuten darauf hin, daß auch bei diesen Biosynthesen der Attenuatormechanismus beteiligt ist.

Regulation durch Veränderung der katalytischen Aktivität der Enzyme. Während die Regulation der Enzymsynthese nur langsam wirkt und damit eine Grobregulation darstellt, ist die Regulation auf dem Niveau der katalytischen Aktivität eine Feinregulation, die eine rasche Anpassung an kurzfristig veränderte Stoffwechselsituationen ermöglicht.

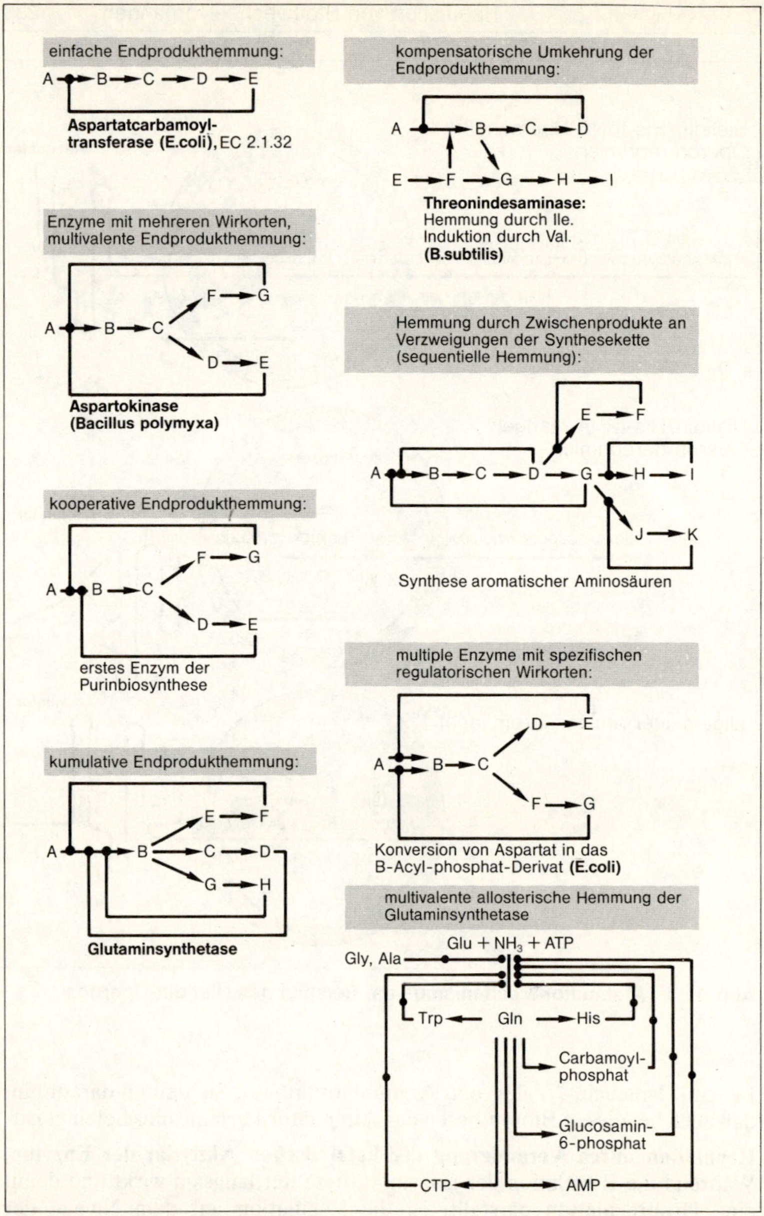

Abb. 11.4 Allosterische Kontrollmechanismen bei verschiedenen Biosyntheseketten

Die regulatorischen Enzyme sind in der Regel die ersten Enzyme eines Biosynthesewegs. Im Gegensatz zu den einfachen oder hyperbolen Enzymen, deren Aktivität nur durch konkurrierende, isosterische Substrate oder Hemmstoffe verändert wird, und die nur ein katalytisches Zentrum zur Substratbindung besitzen, haben die regulatorischen Enzyme kompliziertere Eigenschaften: Sie sind aus Untereinheiten aufgebaut, zwischen denen kooperative Wechselwirkungen bestehen. Neben den katalytischen Zentren, die die Substrate erkennen und binden, besitzen diese Enzyme noch andere, allosterische Zentren. An sie werden positive Effektoren (Aktivatoren) oder negative Effektoren (Inhibitoren) gebunden und so die Aktivität der Enzyme verändert. Allosterische Effektoren sind durchweg niedermolekulare Verbindungen, entweder Endprodukte von Biosynthesewegen oder Substanzen wie Adenylate, Acetyl-Coenzym A oder Phosphoenolpyruvat, deren Konzentration die Stoffwechselsituation der Zelle widerspiegelt.

Als **Feedback- oder allosterische Hemmung** wird die Hemmung der Aktivität eines Enzyms durch das Endprodukt der Biosynthesekette bezeichnet (z. B. Hemmung der Anthranilat-synthetase durch Tryptophan)

Allosterische Aktivierung ist die Erhöhung der Aktivität eines Enzyms durch eine niedermolekulare Substanz (z. B. Aktivierung der Chorismatmutase durch Tryptophan).

Monod, Wyman und Changeux sowie Koshland, Nemethy und Filmer haben für den Mechanismus dieser allosterischen Regulation Modelle formuliert (s. S. 242).

Einige bei Mikroorganismen nachgewiesene Kontrollmechanismen des Stoffwechsels durch Endprodukte von Biosyntheseketten, die auf diesem Regulationsprinzip basieren, sollen andeuten, wie Stoffwechselwege miteinander verknüpft sind und wie komplexe geregelte Netzwerke entstehen (Abb. 11.4).

11.1 Einfacher Nachweis einer Regulation bei intakten Zellen

Die trp⁻-, phe⁻-Mutante 7-73 von *Salmonella typhimurium* wurde aus der trp⁻-Mutante 7 erhalten. Sie zeigt starke Indolakkumulation unter Mangelbedingungen. Die Tryptophan-Synthetase spaltet von Indolylglycerinphosphat Glycerinaldehydphosphat ab und kondensiert das Indol mit α-Aminoacrylsäure zu Tryptophan (s. Kap. 10, S. 220). Bei *Escherichia coli* wurde nachgewiesen, daß sich dieses Enzym aus den Komponenten A und B zusammensetzt (Multienzymkomplex). Ist nun der Teil B durch eine Mutation funktionsunfähig geworden, unterbleibt die Kondensation zu Tryptophan. Die Indolakkumulation der zu untersuchenden Salmonella-Mutante läßt sich durch eine solche Mutation erklären. Die Möglichkeit, daß Indol durch Tryptophanase gebildet wird, besteht nicht, da *Salmonella typhimurium* im Gegensatz zu *E. coli* keine Tryptophanase bildet.

In einfacher Weise, ohne das Enzym zu isolieren, kann man die Regulation einer Biosynthese nachweisen, indem man eine biochemische Mangelmutante, die ein nachweisbares Zwischenprodukt der Biosynthesekette akkumuliert, sowohl in Anwesenheit als auch in Abwesenheit des Endproduktes der betroffenen Biosynthesekette akkumulieren läßt. An der trp⁻, phe⁻-Mutante von *S. typhimurium* soll die Regulation der Tryptophanbiosynthese untersucht werden. Der zusätzliche genetische Block in der Phenylalanin-Biosynthese soll verhindern, daß die Mutante in Anwesenheit von Tryptophan wächst.

Bei der Untersuchung der Hemmwirkung ist die Frage interessant, welche Strukturelemente des Tryptophans zur Entfaltung des Hemmeffekts wichtig sind. Im Versuch soll mit Hilfe einiger Tryptophananaloga untersucht werden, wie sich eine Veränderung des Tryptophanmoleküls auf die Indolakkumulation auswirkt.

Bei der Indolbestimmung mit Ehrlichs Reagenz kondensiert in stark salzsaurem Milieu die Aldehydgruppe des *p*-Dimethylaminobenzaldehyds mit 2 Molekülen Indol unter Bildung des roten Farbstoffs Rosindol (Abb. 11.5).

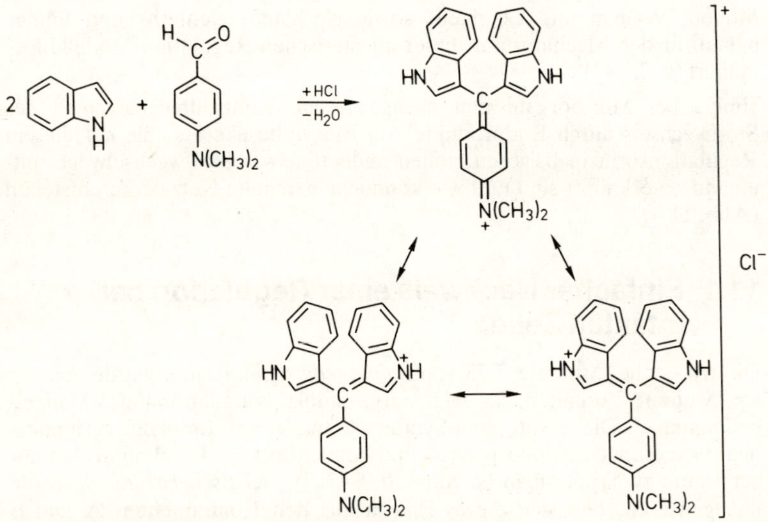

Abb. 11.5 Indolbestimmung mit Ehrlichs Reagenz

Aus der Extinktion des Farbstoffmoleküls bei 546 nm kann auf die Menge des akkumulierten Indols geschlossen werden.

Als Ursache für eine Hemmwirkung sind Repression und Feedback (allosterische Hemmung) zu diskutieren.

Aufgabe

Die Regulation der Enzyme der Tryptophanbiosynthese soll *in vivo* durch spektrometrische Bestimmung des Zwischenproduktes Indol nachgewiesen werden. Die Akkumulation des mit Ehrlichs Reagenz identifizierten Indols wird in Gegenwart von Tryptophan und Tryptophananalogen bestimmt.

Zeitplan

1. Tag: Suspension von *S. typhimurium*-Mutante herstellen, in Zentrifugenröhrchen mit HNB-Medium über Nacht anzüchten
2. Tag: Zellen abzentrifugieren, in Minimalmedium mit Zusätzen aufnehmen, 16 h inkubieren
3. Tag: Indolextraktion aus dem Zellakkumulat, Farbtest mit Ehrlichs Reagenz, Messung der Farbstoffextinktion im Photometer

Material

Stamm: Salmonella typhimurium 7-73 (trp^-, phe^-)

Geräte: Autoklav. Brutschrank (37°C), Tischzentrifuge, Photometer mit Küvetten

Steriles Material: 6 Zentrifugenröhrchen mit je 5 ml HNB-Komplettmedium (s. S. 177), 250 ml Salzlösung, 200 ml AM-Minimalmedium (s. S. 177), 100 ml HNB-Medium, 1 Büchse mit Pipetten zu 5 oder 10 ml, 1 Büchse mit Pipetten zu 1 ml, 10 ml Stammlösungen (10^{-4} molar) von L-Tryptophan, 7-Methyl-tryptophan, D-Tryptophan, 7-Chlortryptophan

Insteriles Material: 12 Reagenzgläser, Ehrlichs Reagenz (3,6 g *p*-Dimethylaminobenzaldehyd, 18 ml konz. Salzsäure und mit dest. Ethanol auf 100 ml auffüllen), Ethanol-Essigester (1 : 3), 2normale Salzsäure-Ethanol (1 : 2), 12normale Natronlauge, Sagrotan

Durchführung

1. Von der Salmonella typhimurium-Mutante mehrere Impfösen in 5 ml Salzlösung völlig homogen suspendieren.
2. Mit 0,2 ml dieser Suspension jedes der 7 Zentrifugenröhrchen, das 5 ml HNB-Komplettmedium enthält, beimpfen und als Standkultur über Nacht bei 37°C vorzüchten.
3. Die Zellen dann in einer Tischzentrifuge 5 Minuten bei 5000 upm abzentrifugieren,
4. Zweimal mit 5 ml Salzlösung waschen und dann nach der Tab. 11.1 in AM-Minimalmedium suspendieren.
5. Nach 16 Stunden Inkubation bei 37°C (ohne Schütteln) abzentrifugieren.

6. Überstand kann insteril weiterbearbeitet werden. In Reagenzgläser 4 ml des Akkumulates (Überstand) mit 5 ml Ethanol-Essigester (1 : 3) und 0,5 ml 12normaler Natronlauge ausschütteln.
7. In neue Reagenzgläser 2 ml Essigesterphase, 1,5 ml Ethanol-2normale HCl (2 : 1) und 2 ml Ehrlich's Reagenz pipettieren und gut schütteln.
8. Nach 1 Stunde die entstandene Farblösung mit einem Photometer bei 546 nm gegen eine Kontrolle messen, die 2normale HCl-Ethanol und Ehrlich's Reagenz enthält.

Die Überstände und im Versuch benutzten Glasgeräte werden in dafür vorgesehene Behälter gelegt und autoklaviert oder mit Sagrotan desinfiziert, da bei Salmonellen Vorsicht vor Inkorporation unbedingt geboten ist.

Tab. 11.1 Versuchsansätze zum Nachweis einer Regulation

Röhrchen Nr.	0	1	2	3	4	5	6
AM-Minimalmedium in ml / Testlösung 10^{-4} mol	5	5	5,0	4,90	4,90	4,90	4,90
L-Tryptophan	–	–	0,01		–		
L-Tryptophan	–	–	–	0,1	–	–	–
D-Tryptophan	–	–	–	–	0,1	–	–
7-Chlortryptophan	–	–	–	–	–	0,1	–
7-Methyl-tryptophan	–	–	–	–		–	0,1

Auswertung

Die Hemmung der Indolakkumulation ist anzugeben. Röhrchen 1 (ohne Zusätze) = 100% Aktivität bzw. 0% Hemmung.

11.2 Versuche mit der biosynthetischen Threonindesaminase (Repression, allosterische Hemmung und Aktivierung)

Untersucht man in Enzymextrakten die Aktivität eines Enzyms und trägt die Geschwindigkeit der enzymatischen Reaktion v in Abhängigkeit von der Substratkonzentration C_s auf, so erhält man eine Hyperbel: **Substratsättigungskurve** (Abb. 11.6). Diese Kurve wird durch die Michaelis-Menten-Gleichung beschrieben (1). Die Michaelis-Konstante K_m **ist die Dissoziationskonstante des Enzymsubstratkomplexes,** v_{max} **ist die Reaktionsgeschwindigkeit bei Substratsättigung.**

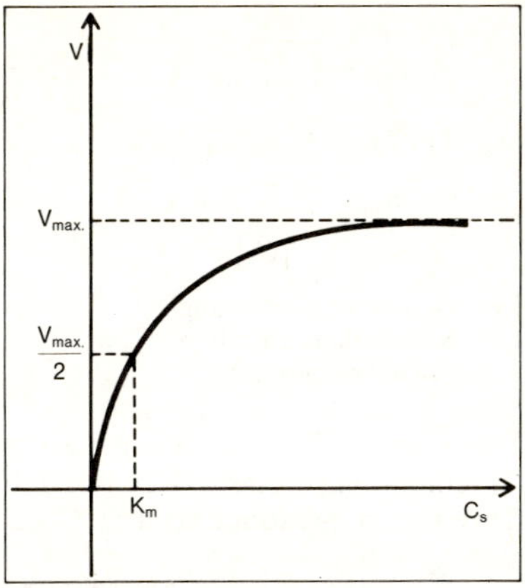

Abb. 11.6 Substratsättigungskurve bei der katabolischen Threonindesaminase

Zur Bestimmung der Michaeliskonstanten trägt man nach dem Lineweaver-Burk-Verfahren $1/v$ gegen $1/C_s$ auf: **Lineweaver-Burk-Diagramm.** Man erhält eine Gerade, aus deren Schnittpunkt mit der Abszisse ($1/C_s$-Achse) man K_m entnehmen kann (Abb. 11.7). Damit die Extrapolation nicht fehlerhaft wird, sind die Einheiten auf dem Koordinatenkreuz so zu wählen, daß die Gerade die Abszisse steil schneidet. Die Gerade läßt eine eindeutige Bestimmung von v_{max} zu, da für $C_s \rightarrow \infty$ $1/[C_s] \rightarrow 0$ wird und somit $v = v_{max}$ ist. (Zur Vertiefung s. Literaturangaben.)

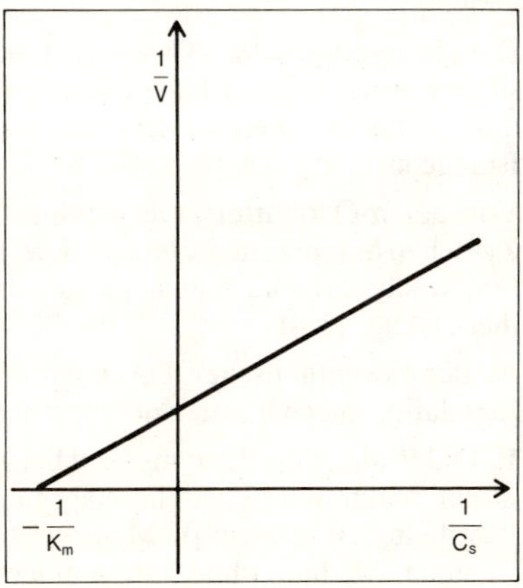

Abb. 11.7 Lineweaver-Burk-Diagramm

$$V = \frac{V_{max} \cdot [C_S]}{K_m + [C_S]} \tag{1}$$

Aus (1) folgt die Gleichung

$$\frac{1}{V} = \frac{K_m}{V_{max}} \cdot \frac{1}{[C_S]} + \frac{1}{V_{max}} \tag{2}$$

V: Reaktionsgeschwindigkeit
C_S: Substratkonzentration
K_m: Michaeliskonstante

Das Enzym Threonin-desaminase (abgekürzt TD), systematischer Name: Threonin-dehydratase (EC. 4.2.1.16), katalysiert die Umwandlung von Threonin in α-Oxobuttersäure. Coenzym ist Pyridoxalphosphat.

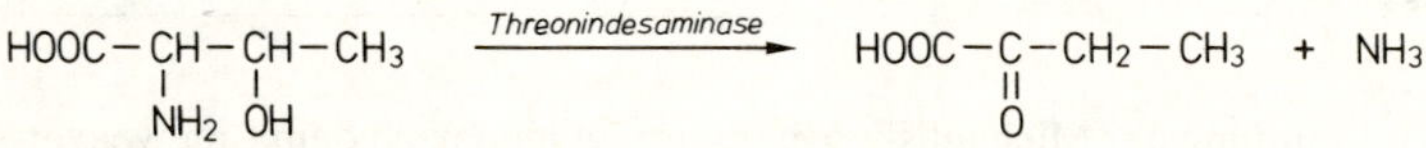

Im Gegensatz zu anderen untersuchten Mikroorganismen gibt es bei *E. coli* zwei Threonin-desaminasen, die „katabolische" und „biosynthetische" Threonin-desaminase.

Die **„katabolische" Threonin-desaminase** wird gebildet, wenn man *E. coli* unter **anaeroben** Bedingungen in aminosäurereichem Medium wachsen läßt. Das Enzym stellt in aminosäurereichem Medium NH_4^+ und α-Ketobuttersäure für den Stickstoff- bzw. Kohlenhydratstoffwechsel zur Verfügung.

Die **„biosynthetische" Threonin-desaminase,** die in diesem Versuch untersucht werden soll, wird beim **aeroben Wachstum** von *E. coli* in Minimalmedium gebildet. Dieses Enzym ist das erste Enzym in der Biosynthese des Isoleucins.

Von der α-Oxobuttersäure verläuft die Biosynthese über eine Reihe von Zwischenstufen zum Isoleucin. Die Enzyme, die diese Schritte durchführen, katalysieren auch analoge Reaktionen in der Valin- und Leucinbiosynthese (Abb. 11.8).

An der biosynthetischen TD lassen sich drei der auf der Seite 230 genannten Regulationsmechanismen demonstrieren:

1. Die Bildung des Enzyms wird bei gleichzeitiger Anwesenheit von Isoleucin, Valin und Leucin im Nährmedium unterdrückt (sogenannte „multivalente" Repression). Man weist die Repression nach, indem man in einem Medium ohne und in einem Medium mit den genannten Aminosäuren züchtet und die **spezifische Aktivität** der TD in den Extrakten aus den unterschiedlichen Züchtungen miteinander vergleicht.

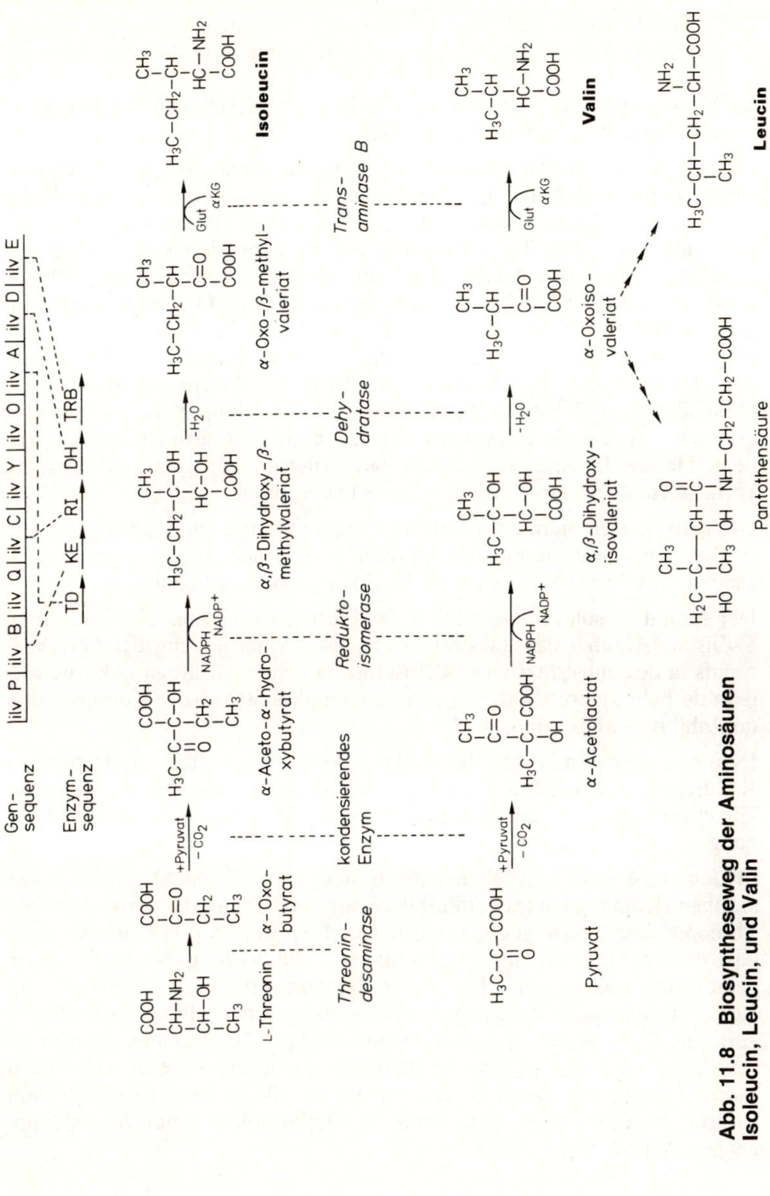

Abb. 11.8 Biosyntheseweg der Aminosäuren Isoleucin, Leucin, und Valin

2. **Feedback-Hemmung.** Die Aktivität der TD in einem gegebenen Enzymextrakt wird durch Zugabe von Isoleucin vermindert (allosterische Hemmung).
3. **Aktivierung.** Die Aktivität der TD in einem gegebenen Enzymextrakt wird durch Zugabe von Valin erhöht.

Die biosynthetische Threonin-desaminase (Threonindehydratase), liegt als allosterisches Enzym in zwei Zuständen mit unterschiedlicher Anordnung der Peptidketten (Konformation) vor. Im R-Zustand bindet das Enzym das Substrat, während im T-Zustand kein Substrat gebunden wird. Das Gleichgewicht zwischen den beiden Zuständen kann durch das Substrat (Threonin), den Feedback-Inhibitor (Isoleucin) oder den Aktivator (Valin) beeinflußt werden. Das Substrat Threonin verschiebt das Gleichgewicht zum substrataffinen Zustand. Dadurch wird weiteres Substrat leichter gebunden. Dieser homotrope kooperative Effekt des Substrates, auf den die Sigmoidität der Substratsättigungskurve zurückzuführen ist, ist aber nur erkennbar, wenn das Enzym vorwiegend im inhibitoraffinen Zustand vorliegt. Da die Threonin-desaminase bevorzugt im substrataffinen Zustand vorliegt, ist die Substratsättigungskurve hyperbolisch.

Die geringe Sigmoidität der Substratsättigungskurve ohne Effektoren, die man bei Testansätzen mit Rohextrakten findet, nicht aber mit gereinigtem Enzym, wird durch Spuren von Isoleucin im Rohextrakt bedingt.

Der Inhibitor Isoleucin verschiebt das Gleichgewicht zum inhibitoraffinen T-Zustand. Durch das Substrat erfolgt eine Verschiebung des Gleichgewichts in den substrataffinen R-Zustand. Die Substratsättigungskurve verläuft deshalb sigmoid. Die Stärke der Sigmoidität ist von der Konzentration des Inhibitors abhängig.

Der Aktivator Valin verschiebt das Gleichgewicht zum substrataffinen R-Zustand. Das Substrat Threonin bringt deshalb keine Verschiebung des Gleichgewichts mehr mit sich: man erhält eine hyperbolische Substratsättigungskurve (Abb. 11.9).

In den folgenden Versuchen wird *E. coli B* im Minimalmedium unter aeroben Bedingungen (Schütteln) gezüchtet, so daß nur die biosynthetische Threonin-desaminase gebildet wird. Der Nachweis der Threonin-desaminase in einem Extrakt aus den gewonnenen Zellen erfolgt bei 37°C in einer gepufferten Lösung von pH 8,0, die das Substrat Threonin enthält. Die Reaktion wird durch Zugabe von Trichloressigsäure (Fällung der Proteine) gestoppt. Zum Ansatz wird dann eine salzsaure Dinitrophenylhydrazinlösung gegeben. Das Dinitrophenylhydrazin bildet mit α-Oxobuttersäure in saurer Lösung ein gelbes Hydrazon, das im alkalischen Milieu rotbraun gefärbt ist und dessen Extinktion im Spektralphotometer bei 440 nm gemessen wird (Abb. 11.10).

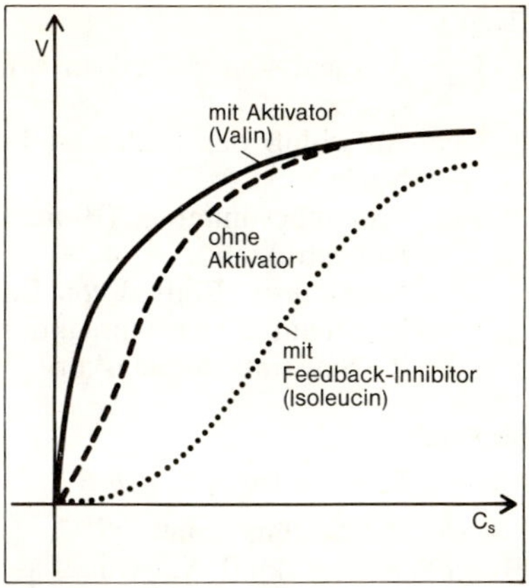

Abb. 11.9 Substratsättigungskurven bei der biosynthetischen Threonindesaminase

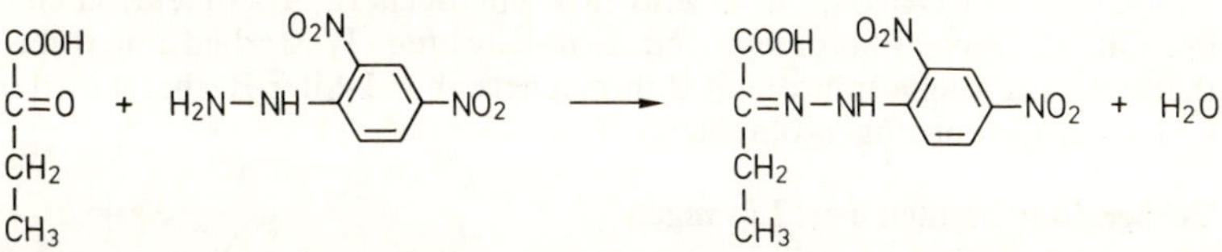

α-Oxo-butyrat   2,4-Dinitrophenyl-hydrazin   2,4-Dinitrophenyl-hydrazon

Abb. 11.10 Farbreaktion mit 2,4-Dinitrophenylhydrazin zum Nachweis der Threonindesaminase-Aktivität

Aufgabe:

1. Nachweis der Repression und Derepression der Threonin-desaminase durch Messung der spezifischen Enzym-Aktivität in den E. coli-Zellen, die ohne und mit Isoleucin, Leucin und Valin angezüchtet wurden.
2. Die enzymatische Aktivität der Threonin-desaminase soll in Abhängigkeit von der Enzymmenge, der Inkubationszeit und der Substratmenge untersucht werden.
3. Die allosterische Hemmung und Aktivierung der Threonin-desaminase soll nachgewiesen werden
   a) durch Messung der Enzymaktivität in Abhängigkeit von steigenden Mengen des Inhibitors Isoleucin.
   b) durch Messung des Einflusses von Isoleucin und Valin auf die Enzymaktivität bei verschiedenen Substratkonzentrationen (Substratsättigungskurven).

Zeitplan

1. Tag: Anzucht von *E. coli* in Minimalmedium mit und ohne Aminosäuren
2. Tag: Aufschluß der Zellen und Dialyse der Enzymrohextrakte über Nacht
3. Tag: Proteinbestimmung (Biuret), Test der Enzymaktivitäten in den Rohextrakten
   Enzymtests: Einfluß von Enzymmenge, Zeit, Substratmenge Isoleucin auf die Enzymreaktion; Einfluß von Isoleucin und Valin auf die Substratsättigungskurve

Material

Stamm: E. coli B leu⁻3, E. coli B

Geräte: Schüttelmaschine 37°C, Ultraschall-Aufschlußgerät (Sonifier), Braun-Vibrator mit 2 Aufschlußflaschen, Glasperlen (ca. 0,1 mm ∅) und CO_2-Flasche mit Steigrohr und Kryomat, 2 kleine Reibschalen mit Pistill, Aluminiumoxid (Alcoa), Kühlzentrifuge mit Bechern, UV-Spektrometer mit Glasküvetten, Photometer mit 2-cm-Küvetten, Wasserbad mit Rührthermostat, 1 Magnetrührer mit Rührmagnetstab, 1 1-Liter-Becherglas, 100 kleine Plastikzentrifugenröhrchen

Vorbereitete Medien bzw. Lösungen

Steril: 1 1-Liter-Erlenmeyerkolben mit 500 ml C-Minimalmedium (0,2 g $MgSO_4 \cdot 7H_2O$, 2 g Citronensäuremonohydrat, 2 g $Na_2HPO_4 \cdot 12 H_2O$, 5 g KH_2PO_4, 2 g $NH_4H_2PO_4$, 3,4 g KOH, 2 g Glucose [extra autoklavieren] auf 1000 ml dest. Wasser; Zusatz von 5 mg L-Leucin/l), 1 1-Liter-Erlenmeyerkolben mit 500 ml C-Minimalmedium (Zusatz von je 100 mg L-Isoleucin, L-Valin und L-Leucin/20 ml 20%ige Glucoselösung).

Insteril: In 100-ml-Meplatflaschen: 300 ml 2,5normale NaOH, 30 ml 50%ige Trichloressigsäure, 100 ml Biuretreagenz (1,5 g $CuSO_4 \cdot 5 H_2O$; 6,0 g Kaliumnatriumtartrat und 1,0 g Kaliumiodid in 500 ml Wasser lösen). Unter Rühren 300 ml 10%ige Natronlauge zugeben und dann mit Wasser auf 1 Liter auffüllen. 20 ml Valinlösung (1,5 mg/ml H_2O), 20 ml Isoleucinlösung (0,2 mg/ml H_2O), 50 ml DNPH-Reagenz (100 mg 2,4-Dinitro-phenylhydrazin in 100 ml 2normaler HCl lösen. 1 l 1molarer Kaliumphosphatpuffer (mit EDTA und Mercaptoethanol). In Plastikröhrchen (verschließbar): 10 ml Threoninlösung (60 mg/ml). 5 ml Natriumpyruvatlösung (0,1 mg/ml), 2 ml Serumalbuminlösung (10 mg/ml), Dialysierschlauch (∅ 1 cm).

Durchführung

1. Zur Anzucht von *E. coli B leu⁻3* in 1-Liter Erlenmeyerkolben autoklavieren:
Ein Kolben mit 500 ml C-Minimalmedium (ohne Glucose) 5 mg Leucin pro Liter (ergibt später Rohextrakt I)

Ein Kolben mit 500 ml C-Minimalmedium (ohne Glukose) mit je 100 mg Isoleucin, Valin und Leucin pro Liter (ergibt Rohextrakt II).

Außerdem eine 20%ige Glucoselösung herstellen und autoklavieren.
In beide Erlenmeyerkolben dann steril 5,0 ml der 20%igen Glucoselösung zugeben.

2. Mit einer Platinöse die beiden Erlenmeyerkolben mit sehr wenig Material einer Kultur von *E. coli B leu$^-$3* beimpfen.
3. Bei 37°C über Nacht unter Schütteln inkubieren.
4. Nach ca. 24 Stunden die Zellen in vorher abgewogenen Zentrifugenbechern bei 6000 Umdrehungen/Minute und 4°C 15 bis 20 Minuten abzentrifugieren. Den Überstand verwerfen. Die Becher mit den Zellen nochmals wiegen und aus der Differenz zum Leergewicht das Feuchtgewicht der Zellmasse bestimmen. Dann die Zellen bei –20°C einfrieren.
5. Die Zellen in Phosphatpuffer (1molarer Kaliumphosphatpuffer, pH 8) unter Zusatz von 10^{-5}molarer Ethylendiamintetraessigsäure (EDTA) und 10^{-3}molarem Mercaptoethanol (Antioxidans zum Schutz der SH-Gruppen des Enzyms) mit einer der folgenden Methoden aufschließen:

11.2.1 Herstellung der Enzymrohextrakte mit verschiedenen Aufschlußverfahren

Ultraschall: Die abzentrifugierten Bakterienzellen (ca. 0,5 g Feuchtgewicht) mit 5 ml Phosphatpuffer in kleine Plastikröhrchen (10 ml Volumen) überführen und mit dem Ultraschallgerät mit Mikrorüssel viermal 15 bis 30 Sekunden beschallen. Zwischendurch die Temperatur messen. Sie soll nicht über 10°C steigen.

Zerreiben mit Aluminiumoxid: Die Zellen (0,5 g) mit dem 1½fachen des Zellfeuchtgewichtes an Aluminiumoxid (Alcoa) ca. 0,75 g, in einem auf –20°C vorgekühlten Mörser 5 Minuten zerreiben. Die so erhaltene Zellpaste mit 5 ml Phosphatpuffer aufnehmen.

Braun-Homogenisator: Die Zellen (0,5 g) mit 5 ml Phosphatpuffer in das Aufschlußgerät überführen, mit 2 g Glasperlen vermischen und unter Kühlung mit CO_2 (Flasche mit Steigrohr) durch Schütteln zweimal 30 Sekunden im Braun-Homogenisator aufschließen.

6. Die aufgeschlossenen Proben in der Kühlzentrifuge 20 Minuten bei 17000 Umdrehungen/Minute zentrifugieren. Dabei ist vorher auf sorgfältiges Tarieren der Zentrifugenbecher zu achten. Die Überstände vorsichtig in Plastikröhrchen abgießen und zur Dialyse die Extrakte (Extrakt I: Anzucht in Minimalmedium; Extrakt II: Anzucht in Minimalmedium mit Isoleucin, Valin und Leucin) mit einer Pipette in einen Dialysierschlauch füllen, der vorher am unteren Ende verknotet wurde. Dann den Schlauch durch einen weiteren Knoten verschließen. Die Dialyse in einem Becherglas (1 l) bei 4°C gegen Phosphatpuffer mit Magnetrührer über Nacht durchführen. Nach der Dialyse das Volumen messen.

11.2.2 Bestimmung der spezifischen Aktivität der biosynthetischen Threonin-desaminase im Rohextrakt

Um die spezifische Aktivität zu erhalten, muß in dem Rohextrakt eine Eiweißbestimmung und eine Bestimmung der TD-Aktivität durchgeführt werden.

Eiweißbestimmung nach der Biuret-Methode

1. Als Eichlösung eine Serumalbuminlösung (1%ig in bidest. Wasser) herstellen und davon 0,05; 0,1; 0,2; 0,3 und 0,5 ml in Röhrchen pipettieren. Mit bidest. Wasser auf 0,5 ml auffüllen. Von Rohextrakt I bzw. II jeweils 0,2 und 0,5 ml in Röhrchen pipettieren und gegebenenfalls mit bidest. Wasser auf 0,5 ml auffüllen.
2. Alle Röhrchen mit 4,5 ml Biuret-Reagenz versetzen.
3. Die Lösungen nach 40minütigem Stehen bei Raumtemperatur bei 540 nm gegen Nullwert (0,5 ml bidest. Wasser + 4,5 ml Biuret-Reagenz) in 1-cm-Küvetten messen.

Bestimmung der Threonindesaminase-Aktivität

1. 1 : 10 verdünnten Rohextrakt (0,4 ml Rohextrakt und 3,6 ml 1molarer Phosphatpuffer, umschütteln) verwenden. Nach Tab. 11.2 Versuchsansätze in kurze Plastikröhrchen pipettieren, mischen und zum Schluß den Enzymextrakt zugeben.
2. Die Versuchsansätze im Wasserbad bei 37 °C 15 Minuten inkubieren.

Tab. 11.2 Bestimmung der Enzymaktivität in den Rohextrakten

Nr.	Wasser bidest. in ml	Threoninlösung (60 mg/ml) in ml	Na-Pyruvat (0,1 mg/ml) in ml	Extrakt in ml	E_{440}
0	1,0	–	–	–	I
1	0,9	–	–	0,1	I
2	0,85	0,05	–	0,1	I
3	0,7	–	–	0,3	I
4	0,65	0,05	–	0,3	I
5	0,9	–	–	0,1	II
6	0,85	0,05	–	0,1	II
7	0,7	–	–	0,3	II
8	0,65	0,05	–	0,3	II
9	0,8	–	0,2	–	II

3. 0,1 ml Trichloressigsäure zugeben (Inaktivierung der Enzyme) und umschütteln.

4. Die Weiterbehandlung sofort oder später vornehmen: 0,2 ml Dinitrophenylhydrazin-Reagenz zugeben und mischen. 5 Minuten stehen lassen.

5. 2 ml 2,5normale NaOH zugeben, schütteln und anschließend bei 440 nm in Glasküvetten gegen Röhrchen Nr. 0 messen.
Wenn die gemessenen Extinktionen nicht im Bereich zwischen 0,5 bis 1,5 liegen, statt 1 : 10 eine andere Verdünnung des Rohextrakts wählen.

Berechnung der spezifischen Enzymaktivität

Die Enzymaktivität wird angegeben in µmol umgesetztes Substrat/min · mg Protein, d. h. µmol gebildete *α*-Oxobuttersäure/min · mg Protein. Natriumpyruvat dient als Vergleichssubstanz. Man geht dabei davon aus, daß die molare Extinktion des Dinitrophenylhydrazons von Pyruvat gleich der des Dinitrophenylhydrazons von *α*-Oxobutyrat ist.

Ermittlung der umgesetzten Substratmenge:

$$E_{\text{Oxobutyrat}} = \varepsilon_K \cdot c_k \cdot d \qquad (3)$$

$$E_{\text{Na-Pyruvat}} = \varepsilon_p \cdot c_p \cdot d \qquad (4)$$

c molare Konzentration in mmol · ml^{-1}
d Schichtdicke,
E Extinktion,
ε molare Extinktion.

Bei Annahme gleicher molarer Extinktionen der Hydrazone von Pyruvat und α-Oxobutyrat kann man setzen:

$\varepsilon_k = \varepsilon_p$ und $d = 1$, daraus ergibt sich

$$\frac{(3)}{(4)} \quad \frac{E_k}{E_p} = \frac{c_k}{c_p}$$

$$\text{also: } c_k = \frac{E_k}{E_p} \cdot C_p \left[\frac{\text{mmol}}{\text{ml}}\right]$$

Nimmt man den c_k-Wert für 100 µl des 1 : 20 verdünnten Rohextrakts ($c_{k(v)}$), dann gilt für c_k, bezogen auf 1 ml unverdünnten Rohextrakt:

$$c_k = c_{k(v)} \cdot 10 \cdot 20 \ \mu\text{mol}$$

Daraus folgt für die Aktivität:

$$A = c_k/t \ (\mu\text{mol/min}) \text{ bzw. (units)}$$

Spezifische Aktivität: A/Protein (unit/mg)

Für die Aktivitätsbestimmung in den Versuchen auf den Seiten 248ff wird jeweils ein Röhrchen mit 0,2 ml Natriumpyruvatlösung (0,1 mg/ml) angesetzt.

11.2.3 Abhängigkeit des Threoninumsatzes von verschiedenen Parametern

Einfluß der Enzymmenge

Röhrchen vorbereiten (vergl. Tab. 11.2), die 0,05 ml Threoninlösung (60 mg/ml) und soviel bidest. Wasser enthalten, daß nach Extraktzugabe das Gesamtvolumen 1 ml beträgt. Den Rohextrakt I so verdünnen, wie es sich vorher, vgl. S. 246ff als zweckmäßig erwiesen hat. Folgende Extraktmengen verwenden: 0,05; 0,1; 0,2; 0,3 ml. Nach Zugabe des Rohextraktes wie im Kap. 11.2.2, s. S. 246ff, weiterarbeiten.

Einfluß der Zeit

Die Extraktmenge richtet sich nach dem Ergebnis des unter Einfluß der Enzymmenge beschriebenen Versuches, s. o. Erfahrungsgemäß ist eine Extraktmenge am günstigsten, die dort eine Extinktion von 0,5 bis 1,0 bei 440 nm ergeben hat. Als Substrat 0,05 ml Threoninlösung (60 mg/ml) einsetzen, Gesamtvolumen 1 ml. Nach 0, 5, 10, 15, 20, 30, 45 und 60 Minuten 0,1 ml TCA-Lösung zugeben. Wie bei Kap. 11.2.2, s. S. 246f, weiterarbeiten.

Einfluß der Substratmenge

Aus der konzentrierten Threoninlösung (60 mg/ml) werden durch Verdünnen Lösungen mit 12 mg/ml (1 Teil + 4 Teile bidest. Wasser) und 1,2 mg/ml (1 Teil + 49 Teile bidest. Wasser) hergestellt. Von den verdünnten Lösungen je 0,05; 0,1; 0,15; 0,25 ml, von der unverdünnten Substratlösung 0,1 und 0,2 ml in Röhrchen pipettieren. Mit bidest. Wasser auf 1 ml (einschließlich Extraktmenge) auffüllen. Die Reaktion durch Zugabe von Enzymextrakt (Menge, vgl. Abschnitt Einfluß der Zeit, s. o.) starten und wie bei Kap. 11.2.2, S. 246f, weiterarbeiten.

Einfluß des allosterischen Inhibitors Isoleucin

Je 0,1 ml Threoninlösung (60 mg/ml) in Röhrchen pipettieren. Dazu 0,4; 0,3; 0,25; 0,2; 0,15; 0,1 und 0 ml (für ungehemmten Vergleichswert) Isoleucinlösung (0,2 mg/ml) geben. Extraktmenge so wählen, daß ohne Isoleucin eine Extinktion zwischen 1,0 und 1,5 erreicht wird. Mit bidest. Wasser auf 1 ml Gesamtvolumen auffüllen. Wie bei Kap. 11.2.2, S. 246f beschrieben, weiterarbeiten.

Einfluß von Isoleucin auf die Substratsättigungskurve

Ansätze nach Tab. 11.3 vorbereiten. Reaktion durch Extraktzugabe starten und wie vorher Kap. 11.2.2, S. 246f, weiterarbeiten.

Einfluß von Valin auf die Substratsättigungskurve

Ansätze nach Tab. 11.3 vorbereiten, anstelle von Isoleucin Valinlösung (1,5 mg/ml) einsetzen.

Tab. 11.3 Einfluß von Isoleucin und Valin auf die Substratsättigungskurve

Nr.	Wasser bidest. in ml	Threoninlösung (1,2 mg/ml) in ml	Threoninlösung (12 mg/ml) in ml	Threoninlösung (60 mg/ml) in ml	Isoleucin- (0,2 mg/ml) / Valin (1,5 mg/ml) in ml	Extrakt in ml	Na-Pyruvat (0,1 mg/ml) in ml	E_{440}
0	1,0	–	–	–	–	–	–	
1		–	–	–	0,2		–	
2		0,05	–	–	0,2		–	
3		0,10	–	–	0,2		–	
4		0,15	–	–	0,2		–	
5		0,25	–	–	0,2		–	
6		–	0,05	–	0,2		–	
7		–	0,10	–	0,2		–	
8		–	0,15	–	0,2		–	
9		–	0,25	–	0,2		–	
10		–	–	0,1	0,2		–	
11		–	–	0,2	0,2		–	
12	0,8	–	–	–	–	–	0,2	

Auswertung

1. Die Eichkurve für die Proteinbestimmung ist graphisch darzustellen, und daraus sind die Proteinkonzentrationen der beiden Rohextrakte zu bestimmen.
2. Die Enzymaktivität der beiden Rohextrakte ist zu bestimmen und anhand der Proteinkonzentrationen die spezifische Aktivität in µmol gebildete Oxobuttersäure/min pro mg Protein anzugeben.
3. Aus dem Vergleich der spez. Aktivitäten von Extrakt I und II ist das Ausmaß der Repression des Isoleucin-Valin-Biosynthese-Enzyms zu berechnen.
4. Graphisch darzustellen sind:
   a) der Threoninumsatz in Abhängigkeit von der Zeit
   b) der zeitliche Verlauf des Threoninumsatzes bei konstanter Extraktmenge
   c) der Threoninumsatz in Abhängigkeit von der Substratmenge
   d) die Enzymaktivität in Abhängigkeit vom zugesetzten Isoleucin
   e) die Substratsättigungskurven mit und ohne Isoleucin und Valin.

11.3 Induktion und Katabolitrepression der β-Galactosidase von E. coli

Die β-Glactosidase (EC3.2.1.23) spaltet Lactose in D-Glucose und D-Galactose. In einem Medium, das Glycerin als einzige Kohlenstoffquelle enthält, sind nur wenige Moleküle dieses Enzyms vorhanden. Die Neusynthese der Galactosidase wird zusammen mit einer Permease und Transacetylase, den anderen Strukturproteinen des Lac-Operons, in Gegenwart von Lactose oder einem anderen β-Galactosid induziert. In Gegenwart von Methylthiogalactosid (MTG) oder Isopentenylthiogalactosid (IPTG), synthetischen Galactosiden, die nicht umgesetzt werden, kommt es zu einer noch stärkeren Induktion, ohne daß diese synthetischen Substrate hydrolysiert werden können (gratuitous induction).

Ein Modell für den Mechanismus dieser Induktion wurde von Jacob, F. und Monod, J. (s. S. 231) am Galactosesystem entwickelt.

In Abwesenheit des Induktors Lactose lagert sich der Repressor, Produkt des Regulatorgens i, an den Operator o und verhindert so die Transkription der Strukturgene. In Gegenwart des Induktors wird die Struktur des Repressors durch Anlagerung des Induktors so verändert, daß keine Anlagerung am Operator möglich ist. Die Transkription der Strukturgene kann erfolgen. Zur Induktion der lactoseabbauenden Enzyme ist eine bestimmte Konzentration an internem cyclischem AMP erforderlich. Dieses cyclo-AMP wird an einen CAP-Faktor (Katabolit-Aktivator-Protein) gebunden. Der cyclo-AMP-CAP-Komplex ermöglicht dann der RNA-Polymerase (RNA-Nucleotidyltransferase) die Transkription der lac-Gene (s. S. 89, 231).

In Bakterien, die aufgrund einer Mutation nicht mehr in der Lage sind, cyclo-AMP (Cyclase-Mutanten) oder einen aktiven CAP-Faktor zu bilden, wird deshalb keine Induktion der β-Galactosidase beobachtet. Glucose oder andere leicht verwertbare Kohlenstoffquellen unterdrücken die Induktion der β-Galactosidase durch IPTG, MTG, Lactose oder andere β-Galactoside. Diese Katabolitrepression der lactoseabbauenden Enzyme beruht darauf, daß Glucose zu einer Abnahme des cyclo-AMP-Spiegels in der Zelle führt. Der cyclo-AMP-CAP-Komplex zerfällt, und die Transkription der lac-Gene wird dadurch gestoppt.

Aufgabe

Die Induktion und Katabolitrepression der β-Galactosidase soll an einem Wildstamm von *E. coli* sowie an Mutanten untersucht werden, die in der Regulation der Galactosidase verändert sind.

Zeitplan

1. Tag: Vorzucht von Wildstamm und E. coli-Mutanten-Stämmen über Nacht
2. Tag: Verdünnung der Vorkulturen in Minimalmedium mit Glycerin und Weiterkultivierung (1 h), Induktionsversuch durchführen, Enzymteste durchführen

Material

Stämme: E. coli B leu⁻3 als Wildstamm, *E. coli W575* und *NZ 1783* als Regulationsmutanten

Geräte: Schüttelwasserbad, Wasserbad, Photometer

Steriles Material: 100-ml-Erlenmeyerkolben, Pipetten, GM-Medium, Glucoselösung (20%ig), Glycerinlösung (20%ig)

GM-Medium: 14,6 g $Na_2HPO_4 \cdot 12\ H_2O$; 3,5 g KH_2PO_4; 1 g NH_4Cl; 0,5 g NaCl; 0,4 g Yeast Extrakt; 0,01% Spurenelementlösung (*v/v*) (s. S. 221); 900 ml H_2O dest.; pH 6,8 bis 7,0
Getrennt autoklavieren: 0,2 g $MgSO_4 \cdot 7\ H_2O$ in 50 ml H_2O, dest.; 4 g Glycerin in 50 ml H_2O; 4 g Glucose in 50 ml H_2O

Insteriles Material:

300 ml	0,1molarer Phosphatpuffer mit Mercaptoethanol (10^{-3}molar = 0,07 ml/l)
50 ml	0,1molare Lactoselösung
50 ml	0,1molare Glucoselösung
30 ml	ONPG-Lösung: *o*-Nitrophenyl-galactopyranosid, 5 mg/ml
20 ml	Toluol
20 ml	Natriumdesoxycholat, 10%ig
20 ml	Natriumcarbonat, 1%ig

Durchführung

1. Am Abend in drei sterile 100-ml-Erlenmeyerkolben jeweils 10 ml GM-Medium mit Glucose pipettieren.
2. Die Kolben mit einem E. coli-Stamm (z. B. *E. coli B leu⁻3*), der Mutante *W 575* und der Mutante *NZ 25* beimpfen und über Nacht bei 37 °C schütteln.
3. Am nächsten Tag die Kulturen mit GM-Medium mit Glycerin auf 50 ml verdünnen und anschließend noch eine Stunde bei 37 °C weiterschütteln. Die Kulturen sind jetzt in der logarithmischen Phase.
4. Zur Durchführung des Induktionsversuches die Induktionsansätze nach Tab. 11.4 in neun 50-ml-Erlenmeyerkolben ansetzen. Ansatz 1 enthält keinen Induktor und dient als Kontrolle; Ansatz 2 enthält Lactose als Induktor, und im Ansatz 3 wird die Katabolitrepression durch Glucose untersucht.
5. Zur Zeit 0; 10; 20; 30 Minuten nach Beginn der Induktion jedem der neun Kolben 2 ml Suspension entnehmen und in ein Reagenzglas pipettieren, 2 Tropfen Toluol und Natriumdesoxycholatlösung zugeben. Dann 30 Minuten bei 37 °C unter mehrmaligem Schütteln die Zellen lysieren.
6. Die 36 Reagenzgläser mit den lysierten Zellen in Eis stellen.

Tab. 11.4 Induktionsversuch mit der β-Galactosidase

	Wildstamm			W 575			N 1783		
Ansatz	1	2	3	1	2	3	1	2	3
Bakteriensuspension in ml	9	9	9	9	9	9	9	9	9
GM-Medium in ml	1	0,5	–	1	0,5	–	1	0,5	–
Lactoselösung in ml	–	0,5	0,5	–	0,5	0,5	–	0,5	0,5
Glucoselösung in ml	–	–	0,5	–	–	0,5	–	–	0,5
Inkubationszeit in min									
0									
10									
20									
30									

7. Zur Bestimmung der Galactosidase-Aktivität in den 36 Proben 36 10-ml-Plastikröhrchen nach Tab. 11.4 beschriften und jeweils 4 ml Phosphatpuffer und 0,5 ml Substrat ONPG-Lösung vorpipettieren.
8. 0,5 ml Zelllysat in der Reihenfolge nach Tab. 11.4 zugeben. Die Zelllysate der Mutante *W 575* vorher 1 : 10 verdünnen (0,5 ml Lysat + 4,5 ml Phosphatpuffer) und dann 0,5 ml zum Testansatz zupipettieren.
9. Die Testansätze 15 Minuten bei 37°C im Wasserbad inkubieren und dann durch Zugabe von 0,2 ml Na_2CO_3-Lösung abstoppen. Die Extinktion der Proben bei 420 nm im Photometer messen.

Der Test beruht darauf, daß *β*-Galactosidase vom farblosen synthetischen Substrat *o*-Nitrophenylgalactopyranosid (ONPG) das gelb gefärbte o-Nitrophenol abspaltet. Die Konzentration dieses Produkts wird phothometrisch bei 420 nm bestimmt.

Auswertung

1. Die Extinktionswerte der einzelnen Testansätze sind in der Tab. 11.4, S. 252, einzutragen.
2. Die Enzymaktivität ist als Maß für die Induktion in Abhängigkeit von der Zeit beim Wildstamm und den Mutanten graphisch darzustellen.
3. Die Regulationsveränderungen der Mutanten *W 575* und *NZ 1783* sind anhand der Versuchsergebnisse zu deuten.

Literatur

Blazevic, D. J., Ederer, G. M. (1975), Principles of Biochemical Tests in Diagnostic Microbiology, John Wiley and Sons, New York, London, Sidney

Fasold, H. (1976), Bioregulation, UTB, Bd. IV.3, Quelle und Meyer, Heidelberg, 63

Henning, U., Helinski, T. R., Chao, F. C., Yanofsky, C. (1962), J. Biol. Chem. **237,** 1523

Jacob, F., Monod, J. (1961), J. Mol. Biol. **3,** 318

Lingens, F. (1968), Angew. Chem. **80,** 384

Monod, J., Cohen-Bazire, G. (1953), C. R. Acad. Bulg. Sci. **236,** 530

Rapoport, S. M. (1969), Medizinische Biochemie, VEB-Verlag Volk und Gesundheit, Berlin

Schlegel, H. G. (1985), Allgemeine Mikrobiologie, Georg Thieme Verlag, Stuttgart

v. Sengbusch, P. (1979), Molekular- und Zellbiologie, Springer Verlag, Berlin, Heidelberg, New York

Umbarger, H. E. (1961), Cold Spring Harbor Symp. Quant. Biol. **26,** 163

Watson, J. D. (1975), Molekularbiologie des Gens, Intern. European Editions, Amsterdam

Wechsler, I. A., Adelberg, E. A. (1964), J. Bacteriol. **98,** 1179

12. Zellfreie Proteinsynthese bei Escherichia coli

Die zellfreie Proteinsynthese bildet ein Modell für die in der Zelle ablaufende Proteinbiosynthese. Bei ihr erfolgt die Übersetzung (Translation) der in der Nukleotidsequenz der mRNA vorgegebenen genetischen Information in ein Polypeptid.

Die Entwicklung der Kenntnis über die Proteinbiosynthese kann nach Zamečnik in 3 Phasen beschrieben werden:

- Die „analytische Phase“ hatte das Ziel, in einem zellfreien System die Proteinsynthese zu demonstrieren.
- In der „synthetischen Phase“ wurden die Komponenten des Rohextraktes auf ihre Bedeutung bei der Synthese geprüft, und
- in der „makromolekularen Phase“ der Gegenwart werden die Einzelheiten des Reaktionsmechanismus und der räumlichen Anordnung der makromolekularen Reaktionsteilnehmer erforscht.

Nirenberg, M. W. und Matthaei, J. H. gelang 1961 ein zellfreies System bei *E. coli* zu entwickeln, das mit Polyuridylsäure als Matrize die Synthese von Polyphenylalanin ermöglichte. Solche zellfreien Systeme wurden darauf für zahlreiche Organismen sowie für Mitochondrien beschrieben. Schließlich gelang die *in vitro*-Synthese aktiver Enzyme in DNA-abhängigen Systemen.

Der Mechanismus der Proteinsynthese umfaßt Kettenstart oder Initiation, Kettenverlängerung oder Elongation und Kettenabbruch oder Termination [über Einzelheiten des Mechanismus s. Gassen, H. G. (1982)].

Die zellfreie Proteinsynthese ermöglichte die ersten Schritte auf dem Wege zur Aufklärung des genetischen Codes. Die Synthese von Kaninchenhämoglobin mit mRNA aus Kaninchenreticulocyten in einem zellfreien Proteinsynthesesystem aus *E. coli* galt als Beweis für die Universalität des genetischen Codes. Untersuchungen an Mitochondrien führten zur Einschränkung seiner universalen Gültigkeit, z. B. wird das Codon CUA normalerweise als Leucin übersetzt, im Hefemitochondrion jedoch als Threonin. Besondere Bedeutung hat die zellfreie Proteinsynthese für die Untersuchung von Inhibitoren und Aktivatoren wichtiger Verbindungen, z. B. wird die mitochondriale Proteinsynthese durch Phosphoenolpyruvat gehemmt, oder die bakterielle Proteinsynthese durch Polyamine, wie Spermin oder Spermidin, stimuliert. Polyamine wirken als thermostabilisierender Schutzfaktor bei der Proteinbiosynthese. So ermöglicht die Gegenwart von Spermin oder Thermin, das für Thermusarten spezifisch ist, noch bis 80°C eine Proteinsynthese. Ferner dient die zellfreie Proteinsynthese zur Aufklärung der Mechanismen bakterieller Resistenz gegen Antibiotika und Strahlen sowie als Modellsystem bei der Erforschung der Wirkungsweise von Mutagenen. Hierbei kann von der Möglichkeit Gebrauch gemacht werden, die Komponenten des Systems unter kontrollierten Bedingungen mit Testverbindungen zu behandeln, die Komponenten auszutauschen oder die Ribosomen zu hybridisieren.

Die zellfreie Proteinsynthese kann bei den unphysiologisch hohen Magnesiumsalzkonzentrationen von 12 bis 14mmolar optimal ablaufen und erfordert dabei keine Startcodons. Zu einer geordneten Proteinsynthese, wie sie *in vivo* abläuft, sind jedoch höchstens 5 mmolar erforderlich.

Magnesium kann als Komplexbildner zwischen den Phosphodiestergruppen der Nukleinsäuren wirken. *In vitro* dissoziieren die Ribosomen bei einer Magnesiumsalzkonzentration unter 5 mmol in die großen (50S) und die kleinen Untereinheiten (30S). Bei höheren Temperaturen (55 °C) dissoziieren die Ribosomen ebenfalls. Durch Verringerung der Konzentration an Magnesiumsalzen und auch der monovalenten Kationen verlieren die 30S-Ribosomenuntereinheiten die Fähigkeit, die Phe-$tRNA^{Phe}$ zu binden. Ein Zusatz von Sulfhydrylverbindungen, wie 2-Mercaptoethanol, ermöglicht die Reaktivierung der 30S-Untereinheiten.

12.1 Zellfreie Proteinsynthese

Die zellfreie Proteinsynthese wird am Beispiel der Synthese von Polyphenylalanin an der Polyuridylsäure als mRNA aufgezeigt (Abb. 12.1, S. 261). Es wird nach der von Mans und Novelli eingeführten Blättchenmethode gearbeitet. Führt man die Poly-C-abhängige Polyprolinsynthese aus, versetzt man die Inkubationslösung vor der Fällung mit Serumalbuminlösung und fällt mit 40% Trichloressigsäure (TCA). Polylysin läßt sich wegen der geringen Löslichkeit in TCA am besten fällen, wenn man der Inkubationslösung vor dem Fällen kaltes Polylysin beimengt. Zur Fällung verwendet man ein Gemisch (1 : 1) 10% TCA und 0,5% Natriumwolframatlösung. Zur Steigerung der Ausbeute an eingebauten Aminosäuren wird die S100-Fraktion dialysiert, derselbe Effekt wird durch Gelfiltration an Sephadex G75 erzielt. Die Ausbeute an Syntheseprodukten kann durch Zusatz von tRNA erheblich gesteigert werden, jedoch reicht im allgemeinen die in der S100-Fraktion vorhandene tRNA zur Ausführung der gestellten Aufgaben aus. Der Aufschluß der Bakterien durch Zerreiben mit Alcoa (Aluminiumoxid) in einem tiefgekühlten Mörser hat sich gegenüber anderen Methoden (Braun-Homogenisator, Ultraschall usw.) gut bewährt.

Die Fraktionen des Zellextrakts, S100 und Ribosomen, können gefriergetrocknet bei –20°C lange aufbewahrt werden. Vor Gebrauch wird das Trockenpulver im ursprünglichen Suspensionsvolumen mit Extraktionspuffer aufgenommen.

Da die zellfreie Proteinsynthese das Arbeiten mit radioaktiven Verbindungen erfordert, muß der Strahlenschutzbeauftragte informiert werden. Er ist zuständig für die Erfüllung der Voraussetzungen und die Einhaltung der Richtlinien für den Umgang mit radioaktiven Verbindungen und deren Beschaffung und Entsorgung (Bundesgesetzblatt Z 1997A, Strahlenschutzverordnung S. 2905–3000, [13. 10. 1976]).

Aufgaben

1. Proteinsynthese in Abhängigkeit von einzelnen Komponenten (Polynukleotid, ATP-Puffer, Ribosomen, S100-Fraktion, tRNA) des Systems.
2. Proteinsynthese in Abhängigkeit von den Konzentrationen der Ribosomen und der Enzyme der S100-Fraktion (Proteingehalt).
3. Proteinsynthese in Abhängigkeit von der Zeit (Kinetik).
4. Proteinsynthese in Gegenwart von Aktivatoren und Inhibitoren.

Material

Stamm: *E. coli B* oder *E. coli K12*

Geräte: Kühlbox (z. B. Polystyrolschachtel mit Eis), Kühlzentrifuge, Ultrazentrifuge mit Festwinkelrotor Ti50, Tiefkühltruhe, Fön oder Trockenschrank, Szintillationszähler mit Zubehör, Spektralphotometer, Wasserbad (37°C) mit Polystyrolschiffchen oder Thermoblock

Steriles Material: 10-l-Fermenter oder 2-l-Erlenmeyerkolben mit HNB-Medium (s. S. 177), 1-l-Erlenmeyerkolben mit 400 ml HNB-Medium, Pipetten zu 10 ml

Weiteres Material: Poly-U-Lösung (2 mg/ml Wasser); L-Phenylalanin (unmarkiert); radioaktive Aminosäure: L-Phenyl[2,3-^{3}H]alanin (185 kBq/µmol, 3,7 MBq/ml); tRNA (25 mg/ml) (entbehrlich); DNase (1 mg/ml); Trichloressigsäure (5 und 10%ig in Wasser); Alkohol (96%ig); Ether; Antibiotikum: 0,1 mmol · l^{-1} Streptomycin oder Chloramphenicol; Polyamin: 50 mmol · l^{-1} Spermintetrahydrochlorid oder Spermidintrihydrochlorid

Extraktionspuffer: Auf 1 l dest. Wasser 12,11 g Tris(hydroxymethyl)aminomethan; 2,14 g Magnesiumacetat; 3,73 g KCl, mit 1normaler HCl auf pH 7,8 einstellen; 0,424 ml Mercaptoethanol (rein); Pufferlösung kühl aufbewahren.

Waschpuffer wie Extraktionspuffer, jedoch ohne Mercaptoethanol

Die folgenden Lösungen werden im Tiefkühlschrank (unter –20°C) aufbewahrt:

Reaktionspuffer („ATP-Puffer"): 69 mg ATP (Natriumsalz); 26 mg PEP (Phosphoenolpyruvat/Kaliumsalz); 1,4 mg GTP (Natriumsalz); 0,5 mg Pyruvat-Kinase (Kristallsuspension) auf 10 ml Basisreaktionspuffer

Basisreaktionspuffer: Auf 500 ml dest. Wasser 9,1 g Tris; 3,3 g Magnesiumacetat; 2,8 g KCl, mit 1normaler HCl auf pH 7,8 einstellen; 0,32 ml reines Mercaptoethanol

Toluol-Szintillator (im Dunkeln aufbewahren): 4 g PPO (2,5-Diphenyloxazol); 100 mg POPOP [1,4-Bis-2 (5-phenyloxazolyl)-benzol] auf 1 l Toluol

Aluminiumoxid (Alcoa) mit Mörser und Pistill: 6 Bechergläser, 250 ml; Kolbenhubpipetten (10 µl und 100 µl); Reaktionsröhrchen mit Deckel; Präparategläschen; Chromatographierpapier für Blättchen (2,5 cm · 2,5 cm); Zellstoff; Pinzette; 50-ml-Meßzylinder; Dialyseschlauch (d = 1 cm)

Zeitplan und Zeitbedarf

1. Tag: Züchtung, 5–7 h
2. Tag: Zellaufschluß und Präparation der Fraktionen, 6 h
3. Tag: Durchführung der Proteinsynthese, 6 h

Praktische Durchführung

Herstellung der S100- und Ribosomenfraktion

1. *E. coli B* im 10-l-Fermenter oder in 2-l-Erlenmeyerkolben unter schwacher Belüftung oder Schütteln bei 37 °C züchten. Das Wachstum durch Messung der optischen Dichte verfolgen.
2. In der frühen log-Phase Bakterien im Eisbad abschrecken und mit Waschpuffer waschen. Zellen bzw. Zellextrakte stets im Eisbad halten!
3. Für den folgenden Aufschluß Mörser und Aluminiumoxid am Tage vorher in die Tiefkühltruhe stellen. 10 g Zellen (Feuchtgew.) mit 20 g Aluminiumoxid 30 Minuten verreiben, bis eine hochviskose Paste entstanden ist. Zellpaste mit 20 ml Extraktionspuffer aufnehmen.
4. Die erhaltene Suspension 20 Minuten bei 30 000 g und 2 °C zentrifugieren. Überstand abpipettieren und Niederschlag aus Zelltrümmern, unaufgeschlossenen Zellen und Aufschlußmaterial verwerfen.
5. Zur Beseitigung störender DNA DNase zusetzen (Endkonzentration 3 µg DNase/ml Überstand), mischen und 3 Minuten im Eisbad stehen lassen. 20 Minuten bei 30 000 g und 2 °C zentrifugieren.
6. Von der erhaltenen S30-Fraktion die oberen ⅘ abpipettieren und weiter verarbeiten. Rest verwerfen. Die weitere Fraktionierung in Ribosomen und S100-Fraktion ist aus Gründen der besseren Aktivitätserhaltung erforderlich.
7. Volumen der S30-Fraktion im eisgekühlten Meßzylinder bestimmen. Zellextrakt auf 2 Zentrifugenbecher des Rotors Ti50 verteilen (genau austarieren!) und 120 Minuten bei 105 000 g in der Ultrazentrifuge bei 2 °C zentrifugieren.

8. Nur die oberen ⅘ der S100-Fraktion entnehmen, da der übrige Teil noch zu stark mit Ribosomen verunreinigt ist. Unter Kühlung (4 °C) mindestens 5 Stunden zur Erhöhung der Einbauaktivität gegen Extraktionspuffer dialysieren.
9. Enzymfraktion in Portionen zu 0,3 ml auf kleine Präparategläschen verteilen und sofort tief einfrieren (≤ –20 °C) → **S100-Fraktion.**
10. Ribosomensediment (aus 8.) in Extraktionspuffer (¼ Volumen der S30-Fraktion) zum Waschen mit Glasstab sorgfältig suspendieren.
11. 90 Minuten bei 105 000 g in der Ultrazentrifuge bei 2 °C zentrifugieren. Überstand verwerfen.
12. Ribosomen vorsichtig in Extraktionspuffer suspendieren in einer Menge, die ¼ der S100-Fraktion entspricht.
13. Die erhaltene Suspension in Portionen zu 0,3 ml (etwa gleiche Anzahl wie S100-Fraktion) aufteilen und tief einfrieren (≤ –20 °C) → **Ribosomenfraktion.**
14. Zur Ermittlung der Ribosomen- und Enzymkonzentration den Proteingehalt der erhaltenen Ribosomensuspension und der S100-Fraktion nach der Methode von Lowry oder Bradford bestimmen.

Proteinbestimmung nach Lowry (Folin-Reaktion)

(Nachweisgrenze: 5 µg Protein)

Das Folin-Ciocalteau-Reagenz bildet mit aromatischen Aminosäuren (Tyrosin) einen blauvioletten Farbkomplex, dessen Extinktion gemessen wird, [Hartree, E. F. (1972), Anal. Biochem. **48,** 422].

Die Reaktion erfolgt erst in alkalischer Lösung bei pH 10, während das Reagenz nur im sauren Milieu beständig ist. Sobald daher das Folin-Reagenz zur alkalischen Kupfer-Protein-Lösung zugegeben wurde, **sofort** kräftig mischen!

Die Proteinbestimmung nach Lowry wird gestört durch Tris-Puffer; höhere Konzentrationen an $(NH_4)_2SO_4$ (> 0,15%); hohe Konzentration anderer Salze (1–5molar); Glycin; einige Komplexbildner; SH-Gruppen; einige Zucker. Das zu bestimmende Protein sollte daher kein Mercaptoethanol enthalten.

Material

10 mg Rinderserumalbumin (RA) in 10 ml dest. Wasser lösen (Standardlösung für Eichgerade); 1-cm-Küvette (mit 1normaler HCl reinigen)

Reagenzien:

A 2%ige Na_2CO_3-Lösung in 0,1normaler NaOH
B_1 2,5 ml 1%ige Kupfersulfatlösung ($CuSO_4 \cdot 5\,H_2O$); kühlstellen
B_2 2,5 ml 2%ige Kaliumnatriumtartrat-Lösung; kühlstellen
B wird vor Gebrauch durch Mischen von 1 ml B_1 und 1 ml B_2 hergestellt
C 50 ml Reagenz A und 1 ml Reagenz B (stets frisch) mischen
FC Folin-Ciocalteau-Reagenz (Merck)

Für den Test Ribosomensuspension verdünnen. Drei Proben zu 100 µl von unterschiedlichen Verdünnungsstufen prüfen.

Durchführung

1. Eich- und Testlösungen nach Verdünnung mit Wasser (s. Tab. 12.1!) mit 5,0 ml Reagenz C versetzen und dann 10 min stehen lassen.
2. Das Folin-Ciocalteau-Reagenz 1 : 1 verdünnen, 0,5 ml zugeben, sofort kräftig mischen und 60 min stehen lassen.
3. Bei 740 nm gegen Leerwert (Reagenzglas 1) messen (evtl. bei 540 oder 660 nm).
4. Graphische Auswertung durch Interpolation an der Eichgeraden.

Tab. 12.1 Pipettiertabelle zur Proteinbestimmung

Reagenzglas	RA in µl	Wasser in µl	C in ml	FC-Reagenz (1 : 1 verdünnt) in ml
Eichgerade und Test				
1	0	200	5	0,5
2	10 ≙ 10 µg	190	5	0,5
3	20	180	5	0,5
4	40	160	5	0,5
5	60	140	5	0,5
6	80	120	5	0,5
7	100	100	5	0,5
Ribosomenlösung oder S100-Fraktion				
8	100	100	5	0,5
9	100	100	5	0,5
10	100	100	5	0,5

Proteinbestimmung nach Bradford (Coomassie Blue-Reaktion)

(Nachweisgrenze: 1 µg Protein)

Die Proteinbestimmung nach Bradford ist noch etwas empfindlicher. SH-Gruppen stören nicht. *Coomassie brilliant blue* existiert in 2 Formen: Eine rote Anionform geht durch Bindung der Aminogruppe von Proteinen in eine blaue Form über. Da Detergenzien stören, müssen die Glasgefäße gut ausgewaschen werden. Vielfach ist der Geradenverlauf vom Protein abhängig. Das Reagenz ist mindestens 2 Wochen stabil [Bradford, M. M. (1976)

Anal. Biochem. **72,** 248–254; Pierce, J., Suelter, C. H. (1977), Anal. Biochem. **81,** 478–480; Sedmak, J. J., Grossberg, S. E. (1977), Anal. Biochem. **79,** 544–552].

Material

1 mg bzw. 0,1 mg Serumalbumin pro ml (Standardlösung für Eichgerade), 1-cm-Glasküvetten

Reagenz: 100 mg *Coomassie Brilliant Blue G250* in 50 ml Methanol lösen; 100 ml 85%ige (m/V) Phosphorsäure zugeben, und auf 1 000 ml mit dest. Wasser auffüllen und filtrieren.

Durchführung

RA-Lösung, Wasser und Testlösungen wie für den Lowry-Test (Tab. 12.1) zusammenpipettieren.

Nachweis von 10 bis 100 µg Protein

1. 0,1 ml Test- bzw. Eichlösung mit 5 ml Reagenz intensiv mischen.
2. Nach 10 Minuten bei 595 nm gegen Leerwert (0,1 ml Puffer und 5 ml Reagenz) messen.

Nachweis von 1 bis 15 µg Protein

1. 0,1 ml Test- bzw. Eichlösung mit 1 ml Reagenz sofort mischen
2. wie oben

Graphische Auswertung durch Interpolation der Eichgeraden.

Allgemeine Ausführung der Proteinsynthese (Abb. 12.1)

1. Unmittelbar vor Gebrauch Lösungen von ATP-Puffer, Polynukleotiden, tRNA und radioaktiver Aminosäure auftauen (unter **kaltem** Wasser) und nach Benutzung sofort wieder einfrieren. Die Lösungen können mehrmals aufgetaut werden.
   Ribosomen- und S100-Fraktionen unmittelbar vor Versuchsbeginn auftauen und mischen (80% Ribosomensuspension + 20% S100-Fraktion; außer für Aufgabe 2). Aufgetaute Ribosomen- und S100-Fraktionen ständig kühl halten (Röhrchen in eine Eisbox stellen!) und sofort verbrauchen (Wiedereinfrieren ist sinnlos, da dann kaum noch Einbauaktivität vorhanden).
2. Lösungen und Suspensionen in Kunststoffröhrchen mit Kolbenhubpipetten nach Angaben der Tab. 12.2 pipettieren. Die radioaktive Aminosäure auf den Röhrchenboden pipettieren. Die weiteren Lösungen am Röhrchenrand pipettieren, so daß die Reste der vorher pipettierten Lösungen durch die folgenden abgespült werden.
   Das Inkubationsvolumen beträgt 250 µl. Nach dem Pipettieren ist sofort im Wasserbad bei 37 °C zu inkubieren: (10 und 20 Minuten).
3. Nach Ablauf der Inkubationszeit Proben zu je 100 µl vorsichtig auf ein vorher beschriftetes und mit der Pinzette gehaltenes Filterpapierblätt-

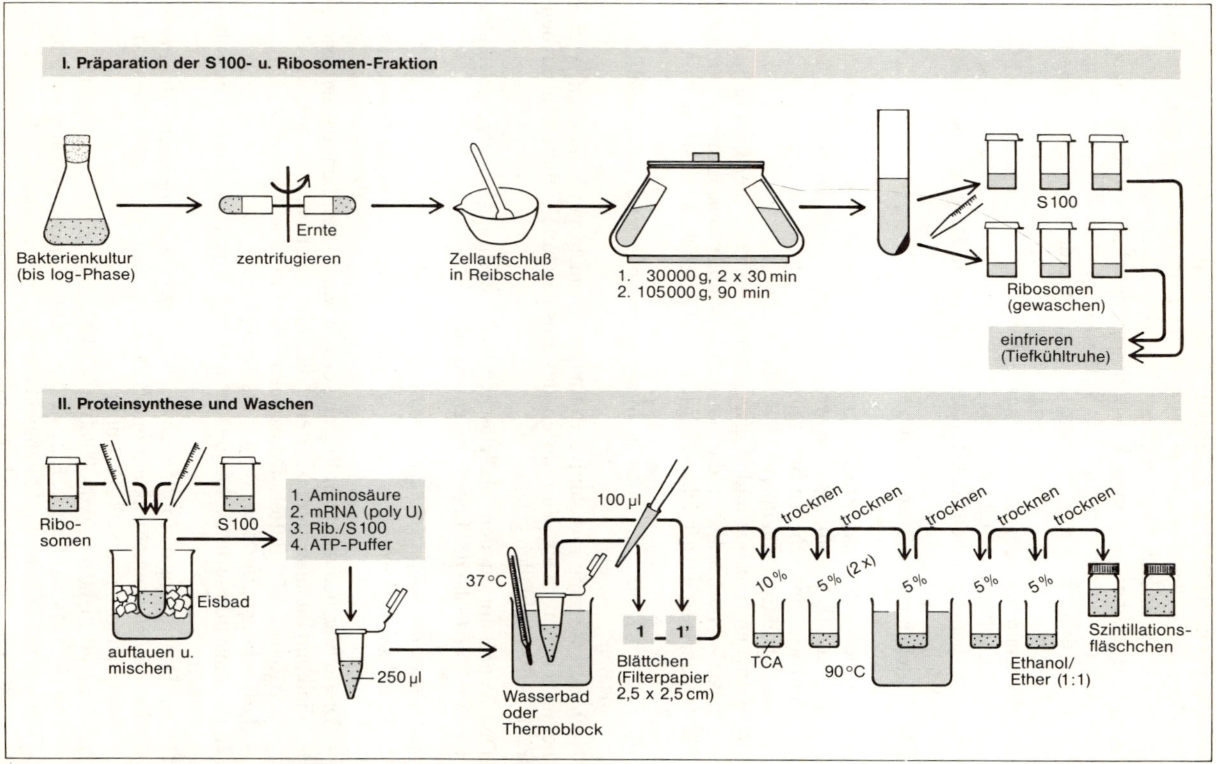

Abb. 12.1 Versuchsablauf der zellfreien Proteinbiosynthese

chen mit der Pipette auftragen. Blättchen dann sofort mit dem Fön oder auf Zellstoffunterlage bei 80°C im Trockenschrank trocknen (ca. 15 min). Ein leeres Kontrollblättchen wird mitgeführt.

4. Die trockenen Filterblättchen in 10%ige eisgekühlte TCA werfen (3 ml TCA pro Filterblättchen). Die Verweildauer in der Fällungslösung und in den Waschlösungen beträgt, wenn nicht anders vermerkt, jeweils 20 Minuten.

5. Blättchen mit der Pinzette herausnehmen, trocknen und in 5%ige eisgekühlte TCA einbringen.

6. Blättchen auf neuem Zellstoff trocknen und in 5%ige eisgekühlte TCA werfen.

7. Blättchen trocknen und in auf 90°C erhitzte 5%ige TCA werfen und 10 min auf 90°C halten.
Hierbei findet eine Esterspaltung statt, bei der markierte Aminosäuren von der tRNA abgespalten werden. Die säureamidartige Peptidbindung wird unter diesen Bedingungen jedoch nicht angegriffen.

8. Blättchen trocknen und in 5%ige TCA werfen.

9. Blättchen trocknen und in eisgekühltes Ethanol-Ether-Gemisch (1 : 1) legen. Hierbei wird die bei der Szintillationsmessung störende (Quench-Effekt) Trichloressigsäure ausgewaschen. Blättchen an der Luft trocknen.

10. Die trockenen Blättchen in Meßgläschen mit 7 ml Toluolszintillator messen.

Nach der Messung radioaktive Blättchen in einem gut ziehenden Abzug herausnehmen. Nach Verdunsten des Lösungsmittels Blättchen zu den radioaktiven Abfällen geben.

Der Szintillator in den Meßgläschen kann eventuell wieder verwendet werden. Die Höhe der Leerwerte entscheidet.

Zur Lösung der Aufgaben und Auswertung

1. Proteinsynthese in Abhängigkeit von den einzelnen Komponenten des Systems:
Dieser Versuch dient zur Prüfung des einwandfreien Funktionierens des Vielkomponentensystems. Hierzu die einzelnen Komponenten, wie Poly U, tRNA, ATP-Puffer, Ribosomen/S100-Fraktion, abwechselnd durch Extraktionspuffer bzw. Wasser ersetzen (Tab. 12.2).

2. Proteinsynthese in Abhängigkeit von den Konzentrationen der Ribosomen:
Zur Feststellung des optimalen Verhältnisses von Ribosomen/S100-Fraktion die Ribosomenfraktion und S100-Fraktion in folgender Weise variieren: Ribosomen/S100-Fraktion:
100/0, 80/20, 60/40, 40/60, 20/80 und 0/100.
Die Syntheseaktivität („Einbau der Aminosäuren“) ist in cpm (engl.: counts pro minute) in Abhängigkeit von der Ribosomenfraktion und der S100-Fraktion graphisch darzustellen.

Tab. 12.2 Pipettiertabelle: Proteinsynthese in Abhängigkeit von den einzelnen Komponenten des Systems

	Versuch 1 (komplett)	Versuch 2	Versuch 3	Versuch 4
Radioaktive Aminosäure, 10 µl	+	+	+	+
Polynucleotid, 10 µl	+	–	+	+
tRNA, 10 µl	+	+	+	+
ATP-Puffer, 100 µl	+	+	–	+
dest. Wasser i. a. 20 µl als Ergänzung zu 250 µl	20 µl	30 µl	20 µl H_2O, 100 µl Extraktionspuffer	20 µl H_2O, 100 µl Extraktionspuffer
Gemisch S100/Ribosomen, 100 µl	+	+	+	–

3. Proteinsynthese in Abhängigkeit von der Zeit:
Zur Aufstellung der Kinetik sind die Inkubationszeiten 1, 2, 3, 10 und 20 Minuten zu wählen. Zum Stoppen des Einbaus der radioaktiven Aminosäure einen Überschuß nicht-radioaktiver Aminosäure zugeben. Die Syntheseaktivität in cpm ist in Abhängigkeit von der Zeit graphisch darzustellen.

4. Proteinsynthese in Gegenwart von Aktivatoren und Inhibitoren:
Aktivatoren sind z. B. Spermidintrihydrochlorid und Spermintetrahydrochlorid. Durch Verdünnen mit Wasser folgende Konzentrationsreihe dieser Verbindungen herstellen:
0, 0,01, 0,05, 0,1, 0,5, 2,5, 10, 20, 50 mmol $\cdot$ l^{-1}.
Die Syntheseaktivität in cpm ist in Abhängigkeit von log mmol $\cdot$ l^{-1} des Aktivators graphisch darzustellen. Die Polyaminkonzentration mit der stärksten Aktivierung ist festzustellen.
Inhibitoren der Proteinsynthese sind Streptomycin und Chloramphenicol. Mit Wasser folgende Konzentrationsreihe herstellen:
0, 10^{-6}, 10^{-5}, 10^{-4}, 10^{-3}, 10^{-2}, 10^{-1} mmol $\cdot$ l^{-1}.
Die Syntheseaktivität in cpm ist in Abhängigkeit von log mmol $\cdot$ l^{-1} des Inhibitors graphisch darzustellen.

12.2 Untersuchungen an Ribosomen

Ribosomenpräparate besitzen wichtige Anwendungsbereiche. Zeigte ein Stoff, z. B. ein Antibiotikum, eine Hemmung der Proteinsynthese, kann ein Angriffsort am Ribosom genau festgestellt werden. Streptomycin und Spectinomycin binden sich an die 30S-Untereinheit, und Chloramphenicol, Erythromycin und Lincomycin lagern sich an die 50S-Untereinheit an. Isoliert man Ribosomen aus antibiotikaresistenten und -empfindlichen Stämmen, kann man sie in ihre Untereinheiten dissoziieren und nach ihrer Herkunft verschieden wieder reassoziieren. Die zellfreie Proteinsynthese mit solchen „hybridisierten" Ribosomen zeigt dann, ob die Hemmung auf einer Wechselwirkung des Antibiotikums mit der 30S- oder 50S-Untereinheit beruht. In der Bakterientaxonomie werden 30S-Ribosomen zur Isolierung der 16S-rRNA verwendet, deren Nukleotidsequenzen Aussagen über den Verwandtschaftsgrad gestatten. Ribosomen und deren Untereinheiten dienen auch zur Herstellung von Antikörpern. Aus der Präzipitatmenge Antikörper des einen Stammes/Ribosomenantigen des zweiten Stammes läßt sich ebenfalls auf den Verwandtschaftsgrad schließen. Anhand elektronenmikroskopischer Aufnahmen von Ribosomen kann die Zugehörigkeit eines Bakterienstammes zu den Archae- oder Eubakterien festgestellt werden. Archaebakterien lassen sich am charakteristischen „Archaebakterienschnabel" der 50S-Untereinheit erkennen.

Zur näheren Untersuchung der Ribosomen ist die schonende Methode des abwechselnden Einfrierens und Auftauens der Zellsuspension in Gegenwart von Lysozym mit anschließender Lyse durch Natriumdesoxycholat besonders geeignet. Auch mechanisches Aufschließen, z. B. durch die French-Press, ist zu empfehlen.

Ein Zellaufschluß mit Brij 58 (Polyethylenglykolether) hat sich ebenfalls sehr bewährt. Für die zellfreie Proteinsynthese ist jedoch wegen des störenden Einflusses der Fremdstoffe der mechanische Aufschluß vorzuziehen, der allerdings die Zellbestandteile schädigt.

70S-Ribosomen dissoziieren bei Verringerung der Magesiumionenkonzentration in ihre Untereinheiten

$$\underset{\substack{0{,}0003\ \text{mol}\cdot\text{l}^{-1}\ \text{Mg}^{2+}\\ \text{(Ribosomenpuffer II)}}}{50\ \text{S} + 30\ \text{S}} \rightleftharpoons \underset{\substack{0{,}01\ \text{mol}\cdot\text{l}^{-1}\ \text{Mg}^{2+}\\ \text{(Ribosomenpuffer I)}}}{70\ \text{S}}$$

Durch Erhöhung der Magnesiumsalzkonzentration reassoziieren sie wieder zu den 70S-Ribosomen. Auf die 70S-Ribosomen wirken außer Mg^{2+} auch Polyamine wie Spermidin stabilisierend. Auch Mercaptoethanol wirkt sich günstig aus.

Zur Darstellung der Ribosomen dienen Saccharosegradienten. Zur Isolierung der 70S-Ribosomen und deren Untereinheiten kann der Zellextrakt ohne weitere Fraktionierung auf den Gradienten aufgetragen werden. Sollen größere Ribosomenmengen erhalten werden, ist eine vorherige Fraktionierung (s. S. 257) zu empfehlen.

Zur Isolierung der Polysomen, die bei Bakterien rasch zerfallen, ist besonders schnelles Arbeiten mit milden Aufschlußverfahren erforderlich.

Der Saccharosegradient wird in einem dem Zentrifugenbechervolumen angepaßten Gradientenmischer hergestellt (Abb. 12.2). Dieser besteht aus 2 kommunizierenden Gefäßen, die Saccharose, gelöst in Puffer, enthalten. Die Zuckerlösung niedrigerer Konzentration fließt (Flußgeschwindigkeit mit Ventil regulierbar) in das Gefäß höherer Konzentration. Durch hindurchperlende Preßluft werden die Zuckerlösungen gemischt, so daß eine Lösung ständig sinkender Konzentration, ein Konzentrationsgradient, entsteht. Die Zuckerlösung fließt durch einen an die Becherwand gedrückten Teflonschlauch am Rande des Zentrifugenbechers und füllt langsam den Becher.

Ein Mischgerät zur Herstellung des Saccharosegradienten wird durch die Methode von Baxter-Gabbard entbehrlich. Drei Zyklen abwechselnden Einfrierens bei –20°C und Auftauens auf 4°C einer 30%igen Saccharoselösung ergeben einen steilen Gradienten.

Dissoziation und Reassoziation der Monosomen von *E. coli*

Aufgaben

1. Isolierung der 70S-Ribosomen und ihrer Untereinheiten mit Hilfe des Saccharosegradienten.
2. Reassoziierung von 70S-Ribosomen aus ihren Untereinheiten.

Material

Stamm: *E. coli B*

Geräte: Kühlzentrifuge, Ultrazentrifuge (Rotor SW50.1), Spektralphotometer, Gradientenmischer, Austropfer, Refraktometer zur Überprüfung des Gradienten auf Linearität, Eisbad

Weiteres Material: Lysozym, 10%ige Natriumdesoxycholatlösung in Wasser, 5% und 20% Saccharose in Ribosomenpuffer I bzw. II

Ribosomenpuffer I:
0,01 mol Tris/HCl, pH 7,5; 0,01 molares Magnesiumacetat; 0,03 mol NH_4Cl

Ribosomenpuffer II:
0,01 molares Tris/HCl, pH 7,5; 0,0003 molares $MgCl_2$; 0,03 molares NH_4Cl
Kulturröhrchen; Pipetten zu 1 ml und 5 ml; Eisbad; Aceton-Trockeneis-Kältegemisch (–78,5°C)

Saccharosegradient: 5 bis 20% (Abb. 12.2)
Es werden je 20 ml einer 5- und 20%igen Saccharoselösung hergestellt. Die Saccharose ist je nach Aufgabe in Ribosomenpuffer I oder II zu lösen.

Zur Prüfung der Linearität des Gradienten kann in einem Vorversuch die Brechzahl der einzelnen Fraktionen mit dem Refraktometer gemessen werden.

Zeitplan und Zeitbedarf:

1. Tag: Überimpfen, 10 min
2. Tag: Versuch, 8 h

Praktische Durchführung

Präparation der 70S-Ribosomen und der 50S- und 30S-Untereinheiten (Abb. 12.2)

1. 40 ml einer *E. coli*-Kultur der logarithmischen Phase (ca. $5 \cdot 10^8$ Zellen/ml) im Eisbad auf 2 °C abschrecken.

2. Zellen sofort 5 min bei 10 000 g in der Kühlzentrifuge abzentrifugieren.

3. Ohne zu waschen, in 0,5 ml kaltem Puffer-Lysozym-Gemisch folgender Zusammensetzung resuspendieren:
   a) Zur Gewinnung der 70S-Ribosomen in 0,5 ml des Ribosomenpuffers I 0,5 mg Lysozym lösen.
   b) Zur Gewinnung der 50S- und 30S-Untereinheiten einen Teil der Zellen in 0,5 ml Ribosomenpuffer II mit 0,5 mg Lysozym suspendieren.

4. Beide Suspensionen im Aceton-Trockeneis-Kältegemisch einfrieren und dann in kaltem Wasser vollständig auftauen. Einfrieren und Auftauen werden einmal wiederholt.

5. Suspension darauf mit 0,015 ml einer frisch angesetzten 10%igen Natriumdesoxycholatlösung 3 min bei 0 °C inkubieren.

6. Extrakt 1 : 5 und 1 : 10 mit jeweiligem Ribosomenpuffer verdünnen und ohne weitere Fraktionierung sofort auf je einen vorbereiteten Saccharosegradienten auftragen.

7. a) Zonengradient für 70S-Ribosomen
0,2 ml (Extinktion bei 260 nm sollte 10 bis 20 betragen) der Suspension vorsichtig auf den Saccharosegradienten (5 bis 20% Saccharose) in 5-ml-Zentrifugenröhrchen des Rotors SW50.1 auftragen. 80 min bei 43 000 upm zentrifugieren.
Fraktionen zu 12 Tropfen wählen. Zur Fraktionierung dienen **Gradientenaustropfer** (Abb. 12.2). Beim **Anstichverfahren** sticht man den Boden des Zentrifugenröhrchens (mit Hilfe einer in eine Rändelschraube eingelöteten Injektionskanüle) an. Da das Röhrchen im Austropfer mit dem Plexiglasdeckel luftdicht verschlossen ist, läßt sich die Austropfgeschwindigkeit erforderlichenfalls mit Hilfe einer Schlauchklemme am Belüftungsschlauch regulieren.

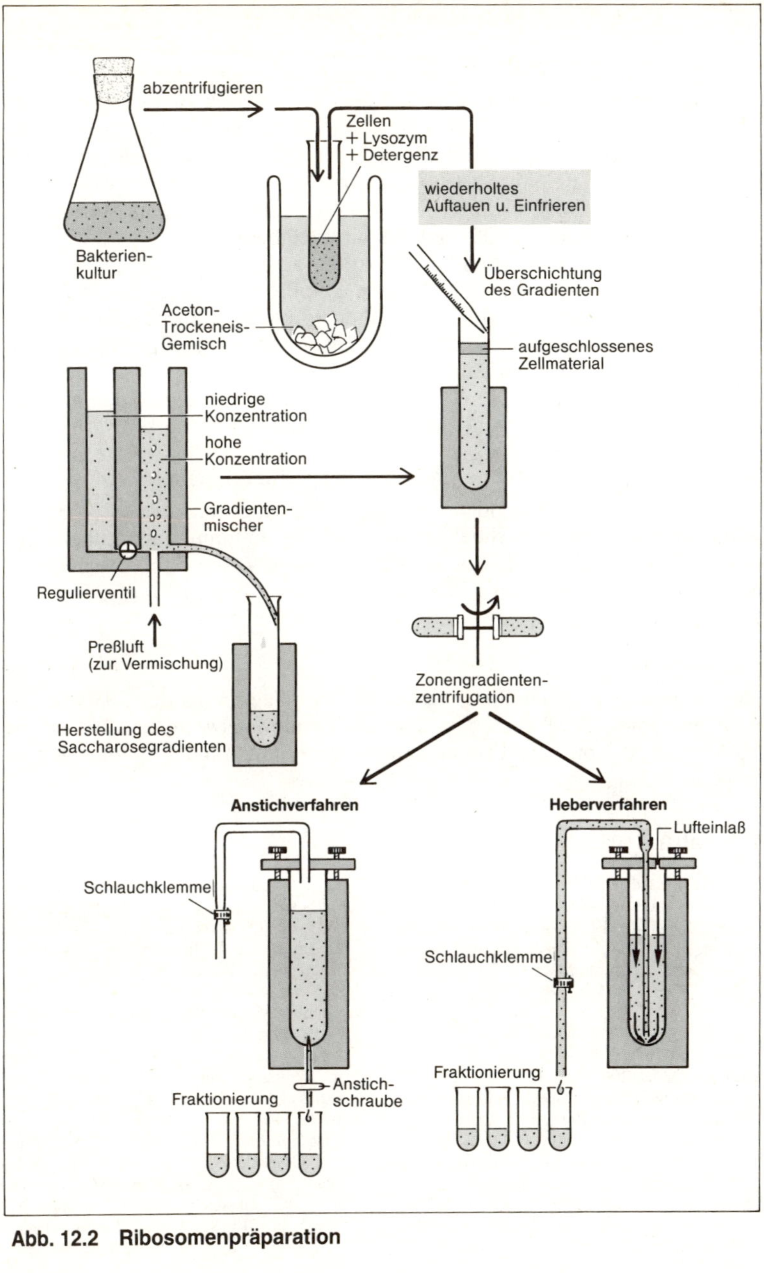

Abb. 12.2 Ribosomenpräparation

Beim **Heberverfahren** wird eine Kanüle durch die Flüssigkeitssäule des Zentrifugenbechers bis fast auf den Becherboden geführt (Abb. 12.2, s. o.). Durch einen längeren Schlauch, der an der Kanüle befestigt ist, wird soviel Flüssigkeit angesaugt (mit Peleusball und Pipette), daß ein Austropfen selbsttätig erfolgt. Die Austropfgeschwindigkeit kann durch eine Schlauchklemme reguliert werden.

b) Zonengradient für 50S- und 30S-Untereinheiten
Ribosomenpuffer-II-haltigen Extrakt 1 : 5 und 1 : 10 mit Ribosomenpuffer II verdünnen. Darin je eine Probe von 0,2 ml (wie 7a) auf die Säule des Saccharosegradienten (5 bis 20% Saccharose) auftragen, in dem die Saccharose ebenfalls im Ribosomenpuffer II gelöst wurde und 80 min wie unter 7a zentrifugieren.

8. Nach dem Austropfen Fraktionen mit 1 ml des entsprechenden Ribosomenpuffers verdünnen und bei 260 und 280 nm sofort messen.

Reassoziation der 70S-Ribosomen aus ihren Untereinheiten

Zellen nach 1., 2.; 3b und bis 5. wie vorher angegeben, s. S. 266, mit Ribosomenpuffer II aufschließen und nach Verdünnung des Zellhomogenats 1 : 5 und 1 : 10 mit Ribosomenpuffer I sofort auf den vorbereiteten Saccharosegradienten (5 bis 20% Saccharose in Ribosomenpuffer I gelöst) auftragen und zentrifugieren, wie unter 7a beschrieben.

Auswertung

Zur graphischen Darstellung des Gradientendiagramms der 70S-Ribosomen und ihrer Untereinheiten sind die Extinktionswerte bei 260 nm in Abhängigkeit von der Fraktionennummer auf Millimeterpapier aufzutragen.

Literatur

Baxter-Gabbard, K. L. (1972), A. Simple Method for the Large-Scale Preparation of Sucrose Gradients, FEBS Lett. **20,** 117–119

Gassen, H. G. (1982), Das bakterielle Ribosom: ein programmierbares Enzym, Angew. Chem. **94,** 15–27

Gray, M. W., Doolittle, W. F. (1982), Has the Endosymbiont Hypothesis been Proven?: Microbiol. Rev. **46,** 1–42

Godson, G. N. (1967), A Technique of Rapid Lysis for the Preparation of Escherichia coli Polyribosomes, in Methods in Enzymology XII, Nucleic Acids, Part A, Moldawe, K., Grossman, L. Herausgeb.), Academic Press, New York, London, 503–516

Happe, M., Jockusch, H. (1973), Cell-Free Protein Synthesis Resulting in Active Phage Qβ-replicase, Nature (London), **245,** 141–143

Lake, J. A., Henderson, E., Clark, M. W., Matheson, A. T. (1982), Mapping Evolution with Ribosome Structure: Intralineage Constancy and Interlineage Variation, Proc. Nat. Acad. Sci. U. S. A. **79,** 5948–5952

Nirenberg, M. W., Matthaei, J. H. (1961), The Dependence of Cell-Free Protein Synthesis in E. coli Upon Naturally Occurring or Synthetic Polyribonucleotides, Proc. Nat. Acad. Sci. U. S. A. **47,** 1588–1602

Pouwels, P. H., von Rotterdam, J. (1972), In Vitro Synthesis of Enzymes of the Tryptophan Operon of Escherichia coli, Proc. Nat. Acad. Sci. U. S. A. **69,** 1786–1790

Salser, W., Gesteland, R. F., Bolle, A. (1967), In Vitro Synthesis of Bacteriophage Lysozyme, Nature (London), **215,** 588–581

Takamani, M. (1967), Preparation of Ribosomes and their Subunits from Escherichia coli Cells, in Methods in Enzymology XII, Nucleic Acids, Part A, (Moldawe, K., Grossman, L., Herausgeb.), Academic Press, New York, London 491–494

Yamada, T., Davies, J. (1971), A Genetic and Biochemical Study of Streptomycin- and Spectinomycin-resistance in Salmonella typhimurium: Mol. Gen. Gent. **110,** 197–210

Zuber, H. (1979), Thermophile Bakterien, Chem. in unserer Zeit **13,** 165–175

13. Isolierung und Charakterisierung von Desoxyribonukleinsäuren

In der Desoxyribonukleinsäure (DNA) ist die gesamte genetische Information für die biologische Organisation und Vermehrung einer lebenden Zelle enthalten. Chromosomale oder genomische DNA von Bakterienzellen besteht aus einem ringförmigen 4000 kbp* langen Molekül, das bei der Isolierung in 40 bis 100 kbp lange lineare Fragmente zerbricht.

Neben der genomischen DNA findet man in vielen Bakterien kleinere ringförmige doppelsträngige DNA-Moleküle, sogenannte Plasmide. Sie unterscheiden sich durch ihre Größe, ihren Informationsgehalt, ihre Kopienzahl und ihren Replikationsmechanismus. Ihre minimale Größe liegt bei etwa 2 kbp, häufig findet man Plasmide mit 5 bis 100 kbp, die obere Größe ist allerdings nicht deutlich abgegrenzt. So findet man in Bakterien der Gattung Agrobacterium Plasmide bis zu einer Größe von 1000 kbp.

Obwohl Plasmide nur 1 bis 3 Prozent der genomischen DNA der Zelle ausmachen, sind sie für wichtige zusätzliche genetische Eigenschaften der Zelle verantwortlich. So tragen einige Plasmide die Information für die Paarung von Bakterien und ermöglichen gleichzeitig den Genaustausch von chromosomalen Plasmidgenen. Einige sind für bestimmte Erkrankungen von Pflanzen und Tieren verantwortlich oder tragen auch Gene, die Wirtszellen mit Resistenzen gegen eine Vielzahl von Antibiotika versehen. In verschiedenen Bodenbakterien sind sie für die vielfältige Verwertung von aliphatischen und aromatischen Kohlenwasserstoffen verantwortlich.

Bakteriophagen bestehen aus linearen Doppelstrang-DNA-Molekülen, die teilweise über ihre kohäsiven Enden ringförmige Moleküle bilden, oder aus zirkulärer Einzelstrang-DNA. Sie werden nur in der Zelle vermehrt und in Phagenproteine verpackt, können aber im Gegensatz zu den Plasmiden auch außerhalb der Zelle existieren. Die für Plasmide typischen Eigenschaften konnten bisher bei Phagen nicht nachgewiesen werden. Phagen können jedoch wie manche Plasmide einzelne Gene aus dem Bakteriengenom aufnehmen und auf andere Wirtszellen übertragen. Erfolgt die Übertragung durch Plasmide, so spricht man von Konjugation, sind Phagen dafür verantwortlich, wird dieser Prozeß als Transduktion bezeichnet.

---

* kbp = Kilobasenpaare

Die wesentlichen Schritte bei der Isolierung von DNA sind der Zellaufschluß und die anschließende Abtrennung der DNA von Proteinen und anderen Makromolekülen der Zelle.

Besonders schonende Zellaufschlußverfahren, wie Einfrieren und Auftauen, Aufbrechen der Zellen durch osmotische Schocks und enzymatische Verfahren, insbesondere bei mikrobiellen Zellen, müssen angewandt werden, weil die Nukleinsäuren als sehr lange Polynukleotidmoleküle anfällig gegen mechanische Scherkräfte und Nukleasen sind.

Bei einer typischen Aufarbeitung von bakterieller DNA werden die Zellen in einem isotonischen Saccharosepuffer suspendiert. Durch Zugabe von Lysozym wird die mureinhaltige Zellwand abgebaut, mit dem Detergenz Natriumdodecylsulfat anschließend die Zellmembran lysiert und dann mit Proteinase K ein großer Teil der Zellproteine aufgelöst. Durch Ethylendiamintetraessigsäure im Puffer werden zweiwertige Ionen weggefangen und damit eine Aktivierung von DNasen im Lysat verhindert. Proteine und andere Makromoleküle in diesem klaren, viskosen Lysat werden durch Zugabe von Phenol denaturiert und durch die anschließende Zentrifugation in Phenol- und wäßrige DNA-Phase aufgetrennt. In der weißlichen Zwischenschicht verbleiben die denaturierten Makromoleküle. Die Phenolbehandlungen werden mehrmals wiederholt, Phenolreste mit Ether oder Chloroform entfernt und die DNA anschließend mit Ethanol ausgefällt. Die DNA-Fäden werden mit einem Glasstab aufgewickelt und in Puffer wieder gelöst. Ribonukleinsäure in der DNA-Präparation wird durch Zugabe von DNase-freier RNase abgebaut.

Bei der Isolierung von Plasmid-DNA wird die genomische DNA durch Alkalibehandlung und die anschließende Präzipitation als Natriumdodecylsulfat-NaCl-Komplex weitgehend aus der Präparation entfernt. Die DNA wird mit Polyethylenglykol konzentriert und dann in einem Cäsiumchlorid-Ethidiumbromid-Gradienten zentrifugiert. Da Ethidiumbromid besser in die lineare genomische DNA interkaliert wird als in die ringförmig verdrillte Plasmid-DNA, entsteht ein Dichteunterschied, durch den die leichter gewordene genomische DNA von der Plasmid-DNA abgetrennt werden kann. Das Ethidiumbromid wird anschließend mit Isopropanol extrahiert und das Cäsiumchlorid durch Dialyse gegen Puffer entfernt.

Genomische DNA von Pro- und Eukaryonten kann selbst mit den schonendsten Verfahren nicht in ihrer nativen Länge isoliert werden. Man erhält in der Regel lineare Fragmente von 50 bis 100 kbp Länge. Plasmid-DNA, Virus-DNA oder DNA aus Organellen wie Mitochondrien oder Chloroplasten läßt sich dagegen aufgrund der geringen Größe intakt isolieren. Die wichtigsten DNA-Konformationen sind in der Tab. 13.1 zusammengefaßt.

Durch Gelelektrophorese wird die DNA nach Größe und Konformation aufgetrennt. Große DNA-Moleküle wandern langsamer als kleine. Ring-

Tab. 13.1 DNA-Konformationen bei Plasmid-, Phagen- und Genom-DNA, nach Sengbusch (1979), Molekular- und Zellbiologie, Springer-Verlag, Heidelberg, Berlin, New York

DNA	Konformation	Beispiel
Plasmid-DNA		
	Doppelstrang-DNA supercoiled (CCC)	pBR322 (4,2 kbp)
	Doppelstrang-DNA open circle (OC)	pBR322 mit Einzelstrangbruch
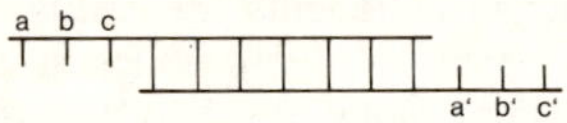	Doppelstrang-DNA, linear mit sticky ends (L)	pBR322 mit Restriktionsenzym gespalten
Phagen-DNA		
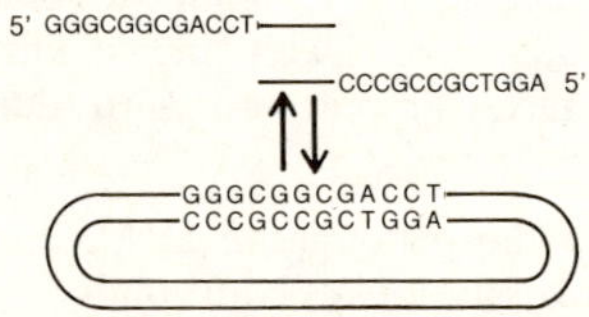	Doppelstrang-DNA, linear mit kohäsiven Enden	Lambda-DNA (50 kbp)
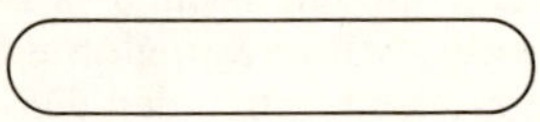	Einzelstrang-DNA, zirkulär	fd-DNA 8,3 kbp
Genomische DNA 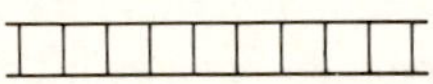	Doppelstrang, linear	E. coli-DNA nativ 4000-kbp-Ring
	lineare DNA-Fragmente	nach Isolierung 50–100 kbp, linear

offene (OC = **o**pen **c**ircular) Formen wandern langsamer als lineare Formen, und die verdrillte Ringform von Plasmiden (CCC = **c**ovalently **c**losed **c**ircular, supercoiled) wandert als kompakteste Form am schnellsten. Das unterschiedliche elektrophoretische Verhalten der verschiedenen DNA-

Formen ist schematisch in der Abb. 13.1 dargestellt. Bei Verwendung eines Eichstandards mit DNA-Fragmenten bekannter Größe ist es möglich, die Länge von linearisierten DNA-Fragmenten aus der entsprechenden Eichkurve zu bestimmen.

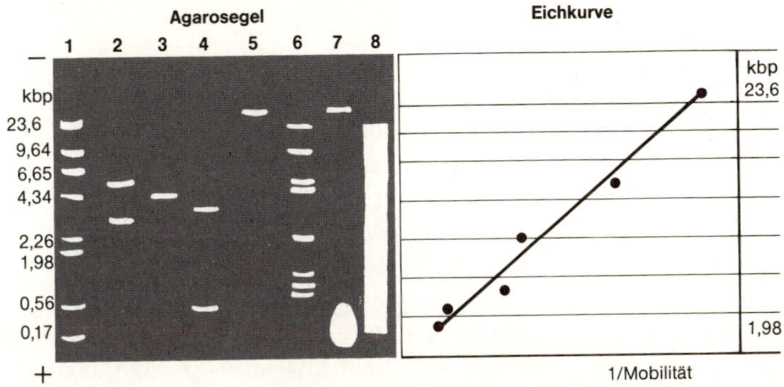

Abb. 13.1 Auftrennung verschiedener DNA-Moleküle durch Elektrophorese im Agarosegel und Eichkurve zur Bestimmung der relativen Molekülmassen von linearer DNA

1 Standard der relativen Molekülmasse der DNA: Lambda-DNA-Fragmente durch Spaltung mit dem Restriktionsenzym HindIII in verschiedenen Fragmentgrößen. Die beiden kleinen Fragmente sind im Gel nur sichtbar, wenn 1 µg DNA eingesetzt wird. Sie werden bei der Eichkurve nicht verwendet

2 Plasmid-DNA, CCC-Form und OC-Form nach DNA-Isolierung, ältere Präparationen enthalten auch lineare Moleküle (3)

3 Plasmid-DNA, linearisiert mit einem Restriktionsenzym, das nur eine Erkennungssequenz auf dem Plasmid besitzt

4 Plasmid-DNA, lineare Fragmente durch Spaltung mit einem Restriktionsenzym, das zwei Erkennungssequenzen auf dem Plasmid aufweist

5 Phagen-DNA, ungespalten

6 Phagen-DNA, gespalten durch ein Restriktionsenzym mit mehreren Erkennungssequenzen auf der DNA

7 Genomische DNA, ungespalten, nach DNA-Isolierung, unten RNA als Verunreinigung

8 Genomische DNA, Bandenmuster durch Spaltung der heterogenen DNA-Fragmente (50–100 kbp) mit einem Restriktionsenzym

13.1 Isolierung von Plasmid-DNA

Aufgabe

Präparative Isolierung von Plasmid-Vektor-DNA aus dem Stamm *Escherichia coli pBR 322* nach einer Lysozym-SDS-Isolierungsmethode.

Material

Stamm: *Escherichia coli pBR 322*

Geräte: 37 °C Inkubationsschüttelapparat, Kühlzentrifuge, Ultrazentrifuge mit Rotoren Ti50 und Ti60 oder entsprechenden Vertikalrotoren, Spektralphotometer, Gelelektrophoreseapparatur mit Netzgerät, Tiefkühlschrank –70 oder –20 °C, Mikropipetten (2–1 000 μl), Erlenmeyerkolben (500 ml, 1 l) Eisbad

Steriles Material: 3 l ENB-Medium: 8 g Nutrient Broth, 5 g Bactopepton, 1 g Glucose, 1,5 g KH_2PO_4; 3,5 g Na_2HPO_4; 5 g NaCl, auf 1 l H_2O auffüllen; für Platten 1,8% Agar zugeben. Nach dem Autoklavieren 5 mg/l Thiamin steril filtriert zugeben.
TE-Puffer: 10 mmolares Tris/HCl; 1 mmolares EDTA, pH 8, mit HCl einstellen
TES-Puffer: 30 mmolares Tris/HCl; 5 mmolares EDTA; 50 mmolares NaCl, pH 8,0
200 ml TES-Saccharose-Puffer: 25 g Saccharose auf 75 ml TES-Puffer, pH 8; 0,25 molares EDTA, pH 8; 10 ml Lysozymlösung (5 mg/ml TE-Puffer); 20 ml Natriumdodecylsulfat, SDS (10%ig); 100 ml 3normale NaOH; 100 ml 2molarer Tris/HCl-Puffer, pH 7; 100 ml 5molares NaCl; 100 ml 50%iges Polyethylenglykol (PEG) 6000, pH 7; 100 ml 10fach konzentrierter TE-Puffer; Bromphenolblau/Saccharose-Lösung (0,05%ig in 60%iger Saccharose)
Pipettenspitzen (gelb, blau); Pipetten (1-10ml), Einwegspritzen + Kanülen, 1,5-ml-Reaktionsgefäße

Insteriles Material: Kühlzentrifugenbecher (500 ml, 50 ml); Ultrazentrifugenröhrchen (Ti60/Ti50); Dialysierschlauch, d = 1 cm; ausgekocht in 0,01molarer EDTA. Agarose (Seakem ME), 0,8%ig in 40mmolarem Tris/Acetat-Puffer, pH 7.9), Chloramphenicol (50 mg/500 ml ENB), Caesiumchlorid, Ethidiumbromid, caesiumchloridgesättigtes Isopropanol (4 °C), Paraffinöl (Bayol F)

Zeitplan

1. Tag: Beimpfen der Vorkultur
2. Tag: Anzucht der Hauptkulturen + Chloramphenicol-Behandlung der Zellen über Nacht
3. Tag: Isolierung der klaren DNA-Lysate + SDS-NaCl-Präzipitation über Nacht
4. Tag: Konzentration der DNA mit PEG 6000 + Caesiumchlorid-Ethidiumbromid-Gradienten-Zentrifugation
5. Tag: Caesiumchloridgradienten-Zentrifugation
6. Tag: Fraktionierung der Caesiumchloridgradienten zur Isolierung der Plasmid-DNA
   Extraktion des Ethidiumbromids
   Dialyse gegen TE-Puffer über Nacht

7. Tag: Charakterisierung der DNA
Photometrische Konzentrationsbestimmung
Agarosegelelektrophorese
8. Tag: Falls notwendig, Abtrennung von chromosomalen Verunreinigungen durch weitere Ultrazentrifugation (Ti50-Rotor)
9. Tag: Fraktionierung der Dichtegradienten wie am 6. Tag
Charakterisierung der DNA durch Agarosegelelektrophorese

Durchführung

1. 250 ml ENB-Medium in einem 500-ml-Erlenmeyerkolben (steril) mit dem Stamm *Escherichia coli pBR322* beimpfen und über Nacht bei 37 °C schütteln.

2. Die Bakterienvorkultur in 50-ml-Portionen auf vier 1-l-Erlenmeyerkolben verteilen, die jeweils 500 ml ENB-Medium enthalten. Kolben bei 37 °C weiterschütteln und Trübung der Bakteriensuspension nach einer Stunde, dann in kürzeren Abständen im Spektralphotometer messen. Hierzu Proben von jeweils 1 ml steril entnehmen und in 1-cm-Küvetten bei 600 nm die Trübung der Zellsuspension messen. Bei einer optischen Dichte von 1,0 50 mg Chloramphenicol pro Kolben zugeben und die Zellen zur Vermehrung der Kopienzahl der Plasmidmoleküle weitere 18 h bei 37 °C über Nacht schütteln.

3. Die Zellsuspension insteril in Kühlzentrifugenbecher überführen und 15 Minuten bei 6 000 g und 4 °C zentrifugieren. Den Überstand vorsichtig dekantieren und den Zellniederschlag in jeweils 50 ml TES/Saccharose-Puffer, pH 8, aufnehmen und nochmals bei 6 000 g 15 Minuten abzentrifugieren.

4. Den gewaschenen Zellniederschlag von jeweils 500 ml Zellsuspension in jeweils 20 ml TES/Saccharose-Puffer mit einer 10-ml-Pipette suspendieren. Anschließend 2 ml 0,25 molares EDTA, pH 8, und 2 ml Lysozymlösung (5 mg/ml gelöst in TE-Puffer) zugeben und die Zellen zur Zellwandauflösung (Protoplastierung) 30 Minuten bei 37 °C inkubieren. Zur Hemmung von Nukleasen weitere 2 ml 0,25molare EDTA, pH 8, zugeben und die Zellen mit 2 ml Natriumdodecylsulfat (SDS, 1%ig) lysieren.

5. Zum klaren Lysat 5 ml 3normale NaOH zupipettieren und durch sofortiges Schwenken der Becher vorsichtig mischen. Nach 15minütiger Inkubation bei Zimmertemperatur das Lysat durch Zugabe von 20 ml 2molarem Tris/HCl-Puffer, pH 7, bei Zimmertemperatur neutralisieren (5 Minuten stehen lassen). Durch die Alkalibehandlung wird die chromosomale DNA denaturiert und kann bei der nachfolgenden SDS-NaCl-Präzipitation leichter abgetrennt werden.

6. Das SDS-Lysat mit einer 5molaren NaCl-Lösung auf 0,5molar einstellen und über Nacht bei 4 °C stehen lassen.

7. Das SDS-DNA-Präzipitat 15 Minuten bei 17000 g und 4°C in der Kühlzentrifuge abzentrifugieren. Der Überstand enthält die Plasmid-DNA zusammen mit nicht präzipitierter chromosomaler DNA.

8. Den Überstand in einem sterilen 500-ml-Erlenmeyerkolben vereinigen. Das Volumen messen und mit 50%igem PEG 6000, pH 7, die DNA-Lösung auf 10%ig einstellen (Beispiel: 200 ml DNA-Lösung mit 50 ml PEG [50%ig]). PEG durch vorsichtiges Mischen verteilen und den Erlenmeyerkolben 4 Stunden in Eis stellen.

9. Anschließend bei 6000 g die präzipitierte DNA in der Kühlzentrifuge abzentrifugieren. Den Überstand verwerfen, die Restflüssigkeit aus den Bechern pipettieren und den gelblichweißen DNA-Niederschlag vorsichtig mit der Pipette in insgesamt 32 ml TE-Puffer lösen.

10. Durch die anschließende Cäsiumchlorid-Ethidiumbromid-Dichtegradientenzentrifugation wird die Plasmid-DNA von der chromosomalen DNA abgetrennt. Die Gradienten herstellen, indem jeweils 14 ml der DNA-Lösung mit 1 ml Ethdiumbromidlösung (10 mg/ml, Hautkontakt vermeiden, krebserregend) und 14,7 g Cäsiumchlorid vermischt werden. Nachdem das CsCl vollständig gelöst ist (Pipette zum Mischen verwenden), die Lösung in Ti60-Ultrazentrifugenröhrchen pipettieren. Die Röhrchen mit den entsprechenden Kappen verschließen und durch die zentrale Öffnung die Röhrchen mit Paraffinöl auffüllen, auf der Waage genau austarieren und die Öffnung mit den mittarierten Madenschrauben verschließen. Bei der Verwendung von Quickseal-Röhrchen ist darauf zu achten, daß die Röhrchen vor dem Zuschweißen vollständig mit Paraffinöl aufgefüllt werden. Dadurch wird verhindert, daß die Röhrchen bei der Zentrifugation kollabieren.

11. Die Zentrifugation in einer Ultrazentrifuge bei 44000 upm und 20°C 30 bis 40 h in einem Ti60-Festwinkelrotor oder entsprechendem Vertikalrotor durchführen.

12. Nach dem Zentrifugationslauf können die DNA-Banden unter der UV-Lampe betrachtet werden (UV-Brille verwenden). Die Röhrchen knapp unterhalb der chromosomalen DNA-Bande (obere Bande) mit einer Spritze anstechen und die DNA vorsichtig abziehen. Anschließend die Plasmid-DNA entsprechend abziehen. Alternativ kann nach Anstechen des Röhrchenbodens der gesamte Gradient fraktioniert werden (Abb. 13.2).

13. Eine Reinigung und Konzentrierung der Plasmid-DNA durch eine zweite Cäsiumchloridgradientenzentrifugation kann notwendig sein, wenn die beiden DNA-Banden durch Überladung des Gradienten nicht sauber getrennt wurden. Hierzu eine CsCl-Ethidiumbromid-Stammlösung herstellen, die auf 10 ml TE-Puffer 7,5 g CsCl und 3 mg Ethidiumbromid enthält. Die vom Ti60-Gradienten isolierte Plasmid-DNA, ca. 0,5 bis 1 ml, auf 5 ml (Deckelzentrifugenröhrchen) oder 10 ml (Quickseal-Zentrifugenröhrchen) mit der Stammlösung auffüllen und in die Zentrifugenröhrchen pipettieren. Die Röhrchen wie bei der 1. Zentri-

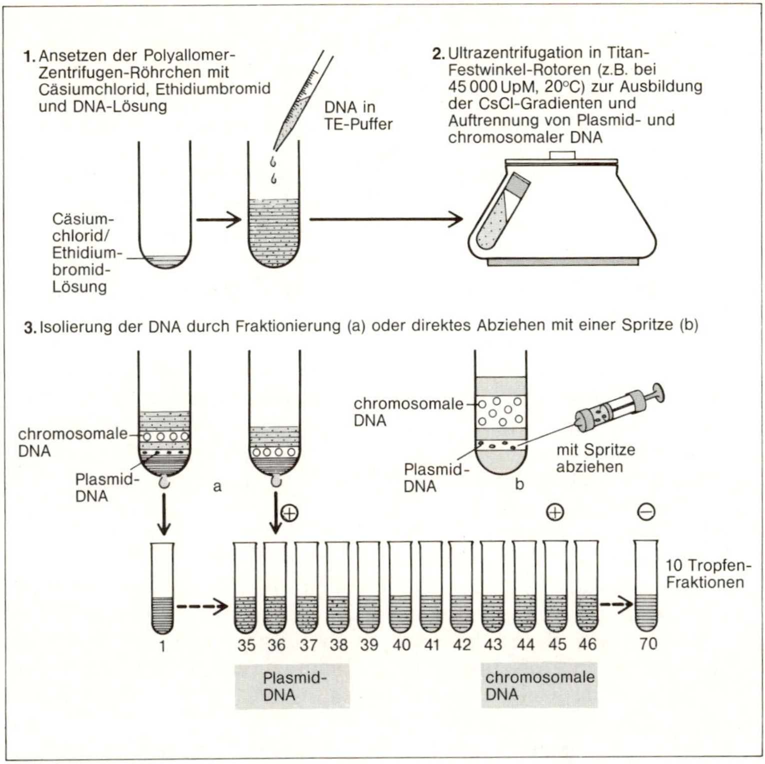

Abb. 13.2 Herstellung eines Cäsiumchlorid-Ethidiumbromid-Dichtegradienten zur Auftrennung und Isolierung von chromosomaler DNA und Plasmid-DNA

fugation (vgl. 10.) mit Paraffinöl auffüllen, austarieren, verschließen und im Ti50- oder Ti70-Rotor 18 Stunden bei 50000 upm und 4°C zentrifugieren. Die Plasmidbande wie nach der 1. Zentrifugation isolieren.

14. Das Ethidiumbromid wird mit eiskaltem CsCl-gesättigtem Isopropanol extrahiert. Die Plasmidfraktion hierzu in 5-ml-Einwegspritzen aufziehen und mit dem gleichen Volumen eiskaltem Isopropanol vermischen und durch mehrmaliges Schütteln der Spritze das Ethidiumbromid aus der wäßrigen DNA-Phase extrahieren. Die ethidiumbromidhaltige Isopropanolphase aus der Spritze drücken und die Extraktion mehrmals wiederholen, bis die DNA-Phase und Isopropanolphase farblos sind.

15. Das Cäsiumchlorid wird durch Dialyse in einem mit 10mmolarer EDTA ausgekochten Dialysierschlauch d = 1 cm, entfernt. Bei den

Arbeiten sind Einmal-Vinylhandschuhe zu tragen, um Kontaminationen mit Nukleasen zu vermeiden. Die DNA in den am einen Ende verknoteten Dialysierschlauch pipettieren, dann den Schlauch straff verknoten, damit die DNA durch Aufnahme von Dialysepuffer nicht verdünnt werden kann. Nach 1 h den Dialysepuffer (1 l) wechseln und über Nacht weiterdialysieren. Nach der Dialyse den Schlauch in ein kleines Becherglas hängen, am unteren Ende mit einer Schere aufschneiden und den Inhalt vorsichtig in das Becherglas pressen.

Auswertung

1. Konzentrationsbestimmung der Plasmid-DNA: Die Konzentration der Plasmid-DNA wird durch Messung der optischen Dichte bei 260 nm bestimmt. 0,5 ml der DNA-Lösung in eine Quarzsparküvette pipettieren und bei 230, 260 und 280 nm die Extinktion messen. DNA hat bei 230 nm ein Absorptionsminimum. Extinktionen in diesem Bereich zeigen niedermolekulare Verunreinigungen an. Die Extinktion bei 280 nm zeigt Verunreinigungen mit Proteinen an. Sie sollte möglichst niedrig sein.
Die Konzentration der DNA wird berechnet nach folgender Formel: µg DNA/ml = OD_{260}/0,02.

2. Agarose-Gelelektrophorese: Durch die Elektrophorese im Agarose-Gel kann die Reinheit und Konzentration der DNA bestimmt werden.
a) 0,8%ige Seakem-Agarose-ME in 40mmolarem Tris/Acetat-Puffer, pH 7,9, im Autoklaven oder Mikrowellenherd aufkochen und nach dem Abkühlen auf 50 °C in eine Gelelektrophoreseapparatur (z. B. BRL H2) gießen und den Probenkamm (1 bis 2 mm) einsetzen. Bei horizontalen Gelen sollte das Gelvolumen so gewählt werden, daß ein 3 mm dickes Gel entsteht.
b) Nach dem Erstarren des Gels den Probenkamm aus dem Gel ziehen, die Gelwanne in die Elektrophoresekammer stellen und dann soviel Elektrophoresepuffer einfüllen, daß das Gel 3 bis 5 mm hoch überflutet ist.
c) Vorbereiten der DNA-Proben: Von der DNA-Präparation 5, 10 und 20 µl in 1,5-ml-Plastikreaktionsgefäße mit einer Mikropipette pipettieren, mit TE-Puffer jeweils auf 20 µl auffüllen und zu jedem Ansatz 5 µl Bromphenolblaulösung (0,05%ig in 60%iger Saccharose) zugeben. Als weitere Ansätze zur Konzentrationsbestimmung der DNA-Präparation 0,01; 0,02; 0,05; 0,1; 0,2; 0,5 und 1 µg einer DNA-Lösung mit bekannter Konzentration (z. B. λ- oder pBR322-DNA) jeweils in einem Volumen von 20 µl vorbereiten und ebenfalls mit 5 µl Bromphenolblau/Saccharose versetzen.
d) Elektrophorese der DNA-Proben: Die DNA-Ansätze mit der Mikropipette gut mischen und dann vorsichtig in die mit Puffer bedeckten Geltaschen pipettieren (unterschichten). Das Netzgerät anschließen und die Elektrophorese bei 40 mA über Nacht oder 100 bis 150 mA tagsüber durchführen. Die Elektrophoresedauer ist abhängig von der Gelgröße,

der Geldicke, dem zur Überschichtung eingesetzten Puffervolumen und von dem verwendeten Elektrophoresepuffer.
Die Elektrophorese beenden, wenn die Bromphenolblau-Front die Hälfte oder besser ⅔ des Gels durchlaufen hat.
e) Anschließend das Gel aus der Elektrophoreseapparatur nehmen und in einer Plastikwanne mit dest. Wasser, das 10 μg/ml Ethidiumbromid enthält, 15 Minuten anfärben.
f) Bei Bestrahlung mit einer UV-Lampe oder unter einem UV-Durchsichtgerät werden die mit Ethidiumbromid angefärbten DNA-Banden im Gel sichtbar. Bei der seitlichen Bestrahlung mit einer UV-Lampe das Gel auf eine schwarz beklebte Glasplatte legen, damit der Kontrast erhöht wird und auch schwache DNA-Banden (0,01–0,03 μg DNA) nachweisbar sind.
g) Das Gel unter UV-Licht mit einem UV-empfindlichen Film wie Ilford HP 85 oder Polaroid 667 mit Rotfilter photographieren.
Die elektrophoretische Auftrennung der verschiedenen DNA-Formen ist schematisch in der Einleitung beschrieben.

13.2 Isolierung von Phagen-DNA

Aufgabe

1. Präparative Vermehrung von Lambda-Phagen in einer *Escherichia coli*-Flüssigkultur (s. S. 113).
2. Präparative Isolierung von Phagen-DNA nach einer modifizierten Methode von Yamamoto und Maniatis.
3. Überprüfung der Reinheit der isolierten DNA im Spektralphotometer und Charakterisierung der DNA durch Spaltung mit Restriktionsenzymen.

Material

Material für die Phagenvermehrung: s. S. 113

Material für die Phagenisolierung – Geräte: Inkubationsschüttler, Kühlzentrifuge, Ultrazentrifuge mit Rotoren, S30 oder Ti60 und Ti50 oder Ti70.1, Spektralphotometer, Gelelektrophoreseapparatur mit Netzgerät, Mikropipetten, Tiefkühlschrank (–70°C), Thermoblock oder Wasserbäder (temperierbar)

Steriles Material: TE-Puffer, Tris/Acetat-Elektrophoresepuffer (s. Kap. 13.1, S. 274 ff).
SM-Puffer: 5,8 g NaCl; 2 g $MgSO_4 \cdot 7H_2O$; 50 ml 1molarer Tris/HCl-Puffer, pH 7; 5,5 ml Gelatine (2%ig) auf 1 l deion. H_2O
Tris-gesättigtes Phenol: Phenol bei 50°C schmelzen und mit gleichem Volumen 1molarem Tris/HCl, pH 7,5, mehrmals ausschütteln, untere Phenolphase mit Scheidetrichter abtrennen und Phenollösung eingefroren aufbewahren. Erlenmeyer, 25 ml; Bechergläser; Pipetten.

Insteriles Material: Kühlzentrifugenbecher (400 ml; Corexröhrchen, 50 ml), Ultrazentrifugenbecher dickwandig für S30- oder Ti60-Rotor, Polyallomer-Zentrifugenröhrchen für Ti50- oder Ti70.1-Rotoren; Dialysierschlauch, d = 1 cm; ausgekocht in 10mmolarer EDTA; Agarose, 0,8%ig in 40mmolarem Tris/Acetat-Puffer, pH 7,9; Caesiumchlorid; Ethidiumbromid; CsCl-gesättigtes Isopropanol; Paraffinöl; Ether.

Zeitplan

1. Tag: Beimpfen der Bakterien-Vorkultur
2. Tag: Verdünnung der Vorkultur, Infektion mit Phagenpräparation
   Phagenvermehrung und Phagentiterbestimmung
3. Tag: Phagentiterauswertung (s. S. 115)
   Phagen-DNA-Isolierung
   a) Phagenkonzentrierung durch Ultrazentrifugation
   b) Phagenresuspension über Nacht
4. Tag: DNase-, RNase-, ProteinaseK-Behandlung
   Phenolisierung der Phagen-DNA
   Dialyse mindestens 2 Stunden
   Ultrazentrifugation im CsCl-Ethidiumbromid-Dichtegradienten, 18 h
5. Tag: Isolierung der Phagen-DNA-Bande,
   Ethidiumbromid-Extraktion mit Isopropanol, Dialyse
6. Tag: Konzentrationsbestimmung der Phagen-DNA
   a) photometrisch
   b) gelelektrophoretisch
   Spaltung mit Restriktionsenzymen

Durchführung

Züchtung und Isolierung von Lambda-Phagen

Generelle Phagentechniken und Methoden zur präparativen Isolierung von Lambda-Phagen und Phagentiterbestimmung sind im Kap. 5, s. S. 110ff, beschrieben.

Präparative Isolierung von Lambda-Phagen-DNA

1. Zur Isolierung der Phagen-DNA die Phagenpräparation zunächst sterilfiltrieren, um bakterielle Verunreinigungen und unlösliche Medienbestandteile zu entfernen.
2. Anschließend die Phagen 2 Stunden bei 25 000 upm in einem S30-Rotor in der Ultrazentrifuge abzentrifugieren. Nach der ersten Zentrifugation den Überstand abdekantieren, die Röhrchen mit der restlichen Phagensuspension auffüllen und die Zentrifugation bei 25 000 upm wiederholen.
3. Nach der Zentrifugation den Überstand vorsichtig dekantieren, Restflüssigkeit aus den Röhrchen pipettieren. Die Phagen sind als kleiner, gelblich-transparenter Niederschlag seitlich am Boden des Röhrchens

sichtbar. Zu jedem Röhrchen 0,5 ml SM-Puffer zugeben und den Phagenniederschlag über Nacht unter Schütteln bei 4 °C lösen.

4. Die Phagen aus den einzelnen Röhrchen mit einer Pipette in einen sterilen 25-ml-Erlenmeyerkolben pipettieren. Nach Zugabe von RNase (10 mg/ml TES, 10 Minuten bei 100 °C gekocht) und DNase (10 mg/ml in TES) jeweils in einer Endkonzentration von 10 µg/ml werden zelluläre DNA- und RNA-Verunreinigungen in der Phagenpräparation durch 60minütige Inkubation bei 30 °C abgebaut. Die DNase anschließend durch eine 10minütige Inkubation bei 70 °C inaktivieren.
5. Die behandelten Phagen mit dem gleichen Volumen Tris-gesättigten Phenols versetzen und 5 Minuten unter starkem Schütteln bei Zimmertemperatur die DNA-haltige wäßrige Phase und Phenolphase miteinander vermischen.
6. In Glaszentrifugenröhrchen (Corex) umfüllen und unter Verwendung von entsprechenden Gummiadaptern in der Kühlzentrifuge bei 17 000 g und 10 °C 15 Minuten zentrifugieren. Durch die Zentrifugation werden die beiden Phasen wieder voneinander getrennt. Zwischen der unteren Phenolphase und der oberen wäßrigen DNA-Phase bildet sich eine weißlich-trübe Zwischenphase aus, die denaturierte Proteine und andere Makromoleküle enthält.
7. Mit einer Pipette vorsichtig die wäßrige Phase durchstechen und mit einer Pipettierhilfe langsam die Phenolphase mit der weißen Zwischenphase absaugen. Das gleiche Volumen Phenollösung zugeben und die Phenolbehandlung so oft wiederholen, bis die wäßrige Phase kaum noch eine Trübung aufweist (vgl. Abb. 13.3).
8. Die Phenolphase nach der letzten Phenolbehandlung sehr sorgfältig abpipettieren und das in der DNA-Phase gelöste Phenol mit Ether extrahieren. Das gleiche Volumen Ether zu der wäßrigen DNA-Phase zugeben, beide Phasen durch mehrmaliges Umdrehen des Röhrchens gut durchmischen und die Etherphase (obere Phase) mit einer Pasteurpipette abziehen.
9. Die Extraktion mit Ether wiederholen und nach dem Abpipettieren den restlichen Ether mit Preßluft über eine Pasteurpipette aus der wäßrigen Phase entfernen oder Ethanolfällung durchführen.
10. Die DNA-Lösung 1 bis 2 Stunden gegen TE-Puffer dialysieren (s. Kap. Plasmidisolierung unter 15., S. 277f).
11. Für die anschließende Cäsiumchlorid-Gradientenzentrifugation die DNA-Lösung zunächst durch eine Ethanolfällung konzentrieren, wenn das Volumen größer ist als 8 ml. Zu der DNA-Lösung $\frac{1}{10}$ Volumen 3molares Natriumacetat, pH 4,6, und 2,5 Volumina kaltes Ethanol zugeben und die DNA 20 Minuten bei –70 °C oder mindestens 1 Stunde bei –20 °C ausfällen. Dann bei 6 000 g in der Kühlzentrifuge bei 4 °C abzentrifugieren und den DNA-Niederschlag durch Preßluft kurz trocknen. DNA in 4 bis 8 ml TE-Puffer aufnehmen, pro ml mit 0,8 g Cäsiumchlorid und 50 µl Ethidiumbromid (10 mg/ml) versetzen, in

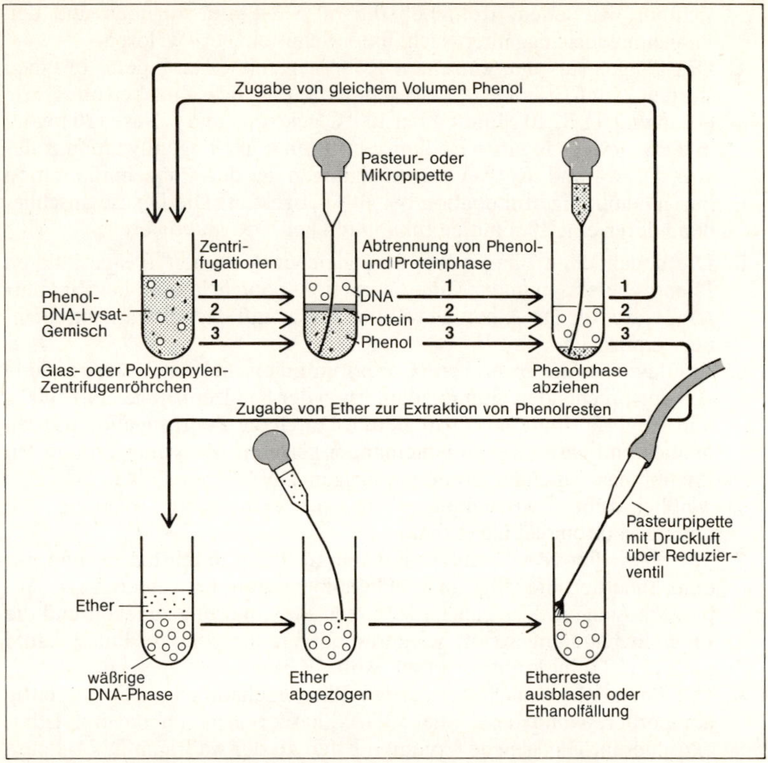

Abb. 13.3 Phenolbehandlung zur Isolierung von DNA

entsprechende Ultrazentrifugenröhrchen mit oder ohne Deckel pipettieren und anschließend nach dem Austarieren (vgl. Plasmidisolierung) 18 Stunden bei 45 000 upm im Ti70.1-Rotor und 20 °C zentrifugieren.

12. Die Phagen-DNA wird nach der Zentrifugation unter dem UV-Licht in der Mitte des Röhrchens sichtbar. Die Phagen-DNA wie bei der Plasmidisolierung beschrieben, vgl. S. 277f, isolieren und weiterbehandeln.

Auswertung

Zur Bestimmung von Konzentration und Reinheit der Phagen-DNA wird die optische Dichte bei 230, 260 und 280 nm gemessen und eine Agarosegelelektrophorese durchgeführt (siehe Plasmidisolierung S. 278).

13.3 Isolierung von genomischer DNA

Aufgabe

Isolierung von genomischer DNA aus *Escherichia coli*-Zellen nach einer Phenol-Isolierungsmethode

Material

Stämme: *Escherichia coli K12*

Geräte – steriles Material, insteriles Material: s. Kap. Plasmid- und Phagen-DNA-Isolierung, S. 274, 279
Lysozymlösung (1 mg/0,1 ml TES-Puffer); Proteinase K-Lösung (3 mg/ml TE-Puffer)

Zeitplan

1. Tag: Beimpfen der Vorkultur
2. Tag: DNA-Isolierung einschließlich Phenolbehandlung und Dialyse über Nacht
3. Tag: Ethanolfällung der DNA und DNA-Charakterisierung durch OD-Messung und Agarosegelelektrophorese

Durchführung

1. 200 ml ENB-Medium in einen sterilen 500-ml-Erlenmeyerkolben überführen, mit einer Platinöse Escherichia coli K 12-Zellen beimpfen und bei 37 °C über Nacht schütteln.

2. Die Bakterienkultur bei 6 000 g in einer Kühlzentrifuge insteril abzentrifugieren. Den Zellniederschlag in 100 ml TES/Saccharose-Puffer mit einem Mixomaten oder der Pipette suspendieren und dann nochmals unter den gleichen Bedingungen zentrifugieren. Durch diesen Waschvorgang werden Medienreste aus den Zellen entfernt.

3. Die Zellen in 6 ml Saccharose/TES-Puffer suspendieren, bis keine Zellklumpen mehr vorhanden sind. Dann 1 ml 0,25molare EDTA-Lösung und 0,4 ml Lysozymlösung zugeben und 20 Minuten unter gleichmäßigem Schütteln in einem Erlenmeyerkolben bei 37 °C inkubieren.

4. 1 ml 0,25molare EDTA-Lösung zugeben, damit durch Komplexierung der zweiwertigen Ionen Nukleaseaktivitäten unterdrückt werden. Die Bildung von kugelförmigen Sphäroplasten im Mikroskop überprüfen. Sollte keine eindeutige Sphäroplastenbildung nach einer halben Stunde erfolgt sein, weitere 30 Minuten bei 37 °C inkubieren und dann nochmals im Mikroskop die Abrundung der Zellen überprüfen.

5. Auch bei schlechter Sphäroplastenbildung die DNA-Aufarbeitung fortsetzen durch Zugabe von 1 ml einer 10%igen Natriumdodecylsulfatlösung und sofortiges Mischen des Kolbens. Bei 30 °C wird solange weiterinkubiert, bis ein klares, viskoses Lysat entstanden ist, in dem die Zellen vollständig aufgelöst sind.

6. Nach 30 Minuten 0,9 ml Proteinase K (3 mg/ml in TE, 10 Minuten bei 30°C vorinkubiert) zugeben und 30 Minuten bei 30°C inkubieren. Im Lysat vorhandene Proteine werden durch Proteinase K in Gegenwart von SDS abgebaut.
7. 6 ml Tris-gesättigtes Phenol und 6 ml Chloroform zugeben und anschließend 30 Minuten unter starkem Schütteln homogenisieren.
8. Phenolphase und wäßrige Phase durch Zentrifugation bei 17000 g und 10°C 15 Minuten voneinander trennen. Die untere Phenolphase mit der weißlichen Zwischenschicht mit der Pipette abziehen (vgl. Phagen-isolierung, S. 281f). Die Phenolbehandlung mehrmals wiederholen, bis die wäßrige DNA-Phase nahezu klar ist.
   Bei sehr stark viskosen DNA-Lysaten ist zu beachten, daß es zu einer Phasenumkehr kommen kann. Es wird in diesen Fällen empfohlen, die abgezogene untere Phase, die normalerweise die Phenolphase darstellt, zunächst in einem Becherglas zu sammeln und durch Zugabe von einigen Tropfen TE-Puffer zu prüfen, ob es sich tatsächlich um die Phenolphase handelt.
9. Nach der letzten Phenolbehandlung die Phenolphase besonders sorgfältig abpipettieren und das restliche Phenol durch wiederholte Etherextraktion entfernen. Der Ether wird abpipettiert bzw. durch Preßluft ausgeblasen (s. Phagen-DNA-Isolierung, S. 281f).
10. Ribonukleinsäure aus der DNA-Präparation durch Zugabe von RNase (40 µg/ml Endkonzentration) und 1stündiger Inkubation bei 37°C entfernen.

Auswertung

Wie bei Isolierung der Plasmid-DNA (s. S. 278).

13.4 Charakterisierung von Plasmid-, Phagen- und genomischer DNA durch Spaltung mit Restriktionsenzymen

Restriktionsenzyme sind Endodesoxyribonukleasen, die spezifisch Sequenzen auf der doppelsträngigen DNA erkennen und an beiden Strängen der DNA spalten. Diese Restriktionsenzyme sind Teil eines Restriktions- und Modifikationssystems, das eine wichtige Rolle beim Schutz der Bakterienzelle vor dem Eindringen von fremder DNA spielt. Diese Systeme wurden erstmals von Luria und Human sowie Bertani und Weigle entdeckt.

Alle Restriktionsenzyme erkennen spezifische Sequenzen auf der DNA, aber nicht alle spalten die DNA auch an spezifischen Stellen.

Die Typ-I-Enzyme sind unspezifisch in der Spaltung, haben eine relative Molekülmasse von ungefähr 300000, bestehen aus nicht identischen Untereinheiten und benötigen ATP, Mg^{2+} und *S*-Adenosylmethionin für ihre Aktivität.

Spaltungsspezifische Enzyme werden als Typ-II-Enzyme bezeichnet. Ihre relative Molekülmasse liegt im Bereich 20000 bis 100000, und sie benötigen nur Mg^{2+} als Cofaktor und spalten die DNA an der Enzymerkennungsregion.

Als Typ-III-Enzyme werden Endonukleasen bezeichnet, die ebenfalls an definierten Stellen schneiden, ATP und Mg^{2+} benötigen, aber nur durch *S*-Adenosylmethionin stimuliert werden.

Die meisten der bekannten Restriktionsenzyme sind Typ-II-Enzyme. In der nachfolgenden Tab. 13.2 sind die Spaltungseigenschaften von einigen der inzwischen über 300 bekannten Enzyme dargestellt. Die Erkennungssequenzen sind dabei jeweils von 5' nach 3' dargestellt, und jeweils nur ein Strang ist mit dem Spaltungsbereich durch Pfeile angegeben.

Einige Enzyme wie MboI, HgaI, HphI und MnlI spalten in der 3'-Richtung eine bestimmte Anzahl von Nukleotiden von der Erkennungssequenz entfernt.

Wenn zwei oder mehrere Enzyme die gleiche Erkennungssequenz haben, spricht man von isoschizomeren Enzymen. Man unterscheidet zwischen Isoschizomeren, die gleiche Spaltungs- und Erkennungssequenzen haben (BsuRI, HaeIII) und anderen Schizomeren, die gleiche Sequenzen erkennen, aber an einer anderen Stelle spalten (SmaI, XmaI). Bei manchen Isoschizomeren ist entscheidend, ob die DNA methyliert ist oder nicht. DpnI spaltet methylierte DNA, DpnII unmethylierte DNA an der gleichen Sequenz GATC.

Durch die Modifikation von bestimmten Faktoren wie pH, Ionenstärke, divalente Ionen oder organischen Lösungsmitteln kann die Erkennungssequenz reduziert werden, so daß Enzyme wie EcoRI, HindIII, XbaI, SalI, HhaI, PstI, BamHI und SstI zusätzliche Spaltungsstellen schneiden (Star-Aktivität).

Ausführliche Beschreibung der Eigenschaften von Restriktionsenzymen s. Broschüre der Firma Boehringer „Restriction Endonucleases“ sowie Kataloge anderer Molekularbiologie-Firmen.

Aufgabe

Spaltung von Plasmid-DNA, Phagen-DNA und genomischer DNA mit den Restriktionsendonukleasen BamHI, EcoRI und PstI

Material

DNA: pBR322-Plasmid-DNA, λ-Phagen-DNA, genomische DNA, isoliert nach den beschriebenen Verfahren oder von Molekularbiologie-Firmen bezogen (pBR322, λ-DNA)

Geräte: Inkubationswasserbäder oder Thermoblöcke, 37 und 70°C; Zentrifuge für 1,5 ml-Plastikreaktionsgefäße (Eppendorf, Sigma); Gelelektrophoreseapparatur mit Netzgerät, UV-Lampe oder entsprechendes UV-

Tab. 13.2 Zusammenfassung der Spaltungseigenschaften von den am häufigsten für die Klonierung eingesetzten Restriktionsenzymen, nach Böhringer GmbH, Mannheim 1980

Restrictionsendonuklease	Herkunft	EC-Nummer	Spaltsequenz	Anzahl der Spaltstellen auf	
				Lambda-DNA	pBR322*
Bam HI	*Bacillus amyloliquefaciens H*	EC 3.1.23.6	G/GATCC	5	1
Bgl II	*Bacillus globigii*	EC 3.1.23.10	A/GATCT	5	0
Cla I	*Caryophanon latum L*	EC 3.1.23.–	AT/CGAT	14	1
Eco RI	*Escherichia coli BS 5*	EC 3.1.23.13	G/AATTC (kann auf X/AATT/Y verkleinert werden) Eco RI*-Aktivität	5	1
Hind II	*Haemophilus influenzae* Rd com-10	EC 3.1.23.20	GTPy/PuAC	34	2
Hind III	*Haemophilus influenzae* Rd com-10	EC 3.1.23.21	A/AGCTT	7	1
Hpa I	*Haemophilus parainfluenzae*	EC 3.1.23.23	GTT/AAC	13	0
Hpa II	*Haemophilus parainfluenzae*	EC 3.1.23.24	C/CGG	> 50	26
Pst I	*Providencia stuartii*	EC 3.1.23.31	CTGCA/G	18	1
Sal I	*Streptomyces albus G*	EC 3.1.23.37	G/TCGAC	2	1
Sma I	*Serratia marcescens S*	EC 3.1.23.–	CCC/GGG	3	0
Taq I	*Thermus aquaticus YTI*	EC 3.1.23.39	T/CGA	> 50	7

Betrachtungsgerät; Photoapparat mit Rotfilter und 400 ASA-Film (Ilford HP85, Polaroid 667); Mikropipetten

Steriles Material: 1,5-ml-Plastikreaktionsgefäße mit Deckel; Pipettenspitzen für Mikropipetten; TE-Puffer; Bromphenolblau/Saccharose-Lösung (s. S. 274); Spaltungspuffer für Restriktionsenzyme:

1. BamHI: 10mmolares Tris/HCl, pH 7,5; 10mmolares $MgCl_2$; 50mmolares NaCl; 1mmolares Dithioerythrit (DTE)
2. EcoRI: 10mmolares Tris/HCl, pH 7,4; 10mmolares $MgCl_2$; 1mmolares DTE; 50mmolares NaCl
3. PstI: EcoRI-Puffer mit 1 mg/ml Gelatine

Die Puffer sind 10fach konzentriert anzusetzen! Für alle 3 Enzyme kann auch SP 100-Puffer eingesetzt werden: 10mmolares Tris; 10mmolares $MgCl_2$; 100mmolares NaCl; 100 µg/ml Rinderserumalbumin, pH 7,5. Puffer zum Abstoppen der Reaktion: 0,25molare EDTA, pH 8; 0,8%ige Agarose (Seakem ME) in 40mmolarem Tris/Acetat-Puffer, pH 7,9

Insteriles Material: Gelelektrophoresepuffer (40mmolares Tris/Acetat, pH 7,9) Ethidiumbromidlösung (10 mg/ml)
Restriktionsenzyme BamHI, EcoRI, PstI

Durchführung

1. Konzentrierung von DNA durch Ethanolfällung: Für die Charakterisierung von DNA durch Spaltung mit Restriktonsenzymen oder die darauf aufbauenden gentechnologischen Experimente ist es notwendig, DNA-Präparationen auf bestimmte DNA-Konzentrationen einzustellen. DNA kann durch eine Ethanolfällung nahezu verlustfrei konzentriert werden. Durch den Zusatz von Natriumacetat wird die Fällbarkeit der DNA erhöht.
Die DNA-Lösung je nach Volumen in 1,5-ml-Reaktionsgefäßen mit Deckel oder sterilen (nukleasefreien) Zentrifugenröhrchen mit ¹⁄₁₀ Volumen 3molarem Natriumacetat, pH 4,6, auf 0,3molar einstellen und dann zur Präzipitation der DNA 2,5 Volumina Ethanol zugeben. Die präzipitierte DNA kann nach 20 Minuten bei –70 °C, nach einer bis mehreren Stunden bei –20 °C in der Kühlzentrifuge oder Minizentrifuge bei 6 000 g abzentrifugiert werden. Den Überstand vorsichtig dekantieren, die im Röhrchen befindliche Restflüssigkeit auf Papiertüchern abtupfen und den Niederschlag im Exsikkator 15 bis 30 Minuten trocknen. Das Pellet dann je nach gewünschter Konzentration in der entsprechenden Menge TE-Puffer aufnehmen und lösen.
Der Verlust bei dieser Konzentrationsmethode sollte nicht mehr als 5% betragen.

2. 1,5-ml-Reaktionsgefäße in der in der Tab. 13.3 vorgegebenen Reihenfolge beschriften. In die einzelnen Reaktionsgefäße zunächst die verschiedenen DNA-Präparationen pipettieren. Die Ansätze sollten 0,2 bis

Tab. 13.3 Enzymatische Spaltung von Plasmid-, Phagen- und Genom-DNA

Ansatz	Plasmid-DNA	Phagen-DNA	Genom-DNA	Puffer*	Enzym
1 EcoRI	18 µl	–	–	2 µl E	1 U EcoRI
2 BamHI	18 µl	–	–	2 µl B	1 U BamHI
3 PstI	18 µl	–	–	2 µl P	1 U PstI
4 EcoRI + PstI	18 µl	–	–	2 µl P	1 U EcoRI + 1 U PstI
5 –	18 µl	–	–	2 µl TE	–
6 EcoRI	–	18 µl	–	2 µl E	1 U EcoRI
7 BamHI	–	18 µl	–	2 µl B	1 U BamHI
8 PstI	–	18 µl	–	2 µl P	1 U PstI
9 –	–	18 µl	–	2 µl TE	–
10 EcoRI	–	–	18 µl	2 µl E	1 U EcoRI
11 BamHI	–	–	18 µl	2 µl B	1 U BamHI
12 PstI	–	–	18 µl	2 µl P	1 U PstI
13 –	–	–	18 µl	2 µl TE	–
14 Eichstandard λ-HindIII	–	5 µl (0,5 µg)	–	15 µl TE	–

* SP 100-Puffer alternativ für EcoRI-, BamHI-, PstI-Puffer

0,5 µg Plasmid-DNA, ca. 1 µg Phagen-DNA und 1 µg genomische DNA in einem maximalen Volumen von 18 µl enthalten.

3. Zu jedem Ansatz 2 µl des entsprechenden 10fach konzentrierten Spaltungspuffers zugeben und anschließend die Reaktion durch Zugabe von 0,5 µl Restriktionsenzym starten.
Das Enzym kurz vorher mit Spaltungspuffer so verdünnen, daß pro Ansatz jeweils eine Einheit eingesetzt wird bei der Plasmid-DNA und bis zu 5 Einheiten bei der Phagen-DNA und genomischen DNA.

4. Die Ansätze in einen 37-°C-Thermoblock oder in selbstgebohrte Styroporständer stellen, die als Styroporschiffchen im Wasserbad bei 37°C inkubiert werden. Nach 1 Stunde die Spaltungsreaktion beenden durch 10minütige Inkubation der Ansätze bei 70°C (Reaktionsgefäße mit Deckel) oder durch Zugabe von 5 µl eines Stoppuffers, der die zur Aktivität notwendigen Mg-Ionen wegfängt.

5. Während der Inkubation der Spaltungsansätze das Agarosegel für die anschließende Elektrophorese der gespaltenen Plasmid-, Phagen- und Genom-DNA vorbereiten. Die Herstellung des Agarosegels: s. S. 278f.
6. Nach dem Abstoppen der Spaltungsansätze jeweils 5 µl Bromphenolblau/Saccharose-Lösung zupipettieren und die Reaktionsgefäße in der Tischzentrifuge einige Sekunden zentrifugieren, um das Ansatzvolumen am Boden des Reaktionsgefäßes zu sammeln.
7. DNA-Proben, mit denen keine Spaltungen durchgeführt wurden, und den Lambda-Eichstandard ebenfalls mit Bromphenolblau/Saccharose-Lösung versetzen und in der in der Tab. 13.3 angegebenen Reihenfolge mit einer Mikropipette vorsichtig in die Probentaschen des mit Elektrophoresepuffer überschichteten Gels auftragen.
8. Das Netzgerät an das Gelelektrophoresegerät so anschließen, daß die Elektrophorese vom Minuspol zum Pluspol erfolgt. Die Spannung auf 50 bis 100 Volt einstellen. In Abhängigkeit von der Gelgröße, Geldicke, Gelelektrophoreseart (Horizontal-Vertikal) beträgt die Elektrophoresedauer 2 bis 6 Stunden. Sie kann beendet werden, wenn die Bromphenolblaufront die Hälfte bis zwei Drittel des Gels durchwandert hat.
9. Das Gel vorsichtig aus der Gelschale nehmen und in einer mit Wasser und 50 µl Ethidiumbromidlösung (10 mg/ml) gefüllten Anfärbeschale 15 Minuten anfärben. Anschließend das Gel unter der UV-Lampe (Schutzbrille) auswerten. Um Augenschäden durch die intensive UV-Strahlung zu vermeiden, sollte das Gel nur kurz unter UV-Licht überprüft werden und zur eigentlichen Auswertung eine Aufnahme am besten mit einer Polaroidkamera gemacht werden.

Auswertung

Die Anzahl und Größe der Fragmente von Plasmid-, Phagen- und Genom-DNA soll anhand des Gelphotos bestimmt werden. In dem Gel sollten bei der ungespaltenen Plasmid-DNA zwei Banden sichtbar werden. Die untere Bande als supercoiled (CCC)-Form und die obere Bande als ringoffene (OC)-Form, bei älteren Präparationen kann zwischen OC und CCC-Form die L-Form der Plasmid-DNA sichtbar werden. Es können auch Dimere und Trimere des Plasmids entstehen, die im Gel entsprechend höher wandern.

Durch die Restriktionsenzyme wird die Plasmid-DNA je nach Anzahl der Erkennungssequenzen auf dem Plasmid linearisiert oder in mehrere lineare Fragmente gespalten, die als entsprechende Banden unterschiedlicher relativer Molekülmassen im Gel nachzuweisen sind.

Lambda-Phagen-DNA wandert als lineares Molekül mit einer Länge von ca. 50 kbp deutlich langsamer als die nur 4 kbp lange Plasmid-DNA. Die in Gelen manchmal zu beobachtende DNA-Doppelbande resultiert aus einem nicht kovalenten Ringschluß des Phagenmoleküls über die stark kohäsiven Enden des Phagen, wodurch ein Gemisch aus linearen und OC-DNA

Molekülen entsteht. Die Bildung der OC-Form ist dabei sehr stark von der DNA-Konzentration abhängig.

Eine vollständige Spaltung der Phagen-DNA ist erfolgt, wenn in Höhe der ungespaltenen DNA keine Bande mehr sichtbar ist. Anhand der Restriktionskarten kann überprüft werden, inwieweit die Phagen-DNA komplett gespalten wurde und für die verschiedenen Restriktionsenzyme charakteristische Fragmente auftreten.

Genomische DNA ist aufgrund der Größe des Bakteriengenoms von 4 000 kbp nicht als intaktes ringförmiges Molekül isolierbar, sondern zerbricht bei der Aufarbeitung in lineare Fragmente von 50 bis 100 kbp Länge. In diesem Bereich der relativen Molekülmassen ist die Auftrennung der Fragmente sehr gering. Genomische DNA erscheint deshalb als homogene Bande im Bereich der ungespaltenen Lambda-DNA. Da aber in dieser Bande unterschiedliche Genom-Fragmente mit ähnlicher Fragmentgröße vereinigt sind, entsteht bei der Spaltung mit Restriktionsenzymen anders als beim homologen Phagengenom eine Vielzahl von DNA-Fragmenten.

Die relativen Molekülmassen der linearen DNA-Fragmente der gespaltenen Plasmid- und Phagen-DNA lassen sich mit dem parallel elektrophoretisierten DNA-Eichstandard bestimmen. Der verwendete Lambda-Eichstandard liefert Fragmente mit der Länge 23,6; 9,6; 6,65; 4,34; 2,26; 1,98; 0,56 und 0,14 kb. Zur Berechnung der relativen Molekülmasse wird die Laufstrecke der DNA-Fragmente umgekehrt proportional zur relativen Molekülmasse aufgetragen. Aus der Eichkurve lassen sich dann aus den Laufstrecken der unbekannten DNA-Fragmente die entsprechenden relativen Molekülmassen berechnen.

Mit Hilfe der nachfolgenden Restriktionskarten von dem Plasmidvektor pBR322 und dem Phagen-Lambda wird kontrolliert, ob die isolierte Plasmid- und Phagen-DNA die richtige Anzahl und Größe an DNA-Fragmenten nach Spaltung mit den entsprechenden Restriktionsenzymen ergeben haben (Abb. 13.4 und 13.5).

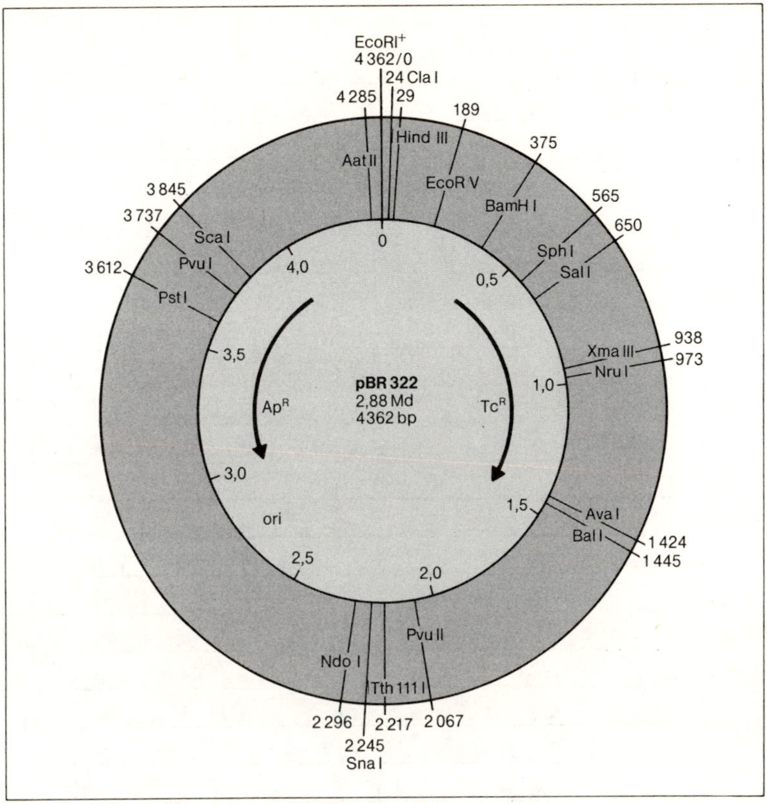

Abb. 13.4 Restriktionskarte des Plasmidvektors pBR322.
Die Restriktionsenzyme Afl II, Apa I, Asu II, Ava III, Avr II, Bcl I, Bgl II, BseP I BstE II, Cvn I, Eco B, EcoDX, Hpa I, Kpn I, Mlu I, Mst II, Nco I, Sst II, Sma I, Stu I, Xba I, Xho I, and Xma I. haben keine Erkennungssequenz auf pBR322

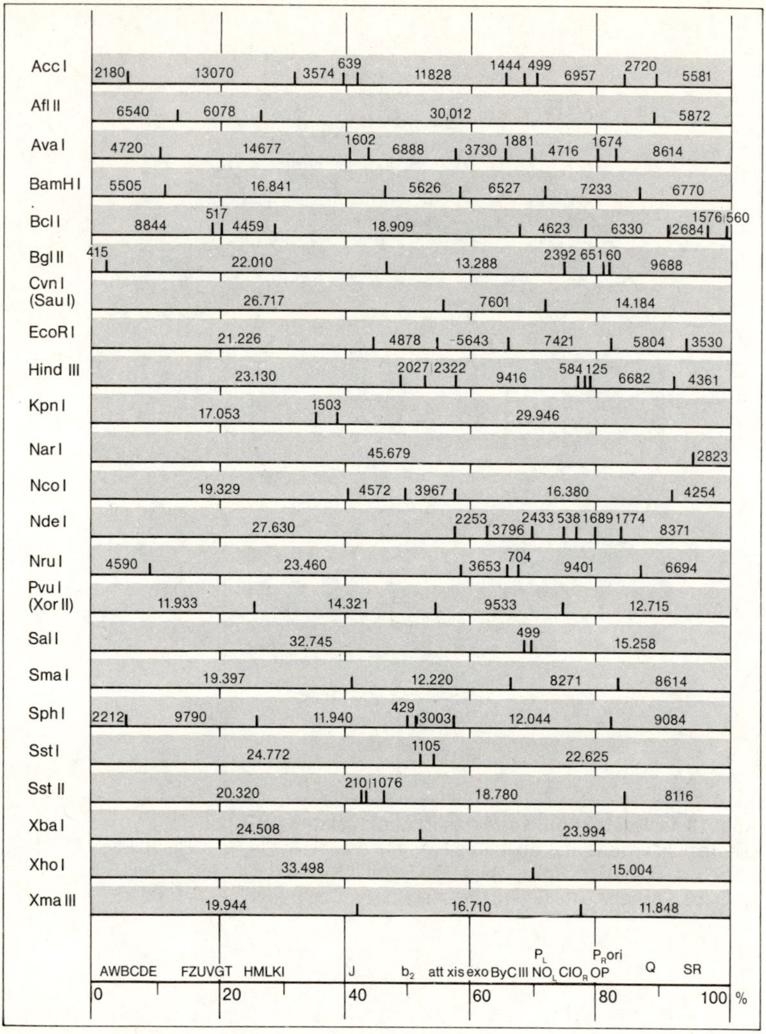

Abb. 13.5 Restriktionskarte des Phagen Lambda auf der Basis der Nukleotidsequenz von Sanger (J. Mol. Biol., 162, 729–773, 1982)

Literatur

Aaij, C., Borst, P. (1972), The Gel Electrophoresis of DNA, Biochim. Biophys. Acta **269,** 192

Blin, N., Stafford, D. W. (1976), Isolation of High Molecular Weight DNA, Nucleic Acids Res. **3,** 2303

Grossman, I., Moldave, K. (1980), Nucleic Acids, Part I, Bd. **65,** Academic Press, New York, London, Toronto

Harbers, E. (1975), Nukleinsäuren, Georg Thieme Verlag, Stuttgart

Kieser, T. (1984), Factors affecting the Isolation of ccc DNA from Streptomyces lividans and Escherichia coli, Plasmid **12,** 19

Maniatis, T., Fritsch, E. F., Sambrock, J. (1982), Isolation of Bacteriophage Lambda and Plasmid DNA, Cold Spring Harbor Laboratory, Cold Spring Harbor, New York

Novick, R. P. (1981), Plasmide, Spektrum der Wissenschaft

Roberts, R. J. (1982), Restriction and Modification Enzymes and their Recognition Sequences, Nucleic Acids Res. **10,** r117

v. Sengbusch, P. (1979), Molekularbiologie und Zellbiologie, Springer Verlag, Berlin, Heidelberg, New York

14. Genklonierung in Escherichia coli

Mit der von Cohen und Boyer entwickelten Gentechnik ist es heute möglich, DNA-Fragmente aus beliebigen Bakterien, Pilzen, Pflanzenzellen, tierischen oder menschlichen Zellen in verschiedene prokaryotische und eukaryotische Zellen zu übertragen und die entsprechenden Genprodukte in diesen Zellen zu synthetisieren.

Mit dieser Technik ist es gelungen, menschliche und tierische Stoffe in Bakterien zu produzieren, die bisher nicht in ausreichenden Mengen zur Verfügung standen. Humaninsulin aus *Escherichia coli* ist bereits im Handel, und andere Produkte, wie die antiviral und cytostatisch wirksamen körpereigenen Proteine aus der Interferonfamilie, Wachstumshormone oder Impfstoffe gegen hochpathogene Krankheitserreger, die nur schwer nach herkömmlichen Verfahren erhalten werden können, stehen kurz vor der praktischen Anwendung.

Als mikrobielle Produkte der zweiten Generation werden mit dieser Technik maßgeschneiderte Biokatalysatoren erwartet, die den heutigen Enzymen an Spezifität, Stabilität und Umsatzvermögen überlegen sein sollen und damit neue biotechnologische Produktionsverfahren ermöglichen könnten.

In der Umweltbiotechnologie erhofft man sich durch gentechnologisch verbesserte Bakterien eine biologische Beseitigung aller Arten von Abfallstoffen und deren Wiederverwertung in Form von Energie oder neuen Produkten.

In der Landwirtschaft zielen Langzeitprojekte auf Ertragssteigerungen und Qualitätsverbesserungen bei Nutzpflanzen, die in Kombination mit traditionellen Züchtungsmethoden bis zu von Stickstoffdünger unabhängigen Pflanzen oder solchen mit verbesserter Photosynthese führen sollen. Solche Nutzpflanzen könnten auf schlechten Böden gedeihen oder widerstandsfähig gegen Kälte, Schädlinge oder Pflanzenschutzmittel sein.

Die Gentechnik ist in der Abb. 14.1 schematisch dargestellt. Für die Durchführung dieser Technik sind zwei bakterielle Enzymarten notwendig, die **Restriktionsendonukleasen** und die **DNA-Ligasen.** Die Restriktionsenzyme erkennen eine bestimmte Nukleotidsequenz von 4 bis 6 Nukleoti-

den auf der DNA und spalten eine Phosphorsäurediesterbindung in jedem Strang. Einige Restriktionsenzyme spalten den Doppelstrang mit glatten Enden (blunt ends), die meisten spalten jedoch die DNA unter Bildung von 2 bis 4 Nukleotide langen Einzelstrangenden (sticky ends).
Plasmid-DNA und DNA, die die gewünschte genetische Information tragen, werden mit dem gleichen Restriktionsenzym geschnitten. Nach dem

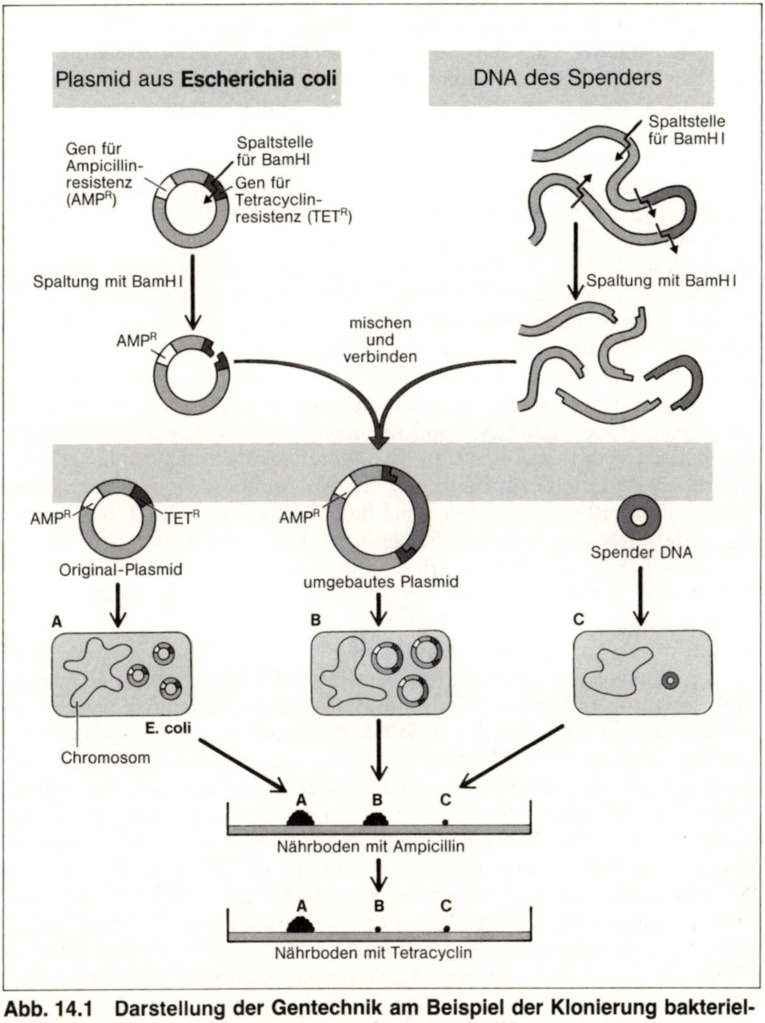

Abb. 14.1 Darstellung der Gentechnik am Beispiel der Klonierung bakterieller DNA (nach Industrielle Mikrobiologie, Spektrum der Wissenschaft 1984)

Mischen von Plasmid- und Spender-DNA bilden sich über die gleichen Einzelstrangenden der DNA-Moleküle nicht kovalent geschlossene Ringe aus, die über Wasserstoffbrücken der komplementären Basen zusammengehalten werden. Nach Zugabe von DNA-Ligase werden an den vier Bruchstellen die Phosphorsäuremonoester in die Diester übergeführt und damit ein kovalent geschlossener DNA-Doppelstrang gebildet. Die mit dem neuen Erbmaterial versehenen Plasmide, **rekombinante Plasmide,** werden nun durch Transformation in Bakterien übertragen. Da nur wenige Bakterien innerhalb der Population rekombinante Plasmide enthalten, muß eine Selektion für solche Klone durchgeführt werden. Die Selektion wird möglich durch Plasmide, die verschiedene Antibiotikaresistenzen enthalten. Die Fremd-DNA wird dabei in ein Antibiotikaresistenzgen eingebaut und die Antibiotikaresistenz dadurch inaktiviert. Rekombinante Klone können dadurch mit der Stempeltechnik leicht von Klonen unterschieden werden, die intakte Plasmide ohne Insertion enthalten und deshalb gegen beide Antibiotika resistent sind.

In der Abb. 14.2 ist die Klonierung von eukaryotischer DNA schematisch dargestellt. Genomische DNA von Eukaryonten ist in der Regel in sogenannte **Exon-** und **Intronbereiche** gegliedert. Nur die Exons tragen die Information für die Synthese einer zellulären Eigenschaft, wie zum Beispiel der Bildung von Insulin, Interferonen, Wachstumshormon und Albumin.

Die Introns werden aus einer Vorläufer-messenger RNA durch einen Mechanismus, den man **RNA-Splicing** nennt, entfernt. In der so erhaltenen reifen mRNA, die nun keine Intronstrukturen mehr enthält, ist die gesamte Information für ein Genprodukt codiert. Aufgrund des bakterienähnlichen Informationsaufbaues eignet sie sich für die Klonierung in Bakterien.

Die reife mRNA wird hierzu zunächst mit Hilfe von Affinitätssäulen angereichert. Die Anreicherung erfolgt mit Poly-dT-Säulen, durch die bevorzugt die am 3′-Ende mit einem Poly-A-Schwanz versehene mRNA angereichert wird.

Mit dem Enzym **„Reverse Transcriptase“** wird zunächst die genetische Information von den einzelsträngigen mRNA Molekülen in komplementäre DNA, cDNA, umkopiert. Die RNA-Matrize wird dann durch eine Alkalibehandlung zerstört und mit der **DNA-Polymerase** die Einzelstrang-DNA in Doppelstrang-DNA überführt. Mit einer einzelstrangspezifischen **S1-Nuklease** wird die kovalente Verknüpfungsstelle der beiden DNA-Stränge zerstört. Im nächsten Schritt werden dann mit der terminalen Transferase die Enden der DNA mit einer kurzen Sequenz von identischen Nukleotiden, z. B. aus Cytosinen, verlängert und dann die DNA mit der Plasmid-DNA verbunden, an die eine komplementäre Sequenz von Basen, wie z. B. Guanine, angehängt werden. Nach der Transformation der DNA in kompetente Bakterienzellen können rekombinante Plasmide nach dem gleichen Prinzip wie bei der Prokaryonten-Genklonierung selektiert werden.

Für die Expression und Translation des Eukaryontengens muß die cDNA so in den Vektor eingebaut werden, daß die hierfür notwendigen bakteriel-

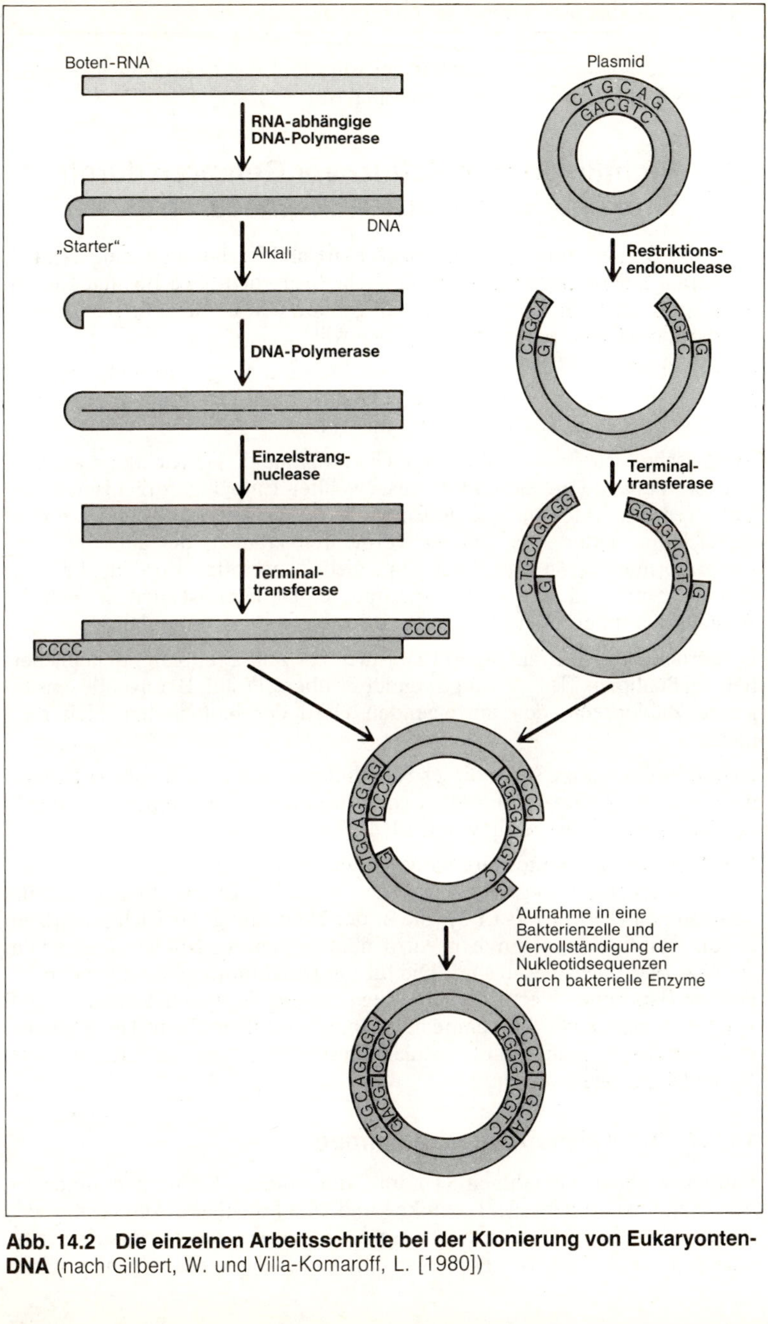

Abb. 14.2 Die einzelnen Arbeitsschritte bei der Klonierung von Eukaryonten-DNA (nach Gilbert, W. und Villa-Komaroff, L. [1980])

len Signale vor der cDNA vorhanden sind und das Leseraster gegenüber der cDNA-Information nicht verschoben ist.

14.1 Richtlinien zum Schutz vor Gefahren durch in vitro neukombinierte Nukleinsäuren

Die vom Bundesministerium für Forschung und Technologie eingerichtete „Zentrale Kommission für die biologische Sicherheit" (ZKBS) hat Richtlinien formuliert, die für jedermann gelten, der in der Bundesrepublik Deutschland Genexperimente betreiben will.

Diese Richtlinien zum Schutz vor Gefahren durch in vitro-rekombinierte Nukleinsäuren definieren – je nach Gefährlichkeit der Experimente – vier Gen-Labor-Kategorien: L1, L2, L3 und L4.

Biologische Sicherheitsmaßnahmen (B) im Sinne dieser Richtlinien umfassen die Verwendung besonders ausgewählter Empfängerorganismen und Vektoren. Es dürfen nur solche Empfängerorganismen verwendet werden, die sich nur unter Bedingungen vermehren können, die außerhalb des Laboratoriums kaum oder überhaupt nicht angetroffen werden, die nicht pathogen sind und von denen experimentell erwiesen ist, daß sie nicht im Austausch mit tier- oder pflanzenassoziierten Organismen stehen.

Es werden bei den Empfängerorganismen zur Zeit zwei biologische Sicherheitsmaßnahmen (B1, 2) angewendet, wobei die auf B folgende ansteigende Zahlenreihe den ansteigenden Grad der biologischen Sicherheit anzeigt.

Sicherheitsstufen im Sinne dieser Richtlinien sind unterschiedliche Kombinationen von Labor- und biologischen Sicherheitsmaßnahmen. Die Skala der Sicherheitsstufen reicht von L 1 B 1 bis L 4 B 2.

Für Arbeiten mit gentechnologisch veränderten Organismen in Volumina mit mehr als 10 Litern gelten zusätzliche besondere Produktionssicherheitsmaßnahmen (LP0, LP1–LP3), die in der Neufassung der Richtlinien zum Schutz vor Gefahren durch in vitro neukombinierte Nukleinsäuren vom 28. Mai 1986 nachzulesen sind. Die für die Durchführung der gentechnologischen Experimente erforderliche Registrierung der Genlaboratorien muß bei Neuvorhaben vor Aufnahme der Arbeiten erfolgen. Unterlagen können vom Bundesgesundheitsamt – Zulassungsstelle –, Am Nordufer 20, 1000 Berlin 65, bezogen werden.

14.1.1 Laborsicherheitsmaßnahmen

Laborsicherheitsmaßnahmen (L) im Sinne dieser Richtlinien umfassen bestimmte experimentelle Techniken und eine festgelegte Ausstattung von Arbeitsräumen. Es werden vier verschiedene Stufen von Laborsicherheitsmaßnahmen (L 1, 2, 3, 4) angewendet, wobei die auf L folgende ansteigende Zahlenreihe den ansteigenden Grad der Sicherheitsvorkehrungen anzeigt.

L-1-Labor (niedrigste Gefahrenstufe): Lediglich die in der „Unfallverhütungsvorschrift medizinische Laboratoriumsarbeiten" vorgesehenen Sicherheitsmaßnahmen, die sicherstellen sollen, daß die im Labor Arbeitenden sich nicht mit den Mikroorganismen infizieren und kein infektiöses Material aus dem Labor gelangt (am Arbeitsplatz nicht essen, trinken und rauchen, leicht desinfizierbare Fußböden; Gelegenheit zum Händewaschen). Abfälle, die Mikroorganismen oder neukombinierte Nukleinsäuren enthalten, sind unschädlich zu beseitigen. Das Genlabor ist durch ein Warnschild „Biohazard" (biologische Gefahr) außen an den Türen zu kennzeichnen.

L-2-Labor: Zusätzlich zu den L-1-Maßnahmen muß eine Arbeitsbank vorhanden sein, bei der ein Luftstrom vom Experimentator zur Arbeitsöffnung hin gerichtet ist (Vertikalflow-Biobench). Die Umluft wird durch ein Hochleistungs-Schwebstoff-Filter im oberen Teil der Arbeitsbank geführt, keimfrei gemacht und wieder in den Kreislauf geblasen. Ferner soll ein Autoklav vorhanden sein, in dem die beim Experiment benutzten Gefäße und der dabei anfallende Abfall sterilisiert werden. Die Labortüren sind während der Arbeit geschlossen zu halten, Zutritt zu dem Labor haben außer den Experimentatoren nur der Beauftragte für biologische Sicherheit sowie durch ihn autorisierte Personen.

L-3-Labor: Zusätzlich zu den L-1- und L-2-Laborsicherheitsmaßnahmen wird das L-3-Labor von seiner Umgebung abgeschirmt (Abb. 14.3). Es darf nur durch eine zweitürige Schleuse betreten und verlassen werden. Die Schleuse muß ein Handwaschbecken mit Ellenbogen oder Fußbetätigung enthalten. In der Schleuse muß Schutzkleidung (mindestens Schuhe und hinten zu schließende Mäntel) angelegt werden, und beim Arbeiten müssen Einweghandschuhe getragen werden. Bei Arbeiten unter L-3-Bedingungen muß das Labor unter einem ständigen Unterdruck stehen, so daß eine gerichtete Luftströmung (Abb. 14.3) von außen nach innen gewährleistet ist und keine infektiösen Mikroorganismen nach außen gelangen können. Der Unterdruck muß durch ein von innen und außen ablesbares Meßgerät, verbunden mit einer akustischen Alarmanlage, überprüfbar sein. Die gesamte Abluft wird durch ein bakteriendichtes Filter geführt. Das Labor darf entweder keine Wasserversorgung enthalten oder es müssen Einrichtungen zur Abwasserdesinfektion vorhanden sein. Der Experimentator darf nur dann allein im Labor arbeiten, wenn eine von innen auslösbare Alarmanlage existiert.

L-4-Labor: Zu den L-1 bis L-3-Laborsicherheitsmaßnahmen kommt hinzu, daß das Labor entweder ein selbständiges Gebäude oder durch einen Flur oder Vorraum vom Rest des Gebäudes abgetrennt sein muß. Zusätzliche technische Maßnahmen müssen die „Dichtigkeit" des L-4-Labors zur Umwelt sicherstellen. Ein deutsches L-4-Labor existiert nicht. Es scheint

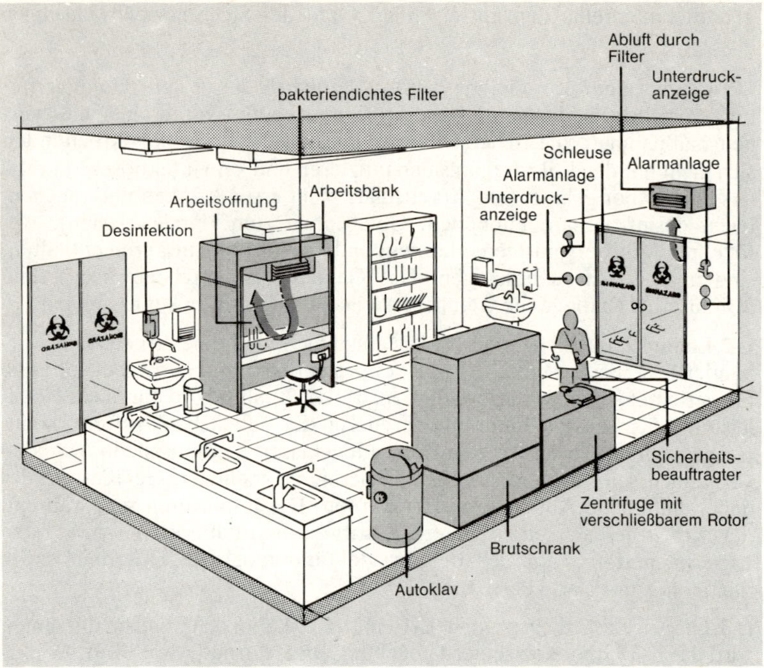

Abb. 14.3 Ausstattung eines L-3-Genlabors nach den Richtlinien der Zentralen Kommission für Biologische Sicherheit (ZKBS) (nach Bild der Wissenschaft [1984])

auch nicht notwendig zu sein, weil die Gefahrenpotentiale der gentechnologischen Experimente nicht mehr so hoch eingeschätzt werden.

14.1.2 Biologische Sicherheitsmaßnahmen

Zusätzlich zu den Laborsicherheitsmaßnahmen sind biologische Sicherheitsmaßnahmen einzuhalten, die die Auswahl von Empfängerorganismen und Vektoren bei Genexperimenten betreffen.

Als **B-1-Sicherheitsmaßnahmen** können die Bakterienstämme *Escherichia coli K 12*, asporogene, thyminabhängige Mutanten des Bacillus subtilis-Stammes 168 und haploide Laborstämme von *Saccharomyces cerevisiae* als Empfängerorganismen, die Bakteriophagen und Plasmide und andere Vektoren dieser Organismen sowie Zellkulturen höherer eukaryotischer Organismen benutzt werden.

Als **B-2-Sicherheitsmaßnahmen** können die Bakterienstämme *Escherichia coli χ 1776* und *E. coli MRC 1* als Empfängerorganismen für die Bakteriophagen und Plasmide dieser Stämme benutzt werden. Die komplexen Wachstumsansprüche dieser Stämme verhindern ein Überleben der Zellen unter natürlichen Bedingungen. Zellkulturen eukaryotischer Organismen müssen frei von Helferviren sein.

14.1.3 Klassifikation von Experimenten

Zur Neukombination und für gentechnologische Experimente sollen nur Nukleinsäuren verwendet werden, die aus Spenderorganismen stammen, die nicht pathogen sind.

Nukleinsäuren aus pathogenen Spenderorganismen dürfen nur verwendet werden, wenn die ZKBS anerkennt, daß alle Maßnahmen getroffen werden, die es ermöglichen, die denkbaren Gefahren (z. B. durch Einschleppen unbekannter Gene, erhöhte Virulenz, erweiterter Erreger-Wirt-Bereich, Verbreitung von Resistenzgenen) eindeutig zu beherrschen.

Folgende Experimente dürfen nicht durchgeführt werden:

1. die Übertragung von Genen, die Resistenz gegen ein therapeutisch einsetzbares Antibiotikum hervorrufen, gegen das Resistenz in dem Empfängerstamm bisher noch nicht nachgewiesen wurde, und zwar zwischen Mikroorganismen, die natürlicherweise keinen genetischen Austausch zeigen,
2. die Herstellung von neukombinierten Nukleinsäuren für die Biosynthese von hochwirksamen bakteriellen Exotoxinen, wie Botulinustoxin, Tetanustoxin, Diphtherietoxin sowie Schlangengiften,
3. die Verwendung von Genomen hochpathogener Viren, wie z. B. Lassa, Pocken, Herpes B,
4. die Freisetzung von gentechnologisch veränderten Organismen,
5. die Einführung von neukombinierten Nukleinsäuren in Keimbahnzellen des Menschen.

Für die Durchführung von gentechnologischen Experimenten in Einzelvolumina von mehr als 10 Liter gelten die Produktionssicherheitsmaßnahmen LP.

Zur Klassifizierung gentechnologischer Experimente, bei denen ungereinigte und nicht charakterisierte Nukleinsäuren zur Neukombination verwendet werden, sind in Tab. 14.1 Sicherheitsstufen als Beispiele aufgeführt. Selbstklonierungen sind Experimente unter Verwendung genetisch gleicher oder verschiedener Formen nur einer Spezies einschließlich seiner Viren und Plasmide als Spender- und Empfängerorganismus.

Bei dem nachfolgend beschriebenen gentechnologischen Experiment wird DNA aus *Escherichia coli* und seinen Bakteriophagen und Plasmiden verwendet. Es ist nach den bestehenden Richtlinien als Selbstklonierungsexperiment einzustufen, das bei Verwendung des *E. coli* K12-Transformationsstammes unter der Sicherheitsstufe L1 B1 in einem beim BGA registrierten L-1-Labor durchgeführt werden kann.

Tab. 14.1 Klassifizierung von Genexperimenten

Spenderorganismus	Klassifikation	
	nicht pathogen bzw. nicht toxinproduzierend	pathogen bzw. toxinproduzierend bzw. onkogen[1, 2]
Eukaryonten	L 2 B 1 / L 1 B 2	fallweise von L 2 B 1 bis L 4 B 2
Prokaryonten	L 2 B 1* bzw. L 1 B 2	fallweise von L 2 B 1 bis L 4 B 2
Viren	L 2 B 1	fallweise von L 2 B 1 bis L 4 B 2
Selbstklonierung	L 1	L 2 B 1 bis L 4 B 1

[1] Eine Erlaubnis zum Arbeiten mit Krankheitserregern nach § 19ff Bundes-Seuchengesetz bzw. § 77 der Ausführungsvorschriften des Bundesrates zum Viehseuchengesetz bzw. der pflanzenschutzrechtlichen Vorschriften ist erforderlich.

[2] Als pathogen gelten Spenderorganismen, die in den „Vorläufigen Empfehlungen für den Umgang mit pathogenen Mikroorganismen und Klassifikation von Mikroorganismen und Krankheitserregern nach der im Umgang mit ihnen auftretenden Gefahren" des Bundesgesundheitsamts in den Risikogruppen II, III und IV aufgeführt sind.

* Gilt für Prokaryonten, die nicht im genetischen Austausch miteinander stehen.

14.2 Arbeitsschritte der Genklonierung

Die für die Durchführung eines gentechnologischen Experiments notwendigen Nukleinsäuren kann man nach den im Kapitel 13, s. S. 270ff, beschriebenen Methoden selbst isolieren oder über verschiedene Firmen, die Molekularbiologie-Produkte anbieten, erwerben.

Im einzelnen sind die folgenden Arbeiten durchzuführen, die in der Abb. 14.4 schematisch dargestellt sind:

1. Präparative Spaltung von Plasmidvektor-DNA pBR 322 und Lambda-Phagen-DNA oder genomischer DNA mit dem Restriktionsenzym BamHI
2. Ligierung der gespaltenen Plasmid-DNA und Phagen-DNA oder Genom-DNA mit T4-Ligase
3. Isolierung von E. coli-Zellen, die für die Aufnahme von DNA geeignet sind (kompetente *E. coli*-Zellen)
4. Transformation der ligierten DNA in kompetente E. coli-Zellen
5. Selektion von rekombinanten E. coli-Klonen auf Antibiotikaplatten
6. Charakterisierung von rekombinanten Klonen durch DNA-Mini-Aufarbeitungen und Spaltung mit dem Restriktionsenzym *BamHI*

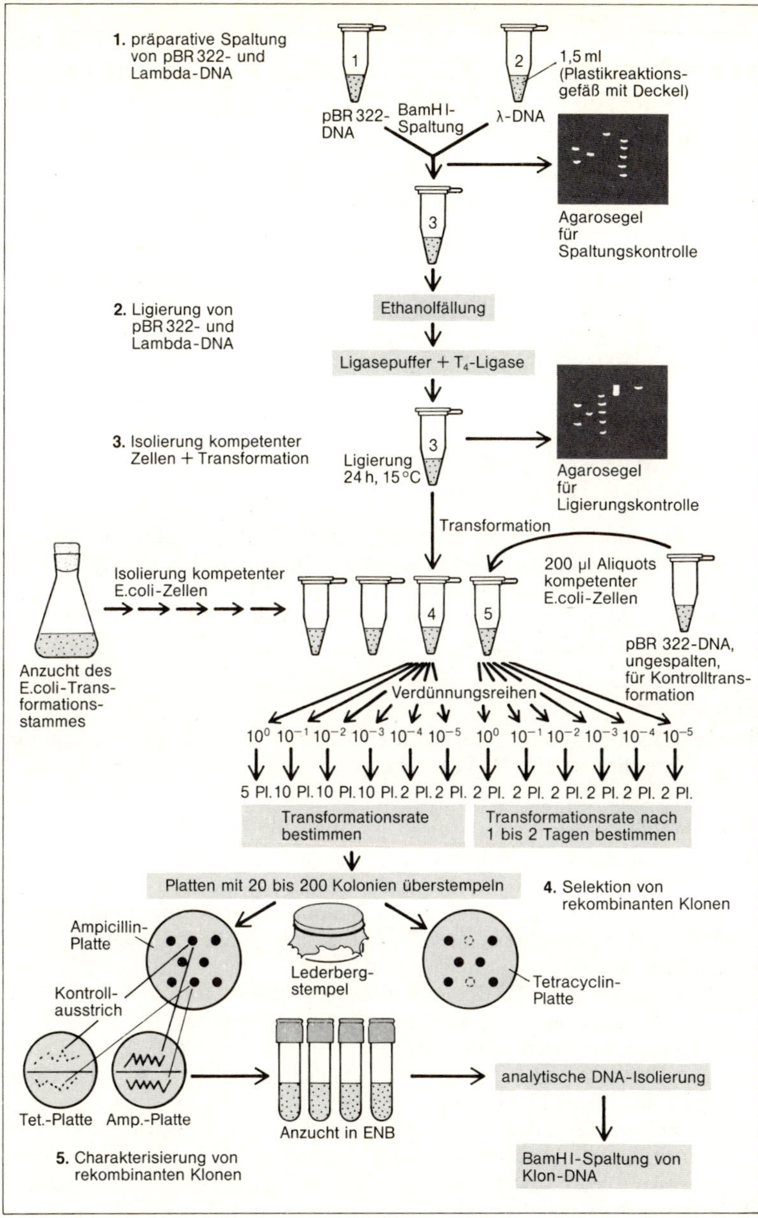

Abb. 14.4 Die Arbeitsschritte bei der Genklonierung in *Escherichia coli*

14.2.1 Präparative Spaltung von pBR322 Plasmid-DNA und Lambda-Phagen-DNA

Aufgabe

Präparative Spaltung von Plasmid-DNA, pBR322 und Lambda-Phagen-DNA mit dem Restriktionsenzym BamHI.

Material

Geräte: Spektralphotometer, UV-Lampe, Tiefkühlschrank (–70 °C), Tischzentrifuge (12 000 upm), Thermoblock, Styroporschiffchen mit Plastikwanne für 1 l Wasser (37 °C), Gelelektrophoreseapparatur mit Netzgerät, Kolbenhubpipette (5–50 µl), Exsikkator

Steriles Material: Reaktionsgefäße mit Deckel (1,5 ml), Pipettenspitzen (gelb, blau)

Weiteres Material: Bromphenolblau/Saccharose-Lösung (s. S. 274), Restriktionsendonuclease BamHI

DNA: Plasmid-DNA pBR322, 5 µg; Phagen-DNA, 15 µg, oder Genom-DNA, 15 µg; isoliert nach den in Kapital 13 beschriebenen Verfahren (vgl. S. 270ff); Plasmid- und Phagen-DNA auch erhältlich bei Firmen wie Boehringer, Mannheim; Agarose (s. S. 274); Ethidiumbromid, Dimethylsulfoxid, TE-Puffer (s. S. 274)

Zeitplan

1. Tag: DNA-Spaltungen durchführen, Agarosegel vorbereiten und Elektrophorese der DNA-Ansätze

Durchführung

1. Zur präparativen Spaltung von Plasmid- und Phagen-DNA 5 µg pBR322-DNA in einem maximalen Volumen von 50 µl und 15 µg Phagen-DNA in einem maximalen Volumen von 100 µl einsetzen. Die DNA-Lösungen jeweils in 1,5-ml-Reaktionsgefäße mit Deckel pipettieren.

2. $\frac{1}{10}$ Volumen BamHI Restriktionsenzym-Puffer (10fach konzentriert) oder SP 100-Puffer mit einer Mikropipette zugeben.

3. Spaltung der DNA durch Zugabe von 10 Units (U) BamHI zum Plasmidansatz und 30 U zum Phagenansatz starten. Durch den Überschuß an Restriktionsenzym bei den präparativen Spaltungen soll erreicht werden, daß die Spaltungsreaktion in möglichst kurzer Zeit quantitativ erfolgt und so mögliche unspezifische Nebenreaktionen weitgehend ausgeschlossen sind.

4. Ansätze 1 h im Wasserbad (Styroporschiffchen) oder Thermoblock inkubieren, dann die Reaktion im 70 °C-Wasserbad (10 Minuten) stoppen (Reaktionsgefäße mit Deckel verwenden).

5. Agarosegel während der Inkubation der Spaltungsansätze vorbereiten (s. S. 278ff).
6. Proben 2 Sekunden in der Tischzentrifuge (8000 g) zentrifugieren, um die Kondenswassertröpfchen vom Deckel, die sich durch die Hitzebehandlung gebildet haben, im Gefäßboden zu sammeln.
7. Für die Gelelektrophorese aus jedem Spaltungsansatz 5 µl (0,5 µg) entnehmen und in Reaktionsgefäßen folgende Ansätze vorbereiten:

- pBR 322 DNA, 0,5 µg, ungespalten
- pBR 322 DNA, 0,5 µg, gespalten mit BamHI
- λ-DNA, 0,5 µg, ungespalten
- λ-DNA, 0,5 µg, gespalten mit BamHI

Jeden Ansatz mit TE-Puffer auf 20 µl auffüllen, mit 5 µl Bromphenolblau/Saccharose-Lösung vermischen und anschließend auf ein 0,8%iges Agarosegel auftragen und elektrophoretisieren (vgl. S. 278f).

Auswertung

Das Gel mit Ethidiumbromid anfärben und unter dem UV-Licht prüfen, ob die DNA vollständig gespalten ist (s. S. 273).

Neben der linearisierten Plasmid-Bande und den Phagen-DNA-Banden sollte im Bereich der ungespaltenen DNA keine Bande mehr sichtbar sein. Bei unvollständiger Spaltung wird die Spaltungsreaktion mit neuem Restriktionsenzym wiederholt.

Die vollständig gespaltenen DNA-Präparationen bei –20 °C einfrieren oder gleich für die weiteren Ligierungsexperimente einsetzen. Die gespaltene DNA wird als Kontrollmarker für die weiteren Versuche benötigt.

14.2.2 Ligierung von Plasmid- und Phagen-DNA

Aufgabe

BamHI-gespaltene pBR322-Plasmid-DNA ist mit Hilfe von T4-Ligase mit BamHI gespaltener Phagen-DNA zu ligieren (alternativ genomische DNA von *E. coli*)

Material:

Kältemischung: Aceton-Trockeneis; zusätzlich zum vorher genannten, s. S. 274f, 10 mmolare ATP-Lösung; 3 mmolare Natriumacetat-Lösung, pH 4,6; Ethanol

BamHI gespaltene pBR 322 DNA und Phagen-DNA
Rinderserumalbumin (10 µg/µl), T4-Ligase (EC 6.5.1.1)
Ligierungspuffer-Stammlösung (10fach):

1 molares Tris/HCl, pH 7,5	660 µl
400 mmolares EDTA, pH 9	25 µl
1 molares $MgCl_2$	100 µl
1 molares Mercaptoethanol	100 µl
dest. H_2O	115 µl
	1000 µl

Zeitplan

1. Tag: Ligierung ansetzen und über Nacht bei 15 °C inkubieren
2. Tag: Ligierung durch Agarosegelelektrophorese überprüfen

Durchführung

1. Präparative mit BamHI gespaltene pBR322-DNA (2 µg) und λ-Phagen-DNA (6–10 µg) mit einer Mikropipette in ein 1,5-ml-Reaktionsgefäß mit Deckel pipettieren.
2. ⅒ Volumen 3molares Natriumacetat, pH 4,6, und 2,5 Volumina Ethanol zugeben und die DNA 20 Minuten bei ≦ –70 °C (Aceton-Trockeneis) ausfällen.
3. Präzipitierte DNA 10 Minuten in einer Tischzentrifuge bei 8000 bis 10000 upm abzentrifugieren. Überstand dekantieren. Restflüssigkeit im Gefäß durch Abtupfen auf einem Zellstofftuch entfernen.
4. Das nicht oder kaum sichtbare DNA-Pellet im Exsikkator 15 bis 30 Minuten trocknen.
5. 100 µl der Ligierungsstammlösung 1 : 10 mit dest. Wasser verdünnen und davon 50 µl in das Reaktionsgefäß mit den gefällten DNAs pipettieren. Röhrchen verschließen und durch vorsichtiges Klopfen an das Gefäß DNA wieder lösen.
6. 1 µl Rinderserumalbumin-Lösung zugeben und den Ligierungsansatz im Styropor-Schiffchen in eine Plastikwanne mit 1 Liter auf 37 °C temperiertes Wasser stellen, die im Kühlschrank innerhalb von 1 bis 2 h auf 10 bis 15 °C abgekühlt wird. Durch diesen Temperaturschritt wird die Anlagerung (Annealing) der linearen DNA-Fragmente erleichtert.
7. Die Ligierung durch Zugabe von 0,5 µl ATP-Lösung und 0,05 U T4-Ligase (0,5–1 µl; 10fach verdünnten Ligierungspuffer kurz vor Zugabe herstellen) starten.
8. Die Ligasereaktion durch 10minütige Inkubation bei 70 °C stoppen.
9. Agarose-Gel zur Überprüfung der Ligierungsreaktion vorbereiten (s. S. 278f).
10. Ein 5-µl-Aliquot aus dem Ligierungsansatz entnehmen, mit TE-Puffer auf 20 µl verdünnen und 5 µl Bromphenolblau/Saccharose-Lösung vermischen.
11. Elektrophorese mit folgenden Ansätzen durchführen:

   - pBR 322, 0,5 µg, ungespalten
   - pBR 322, 0,5 µg, gespalten mit BamHI

- ligierte DNA, 5 µl (ca. 1,1 µg)
- λ-DNA 0,5 µg, gespalten mit BamHI
- λ-DNA 0,5 µg, ungespalten

Die Ansätze werden mit TE-Puffer auf 20 µl aufgefüllt, zur Farbmarkierung mit Bromphenolblau/Saccharose-Lösung versetzt und dann auf das Gel aufgetragen. Elektrophoresebedingungen, s. S. 278f.

Auswertung

Das mit Ethidiumbromid angefärbte Gel unter dem UV-Licht auf vollständige Ligierung von pBR322-DNA und Phagen-DNA prüfen. Die Banden im Bereich der linearisierten Plasmid- und Phagen-DNA sollten beim Ligierungsansatz nicht mehr vorhanden und durch die Ligierung Banden mit einer größeren relativen Molekülmasse entstanden sein.

14.2.3 Isolierung von kompetenten E. coli-Zellen und Plasmidtransformation

Aufgabe

1. Isolierung von kompetenten *E. coli*-Zellen nach einer modifizierten Calciumchlorid-Methode von Hanahan
2. Transformation von pBR322-DNA und durch Ligierung von pBR322 und Lambda-DNA hergestellten rekombinanten Plasmiden in *Escherichia coli 5K*

Material

Stamm: *Escherichia coli 5K*

DNA: pBR322 DNA, ligierte pBR322/Lambda-DNA oder ligierte pBR322/genomische DNA

Geräte: Zusätzlich zu den vorhergenannten (s. S. 274): 42°C-Wasserbad, Photometer, Rasterschablone (20 oder 50 Quadrate pro Petrischalenfläche), 100-ml-Erlenmeyer

Steriles Material: ENB-Medium (s. Kap. 13.1, S. 274f). ENB-Platten: ENB-Medium + 18 g/l Agar ohne Antibiotika, mit Ampicillin (50 mg/l, Amp-Platten) oder Tetracyclin (20 mg/l, Tet-Platten)

Anzuchtmedium für die Transformation (T-Medium): Bactotrypton, 25 g; Bactohefeextrakt, 7,5 g; 20 ml 1molares Tris/HCl, pH 7; mit dest. H_2O auf 950 ml auffüllen, autoklavieren, dann getrennt sterilisierte Lösungen zugeben: 5 ml 1molares $MgCl_2$; 10 ml 1%ige Diaminopimelinsäure; 10 ml 0,4%iges Thymidin, 25 ml 20%ige Glucose. Transformationspuffer (T-Puffer): 15 g Saccharose (für Dichtegradientenzentrifugation); 1 ml 3,5molare KOH; 1 ml 1molares $CaCl_2$; 2 ml 5molares Rubidiumchlorid, in 50 ml bidest. H_2O; pH auf 6,2 einstellen mit verd. Essigsäure, 1 ml 4,5molares $MnCl_2$ zugeben, pH-Wert auf 5,8 einstellen, mit bidest. H_2O auf 100 ml auffüllen.

Zeitplan

1. Tag: Kontrollausstrich des Transformations-Stammes auf ENB-Platten mit und ohne Ampicillin
Anzucht des Transformationsstammes über Nacht in Transformationsmedium

2. Tag: Isolierung von kompetenten *E. coli*-Zellen, Transformation der *E. coli*-Zellen mit pBR322 und rekombinanten Plasmiden
Ausplattieren auf Antibiotikaplatten

3. oder 4. Tag: Ausplattieren von weiteren transformierten Zellen; Überstempeln der ampicillinresistenten Klone

5. Tag: Bestimmung der Transformationsrate von pBR322

5. Tag: Selektion von $Amp^r tet^s$-rekombinanten Klonen
Ausstrich der rekombinanten Klone auf Amp- und Tet-Platten

6. Tag: Überstempeln der 2. Transformantenserie auf Tet-Platten

7. Tag: Isolierung von $Amp^r tet^s$ rekombinanten Klonen der 2. Serie; Ausstrich auf Amp- und Tet-Platten

Durchführung

1. Transformationsstamm zur Kontrolle auf einer ENB-Komplettplatte mit und ohne Ampicillin ausstreichen und über Nacht bei 37 °C inkubieren. Gleichzeitig den Stamm in 10 ml Transformationsmedium in einem 100-ml-Erlenmeyerkolben über Nacht bei 37 °C schütteln.

2. Am nächsten Tag auf den ampicillinhaltigen Platten kontrollieren, ob kein Wachstum erfolgt ist; die gleichzeitig angezüchtete Vorkultur mikroskopisch auf Infektionen untersuchen und einen weiteren Kontrollausstrich auf Ampicillin-Platten durchführen.

3. Vorkultur 1 : 100 mit T-Medium verdünnen und bis zu einer optischen Dichte von 0,2 bei 550 nm wachsen lassen.

4. Nach ungefähr 3 bis 4 Stunden die Bakterienzellen 10 Minuten bei 5 000 Umdrehungen pro Minute in sterilen Plastikröhrchen abzentrifugieren.

5. Den Überstand abdekantieren und die Zellen in 20 ml Transformationspuffer resuspendieren und 5 Minuten in Eis stellen.

6. Nochmals 5 Minuten bei 5 000 upm und 4 °C zentrifugieren und nach Abgießen des Überstandes den Zellniederschlag in 4 ml Transformationspuffer resuspendieren. Die Zellen sind nun kompetent für die Aufnahme von DNA.

7. Kompetente Zellen in 200 µl Portionen in sterile Plastikröhrchen aufteilen und bis auf zwei Ansätze, die direkt weiter verwendet werden, für spätere Transformationen einfrieren.

8. Folgende Transformationen durchführen:
   a) Transformation von 100 ng pBR322-DNA zur Bestimmung der Transformationsrate
   b) Transformation von dem Gesamt-Ligierungsansatz pBR322/λ-DNA

9. Zu jedem der beiden Transformationsansätze (200-µl-Zell-Portionen) 7 µl Dimethylsulfoxid (DMSO) zugeben und dann 15 Minuten in Eis stellen (maximal 1 Stunde)
10. Zu jedem Ansatz die entsprechende DNA jeweils in einem maximalen Volumen von 20 bis 50 µl zupipettieren und 20 Minuten in Eis stellen.
11. Ansätze 1 Minute im Wasserbad bei 42 °C inkubieren und dann sofort mit 1 ml Transformationsmedium verdünnen.
12. Anschließend 1 h bei 37 °C zur Expression der Antibiotikaresistenzen der transformierten Plasmide zwischenzüchten.
13. Die transformierten Zellen 5 Minuten bei 5 000 upm und 4 °C abzentrifugieren, den Überstand abdekantieren und das Zellpellet in 2 ml ENB-Komplettmedium aufnehmen.
14. 100 µl Zellsuspension jedem Transformationsansatz entnehmen und mit ENB-Medium Verdünnungsreihen in 10^{-1}-Verdünnungsschritten bis 10^{-5} anlegen.
15. Von dem Transformationsansatz mit pBR322 und den entsprechenden Verdünnungen jeweils 100 µl bis zur Verdünnung 10^{-5} auf 2 Ampicillin-ENB-Platten ausplattieren.
    Von dem Transformationsansatz mit ligierter DNA Amp-Platten ausplattieren, von den Verdünnungen 10^{-1} bis 10^{-3} jeweils 10 Platten und von den Verdünnungen 10^{-4} und 10^{-5} jeweils 2 Platten.
16. Nach 1 bis 2 Tagen die Anzahl der Klone auf den Ampicillin-ENB-Platten bestimmen.
    Von dem Transformationsansatz mit der ligierten DNA auf der Basis der ausgezählten Kolonien/Verdünnung eine neue Verdünnungsreihe anlegen, und von der Verdünnung, die 100 bis 200 Kolonien pro Platte ergibt, 30 bis 50 weitere Ampicillin-ENB-Platten ausplattieren (2. Transformantenserie)
17. Platten mit 20 bis 200 Kolonien von der 1. Transformantenserie können direkt auf Tet- und Amp-ENB-Platten überstempelt werden. Von Platten mit schlecht stempelbarem Koloniemuster die Kolonien mit sterilen Zahnstochern abpicken und auf Ampicillin- und Tetracyclinplatten so ausstreichen, daß jeweils 50 Klone auf einer Platte sind (Raster-Schablone verwenden).
18. Die 2. Transformantenserie am nächsten Tag ebenfalls auf Ampicillin- und Tetracyclin-ENB-Platten überstempeln und 1 Tag bei 30 °C bebrüten.

Auswertung

Kolonien, die auf Ampicillin-Platten wachsen und auf Tetracyclin-Platten kein Wachstum zeigen, werden von den Ampicillin-Platten abgeimpft und zur Kontrolle nochmals auf Ampicillin- und Tetracyclin-Platten ausgestrichen (2 Klone/Platte). Die Klone, die eindeutig tetracyclinsensitiv sind, enthalten rekombinante Plasmide, die in die BamHI-Klonierungsstelle Lambda-DNA-Fragmente oder ein weiteres pBR322-Vektormolekül eingebaut haben. Diese Klone werden zur molekularbiologischen Charakterisierung verwendet.

Berechnung der Transformationsrate: Als Transformationsrate ist die Anzahl der Zellen im Transformationsansatz definiert, die durch 1 µg DNA transformiert wurden. Findet man z. B. bei einer Verdünnung von 10^{-5} 30 ampicillinresistente Klone, so ergibt sich bei einem Gesamtvolumen von 2 ml und 100 ng DNA folgende Transformationsrate:

30 (Anzahl Klone) $\cdot 10^5$ (Verdünnungsfaktor) $\cdot 2 \cdot 10 = 6 \cdot 10^7$/µg DNA

Die Transformationsraten, die mit dieser Methode erreicht werden, liegen bei 10^6 bis 10^8 Transformanten pro µg eingesetzter Vektor-DNA. Ligierte DNA ergibt in der Regel Transformationsraten, die um den Faktor 100 niedriger liegen.

14.2.4 Charakterisierung von rekombinanten Bakterienklonen

Aufgabe

1. Mit einer analytischen DNA-Isolierungsmethode von Birnboim und Doly sind die rekombinanten Plasmide aus den tetracyclinsensitiven Klonen, die nach Kap. 14.2.3 (s. S. 307f) erhalten wurden, zu isolieren.
2. Durch Spaltung mit dem Restriktionsenzym BamHI ist die Größe der eingebauten DNA zu bestimmen und anhand von Restriktionskarten das entsprechende Lambda-DNA-Fragment zu identifizieren, das in dem rekombinanten Plasmid enthalten ist.

Material

Stämme: *E. coli 5K, E. coli pBR322, E. coli*-Klone von Kap. 14.2.3, S. 307f.

Geräte: Analog wie auf den Seiten 274ff angewiesen

Steriles Material:

10-ml-Inkubationsröhrchen, Zentrifugenröhrchen, L-Broth-Medium: 10 g Bactotrypton; 5 g Yeast extract; 10 g NaCl auf 1 l dest. Wasser (s. Kap. 5.2, S. 113ff)

Lysozymmix:	15 mmolares Tris 10 mmolares EDTA 50 mmolare Glucose (Lösungen getrennt autoklav.) mit NaOH auf pH 8 einstellen, 2 mg/ml Lysozym (steril filtriert) zugeben.
Tris/Acetat-Puffer:	50 mmolares Tris, 100 mmolares NaAc pH 8
SDS-Mix:	0,2 mmolare NaOH, 1% SDS (1 Woche stabil)

Spaltungspuffer und Puffer zum Abstoppen, s. S. 287.

Insteriles Material (s. S. 274)

Zeitplan:

1. Tag: Anzucht der *E. coli*-Stämme und *E. coli*-Klone
2. Tag: Isolierung der Plasmid-DNA

3. Tag: Spaltung der Plasmid-DNA mit dem Restriktionsenzym BamHI
Gelelektrophorese der DNA-Ansätze

Durchführung

1. *E. coli 5K, E. coli pBR322* und E. coli-Klone von der Platte direkt in sterile Zentrifugenröhrchen mit 5 ml L-Broth impfen und über Nacht unter Schütteln bei 37 °C anzüchten.
2. Zellen in den Röhrchen bei 5 000 upm abzentrifugieren und den Zellniederschlag jeweils in 200 µl Lysozymmix resuspendieren. Dann in 1,5-ml-Plastikreaktionsgefäße mit Deckel überführen und 30 Minuten in Eis stellen.
3. 300 µl Natriumacetat, pH 4,6, zugeben und die Ansätze weitere 60 Minuten in Eis stellen.
4. In der Tischzentrifuge bei 10 000 upm 2 Minuten abzentrifugieren, den Überstand in neue Reaktionsgefäße überführen und mit kaltem Ethanol auf 1,5 ml auffüllen.
5. Nach 15 Minuten bei –70 °C in der Tischzentrifuge bei 10 000 upm 2 Minuten abzentrifugieren und den Niederschlag in 100 µl Tris/Acetat-Puffer, pH 8, lösen.
6. 200 µl Ethanol zugeben und die DNA nochmals 15 Minuten bei –70 °C ausfällen. Nach der erneuten Zentrifugation in der Tischzentrifuge bei 10 000 upm den Überstand dekantieren, Restflüssigkeit im Röhrchen auf einem Zellstofftuch abtupfen, den DNA-Niederschlag im Exsikkator 15 Minuten trocknen und dann in 200 µl TE-Puffer lösen.
7. Agarose-Gelelektrophorese mit 10-µl-Aliquots der DNA-Probe zur Charakterisierung der Klon-DNA durchführen (s. S. 278f).
8. Die rekombinanten Plasmide sind im Gel als im Vergleich zur pBR322 deutlich langsamer wandernde Banden erkennbar. Die mit Ethidiumbromid angefärbten Banden sollten so gut sichtbar sein, daß auch nach einer Spaltung mit Restriktionsenzymen die entstandenen Fragmente noch nachgewiesen werden können. Je nach Intensität der Bande mehr oder weniger DNA für die Spaltung mit dem Restriktionsenzym BamHI einsetzen. Das Ansatzvolumen sollte 20 µl nicht überschreiten.
9. Spaltungsbedingungen, Agarosegelvorbereitung und Gelelektrophorese sind auf S. 278 beschrieben.
10. Die mit Restriktionsenzym behandelten DNA-Ansätze auf ein Agarosegel auftragen und zusammen mit BamHIgespaltener Phagen-DNA und pBR322-DNA als Kontrollansätze elektrophoretisieren.
11. Gel photographieren und auswerten.

Auswertung

Anhand der parallel elektrophoretisierten Lambda-BamHI-Fragmente und der BamHI-gespaltenen pBR322-DNA wird die Größe der eingebauten Fragmente bestimmt und mit Hilfe der Restriktionskarte von Lambda-Phagen-DNA (s. S. 291f, Abb. 13.4 und 13.5) das in den einzelnen Klonen vorhandene Lambda-Fragment identifiziert. Klone, die anstatt von Phagen-DNA ein weiteres pBR322-Molekül eingebaut haben und deshalb entsprechend langsam im Gel wandern, werden nach der Spaltung mit BamHI wieder in die zwei linearen pBR322-Moleküle zerlegt, die identisch mit dem linearisierten pBR322-Vektor im Gel wandern.

Literatur

Birnboim, H. C., Doly J. (1979), A Rapid Alkaline Extraction Procedure for Screening Recombinant Plasmid DNA, Nucleic Acids Res. **7,** 1513

Boyer, H. W., Nicosia, S. (1978), Genetic Engineering, Biomedical Press, Elsevier/North-Holand, Amsterdam

Bundesminister für Forschung und Technologie (1986): Richtlinien zum Schutz vor Gefahren durch in vitro neukombinierte Nukleinsäuren, 5. überarbeitete Fassung, Bundesanzeiger Verlagsges. mbH., Köln

Chakrabarty, A. M. (1978), Genetic Engineering, CRC Press, Inc., Palm Beach, Florida

Collins, J. (1977), Gene Cloning with Small Plasmids, Curr. Top. Microbiol. Immunol. **78,** 121–170

Dugaiczyk, A., Boyer, H. W., Goodman, H. M. (1975), Ligation of EcoRI Endonuclease Generated DNA Fragments into Linear and Circular Structures, J. Mol. Biol. **96,** 171

Gilbert, W., Villa-Komaroff, L. (1980), Fremde Proteine aus Bakterien, Spektrum der Wissenschaft, **VI,** 98–108

Goeddel, D. V., Kleid, D. G., Bolivar, F., Heynecker, H. L., Yansur, D. G., Crea, R., Hirose, T., Krszewski, A., Itakura, K., Riggs, A. (1979), Expression in Escherichia coli of Chemically Synthesized Genes for Human Insulin, Proc. Natl. Acad. Sci. U.S.A. **76,** 106

Goeddel, D. V., Yelverton, E., Ullrich, A., Heynecker, H. L., Miozzari, G., Holmes, W., Seeburg, P. H., Dull, T., May, L., Stebbing, N., Crea, R., Maeda, S., McCandliss, R., Sloma, A., Tabor, L. M., Gross, M., Familletti, P. C., Pestka, S. (1980), Human Leukocyte Interferon Produced by E. coli is Biologically Active, Nature (London) **287,** 411

Gruss, P., Herrmann, R., Klein, A., Schaller, H. (1984), Industrielle Mikrobiologie, Spektrum der Wissenschaft Verlagsgesellschaft mbH & Co, Heidelberg

Helinski, D. R. (1978), Plasmids as Vehicels for Gene Cloning: Impact in Basic and Applied Research, Trends in Biochemical Sciences **3,** 10–14

Maniatis, T., Fritsch, E. F., Sambrock, J. (1982), Molecular Cloning, Cold Spring Harbor Laboratory, Cold Spring Harbor, New York

Setlow, I. W., Hollaender, A. (1979), Genetic Engineering, Plenum Press Ltd., Oxford

Watson, J. D., Tooze, J., Kurtz, D. T. (1985), Rekombinierte DNA, Eine Einführung, Spektrum der Wisssenschaft, Heidelberg

Winnacker, L. E. (1984), Gene und Klone, Eine Einführung in die Gentechnologie, Verlag Chemie Weinheim, Derfield Beach, Florida, Basel

Wu, R. (1979), Recombinant DNA, Methods in Enzymol. **68,** Academic Press, New York, London, Toronto, Sidney, San Francisco

Zell, R. A., Ewe, T. (1984), Die deutschen Genforscher, Schöpfer neuen Lebens, Bild der Wissenschaft, **4,** 76

15. Transformation von chromosomaler DNA in Bacillus subtilis

Unter genetischer Transformation versteht man den Vorgang, bei dem die Zelle nackte DNA aus der Umgebung aufnimmt und in das Genom einbaut, wodurch ein veränderter Genotyp entsteht. Natürliche Transformation kommt u. a. bei Bakterien vor. Dieser Vorgang wurde von Avery, O. T. et al. 1944 erkannt, nachdem Griffith ihn bereits 1928 bei *Diplococcus pneumoniae* erstmals beschrieben hatte. Als transformierbar gilt jedes untersuchbare Merkmal, z. B. Synthesefähigkeit von Tryptophan und Indol oder die Streptomycin-Resistenz.

Sowohl bei Gram-positiven als auch bei Gram-negativen Bakterien unterscheidet man folgende 5 Schritte:

1. Entwicklung der Kompetenz, d. h. Fähigkeit, DNA aufzunehmen. Hierbei wirkt ein Kompetenzfaktor als Aktivator.
2. Bindung der DNA an der Zelloberfläche.
3. Aufnahme der DNA ($9 \cdot 10^6$ d)
4. Bildung eines Präintegrationskomplexes zwischen Einzelstrang-DNA und einem kompetenzspezifischen Protein.
5. Integration von DNA-Stücken einer Länge von 10 000 bis 30 000 Nukleotiden durch Rekombination zwischen Einzelstrang-DNA-Fragment des Donors und dem Chromosom des Rezipienten. Einzelheiten zum Mechanismus s. Smith, H. O. u. Danner, D. B. (1981).

Gram-negative Bakterien wie Haemophilus, Neisseria und Acinetobacter weisen einen etwas abweichenden Transformationsmechanismus auf. Dies hängt wohl mit dem andersartigen Zellwandaufbau zusammen. So fehlt ein Kompetenzfaktor. Es sind Ca^{2+} und Na^{+} erforderlich, und die DNA-Aufnahme ist auf die homologe DNA beschränkt.

Bei der Transformation mit *B. subtilis* können mindestens 2% transformierte Rezipientenzellen erhalten werden. Die Zellen werden **kompetent,** wenn ihr physiologischer Zustand drastisch verändert wird, z. B. durch Übergang zur Ruhephase, Sauerstoffmangel oder durch Wechsel von nährstoffreichem zu nährstoffarmem Medium. Aminosäuren wie Tryptophan stimulieren die Kompetenz. Eine Präkompetenzphase, die 1,5 bis 3 Stunden vor der optimalen Transformationsfähigkeit liegt, ist verbunden mit einem Sinken der Rate der DNA-Synthese, des Verhältnisses von RNA-

zur Proteinsynthese und dem Sinken der Zelldichte bei 10 bis 20% der Gesamtpopulation. Kompetente Zellen sind mit 1,100 g/ml spezifisch leichter als nichtkompetente Zellen mit 1,311 g/ml. Die Kompetenz bleibt 3 Stunden erhalten. Während dieser Zeit vermehren sich die Zellen nicht und zeigen keine DNA-Replikation. Die Aufnahme der DNA wird durch Mg^{2+} gefördert. Die Transformationshäufigkeit wächst bis zu einem Maximalwert proportional mit der angebotenen DNA-Konzentration, da die Wahrscheinlichkeit steigt, daß das Marker-Gen in die Rezipientenzelle gelangt.

Der Transformation von chromosomaler (genomischer) DNA kommt neben der Anwendung in der Genetik Bedeutung für Untersuchungen zum Wirkungsmechanismus von Mutagenen zu. Hierbei kann z. B. die DNA extrazellulär – auch in nicht-wäßrigen Lösungsmitteln – mit Mutagen behandelt werden, um die Auswirkungen der chemischen Reaktionen auf den Phänotyp zu klären.

Aufgabe

Das Tryptophan-Gen ist mit Hilfe der Transformation bei *Bacillus subtilis* von einem Donorstamm in einen Rezipientenstamm zu transferieren. Die Transformationshäufigkeit ist in Abhängigkeit von der DNA-Konzentration zu bestimmen.

Material

Stämme: *B. subtilis 60087 trp⁻* (Rezipient), *B. subtilis 60009* (Donorstamm)

Geräte: Kühlzentrifuge und/oder hochtourige Tischzentrifuge, Schüttelapparat, Plattierteller, Spektralphotometer

Steriles Material:

P-Medium: Auf 1000 ml dest. Wasser 10 g Pepton, 5 g Yeast Extrakt, 5 g NaCl

A-Medium: Auf 1000 ml dest. Wasser 9 g NaCl, 3 g Natriumcitrat ($C_6H_5Na_3O_7 \cdot 2\,H_2O$)

Kompetenzmedium (MG): Auf 100 ml dest. Wasser 500 mg Glucose, 20 mg Caseinhydrolysat, 5 mg L-Tryptophan

Transformationsmedium: Auf 100 ml dest. Wasser 500 mg Glucose, 10 mg Caseinhydrolysat, 0,5 mg L-Tryptophan, 123,2 mg $MgSO_4 \cdot 7\,H_2O$

Salzlösung (s. S. 177 ff), Glycerin (DAB)

NaCl-Citrat-Pufferlösung (10fache SSC-Lösung; Standard SSC-Lösung ist 1 : 10 verdünnter NaCl-Citratpuffer): 1,5 molares NaCl, 0,15 molares Trinatriumcitrat, pH 7, 35 Petrischalen mit AM-Medium (s. S. 177) ohne Tryptophan, 6 Petrischalen mit AM-Medium mit Tryptophan (5 mg/100 ml).

[Bei Anwendung der Agardoppelschichtmethode zusätzlich 35 Kulturröhrchen mit 4 ml Weichagar (0,7% Agar) mit MG-Medium ohne Tryptophan, 6 Kulturröhrchen mit 4 ml Weichagar mit MG-Medium mit Tryptophan]

Pipetten zu 10 ml und 1 ml; Bechergläser zu 100 ml; Kulturröhrchen für Verdünnungen; 2 Erlenmeyerkolben zu 100 ml mit angeschmolzenem Reagenzglas; 2 Erlenmeyerkolben zu 100 ml; 10 Reagenzgläser

Weiteres Material:

Chloroform, Isoamylalkohol und Ethanol (müssen destilliert werden). Kochsalz

Chloroform-Isoamylalkohol: 24 Volumina Chloroform und 1 Volumen Isoamylalkohol im Gemisch

DNase (1 mg/ml), Lysozymlösung (10 mg/ml dest. Wasser), Natriumdodecylsulfatlösung (25%ig)

Reagenzien zur DNA-Bestimmung: Kalbsthymus-DNA (für Eichgerade), Acetaldehyd, Perchlorsäure, Diphenylaminreagenz: 1,5 g Diphenylamin, 100 ml Eisessig und 1,5 ml konz. Schwefelsäure mischen.

Zeitplan und Zeitbedarf

1. Tag: Stämme überimpfen, 10 min
2. Tag: DNA isolieren, Rezipientenstamm züchten, 8 h
3. Tag: Transformation, 6 h

Durchführung (Abb. 15.1)

I. Züchtung des Donorstammes und Isolierung der DNA

1. *B. subtilis 60009* in 8 ml P-Medium unter Schütteln bei 30 °C über Nacht vorzüchten.

2. Bakterien abzentrifugieren, in 5 ml A-Medium suspendieren und wieder abzentrifugieren.

3. Bakterien in 6 ml A-Medium suspendieren, mit 0,6 ml 10facher SSC verdünnen, so daß die Bakterien in Standard-SSC-Lösung suspendiert sind.

4. Bakterien mit 0,2 ml Lysozymlösung versetzen, rühren und 30 min bei 37 °C inkubieren.

5. Zur Vervollständigung der Lyse 0,4 ml 25%ige Natriumdodecylsulfatlösung zugeben. Bis zum völligen Aufklaren bei 45 °C unter mehrfachem Rühren inkubieren.

6. Durch Zusatz von 0,4 g festem Kochsalz die Ionenkonzentration auf 2 mol/l heraufsetzen.

7. 0,1 ml der 25%igen Natriumdodecylsulfatlösung zugeben. 15 Minuten bei Raumtemperatur stehen lassen. Ausgefälltes Protein 30 Minuten bei 4000 upm abzentrifugieren.

8. Überstand mit 5 ml des Chloroform-Isoamylalkohol-Gemischs gut mischen. 15 min bei 3000 upm abzentrifugieren. Man beobachtet 3 Schichten:

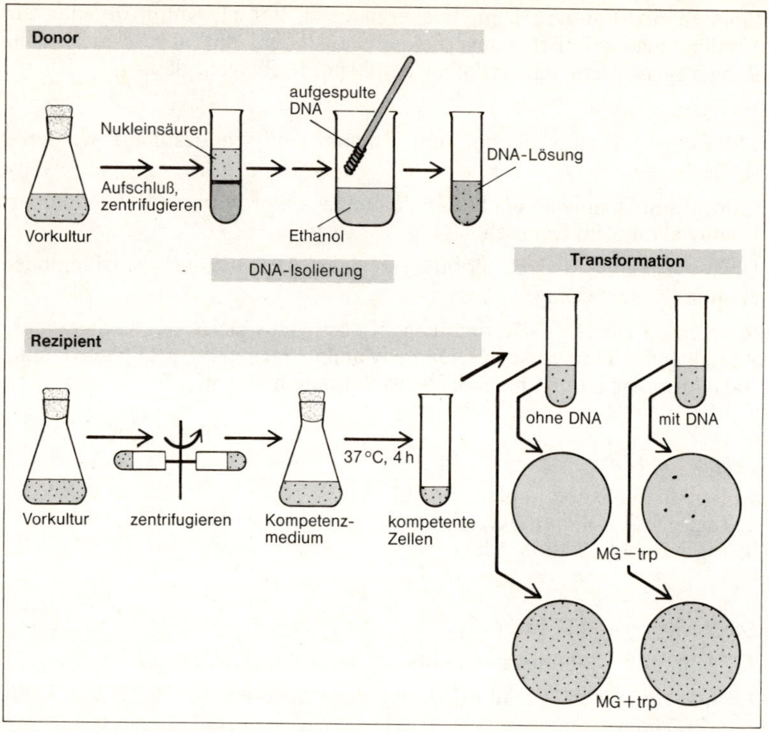

Abb. 15.1 Transformationsversuch

- die obere: wäßrige DNA-Phase,
- die mittlere: Proteinschicht,
- die untere: Chloroformphase mit kolloidalem Protein.

9. DNA-Phase vorsichtig abpipettieren und mit doppeltem Volumen Ethanol langsam überschichten. Ausgefallene DNA mit einem Glasstab langsam aufspulen, wobei auf die Beibehaltung einer Drehrichtung zu achten ist. Glasstab kann mit der DNA in 80% Ethanol unter Kühlung längere Zeit aufbewahrt werden. Die DNA kann auch gelöst in Standard-SSC-Lösung (ca. 0,8 mg DNA/ml) im Kühlschrank aufbewahrt werden.

II. Züchtung des Rezipientenstammes

1. Rezipientenstamm *B. subtilis 60087* im 100-ml-Erlenmeyerkolben mit 25 ml Komplettmedium 16 h bei 37°C vorzüchten (schwach animpfen).

2. Vorkultur hat am anderen Tag $O.D_{400-600} \approx 0{,}95$. Ist die optische Dichte höher, so verdünnen, daß die Zellen aus geringerer Dichte auf diese Dichte in 1 bis 2 h wachsen können. 4 Portionen zu je 5 ml abzentrifugieren, mit je 5 ml Kompetenzmedium (MG) aufnehmen und auf 2 Erlenmeyerkolben mit je 30 ml MG-Medium verteilen.

3. Bei 37 °C 4 Stunden sehr langsam schütteln.

4. Beide Ansätze vereinigen. In 6 Kulturröhrchen zweimal hintereinander je 4,5 ml Bakteriensuspension (insgesamt 9 ml) abzentrifugieren. Niederschlag mit 1,8 ml Kompetenzmedium aufnehmen. 0,2 ml Glycerin zugeben. Nach gründlichem Mischen Bakterien 30 min im Kühlschrank stehen lassen und dann bei –30 °C einfrieren.

III. Transformation

1. Gefällte DNA in 2 bis 3 ml Standard-SSC-Lösung lösen.

2. Die DNA-Konzentration nach Dische bestimmen: Diphenylamin reagiert mit Desoxyribose unter Blaufärbung.

a) Eich- und Testlösungen werden nach Tab. 15.1 bereitet.

Tab. 15.1 Pipettiertabelle zur Bestimmung der DNA-Konzentration nach Dische

Reagenzglas-Nummer	Eichlösung* in ml	Perchlorsäure in ml	Ergänzung mit Wasser in ml
1	0	1	1,0
2	0,1	1	0,9
3	0,3	1	0,7
4	0,5	1	0,5
5	0,7	1	0,3
6	1,0	1	0
Testlösung in ml			
7	0,1	1	0,9
8	0,25	1	0,75
9	0,50	1	0,5
10	1,0	1	0

* 400 µg Kalbsthymus-DNA/ml

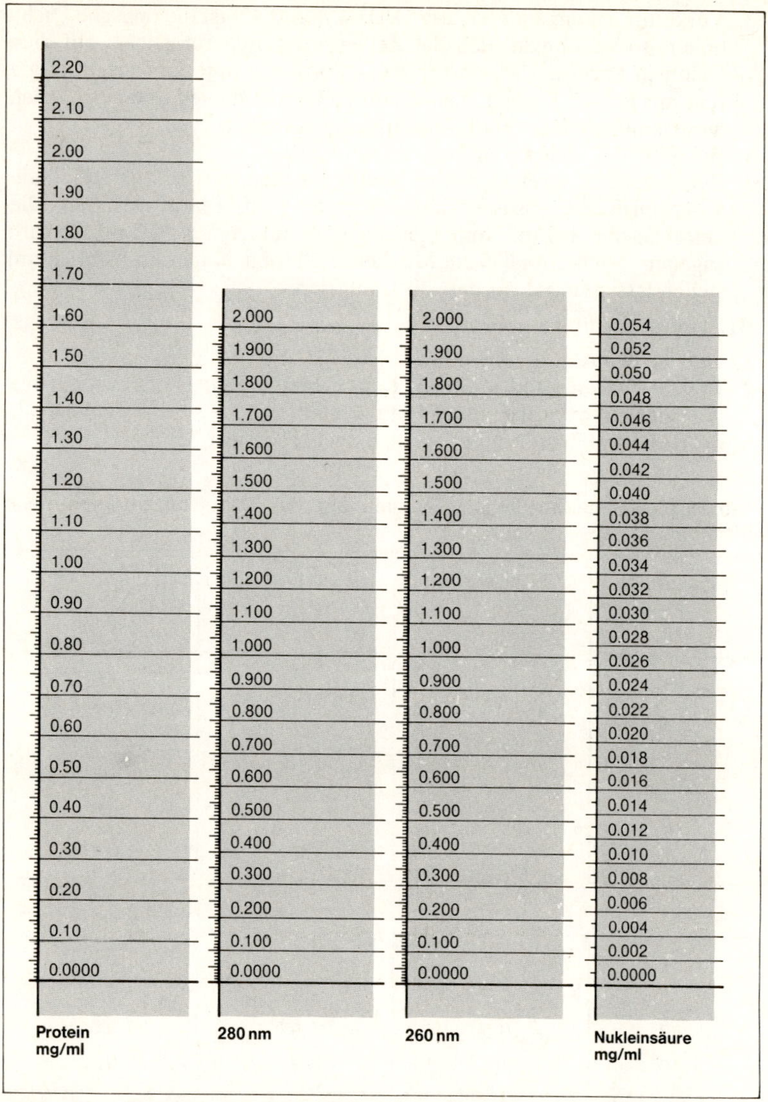

Abb. 15.2 Nomogramm nach Adams, basierend auf den Extinktionskoeffizienten für *Enolase* und Nukleinsäuren nach Warburg und Christian. In Küvetten mit 1 cm Lichtweg ist die optische Dichte bei 260 und 280 nm zu bestimmen

b) Die pipettierten Lösungen im Wasserbad bei 70 °C 10 min lang erwärmen.

c) Mit einer kalten Pipette 0,1 ml gekühlten Acetaldehyd in 10 ml Wasser pipettieren.

d) Zu 40 ml Diphenylaminreagenz 0,2 ml der Acetaldehydlösung von **c** pipettieren und mischen.

e) In die Reagenzgläser 1 bis 6 und 7 bis 10 je 4 ml Reagenz-Acetaldehydgemisch **d** pipettieren.

f) Bei 30 °C 4 Stunden stehen lassen (blauer Farbstoff tritt auf).

g) Bei 600 nm Extinktion in Kunststoffküvetten gegen Röhrchen 1 als Nullwert messen.

Zur schnellen ungefähren Konzentrationsbestimmung kann das Nomogramm nach Adams benutzt werden (Abb. 15.2). Von der gelösten DNA mit SSC-Lösung verschiedene Verdünnungsstufen zu 0,01, 0,02, 0,05, 0,1, 0,2, 0,5, 10, 20, 50, 100 μg DNA/ml Endkonzentration herstellen.

3. Kompetente Zellen mit kaltem Wasser rasch auftauen und 10 min abzentrifugieren.

4. Bakterien in 1 ml Transformationsmedium suspendieren.

5. 1-ml-Portionen der verschiedenen DNA-Konzentrationen mit je 1 ml der Bakteriensuspensionen mischen. Für den Nullwert ein Röhrchen mit 1 ml Standard-SSC ansetzen. Proben zur Transformation bei 37 °C 90 min inkubieren.

6. Zur Beendigung der Transformation zu jedem Ansatz 0,1 ml DNase-Lösung zugeben. Umschütteln und 15 min bei 37 °C inkubieren.

7. Entsprechend Tab. 15.2 mit Salzlösung verdünnen und auf verschiedene Plattenmedien plattieren. Zur Infektionskontrolle 0,05 ml DNA-Lösung (unverdünnt) auf MG-Medium mit Tryptophan ausstreichen.
Anstelle dieser Oberflächentechnik kann auch das Schichtagarverfahren verwendet werden:
Zum Verteilen auf der Petrischale je 0,2 ml der verdünnten Zellsuspension mit 4 ml flüssigem Weichagar (50 °C) mischen und auf der Oberfläche der Minimal- oder Tryptophanplatte durch leichtes Kippen der Petrischale verteilen.

8. Platten 4 bis 6 Tage bei 37 °C inkubieren.

Auswertung

Es ist die Transformationshäufigkeit zu berechnen und diese in Abhängigkeit von der DNA-Konzentration graphisch darzustellen:

$$\%\ \text{transformierte Zellen} = 100 \cdot \frac{\text{transform. Zellen/ml}}{\text{Gesamtzellzahl}}$$

Tab. 15.2 Pipettiertabelle zum Transformationsversuch

	AM-Medium ohne Tryptophan		AM-Medium mit Tryptophan
Zelltyp	**transformierte Zellen** (mit DNA behandelte Zellen)	unbehandelte Zellen (Kontrolle)	unbehandelte Zellen (Gesamtzellzahl)
Verdünnungsstufe	unverd., 10^{-1}, 10^{-2}	unverd., 10^{-1}	10^{-2}, 10^{-4}
Kolonien/Platte			
Zellen/ml			

Literatur

Anagnostopoulos, C., Crawford, I. P. (1961), Transformation Studies on the Linkage of Markers in the Tryptophan Pathway in Bacillus subtilis, Proc. Nat. Acad. Sci. U. S. A. **47,** 378–390

Anagnostopoulos, C., Spizizen, J. (1961), Requirements for Transformation in Bacillus subtilis, J. Bacteriol. **81,** 741–746

Avery, O. T., Mac Leod, C. M., McCarty, M. (1944), Studies on the Chemical Nature of the Substance Inducing Transformation of Pneumococcal Types, Induction of Transformation by a Deoxyribonucleic Acid Fraction Isolated from Pneumococcus III, J. Exp. Med. **79,** 137–157

Bresler, S. E., Kalinin, V. L., Sukhodolova, A. (1972), Action of Supermutagens on the Transforming DNA of Bacillus subtilis, Mutat. Res. **15,** 101–112

Smith, H. O., Danner, D. B. (1981), Genetic Transformation, Annu. Rev. Biochem. **50,** 41–68

Venema, G. (1979), Bacterial Transformation, Adv. Microb. Physiol. **19,** 245–331

16. Stoffbestimmungen mit Mikroorganismen

Zur Konzentrationsbestimmung von Verbindungen biologischen Ursprungs können physikalisch-chemische, enzymatische oder mikrobiologische Verfahren eingesetzt werden. Die physikalisch-chemischen Analysenverfahren liefern zwar oft genauere Ergebnisse als biologische Verfahren, die enzymatischen und mikrobiologischen Bestimmungsmethoden besitzen jedoch den Vorteil großer Spezifität und Empfindlichkeit, wobei besonders bei mikrobiologischen Verfahren der apparative Aufwand gering ist. Es ist z. B. möglich, die Konzentration von Methionin in der D- und L-Form zu bestimmen. Auch können in komplexen Stoffgemischen sehr kleine Mengen erfaßt werden, z. B. 10^{-4} μg Biotin.

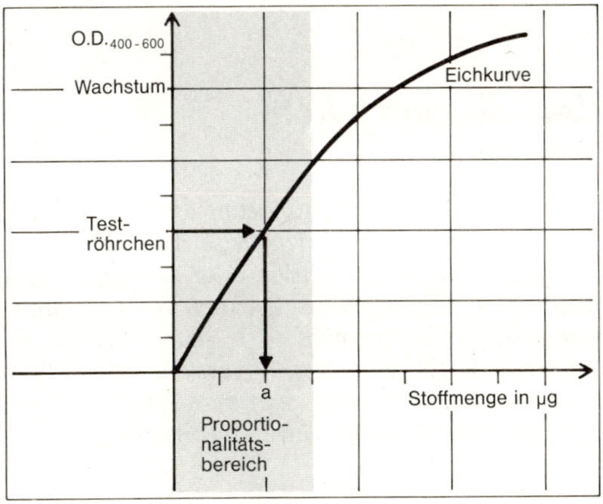

Abb. 16.1 Wachstumskurve eines Bakterienstammes im Testmedium

Als Teststämme dienen auxotrophe Mikroorganismen. Benötigt ein Stamm zum Wachstum z. B. eine bestimmte Aminosäure, so wächst er entsprechend der im Testmedium vorhandenen Menge dieser Verbindung. Die Dosis-Wirkungsrelation ist in Abb. 16.1 wiedergegeben. Bei einem guten

Testverfahren soll sie sich linear über einen nicht zu engen Bereich erstrecken.

Weitere wichtige Voraussetzungen für die Verwendbarkeit eines Testkeims zur mikrobiologischen quantitativen Analyse sind zum einen das Fehlen adaptiver Eigenschaften, d. h. er darf seine Nährstoffansprüche auch bei längerer Inkubation nicht an veränderte Bedingungen anpassen, und zum anderen eine Stoffwechselleistung, die von der Testverbindungsmenge abhängt und die gut quantitativ erfaßbar ist: z. B. Säurebildung (titrimetrisch erfaßbar) und Zellvermehrung (durch Trübungsmessung oder Wägung erfaßbar).

Als geeignete Testorganismen haben sich die Wildstämme Lactobacillus, Leuconostoc, Pediococcus und Streptococcus erwiesen. Doch auch Hefen und andere Pilze sowie Defektmutanten von Wildstämmen haben sich bewährt.

Lactobacillusarten lassen sich nicht nur zur Bestimmung von Aminosäuren und Vitaminen verwenden. Auf der Unfähigkeit von *L. acidophilus,* bei Fehlen von Desoxyribosiden zu wachsen, beruht eine sehr genaue DNA-Bestimmung (< 200 pg). Firmen wie Difco, Merck und Oxoid bieten geeignete Medien an und führen die dazu bei den Stammsammlungen erhältlichen Stämme auf, mit denen Aminosäuren, Vitamine und andere Stoffe bestimmt werden können.

16.1 Aminosäurebestimmung durch Trübungsmessung

Als Analysenlösung kann eine wäßrige Aminosäurelösung vorbereitet werden, es kann auch gelöste Aminosäuren enthaltendes natürliches Material, wie Fruchtsaft, Bier, Milch u. a., untersucht werden oder proteinhaltiges Material, wie Fleisch, Futtermittel, Pflanzenteile, bei dem zuvor Aminosäuren durch Hydrolyse freigesetzt werden müssen. In Tab. 16.1 ist ein Nährmedium angegeben, das zur Bestimmung von 18 verschiedenen Aminosäuren eingesetzt werden kann. Das Medium kann man selbst zubereiten, wobei die jeweilige zu analysierende Aminosäure wegzulassen ist.

Aufgabe

Es ist der Gehalt an L-Lysin einer gegebenen Testprobe zu bestimmen

Material

Stamm: Schrägagar von *Leuconostoc mesenteroides ATCC 8042*

Geräte: Spektralphotometer, Rotationsverdampfer, Schüttelapparat, Rührthermostat

Tab. 16.1 Nährmedium zur Bestimmung von Aminosäuren mit Leuconostoc mesenteroides ATCC 8042

2,5 g	Glucose	1 mg	Adenin
2,1 g	Natriumacetat	1 mg	Guanin
0,3 g	Ammoniumchlorid	1 mg	Uracil
10 mg	L-Alanin	50 µg	Thiamin
25 mg	L-Arginin	100 µg	Pyridoxin
40 mg	L-Asparagin	30 µg	Pyridoxamin
10 mg	L-Asparaginsäure	30 µg	Pyridoxal
30 mg	L-Glutaminsäure	50 µg	D-Calciumpantothenat
10 mg	Glycin	50 µg	Riboflavin
6,5 mg	L-Histidin	100 µg	Nikotinsäure
5 mg	L-Phenylalanin	10 µg	*p*-Aminobenzoesäure
10 mg	L-Prolin	0,1 µg	Biotin
3 mg	L-Serin	1 µg	Folsäure
10 mg	L-Threonin	65 mg	Monokaliumphosphat
2 mg	L-Tryptophan	65 mg	Dikaliumphosphat
10 mg	L-Tyrosin	20 mg	Magnesiumsulfat
15 mg	L-Valin	1 mg	Eisen(II)sulfat
15 mg	L-Leucin	2 mg	Mangansulfat
15 mg	L-Isoleucin	1 mg	Natriumchlorid
5 mg	L-Methionin	bi-destilliertes Wasser auf 50 ml	
5 mg	L-Lysin		

Steriles Material – Komplettmedium für Stammkultur: 1 g Pepton aus Casein, 1 g Hefeextrakt, 1 g Glucose auf 100 ml Wasser, für Agarplatten Zusatz von 1,5 g Agar

Weiteres Material – Testproben: 2 g fein zerriebenes Material (z. B. Futtermittel) in 4 Schraubröhrchen einwiegen und in je 40 ml 6normaler HCl 10 h bei 120 °C zur Hydrolyse autoklavieren.

Nährmedium für den Lysintest nach Tab. 16.1 (ohne Lysin): L-Lysin, 6normale Salzsäure, Kochsalzlösung 0,8% NaCl (*m*/*V*), Formaldehydlösung, 0,3% (*V*/*V*)
Kulturröhrchen, 4 Schraubröhrchen zu 50 ml, Filter

Zeitplan und Zeitbedarf

1. Tag: Stammkultur ansetzen, Probe vorbereiten, 1–2 h
2. Tag: Versuchsdurchführung, 3 h
3. Tag: Trübungsmessung, 1 h

Durchführung

I. Vorbereitung

1. *Leuconostoc mesenteroides ATCC 8042* in 5 ml Komplettmedium bei 30 °C über Nacht anzüchten.
2. 100 mg L-Lysin in 100 ml Wasser lösen und mit Wasser 1 : 50 verdünnen, d. h. 20 µg Lysin pro ml (Standardlösung).
3. Hydrolysat (s. o.) oder Untersuchungslösung im Rotationsverdampfer zur Trockene einengen. Rückstand mit ca. 20 ml Wasser aufnehmen und pH-Wert auf 6,5 einstellen.
4. Extrakt filtrieren.

II. Gehaltsbestimmung

1. Testreihen gemäß Tab. 16.2 in Kulturröhrchen in doppelter Ausführung ansetzen.

Tab. 16.2 Pipettiertabelle: Bestimmung der Aminosäure

	Standardkurve											Analyse				
Röhrchen-Nr.	0	1	2	3	4	5	6	7	8	9	10	11	12	13	14	15
ml Testnährmedium	5,0	5	5	5	5	5	5	5	5	5	5	5	5	5	5	5
ml Standardlösung	–	0	1	1,5	2	2,5	3	3,5	4	4,5	5	–	–	–	–	–
ml aqua dest.	5,0	5	4	3,5	3	2,5	2	1,5	1	0,5	0	4	3	2	1	0
ml des zu analys. Hydrolysats	–	–	–	–	–	–	–	–	–	–	–	1	2	3	4	5

2. Röhrchen 20 min bei 120 °C autoklavieren.
3. Nach dem Abkühlen jedes Röhrchen, außer Röhrchen 0, mit 1 Tropfen Bakteriensuspension beimpfen und 18 Stunden bei 37 °C inkubieren.
4. Durch Zusatz von 0,5 ml Formalin (0,3%) kann das Wachstum gestoppt werden. Nach Aufschütteln der Röhrchen wird die Trübung ($OD_{400–600nm}$) gemessen gegen Röhrchen 0 (Nullwert).

Auswertung

Die Trübungswerte sind in Skalenteilen gegen die Lysinkonzentration in µg/ml aufzutragen und mit Hilfe dieser Eichkurve aus den Trübungswerten des zu analysierenden Hydrolysats die zugehörigen Lysinkonzentrationen zu ermitteln.

16.2 Vitaminbestimmung durch Trübungsmessung oder Messung gebildeter Milchsäure

Zur mikrobiologischen Bestimmung von Nikotinsäure eignet sich neben *Acetobacter suboxydans, Proteus vulgaris, Leuconostoc mesenteroides* und anderen Testorganismen auch *Lactobacillus plantarum ATCC 8014.* Dieses Bacterium benötigt zum Wachstum ein Gemisch aus Aminosäuren, Vitaminen, Purinen und Pyrimidinen. Wenn man einen essentiellen Faktor, z. B. Nikotinsäure, wegläßt, wächst das Bacterium nicht. Erst nach Zugabe von Nikotinsäure bzw. Nikotinsäureamid oder Nikotinursäure tritt Wachstum ein. Da das Wachstum der zugesetzten Nikotinsäuremenge bis etwa 0,03 µg/ml proportional ist, kann über die Messung des Wachstums (Turbidimetrie) oder einer anderen Lebensäußerung, wie der beim Wachstum gebildeten Milchsäure (Acidimetrie), Nikotinsäure bestimmt werden.

Aufgabe

Es ist der Nikotinsäuregehalt einer gegebenen Lösung zu bestimmen

Material

Stamm: *Lactobacillus plantarum ATCC 8014*

Geräte: pH-Meter, Tischzentrifuge, Whirlmix-Gerät, Spektralphotometer, Büretten

Steriles Material: Nikotinsäure-Stammlösung (10 µg/ml); Nikotinsäure-Standardlösung (Stammlösung 1 : 100 verdünnen, also 0,1 µg/ml); Nikotinsäurelösung zur Analyse (gut geeignet als Analysenlösung ist ca. 1 : 20 verdünntes Bier); Niacin-assay-medium (Difco-Testmedium), Salzlösung (s. S. 177)

Weiteres Material: 24 Kulturröhrchen; 100-ml-Erlenmeyer-Weithalskolben, 0,1normale Natronlauge; Bromthymolblau (0,1 g in 250 ml Ethanol), 50-ml-Becherglas; Magnetrührer und Rührstab

Zeitplan und Zeitbedarf

1. Tag: Medien pipettieren, sterilisieren, Stamm animpfen, 3 h
2. Tag: Zellen zentrifugieren, waschen, Medien beimpfen, 2 h
3. Tag: Messungen, 2 h

Durchführung

I. Vorbereitung

1. *L. plantarum* von der Stichagarkultur in 5 ml eines flüssigen Nährmediums überimpfen (100 ml Testmedium mit Zusatz von 1 ml Niacin-Stammlösung, also 0,1 µg Nikotinsäure/ml).

2. 24 Stunden bei 37 °C bebrüten.

3. Zellen abzentrifugieren, 2mal mit 5 ml Salzlösung waschen und 1 : 1000 verdünnen (0,1 ml Zellsuspension auf 100 ml Salzlösung, gut mischen).

II. Gehaltsbestimmung

1. Für einen Versuchsansatz 10 g Niacin assay medium in 130 ml deion. Wasser lösen (evtl. kurz aufkochen) und je 5 ml in 2mal 12 Kulturröhrchen pipettieren.

2. Gemäß Tab. 16.3 in entsprechende Röhrchen (jeweils in doppelter Ausführung) steigende Mengen einer Nikotinsäurelösung bekannten Gehalts (Standardkurve, Röhrchen 1–7) oder der zu analysierenden Nikotinsäurelösung (Röhrchen 8–11) geben. Röhrchen 0 wird nicht beimpft und dient als Nullwert für die Trübungsmessung.

Tab. 16.3 Pipettiertabelle: Bestimmung der Nikotinsäure

	Standardkurve								Analyse			
Röhrchen-Nr.	0	1	2	3	4	5	6	7	8	9	10	11
ml Testmedium	5,0	5,0	5,0	5,0	5,0	5,0	5,0	5,0	5,0	5,0	5,0	5,0
ml Standardlösung (0,1 μg Nikotinsäure/ml)	–	0	0,3	0,6	1,0	1,5	2,0	2,5	–	–	–	–
ml der zu analys. Nikotinsäurelösung	–	–	–	–	–	–	–	–	0,5	1,0	2,0	4,0
ml aqua deion.	5,0	5,0	4,7	4,4	4,0	3,5	3,0	2,5	4,5	4,0	3,0	1,0

3. Jedes Röhrchen mit deion. Wasser auf 10 ml auffüllen, mit einem Deckel verschließen und 10 min bei 121 °C autoklavieren.

4. Nach dem Abkühlen jedes Röhrchen (außer dem Null-Röhrchen) mit 1 Tropfen der verdünnten Bakteriensuspension beimpfen und bei 37 °C inkubieren.

5. Nach 18 bis 24 Stunden Trübung der Röhrchen im Spektralphotometer ($OD_{400-600\ nm}$) gegen das nicht beimpfte Null-Röhrchen messen (vor der Messung gut aufschütteln!).

6. Weitere 3 Tage bei 30 °C inkubieren.

7. Inhalt jedes Röhrchens in ein kleines Becherglas gießen, mit etwas H_2O nachspülen und die Menge der gebildeten Milchsäure mit 0,1normaler NaOH titrieren (s. Tab. 16.4):

a) gegen Bromthymolblau (bis zum Umschlag von gelb nach grün)

b) unter Benutzung eines pH-Meters (Endpunkt pH 7,0).

Tab. 16.4 Daten zur Nikotinsäurebestimmung

Röhrchen-Nr.	1	2	3	4	5	6	7	8	9	10
Trübung										
ml Natronlauge:										
a) Bromthymolblau										
b) pH-Meter										

Auswertung

1. Trübungswerte in Skalenteilen bzw. verbrauchte NaOH in ml auf der Ordinate und die Nikotinsäurelösung in µg/ml auf der Abszisse auftragen.
2. Nikotinsäurekonzentration der zu analysierenden Lösung graphisch (getrennt für Bestimmung durch Trübungsmessung, Titration mit Bromthylblau und potentiometrische Titration) bestimmen. Es sollen alle Werte, die sich aus der Auswertung der Röhrchen 8 bis 11 ergeben, angegeben werden, sofern sie nicht außerhalb des linearen Bereiches der Eichkurve liegen.

Literatur

Fragner, J. (1964), Vitamine, Chemie und Biochemie, VEB Gustav Fischer Verlag, Jena

Løvtrup, S., Roos, K. (1959), Microbiological Determination of Deoxyribonucleic Acid. Titrimetric Estimation of Thymidine, J. Bacteriol. **78,** 110–113

Løvtrup, S., Roos, K. (1959), Microbiological Determination of Deoxyribonucleic Acid, Influence of Deoxyribosides on the Standard Curves, J. Bacteriol. **78,** 114–116

Merck, E., Mikrobiologische Vitaminbestimmungen

Mücke, D. (1955), Einführung in mikrobiologische Bestimmungsverfahren, VEB Georg Thieme Verlag, Leipzig

Strohecker, R., Henning, H. M. (1963), Vitamin-Bestimmungen – erprobte Methoden (Merck, E., Herausgeb.) Verlag Chemie GmbH, Weinheim/Bergstraße

Thalmann, A. (1978), Die Bestimmung von Aminosäuren im mikrobiologischen Test, Kraftfutter, 114–116

17. Farbstoffe in Bakterien

Verschiedene Bakterienarten, wie Xanthomonas, Flexibacter, Serratia, Chromobacterium und Halobacterium, produzieren Farbstoffe, die chemisch verschiedenen Stoffgruppen angehören, z. B. Carotinoide, Flexirubine, Pyrrolfarbstoffe und Cytochrome. Vor allem bei den sogenannten „Luftkeimen“ beobachtet man pigmentierte Arten sehr häufig. Bei einer farblosen Mutante von *Halobacterium salinarium* wurde nachgewiesen, daß das Wachstum einer farblosen Mutante durch Licht hoher Intensität gehemmt wird, nicht jedoch der carotinoidhaltige Wildstamm. Daher wird den Carotinoiden auch eine Schutzfunktion gegen schädigende Wirkungen des Lichts zugeschrieben.

Die Synthese des Farbstoffs Prodigiosin bei *Serratia marcescens* kann durch Temperaturerhöhung gehemmt werden. Prodigiosin besitzt eine Tripyrrylmethenstruktur (Abb. 17.1). Es zeigt eine beträchtliche antibiotische Aktivität, die aber wegen der Toxizität keine therapeutische Verwendung gefunden hat.

Eine besonders wichtige Farbstoffgruppe bilden die Cytochrome: Das sind Proteine mit einem Hämmolekül, das aus einem Eisenkomplex cyclischer Tetrapyrrole besteht. Ihre Fähigkeit, als Elektronenüberträger in Atmung und Photosynthese zu dienen, wird durch den reversiblen Valenzwechsel des Fe-Zentralatoms ermöglicht.

$$[Fe^{3+}] + e \rightleftharpoons [Fe^{2+}]$$

In den auch unter den Bakterien weit verbreiteten Cytochromen des c-Typs ist das Häm über kovalente Bindungen an das Protein geknüpft. Formal werden SH-Gruppen der Cysteinmoleküle in der Proteinsequenz -Cys-*x*-*y*-Cys-His- (für *x* und *y* stehen z. B. Alanin und Glutamin) an Vinylgruppen des Häms addiert, wodurch Thioetherbindungen entstehen (Abb. 17.1). Der Stickstoff des Imidazolrings des Histidins bildet den 5. und der Schwefel eines Methioninmoleküls an anderer Stelle des Polypeptids den 6. Liganden des Eisens. Da im Gegensatz zum Häm des roten Blutfarbstoffs keine Koordinationsstelle mehr frei ist, reagiert die Cytochrom-Hämgruppe weder mit Sauerstoff noch mit CN^- oder CO.

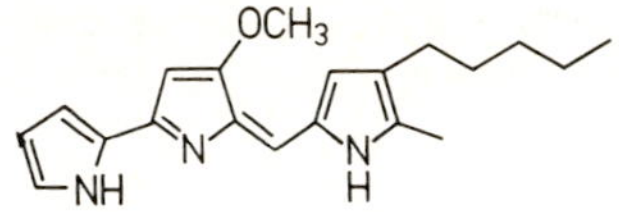

Prodigiosin aus *Serratia marcescens*

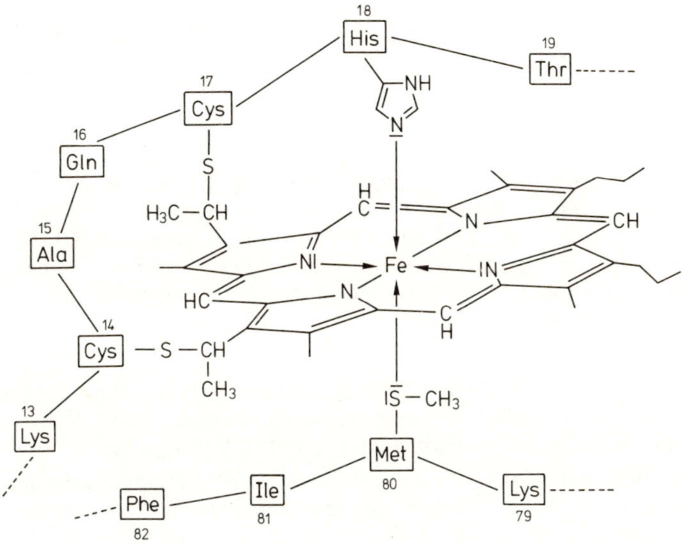

Cytochrom c-Typ

Abb. 17.1 Strukturen von Bakterienfarbstoffen

Der Cytochrom c-Typ variiert stark in der Größe der relativen Molekülmasse, in der Aminosäuresequenz, in der Anzahl der Häme, im charakteristischen Absorptionsspektrum (α-, β-, γ-Bande) und in der Funktion, z. B. dient Cytochrom c in Thunfischmitochondrien der Atmung, Cytochrom c-550 in *Paracoccus denitrificans* auch der Nitratatmung und Cytochrom c_2 in *Rhodospirillum* der Photosynthese. Zudem enthalten viele Bakterien gleichzeitig verschiedene Typen des Cytochroms c, z. B. *Pseudomonas aeruginosa* (Cytochrom c-551, c_4 und c_5). Ambler schlug auf der Basis der Aminosäuresequenz der Cytochrome eine Klassifikation der Bakterien vor.

Cytochrom c-556 läßt sich aus *Agrobacterium tumefaciens* durch Ammoniumsulfatfraktionierung und Chromatographie an DEAE-, CM-Cellulose und Sephadex so weit reinigen, daß es für eine Sequenzanalyse geeignet ist.

Der Vergleich von Cytochromsequenzen aus verschiedenen Organismen spielt für die Aufstellung phylogenetischer Verwandtschaftsverhältnisse eine wichtige Rolle.

17.1 Cytochrom c-556

Aufgabe

Cytochrom c-556 ist aus *Agrobacterium tumefaciens* zu isolieren und zu charakterisieren (Absorptionsspektrum)

Material

Stamm: *Agrobacterium tumefaciens*

Geräte: Kühlzentrifuge; Ultraschalldesintegrator; Fraktionssammler; Spektralphotometer (oder Photometer mit Filter 280 und 408 nm); Säule Sephadex G25 (5 cm · 90 cm); Säule CM52 (1 cm · 10 cm); Säule DEAE-Cellulose (5 cm · 90 cm); Säule Sephadex G75 superfine (1,5 cm · 90 cm); Ultrafiltration Diaflo UMO5-Filter; Gelelektrophoreseapparatur mit Zubehör

Steriles Material

Medium: 10 g Yeast Extract; 1 g $(NH_4)_2SO_4$; 0,25 g KH_2PO_4; 0,02 g $FeCl_3 \cdot 6\,H_2O$ und 10 g Glucose (extra autoklavieren) auf 1 l dest. Wasser, 1-l-Erlenmeyerkolben, 100-l-Fermenter, 10-l-Fermenter, Pipetten

Weiteres Material: 5molares Tris/HCl, pH 7,5; Ammoniumsulfat; 0,6molares KCl (für KCl-Gradient); 1molare Essigsäure; 0,05molares Ammoniumacetat, pH 4,2; Rotes Blutlaugensalz, $K_3\,[Fe(CN)_6]$; Polyacrylamid, Amidoschwarz

Nachweisreagenz für Cytochrome:
0,3 g Benzidin, 2,4 g BaO_2, 0,15 g Dinatriumnitrosylpentacyanoferrat, $Na_2\,[Fe(CN)_5NO] \cdot 2\,H_2O$ (Natriumnitroprussid), in 60 ml 25%iger Essigsäure lösen

Zeitplan und Zeitbedarf

1. Tag: Zellen animpfen, 15 min
2. Tag: Zellen ernten, Zellaufschluß, Ammoniumsulfatfällung, Gelchromatographie, 8 h
3. Tag: Chromatographie an DEAE-Cellulose, Cellulose CM52, 8–16 h
4. Tag: Chromatographie an Sephadex G75, Reinheitsprüfung, 8–16 h

Durchführung

1. Zur Vorkultur 200 ml Medium in 1-l-Erlenmeyerkolben mit *A. tumefaciens* beimpfen. Damit 10-l-Fermenter beimpfen und dann mit dieser

Kultur 100-l-Fermenter beimpfen oder entsprechend die 10-l-Fermentationen wiederholen. Bei 30 °C ca. 30 Stunden züchten.

2. Zellen durch Zentrifugation ernten und mit 5mmolarem Tris/HCl, pH 7,5, einmal waschen.
3. Gewaschene Zellpaste im 1,5fachen Volumen von 5mmolarem Tris/HCl, pH 7,5, suspendieren.
4. In Portionen zu 75 ml 15 Minuten bei 10 °C beschallen.
5. 2 Stunden bei 10 000 g und 10 °C abzentrifugieren. Den Überstand aufbewahren.
6. Das Sediment in Puffer resuspendieren, wieder beschallen und zentrifugieren.
7. Die Überstände, die den zellfreien Extrakt enthalten, sammeln.
8. Ammoniumsulfatfällung in 2 Schritten ausführen: 0 bis 45% und 45 bis 90% Sättigung. Der letztere bräunliche Niederschlag enthält Cytochrom c-556 angereichert.
9. Salz durch Gelfiltration an Sephadex G25 entfernen: Säule mit 5mmolarem Tris/HCl, pH 7,5, äquilibrieren und eluieren. Absorptionsmessung der Fraktionen bei 280nm.
10. Eluat auf DEAE-Cellulosesäule geben, die mit 5mmolarem Tris/HCl, pH 7,5, äquilibriert wurde.
11. Elution mit KCl-Konzentrationsgradienten 0 bis 0,6molares KCl in 5mmolarem Tris/HCl, pH 7,5, vornehmen. Messung der Fraktionen bei 280 nm (Protein) und zum Nachweis von Cytochrom bei 408 nm. Bei 0,025molarem KCl wird Cytochrom c-556 eluiert; bei 0,05 und 0,5molarem KCl werden lösliches und partiell gebundenes Cytochrom c-552 eluiert.
12. Cytochrom-c-556-haltige Fraktionen mit 1molarer Essigsäure auf pH 4,2 ansäuern und mit Wasser bis auf eine Leitfähigkeit entsprechend 0,05molarem Ammoniumacetat, pH 4,2, verdünnen.
13. $K_3[Fe(CN)_6]$ bis zu einer Endkonzentration von 0,06mmolar zusetzen.
14. Proteinlösung auf Cellulosesäule CM52 auftragen, die mit 0,05molarem Ammoniumacetat, pH 4,2, äquilibriert wurde.
15. Mit einem pH-Gradienten von pH 4,2 bis 5,0 eluieren. Cytochrom c-556 (bei pH 4,2 fest gebunden) eluiert bei pH 4,8 bis 5,0.
16. Fraktionen vereinigen und durch Ultrafiltration mit Diaflo UM05-Filter auf 0,8 ml konzentrieren.
17. Konzentrat zur Reinigung auf Sephadexsäule G75 (superfine), auftragen. Mit 0,05molarem Ammoniumacetat (pH 5,0) eluieren und Fraktionen bei 280 nm messen. Cytochrom c-556 erscheint als scharfe Bande.
18. Zur Reinheitsprüfung Polyacrylamidgelelektrophorese durchführen. Dazu Gele mit 30 μg Protein beladen. Ein Gel mit Amidoschwarz anfärben. Das zweite Gel mit Cytochrom-Reagenz färben.

Auswertung

Zur Charakterisierung des Cytochroms c-556 ist die Absorption von 250 bis 600 nm aufzunehmen (Abb. 17.2).

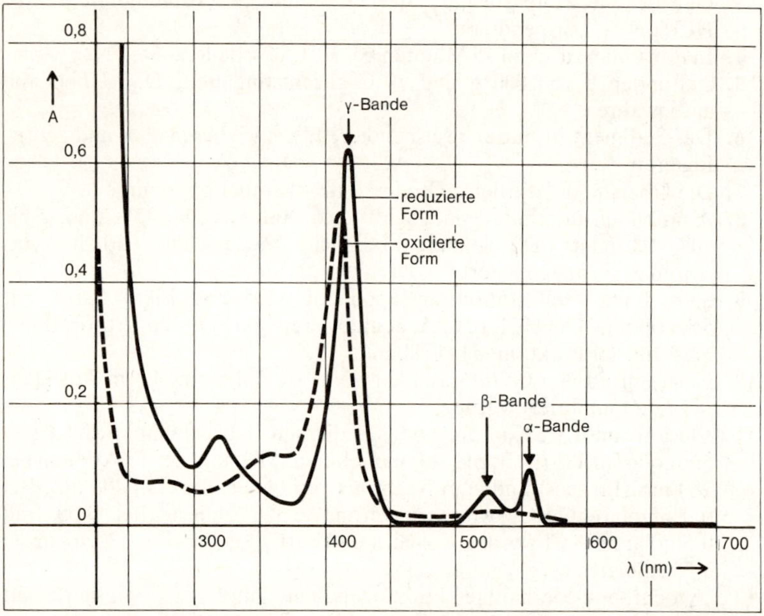

Abb. 17.2 Absorptionsspektren des Cytochroms c-556

1. Die reduzierte Form wird mit 2-Mercaptoethanol (0,025molar, Endkonz. bei 60 µg Protein pro ml) erhalten.
   Banden: 556 nm (α-Bande), 526 nm (β-Bande), 419 nm (γ-Bande, Hauptbande), 318 nm.
2. Die oxidierte Form ist das unveränderte natürliche Cytochrom c-556
   Banden: (695 nm), 524 nm, 414 nm (Hauptbande), 358 nm und 286nm.

17.2 Prodigiosin

Aufgaben

Prodigiosin ist aus *Serratia marcescens* zu isolieren und durch sein Absorptionsspektrum zu charakterisieren. Seine antibiotische Wirkung ist nachzuweisen.

Material

Stämme: *Serratia marcescens, Bacillus thuringiensis* (zur Prüfung auf antibiotische Wirkung)

Geräte: Zentrifuge, Photometer mit Küvetten, Rundverdampfer, Schmelzpunktsapparat

Steriles Material: 10 bis 15 HNB-Komplettplatten (s. S. 177)

Weiteres Material: Pipetten; Bechergläser; Gummispatel; Ethanol, dest.; Aceton, dest.; Methanol dest.; Petrolether (Siedebereich: 60–80 °C); 1normale HCl und 1normale NaOH; Säule (70 · 25 mm); Kieselgel (Korngröße: 0,2–0,5 mm, 35–70 mesh ASTM), Gummispatel

Zeitplan und Zeitbedarf

1. Tag: überimpfen, 10 min
3. Tag: Farbstoffisolierung und Nachweis der antibiotischen Wirkung, 7 h

Durchführung

1. Einen Tropfen einer Suspension von *S. marcescens* auf Komplettplatten ausstreichen und bei Zimmertemperatur 2 Tage wachsen lassen (bei 37 °C erfolgt keine Farbstoffsynthese).
2. Zellmaterial von den Platten mit Gummispatel abkratzen.
3. Zur Zellpaste 25 ml Aceton zugeben; bei Raumtemperatur 30 Minuten stehen lassen; schütteln und Zellen abzentrifugieren. Extraktion wiederholen bis die Acetonlösung keine gelbe Farbe mehr zeigt.
4. Die Acetonlösungen vereinigen, filtrieren und im Rundverdampfer bei 30 bis 40 °C zur Trockene einengen. Man erhält Rohprodigiosin.
5. Zur weiteren Reinigung Chromatographie an einer Kieselgelsäule: Kieselgel in Methanol/Wasser (1 : 1) aufschlämmen; Säule füllen. Rohprodigiosin in 5 ml Ethanol lösen und auftragen. Mit Methanol/Wasser (1 : 1) eluieren bis Eluat keine Trübung zeigt.
6. Kieselgel vorsichtig aus der Säule drücken und in 3 Fraktionen sammeln.
7. Aus jeder Fraktion getrennt Farbstoff mehrmals mit 10 ml Aceton extrahieren, filtrieren und sammeln.
8. Im Rundverdampfer zur Trockene einengen.
9. Aus Petroläther umkristallisieren. Man erhält quadratische Prismen.

Auswertung

1. Schmelzpunkt prüfen (Fp: 151/152°).
2. Absorptionsmaxima prüfen in saurem und basischem Milieu
Base: λ_{max} 469, 532 nm
Saures Salz: λ_{max} 535, 541 nm
3. Antibiotische Wirkung bei *B. thuringiensis* mit Hilfe des Agardiffusionstestes prüfen (s. S. 147).

Literatur

Ambler, R. P. (1974), Bacterial Cytochromes c and Molecular Evolution, Syst. Zool. **22,** 554–565

Dundas, I. D., Larsen, H. (1963), A Study on Killing by Light of Photosensitized Cells of Halobacterium salinarium, Arch. Mikrobiol. **46,** 19–28

Morrison, D. A. (1966), Prodigiosin Synthesis in Mutants of Serratia marcescens: J. Bacteriol. **91,** 1599–1604

Vanden Branden, C., van Beeumen, J., De Ley, J. (1975), Purification and Properties of Cytochromes c-556 from Agrobacterium tumefaciens B2a, Z. Physiol. Chem. **356,** 1251–1258

18. Immunologische Untersuchungsmethoden

Der menschliche Körper ist ständig von Bakterien, Viren, Pilzen und Protozoen in großer Zahl umgeben, von denen ein Teil krankheitserregend ist. Die Frage, wie diese Mikroorganismen daran gehindert werden, in den Körper einzudringen und sich dort zu vermehren, ist von hohem medizinischem Interesse. Die Möglichkeiten und Mechanismen zur Abwehr von Infektionskrankheiten sind ein Hauptgegenstand der medizinischen Mikrobiologie.

Eine der Möglichkeiten des Körpers, sich gegen fremde Makromoleküle zu wehren, beruht auf der Bildung spezifischer, gegen die Eindringlinge (Antigene) gerichteter Proteine (Antikörper). Wie nun die Antigene als körperfremd erkannt werden, wie die Antikörper gebildet werden und wie sie aufgebaut sind, worauf die Wechselwirkung von Antigen und Antikörper beruht, und wie die Antigene unschädlich gemacht werden, ist Gegenstand der Immunologie. Immunologie wird praktisch angewandt zur Vorbeugung gegen Infektionskrankheiten durch Immunisierung mit Impfstoffen oder bei der Notfallbehandlung nach Bissen oder Stichen von Gifttieren durch die Gabe von Immunseren und beim Nachweis medizinisch relevanter Moleküle in der serologischen Diagnostik.

Die hohe Spezifität der Reaktion von Antigen und Antikörper hat immunologische Methoden über den ursprünglich rein medizinischen Bereich hinaus auch in der Biochemie, Biologie und auch in der allgemeinen Mikrobiologie zu wichtigen analytischen Hilfsmitteln gemacht.

18.1 Gewinnung von Antiseren

Antiseren sind die Voraussetzung für immunologisches Arbeiten. Sie werden mit Hilfe von Versuchstieren gewonnen, wobei Kaninchen, Meerschweinchen, Ratte, Maus, Ziege, Schaf und Pferd am gebräuchlichsten sind. Dem Tier werden Antigene injiziert, worauf dieses im Verlauf mehrerer Tage Antikörper bildet, die im Blutserum nachzuweisen sind. Sowohl das Serum als auch die aus dem Serum durch Reinigung gewonnenen Antikörper, die „Immunglobuline“, können für immunologische Untersuchungen verwendet werden.

Antigene sind alle dem immunologischen Kontrollsystem fremd erscheinenden Substanzen, die eine Immunreaktion auslösen. Es können Viren oder Bakterien in virulenter oder abgeschwächter (attenuierter) oder abgetöteter Form als Antigene verabreicht werden, aber auch Makromoleküle wie Proteine oder Polysaccharide bewirken die Bildung von Antikörpern.

Die nach Injektion von Bakterien oder Viren gewonnenen Antiseren werden vorwiegend zum gezielten Nachweis dieser Mikroorganismen benutzt. Beim Nachweis von Viren (Viruskrankheiten) spielt die serologische Diagnostik eine entscheidende Rolle, und auch bei der Diagnose bakterieller Infektionskrankheiten ebenso wie in der allgemeinen Bakteriensystematik sind Antiseren häufig verwendete Hilfsmittel.

Die stoffliche Ursache für die beim Immunisieren mit ganzen Bakterien eintretende Immunreaktion können sein:

1. Proteine der Bakteriengeißel (H-Antigene)
2. saure Polysaccharide, die als Kapsel auf der Zellwand aufgelagert sind (K-Antigene),
3. Lipopolysaccharide, die als Bestandteil der Zellwand Gram-negativer Bakterien vorkommen (O-Antigene),
4. membran- und strukturgebundene Proteine der Bakterienzellwand.

Aus Bakterien isolierte Makromoleküle lösen nicht in jedem Fall eine Immunreaktion aus. So sind z. B. Lipide immunologisch unwirksam, und Proteine mit einer relativen Molekülmasse unter 3000 wirken erst dann als Antigen, wenn sie kovalent an einen makromolekularen Träger gebunden werden.

Auf diese Weise kann auch gegen andere niedermolekulare Substanzen, welche selbst nicht als Antigene wirken („Haptene"), die Bildung von Antikörpern ausgelöst werden.

Anschließend wird die Gewinnung von Antiseren gegen Bakterien mit Hilfe eines Kaninchens geschildert*. Sollen Antiseren gegen isolierte Makromoleküle wie Proteine, Lipopolysaccharide, Kapselsubstanzen, Ribosomen oder gegen Phagen (s. S. 120) gewonnen werden, geht man ähnlich vor. Da die Spezifität der Antikörperreaktion von der Reinheit der Antigene abhängt, sollte hier besonders auf die Reinheit der zu applizierenden Makromoleküle geachtet werden. Als Einzeldosis für diese Substanzen sind ca. 2 bis 20 mg üblich. Zur Verstärkung der Immunreaktion können die Makromoleküle mit „komplettem Freund'schem Adjuvans", einem Gemisch aus Mineralöl, Emulgator und abgetöteten Tuberkelbakterien, vermischt und dann injiziert werden („inkomplettes Freund'sches Adjuvans" enthält außer den abgetöteten Tuberkelbakterien dieselben Zusätze).

* Es handelt sich hierbei um einen genehmigungspflichtigen Tierversuch nach § 8 Tierschutzgesetz. Ein Antrag auf Genehmigung ist beim zuständigen Regierungspräsidium zu stellen

Die Impfung wird mehrere Male wiederholt. Damit wird die Menge an Antikörpern wesentlich erhöht. Der nachfolgend angegebene Impfplan hat sich beim Immunisieren mit Bakterien, die eine gute Immunantwort hervorrufen, gut bewährt. Für andere weniger immunogen wirksame Bakterien müßte das Impfschema modifiziert werden.

Aufgabe

Durch Injektion von abgetöteten Bakterien in ein Kaninchen ist ein Antiserum gegen diese Bakterien herzustellen.

Material

Kaninchen beliebiger Rasse, möglichst mit großen Ohren und gut sichtbaren Ohrrandvenen (zur Erleichterung des Spritzens und der Blutabnahme).
Bakterien als Antigen

Steriles Material: Formaldehyd (10% in Wasser); physiologische Kochsalzlösung (0,15molares NaCl in Wasser); Petrischalen mit geeignetem Nähragar zum Bakteriennachweis; Sterilfiltrationsgerät mit Membranfiltern (Porengröße 0,45 μm); Zentrifuge; Thoma-Zählkammer

Xylol

Zeitplan

1. Tag: Abtöten der vorgezüchteten Bakterien mit Formaldehyd und Einstellen der Zelldichte, Entnahme von Blut zu Kontrollversuchen. Erste Injektion von 0,8 ml Bakteriensuspension.
3. Tag: Injektion von 1,0 ml Bakteriensuspension
5. Tag: Injektion von 1,6 ml Bakteriensuspension
7. Tag: Injektion von 1,6 ml Bakteriensuspension
9. Tag: Injektion von 2,0 ml Bakteriensuspension. Entnahme von Blut, Prüfung auf Antikörper
11. Tag: Injektion von 2,0 ml Bakteriensuspension
13. Tag: Injektion (die siebte) von 2,0 ml Bakteriensuspension
16. Tag: Entnahme von Blut, Prüfung auf Antikörper, Kaninchen entbluten, Serum abzentrifugieren und sterilfiltrieren

Zeitbedarf

Am ersten und letzten Tag ca. 2 bis 4 h, sonst 15 bis 45 Minuten.

Durchführung

1. Die als Antigen verwendeten Bakterien bis zur logarithmischen Wachstumsphase züchten, abzentrifugieren und zweimal mit steriler physiologischer Kochsalzlösung waschen.

2. Bakterien in Formaldehydlösung suspendieren und 30 min bei Raumtemperatur stehen lassen. Durch Ausplattieren von 0,05 ml der formalinbehandelten Bakterien wird überprüft, ob die Abtötung vollständig war.

3. Die in Formaldehyd suspendierten Bakterien abzentrifugieren, viermal mit physiologischer Kochsalzlösung waschen. Den Niederschlag in soviel physiologischer Kochsalzlösung suspendieren, daß eine Zelldichte von 2mal 10^9 Bakterien pro ml erreicht wird (Thoma-Zählkammer).
4. Zu Kontrollzwecken vor der ersten Injektion dem Kaninchen aus der Ohrvene 5 ml Blut entnehmen, zur Gefäßerweiterung das Ohr an der Entnahmestelle zuvor mit Xylol einreiben.
5. Die erste Injektion von 0,8 ml Bakteriensuspension nach Xylolabreibung in die Ohrvene.
6. Nach Zeitplan in Abständen von 2 Tagen steigende Mengen der Bakteriensuspension injizieren, und immer wieder auf Antikörperbildung mit dem Agglutinationstest prüfen.
7. Wenn die Antikörpermenge nicht mehr wesentlich steigt, das Tier narkotisieren (Ketamin-Xylazin-Kombinationsnarkose) und durch Herzpunktion entbluten.
8. Um Hämolyse zu vermeiden, das Blut vorsichtig aus den Spritzen drücken, dann ca. 1 h in einen dunklen Raum stellen.
9. Das Fibringerüst mit einem Glasstab vorsichtig von der Gefäßwand ablösen, dann das geronnene Blut abzentrifugieren und den Serumüberstand sterilfiltrieren. Pro Tier erhält man etwa 50 ml Serum, das direkt für Versuche verwendet werden kann.
10. Serum in geeigneten Portionen bei –20 °C einfrieren. Es läßt sich ohne wesentliche Veränderung im Antikörpertiter über längere Zeiten aufbewahren. Wiederholtes Auftauen und wieder Einfrieren ist der Qualität der Seren abträglich.

18.2 Agglutinationstest

Werden Bakterien in ein Kaninchen injiziert, dann lassen sich die gebildeten Antikörper mit einer spezifischen Verklumpungsreaktion nachweisen. Hierbei binden auf der Bakterienoberfläche befindliche antigen wirksame Stoffe, z. B. Lipopolysaccharide oder Geißelproteine, ganz spezifisch die gegen sie gebildeten Antikörper. Da diese Immunglobuline mehrere Bindungsstellen besitzen, kann durch Vernetzungsvorgänge ein polymeres Gebilde entstehen, das unter günstigen Bedingungen sofort mit bloßem Auge beobachtet werden kann.

Gruber beschrieb erstmals 1896 die Verklumpung von Bakterien mit Antiseren. Widal kehrte die Gruber'sche Reaktion um, indem er den entsprechenden Bakterienstamm zum Nachweis der Antikörperbildung im Serum benutzte. Mit dieser zweifachen Möglichkeit zum Nachweis bestimmter Antikörper – bei deren Vorhandensein auf eine durchgemachte Infektionskrankheit geschlossen werden kann – und zum Nachweis bestimmter Bakterien nimmt der Agglutinationstest auch heute eine wichtige Stellung ein. In besonderem Maße trifft dies für die Bakteriengruppe der Salmonellen zu, welche viele für den Menschen hochpathogene Arten umfaßt. Im Kauffmann-White-Schema sind über 1 000 Serovariationen genau definiert und mit dem Agglutinationstest rasch bestimmbar.

Zur leichteren Auswertung des in der medizinischen Mikrobiologie routinemäßig durchgeführten Agglutinationstests sind besonders präparierte Antiseren gebräuchlich: Auf Latex, Polystyrolkügelchen oder Staphylococcen kovalent gebundene Antikörper erlauben, die Verklumpung mit bloßem Auge sofort zu erkennen.

Die Versuchsbeschreibung ist als allgemeine Arbeitsanweisung formuliert und kann dem vorhandenen Versuchsmaterial oder einer speziellen Problemstellung entsprechend variiert werden.

Aufgabe

Die serologische Identität eines Bakteriums ist zu bestimmen.

Material

Antiserum gegen Bakterienzellen (Antiseren, die in der medizinischen Diagnostik gebräuchlich sind, sind im Handel erhältlich, z. B. Seren gegen Vertreter der Gattungen *Salmonella, Shigella, Escherichia, Streptococcus, Pneumococcus, Meningococcus*)

Agarkultur des entsprechenden (homologen) Bakterienstammes und eines auf Identität, Nicht-Identität, bzw. serologische Verwandtschaft zu prüfenden Stammes

Physiologische Kochsalzlösung (0,15molares NaCl)

Objektträger, Thomakammer, Mikroskop

Durchführung

1. Mit der Impföse wenig Zellmaterial von der Agarkultur in einem Röhrchen mit physiologischer Kochsalzlösung suspendieren, gut mischen, Klümpchenbildung vermeiden, Zelldichte ca. 2mal 10^9 Zellen pro ml (Thomakammer).
2. Nach Abb. 18.1 auf den Objektträger zweimal 5 µl von der Bakteriensuspension auftropfen. Einen Tropfen mit 5 µl Antiserum und zu Kontrollzwecken den anderen Tropfen mit 5 µl physiologischer Kochsalzlösung mit der Impföse gut vermischen. Den Objektträger leicht hin- und herschwenken.
3. Unter dem Mikroskop auswerten.

Auswertung

Eine positive Reaktion tritt in 1 bis 2 Minuten ein und ist im Mikroskop als Auftreten großer Zellaggregate erkennbar. Im günstigen Fall und bei

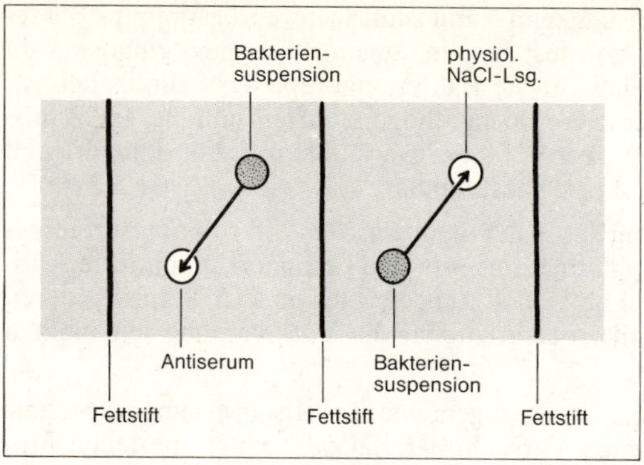

Abb. 18.1 Vermischen der Bakteriensuspensionen auf dem Objektträger links mit Antiserum **rechts** mit physiologischer Kochsalzlösung zur Kontrolle auf Spontanagglutination. Zur Sicherheit können auf dem Objektträger mit Fettstift Trennstriche gezogen werden

positiver Reaktion sieht der Tropfen mit Serum und Bakterien makroskopisch wie geronnene Milch aus (bedingt durch Klümpchenbildung). Die Kontrolle ist nur trüb.

Die Vermischung der Bakteriensuspension mit der physiologischen Kochsalzlösung dient der Kontrolle: Klumpen die Bakterien auch in der Kochsalzlösung zusammen, liegt Spontanagglutination vor. Die Reaktion im Serumtropfen kann dann nicht ausgewertet werden. Zur Vermeidung der Spontanagglutination hat sich in manchen Fällen die Verwendung von konzentrierter Kochsalzlösung, in speziellen Fällen aber auch eine weniger konzentrierte Kochsalzlösung oder die Verwendung von reinem Wasser bewährt.

Bestimmung des Antikörpertiters mit dem Agglutinationstest

Mit dem Agglutinationstest kann auch die Antikörpermenge eines Serums bestimmt werden. Der Titer ist ein quantitatives Maß für die Antikörpermenge. Der Agglutinationstest wird hier mit Serum von zunehmender Verdünnung durchgeführt. Das Serum wird mit physiologischer Kochsalzlösung in 2er Schritten verdünnt: 1 : 2; 1 : 4; 1 : 8; 1 : 16 usw. Von den einzelnen Serumverdünnungen und von der Bakteriensuspension werden jeweils 20 µl in die Vertiefung einer Mikrotiterplatte pipettiert. Als Antikörpertiter gilt der reziproke Wert der höchsten Verdünnungsstufe, bei der noch eine positive Reaktion auftritt.

Aufgabe

Der Antikörpertiter eines Serums ist zu bestimmen.

Material

Serum, homologes Antigen (z. B. Bakteriensuspension)

Physiologische Kochsalzlösung

Pipetten, Mikrotiterplatten

Auswertung

Nach Stehenlassen über Nacht ist bei positiver Reaktion ein unregelmäßig geformtes relativ großes Häutchen am Boden der Vertiefung und bei negativem Verlauf ein kleiner, kreisrunder Fleck von sedimentierten Bakterien zu beobachten (Abb. 18.2).

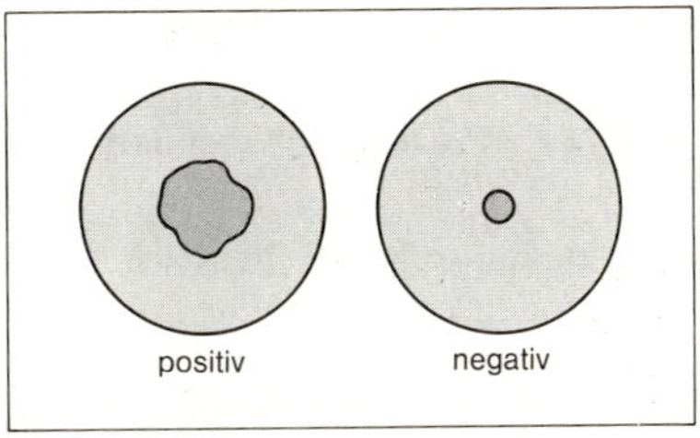

Abb. 18.2 Agglutinationstest in Mikrotiterplatten

18.3 Geldiffusionstest nach Ouchterlony

Zelluläre Antigene, wie Bakterien oder Erythrozyten, ergeben mit den zugehörigen Antikörpern eine Verklumpungsreaktion (Agglutination), dagegen reagieren lösliche oder fein disperse Antigene wie Bakterientoxine, Viruspartikel oder Proteine mit den homologen Antikörpern unter Ausbildung eines Immunpräzipitates. Die Präzipitation wird vom pH-Wert, von der Elektrolytkonzentration und vom Mengenverhältnis Antigen zu Antikörper beeinflußt. Die Niederschlagsbildung ist optimal am „Äquivalenzpunkt", d. h. wenn auf eine Antikörper-Bindungsstelle des Antigenmoleküls ein Antikörpermolekül kommt. Ist ein Reaktionspartner im Überschuß, dann geht der Antigen-Antikörper-Komplex wieder in Lösung.

Bei der von O. Ouchterlony 1949 entwickelten Agargelpräzipitationstechnik läßt man Antigen und Antikörper in einer flachen Agargelschicht gegeneinander diffundieren. Bei dieser Doppeldiffusion bilden sich Konzentrationsgradienten aus, und an den Stellen, wo nach einer bestimmten Zeit Antigen und homologe Antikörper im günstigen Mengenverhältnis vorliegen, kommt es zur Präzipitation.

Neben dem Nachweis von Viruspartikeln eignet sich die Ouchterlony-Technik zur Untersuchung von Proteinen, Polysacchariden und Lipopolysacchariden. Will man z. B. homologe Enzyme verschiedenartiger Organismen oder ein durch Mutation verändertes und ein nicht verändertes Enzym des gleichen Organismus vergleichen, läßt man in Dreiecksanordnung Antikörper gegen Antigene diffundieren („three basin plate technique"). Hierbei sind die in Abb. 18.3 gezeigten Präzipitationsbilder möglich.

Sind die beiden Enzyme (AG 1 und AG 2) serologisch identisch, dann fließen die Präzipitationsbanden zusammen (Abb. 18.3, a). Sind die

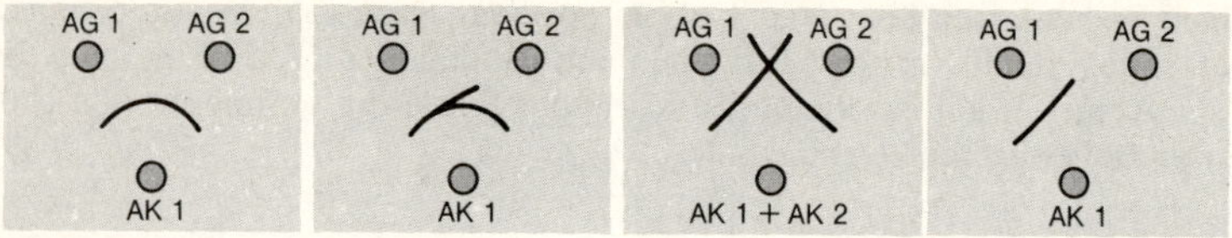

Abb. 18.3 Präzipitationsbanden beim Geldiffusionstest nach Ouchterlony

Enzyme nur teilweise identisch, so erhält man neben den zusammenfließenden Banden zusätzlich eine Spornbildung (Abb. 18.3, b). Ein Teil der AK-l-Fraktion wird von AG 2 nicht abgefangen, diffundiert weiter und wird von AG 1 schließlich präzipitiert. Dies ist auf Antikörperbindungsstellen in AG 1 zurückzuführen, die in AG 2 fehlen. Die Präzipitationsbanden überkreuzen sich, wenn die Antigene keine serologische Gemeinsamkeit besitzen (Abb. 18.3, c). Jedes Antigen reagiert mit einer anderen Fraktion des Antiserums. Ist im Antiserum nur eine Sorte von Antikörpern vorhanden, die nur mit einem der Antigene (AG 1) reagiert, dann entsteht auch nur eine Bande (Abb. 18.3, d).

Auch der Geldiffusionstest ist als allgemeine Arbeitsanleitung abgefaßt.

Material

Antigen(e) und Antiserum(seren) der serologischen Fragestellung entsprechend. Zu Demonstrationszwecken gut geeignet und käuflich zu erwerben, sind die Reaktionspartner Humanalbumin/Anti-Humanalbumin, wobei Affenalbumin als zweites Antigen mit Humanalbumin verglichen werden kann. Weitere Reaktionspartner: Transferrin/Antiserum gegen Transferrin oder Apoferritin/Antiserum gegen Apoferritin.

0,15molare NaCl-Lösung mit 0,05% Natriumazid (zur Konservierung), Petrischalen, Pipetten mit Schlauch, Korkbohrer, Agar, 2%ige Essigsäure.

Zeitplan und Zeitbedarf

Immunplatten vorbereiten, 1 bis 2 h
Antigene und Antiseren pipettieren, ca. 30 min
Auswertung nach 6 bis 24 h
Fixierung der Präzipitationsbanden 13 h

Durchführung

1. Zur Herstellung der Immundiffusionsplatten 1,5 g Agar bis zur klaren Lösung in 100 ml NaCl-Lösung kochen.
2. Vom heißen Agarsol 10 ml in Petrischalen (d = 9 cm) gießen, die Schichtdicke des Agars beträgt dann 1,5 mm. Abkühlen lassen.

3. Um ein zentrales Loch (d = 3 mm) im Abstand von 5 mm sechs periphere Löcher derselben Größe mit Korkbohrer ausstanzen.
4. Mit der Schlauchpipette Antigen(e) und Antiserum(seren) verteilen (10 µl pro Loch), die Anordnung der verschiedenen Reaktionspartner markieren. (Sollen verschiedene Antigene verglichen werden, so wird ins zentrale Loch Antiserum pipettiert.)
5. Platten bei Raumtemperatur stehen lassen.
6. Auswertung frühestens nach 6 h, besser nach 24 h: Bandenmuster registrieren (Skizze oder Photographie).

Die Präzipitationsbanden können folgendermaßen fixiert werden: In einem Bad mit 0,15 molarer NaCl-Lösung das nicht ausgefällte Protein 12 h bei Raumtemperatur herauswaschen. Dann die Platte 1 h in deion. Wasser und zum Schluß in 2%ige Essigsäure legen.

18.4 Immunfluoreszenz-Methode

Die Bindung von fluoreszierenden Farbstoffen an Immunglobulinmoleküle liefert Antikörper, die unter dem Fluoreszenzmikroskop intensiv leuchten. Damit kann das entsprechende Antigen rasch und mit hoher Empfindlichkeit nachgewiesen werden. Beispielsweise läßt sich die Anwesenheit eines bestimmten pathogenen Escherichia coli-Stammes durch Zugabe des fluoreszenzmarkierten homologen Antiserums ohne vorheriges Anreicherungsverfahren direkt im Stuhlausstrich überprüfen (direkte Immunfluoreszenz).

Das Verfahren zur Herstellung markierter Antikörper („Konjugate") umfaßt eine Reihe relativ aufwendiger Arbeitsschritte:

1. Die Isolierung von Immunglobulin G (IgG) aus dem Antiserum durch Affinitätschromatographie an Protein-A-Sepharose.
2. Die Kopplung der IgG-Moleküle mit dem Fluoreszenzfarbstoff, z. B. Fluoreszeinisothiocyanat (FITC) oder Rhodamin B.
3. Die Reinigung des Rohkonjugates durch Gelfiltration an Sephadex G 25 und anschließende Ionenaustauscherchromatographie über DEAE-Cellulose.
4. Die Prüfung des Konjugates auf Reinheit und Spezifität.

Will man die zeit- und arbeitsaufwendige Herstellung von Konjugaten vermeiden, und sind die gewünschten Immunglobuline in fluoreszenzmarkierter Form auch nicht im Handel erhältlich, dann bietet die **indirekte Immunfluoreszenz** die Möglichkeit, die Vorteile des Verfahrens zu nutzen. Antikörper, die durch Immunisieren einer Ziege mit Immunglobulinen aus Kaninchen gewonnen werden, sind in fluoreszenzmarkierter Form zu kaufen. Sie reagieren mit sämtlichen Kaninchen-Immunglobulinen. Irgendein nicht-markiertes Antiserum vom Kaninchen, das beispielsweise mit einem Bacterium immunologisch reagiert hat, läßt sich dann nach der Bindung des markierten Anti-Kaninchen-Immunglobulins von der Ziege unterm Fluoreszenzmikroskop nachweisen (Abb. 18.4).

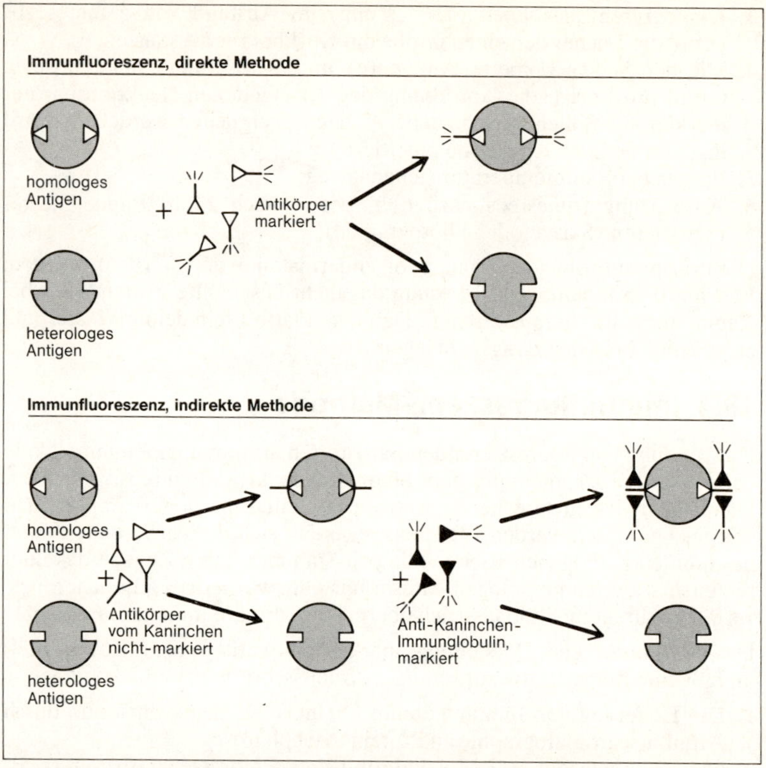

Abb. 18.4 Arbeitsablauf bei der Immunfluoreszenz-Methode

Aufgaben

Mit der Immunfluoreszenztechnik sind u. a. folgende Aufgaben lösbar:

1. Nachweis einer bestimmten Bakterienart in einer Mischkultur (z. B. in Wasserproben, in Erdextrakten, in Proben medizinischer Herkunft).

2. Überprüfung, ob eine Bakterienart A (bzw. ein Bakterienstamm A) mit einer anderen Art B (bzw. einem anderen Stamm B) serologisch verwandt ist.

Material

Für Aufgabe 1: Bakterien in Mischkultur und der homologe Bakterienstamm

Für Aufgabe 2: verschiedene Bakterienarten (bzw. Bakterienstämme.) Von einer Art (bzw. Stamm) muß Antiserum vorhanden sein

Seren: nicht-markiertes Bakterien-Antiserum vom Kaninchen; FITC-markierte Anti-Kaninchen-IgG-Lösung von der Ziege; Membranfilter (Porenweite 0,22 μm, Durchmesser 25 mm) und Filtrationsgerät; Objektträger; Fluoreszenzmikroskop

Sudanschwarzlösung: 40 mg Sudanschwarz in 100 ml Ethanol (50%ig)
Rinderserumalbuminlösung: 1 g in 10 ml deion. Wasser

PBS = phosphatgepufferte physiologische Kochsalzlösung: 0,15molares NaCl, 0,003molares KCl, 0,0015molares KH_2PO_4, 0,008molares Na_2HPO_4, pH 7,4

Cargills Immersionsöl; phosphatgepuffertes Glycerin, pH 8

Zeitplan und Zeitbedarf

1. Tag: Membranfilter in Sudanschwarzlösung legen, entfällt beim Arbeiten mit Objektträgern (Aufgabe 2).
2. Tag: Bakterien (bei Aufgabe 1 auf Membranfilter, bei Aufgabe 2 auf Objektträger) erst mit Antiserum, danach mit FITC-markiertem Anti-Kaninchen-IgG inkubieren, auswerten.

Zeitbedarf am Versuchstag 3 bis 5 h.

Durchführung

Aufgabe 1:

1. Membranfilter zur Vermeidung von Hintergrundfluoreszenz in Sudanschwarzlösung legen, erübrigt sich bei Verwendung fluoreszenzfreier schwarzer Filter. Filter über Nacht im Kühlschrank aufbewahren.
2. Filter mit deion. Wasser waschen. Bakterienkultur (10 ml, Zellzahl ca. 10^9 pro ml) durchsaugen. Zum Waschen zweimal 10 ml PBS durchsaugen. Filter nie völlig trocken saugen!
3. Zur Abdeckung unspezifischer Bindungsstellen der Bakterien Filter mit 500 μl Rinderserumalbuminlösung überschichten, 15 min einwirken lassen, dreimal mit je 10 ml PBS waschen.
4. Filter mit 500 μl Antiserum (in geeigneter Verdünnung) bedecken, 30 min inkubieren, dreimal mit je 10 ml PBS waschen.
5. Filter mit 500 μl FITC-markiertem Anti-Kaninchen-IgG (Handelspräparat kann 1 : 100 verdünnt werden) bedecken, 20 min inkubieren, dreimal mit je 10 ml PBS waschen.
6. Filter auf Objektträger in einen Tropfen Cargills Immersionsöl einbetten, mit Deckglas abdecken.
7. Unter dem Fluoreszenzmikroskop auswerten.

Aufgabe 2:

1. Von nur schwach trüber Bakteriensuspension 20 μl auf Objektträger verteilen, lufttrocknen und 10 min bei 100°C hitzefixieren. Bakterienausstrich mit Diamantschreiber markieren.

2. Bakterienausstrich mit 100 μl Antiserum überschichten, bei 37°C in feuchter Kammer inkubieren.
3. Antiserum mit Wasser abspülen, 20 min in PBS waschen.
4. Bakterienausstrich mit 50 μl FITC-markierter Anti-Kaninchen-IgG-Lösung bedecken, 30 min bei 37°C inkubieren.
5. Markiertes Serum abspülen, zweimal 10 min in PBS waschen.
6. Objektträger trocknen lassen und Bakterienausstrich mit phosphatgepuffertem Glycerin, pH 8, abdecken.
7. Unter dem Fluoreszenzmikroskop auswerten.

Auswertung

Befanden sich in der Bakterienkultur Organismen, gegen die im verwendeten Kaninchenserum Antikörper vorhanden waren (Aufgabe 1, s. S. 344), bzw. besteht serologische Verwandtschaft zwischen den untersuchten Bakterien (Aufgabe 2, s. S. 344), dann lassen sich unterm Fluoreszenzmikroskop hell leuchtende Zellen auf dunklem oder schwach fluoreszierendem Hintergrund erkennen. Als in jedem Fall positive Kontrolle sollte der zum Antiserum homologe Bakterienstamm in einem Parallelansatz mitgeführt werden. Zur Kontrolle auf unspezifische Fluoreszenz sollte ein Ansatz des Bakterienstammes mit dem Serum eines nicht immunisierten Kaninchens inkubiert und wie beschrieben weiterverarbeitet werden. Dieser Ansatz sollte negativ sein.

18.5 Elisa-Methode *

Der Elisa-Test (Elisa = **e**nzyme-**l**inked-**i**mmuno-**s**orbent-**a**ssay) hat sich in der Virologie und Bakteriologie als sehr gute serologische Diagnostikmethode bewährt. Seine Vorteile sind die einfache Ausrüstung, die Schnelligkeit und Einfachheit bei der Durchführung, die hohe Präzision, sowie die hohe Empfindlichkeit und Spezifität der Methode.

Dem Elisa-Test liegt dasselbe Prinzip zugrunde wie der Immunfluoreszenz, nämlich die Arbeit mit markierten Antikörpern. Die Antikörper erhalten bei der Elisa-Methode ihre Markierung durch die Ankoppelung eines Enzyms, womit der Antigen-Antikörper-Komplex mit Hilfe einer durch dieses Enzym katalysierten Reaktion nachgewiesen werden kann. Das bei der Enzymreaktion gebildete Produkt (meist ein Farbstoff) dient somit als mittelbarer Hinweis für eine spezifische Antigen-Antikörper-Reaktion. Für die Praxis ist damit die sehr wichtige Möglichkeit gegeben, den Test direkt

---

* Zur Unterscheidung von Testvarianten wird gelegentlich zwischen EIA (**e**nzyme-**i**mmuno-**a**ssay) und Elisa differenziert. Beim EIA wird Antigen an die Mikrotiterplatte gebunden und der Antikörpertiter des Serums bestimmt. Im Elisa werden die IgG-Moleküle an die Mikrotiterplatte gebunden, um das spezifische Antigen nachzuweisen

visuell oder mit einem Photometer zu erfassen, wobei die Photometerauswertung auch die mathematisch-statistische Verarbeitung und eine Speicherung der Daten erlaubt.

Bei der hier beschriebenen Form des Tests handelt es sich um die indirekte Methode, welche die besondere Eigenschaft von „Protein A" ausnutzt. Dieses von *Staphylococcus aureus* stammende Protein bindet an sämtliche IgG-Moleküle vom Menschen und Kaninchen und ist enzymmarkiert erhältlich.

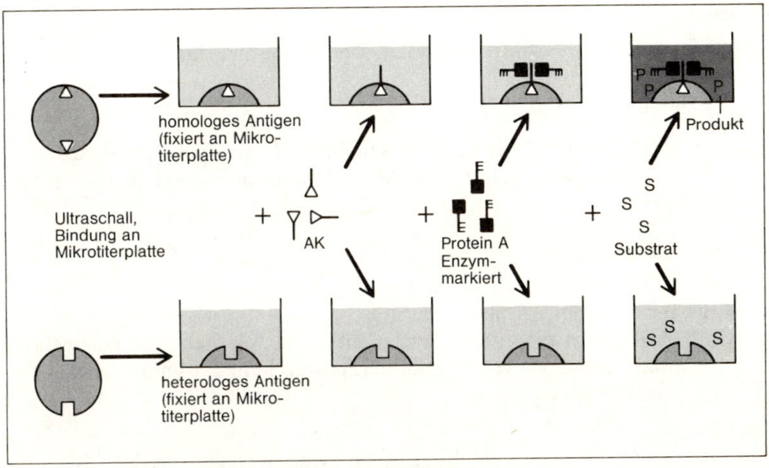

Abb. 18.5 Arbeitsablauf beim indirekten Elisa-Test

Der gesamte Test läuft in fünf Teilschritten wie folgt ab:

1. Herstellung des bakteriellen Antigens.
2. Bindung des Antigens an speziell vorbehandelte Kunststoffflächen in Röhrchen oder in Mikrotiterplatten.
3. Reaktion des kunststoffgebundenen Antigens mit den Antikörpern.
4. Reaktion von enzymmarkiertem Protein A mit den Antikörpern des Antigen-Antikörper-Komplexes.
5. Umsetzung des Substrats am Markierungsenzym zu einem farbigen Produkt und optische Auswertung.

Als bakterielles Antigen können ganze Bakterienzellen oder aus Bakterienzellen isolierte und angereicherte Antigene verwendet werden. Beispielsweise ist zum Nachweis von Salmonellen im Elisa-Test der Phenol-Wasser-Extrakt oder auch der EDTA-Extrakt mit gutem Erfolg eingesetzt worden.

Aufgabe

Die Versuchsanleitung gestattet die Behandlung folgender Aufgaben:

1. Bestimmung der Menge an gebundenem IgG nach Bindung der homologen Bakterien als Antigen an die Mikrotiterplatte.
2. Bei Bindung heterologer Bakterien kann das Ausmaß der Kreuzreaktion ermittelt werden.

Material

Bakterien als Antigen, Antikörper, peroxidasemarkiertes Protein A

Oberflächenbehandelte Mikrotiterplatten (speziell für Elisa-Test), Ultraschallaufschlußgerät zur Antigenherstellung, Waschgerät, Photometer, Waage

PBS = phosphatgepufferte physiologische Kochsalzlösung (siehe Immunfluoreszenz-Methode)

Tween 20 (0,05% in Wasser)

Substrate: H_2O_2 (0,05% in Puffer aus 0,008molarem NaH_2PO_4, 0,001molarem Na_2HPO_4, 0,001molarer EDTA), 5-Aminosalicylsäure (0,1% im selben Puffer)

Zeitplan und Zeitbedarf

1. Tag: Bakterien beschallen, ca. 2 h
2. Tag: Bindung des Antigens, ca. 5h
3. Tag: Antiserum pipettieren und inkubieren, waschen, mit peroxidasemarkiertem Protein A inkubieren, waschen, Enzymtest ausführen, auswerten, ca. 5 h

Durchführung

1. Bakteriensuspension (Zelldichte ca. 10^9/ml) 60 min beschallen mit Intervallen von 1 Minute.
2. Beschallte Lösung 12 h bei 4 °C stehen lassen. (Größere Teilchen setzen sich ab.) Vom Überstand ⅔ absaugen und als Antigen verwenden.
3. Von der Antigenlösung 100 µl in die Näpfchen der Mikrotiterplatte pipettieren. Zur Bindung an die Oberfläche so lange in Trockenschrank stellen (bei 70 °C), bis 80% der Flüssigkeit verdampft sind (Waage).
4. Restliche Flüssigkeit absaugen. Dadurch soll verhindert werden, daß bei der photometrischen Auswertung störendes Antigen sich am Boden absetzt. Für die Reaktion notwendiges Antigen ist an der Seitenwand in ausreichender Menge gebunden. Titerplatten zweimal mit Wasser waschen, dann 24 h bei 70 °C trocknen.
5. Je 100 µl Antiserum in die Vertiefungen pipettieren. (Zur Bestimmung des Antikörpertiters verschiedene Verdünnungsstufen verwenden: Verdünnung mit PBS in 2er Schritten 1 : 2; 1 : 4; 1 : 8; 1 : 16 usw.)
6. Mikrotiterplatte mit Folie verschließen und 3 h bei 37 °C inkubieren.
7. Antiserum absaugen und Platte viermal je 3 min mit Tween 20 (zur Ablösung nicht gebundenen Proteins) waschen.

8. Peroxidasemarkiertes Protein A (Handelsprodukt 1 : 800 verdünnen) in die Vertiefungen pipettieren (je 100 µl), und 1 h bei 37°C inkubieren.
9. Überstand absaugen und viermal je 3 min mit Tween 20 waschen.
10. Zum Nachweis von Peroxidaseaktivität jeweils 100 µl H_2O_2 und 100 µl 5-Aminosalicylsäurelösung in die Vertiefungen pipettieren.
11. Mikrotiterplatte mit Folie abdecken und 30 min bei Raumtemperatur schütteln.
12. Bei Raumtemperatur 13 h stehen lassen.
13. Zur Auswertung im Photometer bei 492 nm messen.

Auswertung

Eine orangerote Farbe weist auf die Bildung eines Antigen-Antikörper-Komplexes im entsprechenden Ansatz hin. Zur Kontrolle auf unspezifische Bindung sollte das Antiserum eines nicht immunisierten Kaninchens eingesetzt werden. Soll der Antikörper-Titer in einem Serum bestimmt werden, dann wird das Serum in Zweierschritten steigend verdünnt eingesetzt. Als Titer wird der reziproke Wert der größten Verdünnungsstufe bezeichnet, mit der noch eine positive Reaktion stattgefunden hat. Als Maß für den IgG-Gehalt eines Serums kann auch die geringste Verdünnung gewertet werden, bei der die Extinktion (492 nm) noch mehr als 1,0 beträgt.

Literatur

Bessler, W. (1981), Abwehrmechanismen gegen bakterielle Infektionen, Biologie in unserer Zeit **11,** 1–6

Böhm, R., Britzius, E. (1982), Eine einfache Mikromethode zur Bestimmung des Gehaltes von Kaninchenimmunserum an spezifischem IgG gegen bakterielle somatische Antigene mit Hilfe der Enzym-Immunotechnik, Zentralbl. Veterinärmed. **B 29,** 242–247

Chase, W. (1967), Methods in Immunology and Immunchemistry, Academic Press, New York, London, 197–224

v. Fellenberg, R. (1978), Kompendium der allgemeinen Immunologie, Verlag Paul Parey, Berlin, Hamburg

Fluck, R., Böhm, R., Strauch, D. (1977), Fluoreszenzserologische Untersuchungen von Kreuzreaktionen zwischen Sporen von Bacillus anthracis und Sporen anderer aerober Sporenbildner, Zentralbl. Veterinärmed. **B 24,** 497–507

Friemel, H. (1980), Immunologische Arbeitsmethoden, Gustav Fischer Verlag, Stuttgart

Hoffmann, G. W. (1979), Das Immunsystem, Chem. in unserer Zeit **13,** 1–10

Keller, R. (1981), Immunologie und Immunpathologie, Georg Thieme Verlag, Stuttgart, New York

Schiffmann-Wyttenbach, E., Fey, H (1981), Entwicklung eines Salmonella ELISA, geeignet für Massenserologie, Schweiz. Arch. Tierheilk. **123,** 611–627

Walker, P. D., Batty, I., Thomson, R. O. (1971), The Localization of Bacterial Antigens by the Use of the Fluorescent and Ferritin Labelled Antibody Techniques, in Methods in Microbiology (Norris, J. R., Ribbons, D. W., Herausgeb.), Bd. **5A,** New York, Academic Press, London 219–254

19. Mikrobieller Abbau

Aus Kohlendioxid und Wasser wird in Gegenwart von Sonnenlicht fortwährend eine große Menge an pflanzlicher Substanz gebildet. Diese von den „Produzenten“ erzeugte Biomasse dient allen heterotrophen Organismen, den „Konsumenten“, als Nahrungs- und Energiequelle. Die Konsumenten setzen organisch gebundenen Kohlenstoff in Gegenwart von Sauerstoff unter Energiegewinnung zu Kohlendioxid und Wasser um. Beide Verbindungen stehen dann wieder für eine erneute photosynthetische Fixierung zur Verfügung. In diesem Kreislauf des Kohlenstoffs erfüllen die Mikroorganismen eine wichtige Aufgabe. Sämtliche Fäulnis- und Verwesungsvorgänge werden durch Mikroorganismen verursacht. Der weitaus größte Teil der gebildeten Biomasse in Form absterbender Pflanzen und Pflanzenteile und auch abgestorbene Individuen oder Ausscheidungen der Konsumenten werden von den Mikroorganismen als den „Destruenten“ abgebaut und damit dem Kreislauf der Stoffe wieder zur Verfügung gestellt.

Im Rahmen einer weltweiten Industrialisierung gelangen zunehmend auch vom Menschen hergestellte Verbindungen in die Natur. Agrochemikalien, wie Herbizide, Fungizide und Insektizide, werden auf die Felder ausgebracht; Abgase von Kraftfahrzeugen oder Feuerungsanlagen und Treibgase aus Sprühdosen gelangen in die Luft, und häusliche sowie industrielle Abfälle wie z. B. Waschmittel, Kunststoffe, Lösungsmittel, pharmazeutische Präparate oder Treibstoffreste gelangen teilweise in großen Mengen in die Gewässer.

Vom Gesichtspunkt der Schonung und Erhaltung unserer Umwelt wäre es wünschenswert, wenn die vom Menschen in die Natur gebrachten Chemikalien ebenso wie die Stoffe natürlicher Herkunft zu ökologisch unbedenklichen Molekülen wie CO_2, H_2O oder NH_4^+ mineralisiert würden. Erweist sich eine Verbindung als schwer abbaubar, dann muß prinzipiell mit Nachteilen für Umwelt und menschliche Gesundheit gerechnet werden. Eine schwer abbaubare Agrochemikalie kann als Rückstand in Nahrungsmitteln auftreten, oder als Rückstand im Boden sich negativ auf den nachfolgenden Pflanzenanbau auswirken.

Untersuchungen über das „Schicksal“ von Chemikalien, die in die Umwelt ausgebracht werden, sind daher von allgemeinem Interesse und werden heutzutage auf verschiedenen Ebenen durchgeführt. Der Analytiker fahndet nach Rückständen von Umweltchemikalien, vor allem in den Nahrungsmitteln; in Boden- und Gewässerkunde werden ihre Verteilung in Ökosystemen und eventuelle Wirkungen auf diese Systeme erforscht. Von mikrobiologischem Interesse ist der Einfluß, den Umweltchemikalien auf natürliche Populationen von Mikroorganismen ausüben, und die Fähigkeit von Mikroorganismen, bestimmte Substanzen abbauen zu können. Bei solchen Untersuchungen hat es sich gezeigt, daß Vertreter der Pseudomonaden in ganz besonderem Maße zum Abbau von Umweltchemikalien in der Lage sind. Weitere zum Abbau fähige Organismen wurden u. a. bei Vertretern von Acinetobacter, Alcaligenes, Beijerinckia, Flavobacterium, Moraxella und Nocardia gefunden.

19.1 Isolierung von Mikroorganismen, die zum Abbau von Umweltchemikalien fähig sind

Der erste Versuch beschreibt ein Verfahren zur Isolierung spezialisierter Mikroorganismen aus Gewässerproben. Er führt zu Reinkulturen von Organismen, die fähig sind, eine Substanz als einzige Kohlenstoffquelle zu verwerten. Bei Stickstoff enthaltenden Substanzen läßt sich das Verfahren auch so abwandeln, daß man zu Organismen gelangt, welche die Umweltchemikalie als einzige Stickstoffquelle verwerten.

Im Labor lassen sich Eigenschaften der Abbauer-Organismen, wie Wachstumsansprüche oder Substratspezifität, untersuchen. Die Kenntnis dieser Eigenschaften kann zur Abschätzung der Abbaubarkeit bestimmter Substanzen unter bestimmten Umweltbedingungen nützlich sein. Der Abbauweg einer Verbindung in Mikroorganismen wird in vielen Labors durch enzymatische Studien und die Aufklärung der Struktur von Stoffwechselprodukten untersucht (oft erhält man nur mit Abbauer-Mutanten die entsprechenden Stoffwechselprodukte).

Isolierung toluolabbauender Bakterien aus Wasserproben

Toluol ist eine in großen Mengen aus Erdöl oder Teer gewonnene Grundchemikalie, die als Lösungsmittel für Lacke, Kautschuk und Fette oder als Ausgangsverbindung zur Produktion weiterer Benzolderivate dient. Ein großer Teil der für unser modernes Leben charakteristischen Kunststoffe, Detergentien, Farbstoffe, Arznei- oder Pflanzenschutzmittel sind letztlich aus einfachen aromatischen Molekülen hergestellte Produkte. Mit häuslichem und gewerblichem Abwasser oder Abfall können aromatische Verbindungen unter Umständen direkt oder als nicht völlig abgebauter Rest aus Kläranlagen in Flüsse oder Seen gelangen.

Der Versuch zeigt, daß in solchen Gewässern befindliche Bakterien Toluol dann leicht abbauen können, wenn diese für Bakterien an sich toxische

Verbindung in nur geringer Konzentration vorliegt. Eine subtoxische Toluolkonzentration läßt sich dadurch einstellen, daß Toluol nur über die Gasphase mit der Wasserprobe in Berührung kommt. In ein Reagenzglas, das seitlich ein kleines Loch besitzt, wird wenig Toluol eingefüllt (Abb. 19.1). Das Reagenzglas dient als „Toluolquelle“ für die geeigneten Bakterien in der Wasserprobe. Die Belastung eines Gewässers mit aromatischen Verbindungen ist dann mit bloßem Auge zu erkennen: Bei stark verschmutztem Gewässer tritt in Toluolatmosphäre in wenigen Tagen Trübung und Verfärbung ein, in weniger belastetem Gewässer dauert dieser Vorgang eine bis wenige Wochen, während reines Wasser unverändert bleibt.

Benzolabbauer lassen sich ebenfalls mit dieser Methode anreichern. Die Erfahrung hat gezeigt, daß man Benzol mit einem inerten, hochsiedenden Kohlenwasserstoff verdünnen muß. Bewährt hat sich ein Gemisch Benzol: Hexadecan (1 : 4). Sollen Mikroorganismen isoliert werden, die eine Substanz mit geringem Dampfdruck abbauen können, dann kann diese Substanz in geeigneter Verdünnung auch direkt zur Wasserprobe gegeben werden.

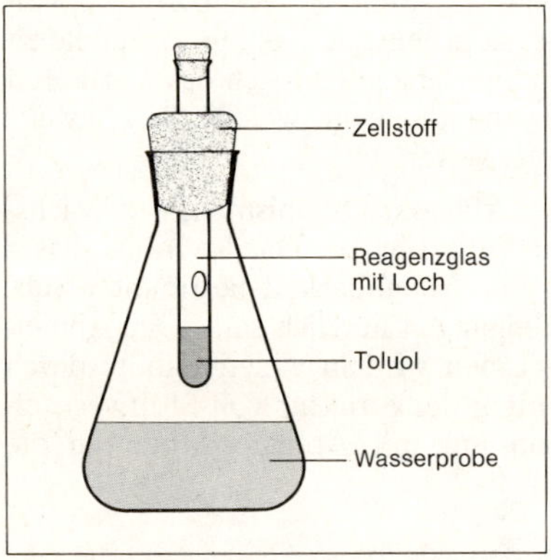

Abb. 19.1 Anreicherung Toluol-abbauender Bakterien in einer Wasserprobe

Aufgabe

Aus einer Gewässerprobe ist ein Bacterium zu isolieren, das mit Toluol als einziger Kohlenstoffquelle wachsen kann.

Material

Wasserproben, wenn möglich mehrere von unterschiedlichem Verschmutzungsgrad, Trinkwasser zur Kontrolle (in sterilen 500-ml-Schraubverschlußflaschen möglichst kurz vor Versuchsbeginn holen)

Steriles Material: Glaspetrischalen, Pipetten (1 ml, 10 ml), Kulturröhrchen, Salzlösung (s. S. 177)

Mineralsalzmedium pro 1 deion. Wasser: 1,0 g KH_2PO_4; 1,25 g $Na_2HPO_4 \cdot 12\ H_2O$; 1,0 g $(NH_4)_2SO_4$; 0,5 g $MgSO_4 \cdot 7\ H_2O$; 0,1 g $CaCl_2 \cdot 6\ H_2O$; 0,005 g $FeSO_4 \cdot 7\ H_2O$. Für Agarplatten 15 g Agar zusetzen.

HNB-Platten (s. S. 177), 250-ml-Erlenmeyerkolben, Reagenzgläser (mit starkem Bunsenbrenner etwa 5 cm oberhalb des Bodens ein kleines Loch einschmelzen), Zellstoff, Exsikkator, Thomakammer, Mikroskop

Toluol

Zeitplan

Der Plan sollte nur als ungefährer Anhaltspunkt angesehen und den unterschiedlichen Wasserproben (z. B. aus Quelle, Bachoberlauf, Bachunterlauf, Fluß, See, Zufluß oder Abfluß einer Kläranlage) entsprechend abgewandelt werden. Die folgenden Angaben gelten für ein relativ stark verschmutztes Gewässer.

1. Tag: Wasserproben zur Anreicherung der toluolabbauenden Bakterien in Toluolatmosphäre bringen. Von Wasserproben je 0,05 ml auf Mineralsalzagar ausplattieren. Platten in Exsikkator mit Toluolatmosphäre stellen.

4. Tag: Von Wasserprobe in Toluolatmosphäre Verdünnung herstellen, auf Mineralsalzagar ausplattieren, Platten in Exsikkator stellen. (Bei stark verschmutztem Gewässer ist in der Probe in Toluolatmosphäre Verfärbung und Trübung eingetreten. Weniger verschmutzte Gewässer sollten länger – ca. 1 bis 4 Wochen – unter Toluoldampf stehen).

9. Tag: Kolonien auszählen. Einzelne Kolonien daraufhin überprüfen, ob es sich um eine Reinkultur handelt.

14. Tag: Auswertung

Zeitbedarf

Pro Versuchstag 30 bis 60 min.

Durchführung

1. In 250-ml-Erlenmeyerkolben 100 ml der Wasserprobe einfüllen und mit zellstoffumwickeltem Reagenzglas verschließen (Abb. 19.1). In das „Reagenzglas mit Loch" ca. 3 ml Toluol einfüllen. Als Kontrollansatz dieselbe Wasserprobe mit normalem Zellstoffstopfen verschließen.

2. Von der Wasserprobe 0,05 ml auf Mineralsalzagar (in Glaspetrischalen) ausplattieren. Petrischalen in nicht evakuierten Exsikkator mit Toluolatmosphäre stellen (Abb. 19.2). Auch bei geschlossenem (aufgelegtem) Deckel genügt die zum Agar gelangende Toluolmenge für die Entwicklung toluolabbauender Organismen. Schalen nicht mit Filzstift sondern mit Etiketten und Bleistift beschriften.

3. Kolben und Exsikkator bei Raumtemperatur stehen lassen (mindestens 4 Tage).

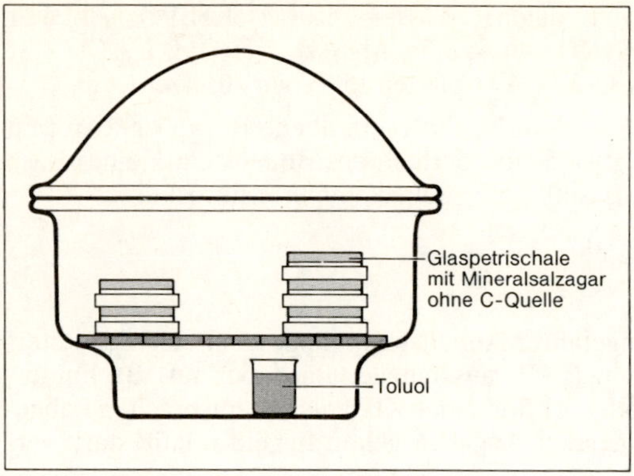

Abb. 19.2 Inkubation der Mineralsalzagarplatten in Toluolatmosphäre

4. Wenn Verfärbung und Trübung – durch die Entwicklung toluolabbauender Mikroorganismen – im Anreicherungskolben eingetreten ist, die Wasserprobe wieder auf Mineralsalzagar ausplattieren, zuvor bis 10^{-3} verdünnen.
5. Nach 4 bis 8tägiger Inkubation in Toluolatmosphäre die Kolonien auf den Mineralsalzagarplatten auszählen.
6. Einzelkolonie(n) können mit Verdünnungsausstrich (auf Mineralsalz- und Komplettagar gleichzeitig) auf Reinheit getestet werden. Ob eine Reinkultur vorliegt, kann zusätzlich folgendermaßen überprüft werden: Kolonie abimpfen, in Salzlösung suspendieren und bis 10^{-6} verdünnen. Von den letzten vier Verdünnungsstufen (10^{-3}, 10^{-4}, 10^{-5}, 10^{-6}) je 0,05 ml auf eine Komplettagarplatte (HNB-Medium) und auf zwei Mineralsalzagarplatten ausplattieren. Eine der Mineralsalzagarplatten in Toluolatmosphäre, die andere in den Brutschrank (25 °C) stellen. Zusätzlich Gesamtzellzahl in der Suspension mit der Thoma-Zählkammer ermitteln.

Auswertung

Mit bloßem Auge lassen sich Veränderungen der Wasserproben in Toluolatmosphäre leicht erkennen: als allmählich einsetzende Gelb- bis Braunfärbung und Trübung, zuweilen als Kahmhautbildung. In der toluolfreien Kontrolle dürfte keine sichtbare Veränderung eintreten. Steht die Kontrolle im Licht, kann es zur Algenentwicklung kommen.

Prüfung auf Reinkultur:

Die Zellzahlen, die

a) mit Hilfe der Thomazählkammer
b) mit Komplettagarplatten
c) mit Mineralsalzagarplatten in Toluolatmosphäre ermittelt wurden, sollten annähernd gleich groß sein. Auf den Mineralsalzplatten im Brut-

schrank dürfte kein Wachstum erfolgen, wenn nicht zufällig agarabbauende Organismen vorhanden sind. Der Versuchsansatz läßt auch die Isolierung von toluolunempfindlichen Agarabbauern zu.

19.2 Bestimmung des biochemischen Sauerstoffbedarfs (BSB)

Der vorherige Versuch hat gezeigt, daß in leicht bis stark verschmutzten Gewässern Mikroorganismen vorkommen, die in die Umwelt gelangende Chemikalien abbauen und damit für die „Selbstreinigung" der Gewässer verantwortlich sind. Der Fähigkeit zur Selbstreinigung sind jedoch Grenzen gesetzt. Wenn Abwässer und Abfälle mit großen Mengen an organischem Material direkt in die Gewässer eingeleitet werden, dann kann dieses Gewässer zum einen mit Krankheitserregern oder Giftstoffen verseucht werden, und zum andern besteht die Gefahr, daß sich Mikroorganismen beim Wachstum auf Abfallstoffen explosionsartig vermehren und dabei den im Wasser gelösten Sauerstoff aufzehren. Deshalb wird heute Abwasser im allgemeinen zuvor in einer Kläranlage gereinigt, ehe es in die Gewässer gelangt. In der Kläranlage finden mikrobielle Abbauvorgänge unter kontrollierten Bedingungen statt. Die Selbstreinigungskraft ist durch Belüftungsverfahren gesteigert und auf kleinem Raum konzentriert.

Entscheidend für eine erfolgreich arbeitende Kläranlage ist eine ausreichende Sauerstoffzufuhr in der biologischen Reinigungsstufe. Da in Belüftungsbecken oder Tropfkörpern für die Sauerstoffzufuhr künstlich gesorgt werden muß, ist es aus technischen und wirtschaftlichen Gründen notwendig, die benötigte Sauerstoffmenge angeben zu können. Diese Menge hängt von der Zusammensetzung des Abwassers und von der Mikroorganismenpopulation in der biologischen Reinigungsstufe ab. Für die Praxis sind daher analytische Verfahren entwickelt worden, die eine Aussage zur Beschaffenheit des Abwassers und zum Sauerstoffbedarf für die Reinigung dieses Abwassers erlauben. Es handelt sich um folgende summarischen Analysenparameter: TOC (**t**otal **o**rganic **c**arbon = Gesamtmenge an organischem Kohlenstoff), CSB (**c**hemischer **S**auerstoff**b**edarf) und BSB (**bio**chemischer **S**auerstoff**b**edarf). Mit den Parametern TOC und CSB wird die Gesamtmenge an Inhaltsstoffen im Abwasser erfaßt. Die BSB-Bestimmung dient zur Ermittlung der zum aeroben mikrobiellen Abbau der Inhaltsstoffe nötigen Sauerstoffmenge. Nur der BSB-Wert läßt Aussagen über die biologische Abbaubarkeit eines Abwassers zu. Eine vergleichende Bestimmung von CSB und BSB in einer bestimmten Wasserprobe erlaubt die Angabe der Menge an schwer- oder nicht-abbaubaren Inhaltsstoffen. Die wirksame Arbeit einer Kläranlage kann dadurch überwacht werden, daß in dem Abwasser vor und nach der Reinigung die BSB- oder CSB-Werte erfaßt werden. Bei der Ermittlung der Wasserqualität von Bächen, Flüssen oder Seen kann die relativ einfache BSB-Bestimmung als ein zusätzliches Kriterium – neben einer chemischen und mikrobiologischen Wasseranalyse und der Registrierung von Wasserflora und -fauna – herangezogen werden.

Bei der BSB-Bestimmung werden Wasserproben im Dunkeln bei 20°C bebrütet und nach 2 oder 5 Tagen (BSB_2 oder BSB_5) wird der O_2-Verbrauch gemessen.

Bei der Verdünnungsmethode werden Wasserproben in Flaschen dicht verschlossen, so daß kein Luftsauerstoff nachgeliefert werden kann. Der O_2-Gehalt in dieser Probe wird vor und nach dem Bebrüten bestimmt. Die Löslichkeit von O_2 in Wasser beträgt bei 20°C etwa 9 mg/l, und aus Genauigkeitsgründen soll die O_2-Konzentration nach der Inkubation bei wenigstens 2 mg/l liegen, der Verbrauch darf also höchstens 7 mg/l betragen. Praktisch besitzen alle Abwässer einen höheren BSB, weshalb vor der BSB-Bestimmung eine Verdünnung des Abwassers mit O_2-gesättigtem reinem Wasser erfolgen muß. Pro Verdünnungsstufe müssen zwei Flaschen, eine für den Anfangs- und eine für den End-O_2-Gehalt, angesetzt werden. Wenn der zu erwartende BSB schlecht abschätzbar ist, müssen mehrere abgestufte Verdünnungen angesetzt werden. Als Orientierungshilfe seien einige BSB-Wertebereiche und die für die jeweilige Bestimmung günstigen Verdünnungsstufen genannt:

BSB-Wert (mg O_2/l)	Verdünnung
unter 10	250 bzw. 150 ml auf 1000 ml
10–100	100 bzw. 50 bzw. 20 ml auf 1000 ml
100–300	15 bzw. 10 ml auf 1000 ml

Nur bei hochkonzentrierten, stark verschmutzten Abwässern sind noch höhere BSB-Werte zu erwarten.

In der Modifikation nach Winkler wird der O_2-Gehalt durch iodometrische Titration ermittelt. Der Titration liegen folgende Reaktionen zugrunde:

$$O_2 + 2\,Mn^{2+} + 4\,OH^- \longrightarrow 2\,MnO(OH)_2\downarrow$$
$$2\,MnO(OH)_2 + 4\,I^- + 8\,H^+ \longrightarrow 2\,Mn^{2+} + 2\,I_2 + 4\,H_2O$$
$$2\,I_2 + 4\,S_2O_3^{2-} \longrightarrow 4\,I + 2\,S_4O_6^{2-}$$

Der Verbrauch von 4 mol Thiosulfat zeigt also 1 mol O_2 an.

Soll die biologische Abbaubarkeit bestimmter Substanzen untersucht werden, dann verwendet man im Labor hergestellte Lösungen dieser Substanzen mit bekannter Konzentration. Beim Arbeiten mit solchen oder anderen keimarmen Proben, muß vor der 5tägigen Inkubation angeimpft werden, z. B. mit 10 ml Flußwasser oder mit 2 ml biologisch gereinigtem Abwasser zu 250 ml Probenwasser.

Aufgabe

Mit der Verdünnungsmethode ist der BSB-Wert einer Wasserprobe zu ermitteln.

Material

Gewässerproben, ca. 1 l, möglichst kurz vor der Untersuchung besorgen

O_2-Flaschen nach Winkler, 110 bis 130 ml, mit Inhaltsangabe auf 0,1 ml genau und gleicher Numerierung von Flasche und Stopfen

Meßpipetten (2 ml) und Bürette

Lösung 1: 8,5 g KH_2PO_4; 21,75 g K_2HPO_4; 33,4 g $Na_2HPO_4 \cdot 2\ H_2O$; 1,7 g NH_4Cl auf 1 l, pH-Wert der Lösung 7,2
Lösung 2: 22,5 g $MgSO_4 \cdot 7\ H_2O$ auf 1 l
Lösung 3: 27,5 g $CaCl_2$ auf 1 l
Lösung 4: 0,25 g $FeCl_3 \cdot 6\ H_2O$ auf 1 l

Je 1 ml dieser 4 Lösungen zu 1 l deion. Wasser geben und solange schütteln, bis es mit O_2 gesättigt ist: ergibt **Verdünnungswasser** (im Dunkeln aufbewahren)

Mangan (II)chlorid-Lösung: 80 g $MnCl_2 \cdot 4\ H_2O$ und 100 ml deion. Wasser

Fällungsreagenz: 36 g NaOH, 20 g KI, 0,5 g NaN_3 auf 100 ml mit deion. Wasser auffüllen
Phosphorsäure: $d = 1,70$
Natriumthiosulfatlösung: 0,01normal
Zinkiodid-Stärke-Lösung: 0,4 g Stärke in 5 ml deion. Wasser suspendieren und zu siedender Lösung von 2 g $ZnCl_2$ in 10 ml deion. Wasser geben, Lösung kochen, bis alles gelöst ist, dann 50 ml deion. Wasser und 0,2 g ZnI_2 zugeben und auf 100 ml auffüllen; in brauner Flasche aufbewahren

Zeitplan

1. Tag: Gewässerproben vorbereiten und verdünnen, in O_2-Flaschen einfüllen. Zur Bestimmung der O_2-Anfangsgehalte Reagenzien in die dafür vorgesehenen Flaschen geben und titrieren
5. Tag: Bestimmung der O_2-Endgehalte durch Titration, Auswertung.

Durchführung

1. Gewässerproben zur Entfernung grobdisperser Stoffe durch Faltenfilter filtrieren. Probe neutralisieren, falls ihr pH-Wert außerhalb des Bereichs von 6,5 bis 7,5 liegt. Wasserprobe zur Beseitigung autoxidabler Substanzen 1 h in halbgefüllter Probenflasche schütteln.

2. Probenwasser mit Verdünnungswasser gemäß obiger Orientierungshilfe verdünnen, in 1000-ml-Meßkolben. Von jeder Verdünnungsstufe einer Wasserprobe 2 Flaschen ansetzen: Flasche 1 für den O_2-Anfangsgehalt und Flasche 2 für den O_2-Endgehalt. Auch BSB-Wert des Verdünnungswassers ermitteln.

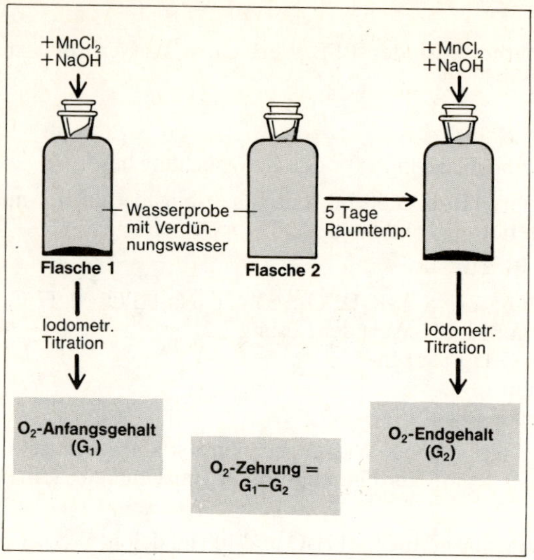

Abb. 19.3 BSB-Bestimmung nach der Verdünnungsmethode

3. Keimarme Proben animpfen, z. B. mit 10 ml Flußwasser.
4. Flasche 2 gut verschließen, ohne Luftblasen. Ins Dunkle stellen, bei Raumtemperatur halten.
5. Zu Flasche 1 0,5 ml Mangan(II)chloridlösung und 0,5 ml Fällungsreagenz geben. Flasche gut umschütteln, dann ca. 1 h stehen lassen, anschließend titrieren.
6. Zur Titration den Überstand vorsichtig dekantieren und den Niederschlag von Manganhydroxid in 2 ml Phosphorsäure lösen. (Die Farbe des Niederschlags gibt einen Hinweis auf den O_2-Gehalt: bei O_2-freiem Wasser ist der Niederschlag weiß, bei O_2-armem hellgelb und bei O_2-reichem dunkelbraun.)
7. Freigesetztes Iod mit Thiosulfatlösung titrieren. Gegen Titrationsende zur hellgelben Lösung 0,5 ml Zinkiodid-Stärke-Lösung geben. Die blaue Lösung bis zur Farblosigkeit titrieren.
8. Nach 5 Tagen auch zu Flasche 2 0,5 ml Mangan(II)-chloridlösung und 0,5 ml Fällungsreagenz geben und wie beschrieben titrieren.

Auswertung

Es sollten nur Proben berücksichtigt werden, die einen O_2-Endgehalt (Massenkonzentration) von mindestens 2 mg/l und eine O_2-Zehrung von mehr als 1 mg/l aufweisen. Der Verbrauch von 1 ml 0,01normalem $Na_2S_2O_3$ zeigt 0,08 mg O_2 an. Der O_2-Gehalt pro Flasche errechnet sich zu

$$G = \frac{a \cdot 0{,}08 \cdot 1000}{b - c}$$

G = O_2-Gehalt in mg/l
a = Verbrauch an 0,01normalem $Na_2S_2O_3$ in ml
b = Volumen der O_2-Flasche in ml
c = Gesamtvolumen von Mn(II)-chloridlösung und Fällungsreagenz in ml

Die O_2-Zehrung ist die Differenz aus O_2-Gehalt von Flasche 1 (sofortige Reagenzzugabe) und Flasche 2. Zur Angabe des BSB-Wertes muß die O_2-Zehrung mit dem Verdünnungsfaktor multipliziert werden.

$$\mathrm{BSB}_5 = \frac{d}{e}\,(G_1 - G_2)$$

BSB_5 = biochemischer Sauerstoffbedarf in 5 Tagen in mg/ml
d = Volumen des zur Herstellung der Verdünnung benutzten Meßkolbens in ml
e = Volumen des unverdünnten Probenwassers in ml
G_1 = O_2-Gehalt in Flasche 1
G_2 = O_2-Gehalt in Flasche 2.

19.3 Bestimmung der Atmungsaktivität von Belebtschlamm beim Abbau verschiedener Substanzen

Bei der BSB-Bestimmung nach der Verdünnungsmethode wird der in einer längeren Inkubationsperiode insgesamt verbrauchte Sauerstoff gemessen. Wenn nach kürzeren Zeitabständen Zwischenwerte ermittelt werden sollen, müssen bei diesem Verfahren zusätzliche O_2-Flaschen parallel mitgeführt werden. Für Kurzzeitmessungen sind deshalb geeignetere Verfahren entwickelt worden: Mit Hilfe einer O_2-Elektrode kann der zeitliche Ablauf des O_2-Verbrauchs im Bereich von Minuten registriert und damit der kinetische Parameter „O_2-Verbrauch pro Volumen und Zeiteinheit" = „Atmungsaktivität" bestimmt werden.

Abwasser besitzt eine meist unbekannte und dazu wechselnde Zusammensetzung. Damit ist auch die Gemeinschaft von Mikroorganismen im Belebtschlamm Veränderungen unterworfen, die sich als Schwankungen im Abbauverhalten äußern können. Mit Kurzzeitmessungen können Wechselwirkungen zwischen den Inhaltsstoffen eines Abwassers, der Mikroorganismenpopulation und dem zur Verfügung stehenden Sauerstoff untersucht werden. Im folgenden Versuch werden verschiedene Substanzen, u. a. Phenol oder Fleischextrakt, einer Belebtschlammprobe zugefügt. Durch den aeroben Abbau der zugesetzten Substrate findet in der Schlammprobe eine „Substratatmung" statt. Auch wenn die Schlammprobe im substratfreien Wasser suspendiert wird, findet eine meist schwache „endogene Atmung" statt, die vom Verbrauch von H-Donatoren herrührt, welche hauptsächlich als Reservestoffe in den Zellen vorliegen.

Bestimmt man die Atmungsaktivität einer Belebtschlammprobe, dann erhält man – je nach der chemischen Natur des Substrates – in Abhängigkeit von der Substratkonzentration unterschiedliche Kurventypen (s. Abb. 19.4):

1. Die Atmungsaktivität steigt kontinuierlich an bis zu einem Maximalwert. Das Substrat, z. B. Fleischextrakt oder Glucose, ist abbaubar.
2. Die Atmungsaktivität bleibt konstant auf dem Wert der endogenen Atmung. Das Substrat ist nicht abbaubares, inertes Material.
3. Die Atmungsaktivität steigt an bis zu einem Maximalwert, nimmt aber mit steigender Substratkonzentration wieder stark ab. Das Substrat ist in geringen Konzentrationen abbaubar, in höheren Konzentrationen toxisch (vgl. Isolierung toluolabbauender Bakterien, S. 351f).
4. Die Atmungsaktivität nimmt bereits nach Zugabe kleiner Substratmengen ab und sinkt auf 0: die Organismen der Schlammprobe werden abgetötet (z. B. durch Schwermetalle).

Kommen im Abwasser Inhaltsstoffe vor, die erst in höheren Konzentrationen toxisch wirken, dann ist die Kenntnis und Einhaltung einer optimalen Konzentration – durch Zurückhalten und vorsichtiges Zudosieren des entsprechenden Abwassers – für die Effektivität der Kläranlage entscheidend. Sind die Mikroorganismen z. B. durch die Vermehrung effektiver Abbauerspezialisten an solche Substrate angepaßt, dann kann sich ihre Toleranzgrenze erhöhen.

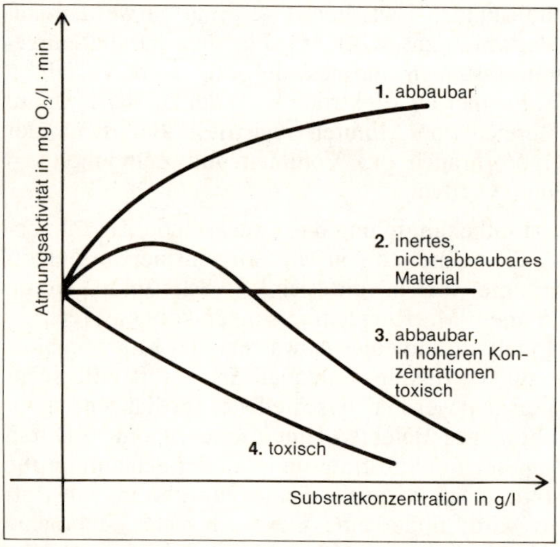

Abb. 19.4 Atmungsaktivität in Abhängigkeit von der Konzentration verschiedener Substrate: Einflußlinien

Aufgabe

Verschiedene Substrate werden einer Belebtschlammprobe in unterschiedlichen Konzentrationen zugesetzt. Durch Aufnahme der Atmungsaktivität sind die Einflußlinien zu ermitteln.

Material

Belebtschlamm aus Kläranlage, wenn möglich verschiedenartige Proben, eventuell von verschiedenen Anlagen (aus schwach belasteter, hoch belasteter und an bestimmte Inhaltsstoffe, z. B. Phenol, adaptierter biologischer Reinigungsstufe)

Testlösungen (jeweils in Wasser): Phenol (3 g/l), Kupfersulfat (3 g/l), Nutrient Broth (2 g/l)

Zur Eichung der O_2-Elektrode: gesättigte wäßrige Na_2SO_3-Lösung

Meßeinrichtung mit 285 ml fassender Probenflasche, Magnetrührmotor und Magnetrührstab, O_2-Elektrode, O_2-Meßgerät und Schreiber

Durchführung

1. Eichung der O_2-Elektrode: Für den unteren Eichwert (O_2-Konzentration = 0 mg/l) wird in gesättigter Na_2SO_3-Lösung gemessen. Für den oberen Eichwert dient mit Luft gesättigtes Wasser. Der Sättigungswert für Luftsauerstoff wird einer Tabelle entnommen und der Höhenlage und dem Barometerstand entsprechend geringfügig korrigiert.

2. Probeflasche vollständig mit einem Gemisch aus Belebtschlamm und Testlösung füllen und ohne Luftblasen mit der O_2-Elektrode luftdicht verschließen. Es wird jeweils 200 ml Belebtschlamm eingesetzt, das Volumen der Probenflasche beträgt ca. 300 ml. In insgesamt 7 Messungen werden folgende Mengen an Testlösung eingesetzt: 0, 1, 2, 5, 25, 50 und 100 ml. Mit Leitungswasser jeweils auf das Endvolumen auffüllen.

3. Rührmotor einschalten, Abnahme der O_2-Konzentration am O_2-Meßgerät verfolgen und am Schreiber registrieren.

Auswertung

Die Atmungsaktivität wird aus der O_2-Verbrauchskurve errechnet. In Abb. 19.5 sind ein Schreiberdiagramm und ein Berechnungsbeispiel angegeben. Für die verschiedenen Testlösungen werden die Einflußlinien gezeichnet und mit Abb. 19.4 verglichen.

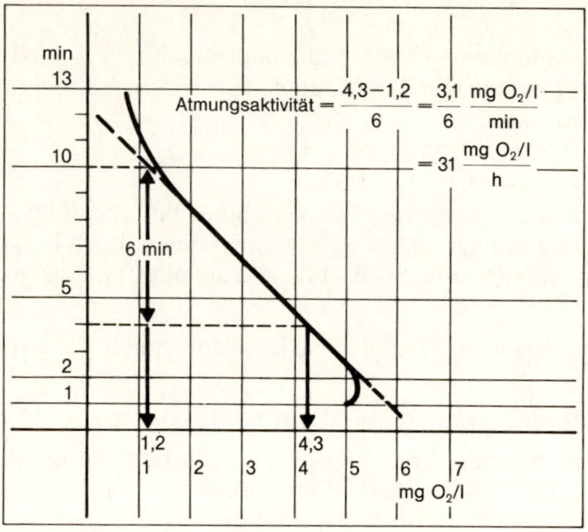

Abb. 19.5 Zeitliche Abnahme der O_2-Konzentration, registriert mit Hilfe des Schreibers

Literatur

Alexander, M. (1981), Biodegradation of Chemicals of Environmental Concern, Science **211,** 132–138

Cook, A. M., Grossenbacher, H., Hütter, R. (1983), Isolation and cultivation of microbes with biodegradative potential, Experientia **39,** 1191–1198

Deutsche Einheitsverfahren zur Wasser-, Abwasser- und Schlammuntersuchung (1966), H5: Bestimmung des biochemischen Sauerstoffbedarfs, Verlag Chemie, Weinheim

Knackmuss, H.-J. (1979), Halogenierte und sulfonierte Aromaten – Eine Herausforderung für Aromaten abbauende Bakterien, Forum Mikrobiologie **2,** 311–317

Leisinger, T., Cook, A. M., Hütter, R., Nüesch, J., (Herausgeb.) (1981), Microbial Degradation of Xenobiotics and Recalcitrant Compounds, Academic Press, New York, London

Lingens, F. (1979), Mikrobieller Abbau von Herbiziden und Fungiziden, Forum Mikrobiologie **2,** 240–248

Müller, R., Lingens, F. (1986), Mikrobieller Abbau halogenierter Kohlenwasserstoffe: Ein Beitrag zur Lösung vieler Umweltprobleme? Angew. Chemie **98,** 778–787

Pitter, P. (1976), Determination of Biological Degradability of Organic Substances, Water Res. **10,** 231–235

Zahn, R., Wellens, H. (1980), Prüfung der biologischen Abbaubarkeit im Standversuch – weitere Erfahrungen und neue Einsatzmöglichkeiten, Z. Wasser Abwasser Forsch. **13,** 1–7

20. Stoffumwandlungen durch Mikroorganismen (Biotransformationen)

Vielfalt und Intensität von Stoffwechselleistungen sind hervorstechende Merkmale der Mikroorganismen. Der Mensch hat derartige Leistungen schon von alters her für sich nutzbar gemacht: So die alkoholische Gärung von Hefen beim Brotbacken oder bei der Bereitung alkoholischer Getränke oder die mikrobielle Umwandlung von Milchinhaltsstoffen bei der Gewinnung von Joghurt, Kefir, Sauermilch und Käse oder die durch Bakterien bewirkte Oxidation von Alkohol zu Essigsäure bei der Essigherstellung. Die heute selbstverständliche Erkenntnis, daß bei den genannten Vorgängen Mikroorganismen die entscheidende Rolle spielen, wurde erst in der zweiten Hälfte des letzten Jahrhunderts vor allem durch die Arbeiten Louis Pasteurs gewonnen. Abgesehen von den uralten Kulturtechniken, hat die industrielle Nutzung mikrobieller Stoffumwandlungen in den 30er Jahren unseres Jahrhunderts begonnen: Bei der Vitamin-C-Synthese wurde ein Reaktionsschritt, nämlich die Umwandlung von Sorbit zu Sorbose mit Hilfe von *Acetobacter suboxydans* durchgeführt. Mikroorganismen mit der Fähigkeit, komplizierte Moleküle zu synthetisieren oder hochspezifische Reaktionsschritte auszuführen, erlangen zunehmend wirtschaftliche Bedeutung.

20.1 Hydroxylierung von Progesteron mit Calonectria decora

Steroidhormone werden von der pharmazeutischen Industrie weltweit und in beträchtlicher Menge produziert. Verschiedene Vertreter aus dieser Gruppe biologisch hochwirksamer Substanzen werden unter anderem zur Behandlung von Allergien, Hautkrankheiten und rheumatischen Erkrankungen, zur Heilung von Entzündungsprozessen, als Herzmittel und als Ovulationshemmer eingesetzt. Bei der Herstellung der verschiedenen Wirkstoffe hat die Umwandlung von Steroiden mit Hilfe von Mikroorganismen Eingang in die industrielle Praxis gefunden. Besonders die von Mikroorganismen ausgeführten stereospezifischen Hydroxylierungen liefern Umwandlungsprodukte, die auf chemischem Wege nur äußerst schwer zugänglich sind. Mikroorganismen vermögen das Steroidmolekül gezielt an bestimmten, nicht aktivierten Positionen zu oxidieren, was sonst allenfalls mit photochemischen Reaktionen möglich wäre – dann allerdings nicht stereospezifisch. Mit Hilfe von Biotransformationen läßt sich eine Fülle verschiedener Produkte gewinnen, da verschiedene Mikroorganismen über unterschiedliche Reaktionsmöglichkeiten verfügen. Neben der Selektivität mikrobieller Stoffumwandlungen sind die milden Reaktionsbedingungen zu erwähnen. Umsetzungen bei Raumtemperatur im wäßrigen, neutralen Milieu erlauben auch die Produktion hitze- oder säurelabiler Substanzen.

Der zu den Deuteromyceten gehörende Pilz *Calonectria decora* hydroxyliert Progesteron gezielt in der 15 α-Stellung*:

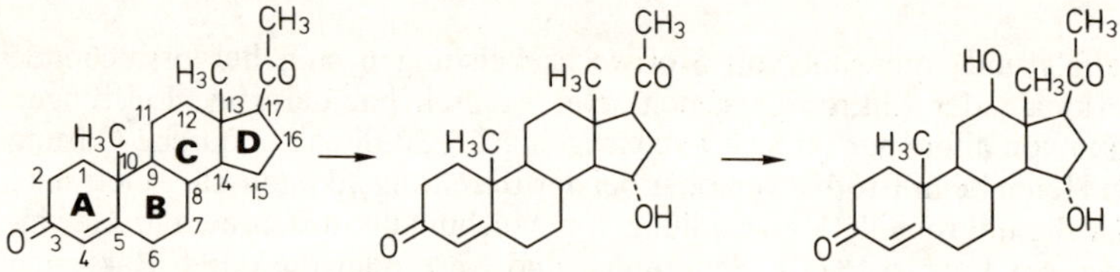

Progesteron 15 α-Hydroxyprogesteron 12β, 15 α-Dihydroxyprogesteron

Bei längerer Einwirkungsdauer des Pilzes auf das Steroidmolekül erfolgt eine zusätzliche Hydroxylierung in der 12β-Position. Durch Steuerung der Fermentationsdauer lassen sich bei diesem Versuch zwei verschiedene Umwandlungsprodukte gewinnen: entweder 15α-Hydroxyprogesteron oder 12β, 15α-Dihydroxyprogesteron. Die Reaktion kann mit D-Homoprogesteron (mit dem 6gliedrigen D-Ring) in gleicher Weise wie bei leicht zugänglichem, normalem Progesteron (5gliedriger D-Ring) durchgeführt werden.

Aufgabe

Das Auftreten der Hydroxylierungsprodukte von Progesteron ist in seinem zeitlichen Ablauf zu verfolgen.

Material

Stamm: *Calonectria decora DSM 879*

Geräte und Material: 250-ml- und 2-l-Erlenmeyerkolben, 20-ml-Scheidetrichter, Schüttelmaschine, Zentrifuge und Zentrifugenbecher, UV-Lampe, Rotationsverdampfer, Chromatographiekammer

* mit α bezeichnet man bei Steroiden die Bindungen, die hinter der Papierebene liegen, wenn als Papierebene die Ebene des Ringgerüsts betrachtet wird. Die α-Bindungen werden normalerweise gestrichelt gezeichnet im Unterschied zu den vor der Papierebene liegenden β-Bindungen, welche ausgezogen oder keilförmig gezeichnet werden

Medium pro l deion. Wasser: 30,0 g Glucose; 10,0 g Malzextrakt; 2,0 g $NaNO_3$; 1,0 g KH_2PO_4; 2,0 g K_2HPO_4; 0,5 g KCl; 0,5 g $MgSO_4 \cdot 7\ H_2O$; 0,02 g $FeSO_4 \cdot 7\ H_2O$

Chemikalien: Progesteron, Dimethylformamid, Isobutylmethylketon, Kieselgel-F_{254}-Dünnschichtplatten, Cyclohexan, Essigester, Ethanol, konz. Schwefelsäure

Zeitplan

1. Tag: Animpfen der Vorkultur
5. Tag: Beimpfen der Produktionskulturen mit angewachsener Vorkultur
7. Tag: Zugabe von Progesteron zur Produktionskultur
8.–10. Tag: Überprüfung des Produktionsmediums auf Bildung von hydroxyliertem Progesteron mit Hilfe der Dünnschichtchromatographie

Zeitdauer

Jeweils ca. 30 min

Durchführung

1. Eine ca. 10 Tage alte Kultur von *Calonectria decora* fürs Animpfen mit sterilem Medium abschwemmen. Dazu das Pilzmycel auf der Petrischale mit 20 ml sterilem Medium überschichten und die Schale zum Abschwemmen von Sporen und Mycelstücken sanft hin- und herbewegen. Anschließend die Suspension vorsichtig abpipettieren und steril in einen 250-ml-Erlenmeyerkolben mit 50 ml Medium überführen.

2. Den Pilz bei 30 °C auf der Schüttelmaschine kultivieren.

3. Wenn sie gut angewachsen ist – im Normalfall nach 3 bis 5 Tagen – die Kultur in einen 500 ml Medium enthaltenden 2-l-Erlenmeyerkolben überführen und den Kolben bei 30 °C 12 h lang schütteln.

4. Progesteron (100 mg gelöst in 5 ml Dimethylformamid) zupipettieren.

5. Zweimal pro Tag aus dem Produktionskolben jeweils 2 ml Medium entnehmen.

6. Das Medium im Scheidetrichter mit 5 ml Isobutylmethylketon extrahieren, und die organische Phase am Rotationsverdampfer zur Trockne eindampfen. Den Rückstand in 0,1 ml Essigester aufnehmen und auf Dünnschichtplatten mit Kieselgel-F_{254} auftragen. Die Platten in einer Kammer mit Cyclohexan/Essigester (1 : 9) als Laufmittel entwickeln.

7. Zur Anfärbung der Steroide die DC-Platte mit einem Reagenz aus 1 ml konzentrierter Schwefelsäure und 9 ml 96%igem Ethanol besprühen, 10 Minuten bei 120 °C trocknen und im UV-Licht betrachten.

20.2 Gewinnung von L-Asparaginsäure mit immobilisierten Escherichia coli-Zellen

Der Einsatz von unbeweglich gemachten (= immobilisierten) Mikroorganismenzellen für Stoffumwandlungen bietet Vorteile, wie den vergleichsweise geringeren Volumenbedarf für immobilisierte Zellen, und die Möglichkeit, Biotransformationen kontinuierlich zu gestalten, indem man z. B. das Substrat auf eine mit immobilisierten Zellen gefüllte Säule aufgibt und das gewünschte Produkt nach entsprechender Reaktionszeit unten an der Säule auffängt.

Die Immobilisierung kann wie im folgenden Versuch durch Einpolymerisieren der Zellen in ein Gel bewerkstelligt werden oder durch Adsorption bzw. durch kovalente Bindung der Zellen an einen hochmolekularen Träger erfolgen. Auch Enzyme können mit ähnlichen Verfahren immobilisiert werden. Die auf diese Weise hergestellten Enzymreaktoren werden bereits vielfach in der Praxis eingesetzt. Wichtige Produkte sind L-Aminosäuren, die in der Lebensmittelindustrie und in der Medizin benötigt werden.

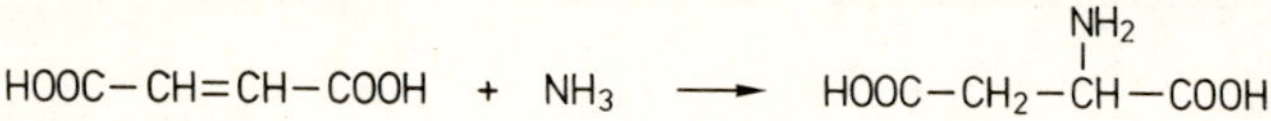

Früher wurde L-Asparaginsäure technisch aus Fumarsäure und Ammoniak mit Hilfe des aus *Escherichia coli* isolierten Enzyms *Asparaginase* (EC, 3.5.1.1) hergestellt. Nachteilig war, daß bei der Aufarbeitung des Produkts Enzymverluste eintraten. Immobilisierte ganze Zellen lieferten auch für die Praxis zufriedenstellende Ergebnisse. Während das technische Verfahren an einer mit immobilisierten Escherichia coli-Zellen gepackten Säule kontinuierlich abläuft, ist die nachfolgende Vorschrift der Einfachheit halber als nicht-kontinuierliches „batch"-Verfahren ausgearbeitet.

Aufgabe

Zellen von *Escherichia coli* sind in Polyacrylamid einzupolymerisieren. Mit den immobilisierten Zellen ist Fumarsäure in L-Asparaginsäure umzusetzen.

Material

Stamm: *Escherichia coli ATCC 11 303*

Geräte und Material: 1-l-Erlenmeyerkolben, 250-ml- und 1-l-Bechergläser, Thermometer, Trichter, Faltenfilter, Schüttelmaschine, Zentrifuge, Magnetrührmotor, pH-Meter

Medium A für die Anzucht, pro l deion. Wasser: 30,0 g Ammoniumfumarat; 40,0 g Maisquellwasser; 2,0 g K_2HPO_4; 0,5 g $MgSO_4 \cdot 7\ H_2O$; 0,5 g $CaCO_3$

Medium B für Aktivierung und Akkumulation pro l: 150,0 g Ammoniumfumarat; 0,214 g $MgSO_4 \cdot 7\ H_2O$ (pH-Wert des Mediums auf 8,5 einstellen)

Salzlösung (s. S. 177)

Chemikalien: Acrylamid, *N-N'*-Methylenbisacrylamid, *β*-Dimethylaminopropionitril, Kaliumperoxodisulfat ($K_2S_2O_8$), Celluloseplatten für Dünnschichtchromatographie, Ninhydrinlösung, Isopropanol, Pyridin, Ethanol

Zeitplan und Zeitbedarf

1. Tag: Anzucht der Zellen
2. Tag: Ernten der Zellen, Immobilisierung der Zellen in ein Polyacrylamidgel, Beginn der Aktivierung; ca. 2 h
3. Tag: Beendigung der Aktivierung, Beginn der Akkumulation von Asparaginsäure; ca. 30 min
4. Tag: Nachweis und Isolierung der gebildeten Asparaginsäure; ca. 3 h

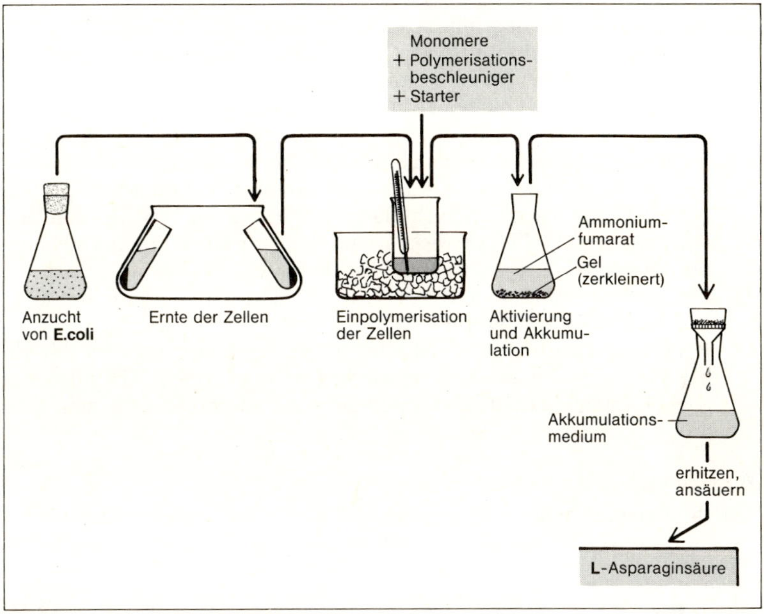

Abb. 20.1 Arbeitsablauf bei der Asparaginsäuregewinnung mit immobilisierten Zellen

Durchführung

1. Einen 500 ml Medium A enthaltenden 1-l-Erlenmeyerkolben mit einer Impföse einer Agar-Kultur von *Escherichia coli* beimpfen. Die Kultur bei 37 °C 24 h lang schütteln.
2. Die Zellen abzentrifugieren und danach einmal mit Salzlösung waschen.
3. Den Niederschlag (ca. 5 g feuchte Zellen) in 10 ml Salzlösung suspendieren.
4. In einem 250-ml-Becherglas im Eisbad die Einpolymerisation der Zellen durchführen. Pro g feuchter Zellen 750 mg Acrylamid und 40 mg *N,N'*-Methylenbisacrylamid, in 2,4 ml Wasser gelöst, zugeben.

5. Nach Zugabe dieser Monomerlösung das Gemisch auf 4°C abkühlen lassen, dann – jeweils pro g Zellen – zur Polymerisationsbeschleunigung 0,1 ml β-Dimethylaminopropionitril und als Starter 0,5 ml $K_2S_2O_8$ (1%ig in Wasser) zufügen.
6. Das Reaktionsgemisch 30 min rühren und kühlen. Die Temperatur im Polymerisationsansatz soll 30°C nicht übersteigen.
7. Das puddingartige Gel in einem Mixer zerkleinern (dreimal kurz antippen) und mit Salzlösung waschen.
8. Das zerkleinerte Gel zur Aktivierung in einen Erlenmeyerkolben mit 500 ml Medium B überführen und über Nacht bei 37°C schütteln.
9. Die Gelpartikel abzentrifugieren, einmal mit Salzlösung waschen und zur Akkumulation von Asparaginsäure erneut in einen Kolben mit 500 ml Medium B bringen (Aktivierungsmedium und Akkumulationsmedium besitzen dieselbe Zusammensetzung).
10. Nach ca. 24stündiger Akkumulation mit Hilfe der Dünnschichtchromatographie auf Bildung von Asparaginsäure prüfen: Vom Medium 20 µl auf eine Cellulosedünnschichtplatte auftragen, mit H_2O/Isopropanol/Pyridin (70/30/1; *V/V*) entwickeln und durch Sprühen mit einer Ninhydrinlösung (0,25%ig in Ethanol) Asparaginsäure nachweisen.
11. Bei positivem Dünnschichttest die gebildete Aminosäure wie folgt isolieren: Das Gel abfiltrieren und das Filtrat auf 85°C erhitzen.
12. Bei dieser Temperatur soviel 60%ige Schwefelsäure zugeben, bis ein pH-Wert von 2,8 im Medium gemessen wird. Beim Abkühlen des angesäuerten Akkumulationsmediums kristallisiert L-Asparaginsäure aus.

Auswertung

Durch Dünnschichtchromatographie ist die Identität des auskristallisierten Produktes zu überprüfen. Die Ausbeute an L-Asparaginsäure ist zu berechnen.

Literatur

Gruss, P., Herrmann, P., Klein, A., Schaller, H. (Herausgeb.) (1984), Industrielle Mikrobiologie, Spektrum der Wissenschaft, Verlagsgesellschaft, Heidelberg

Kieslich, K., Hoyer, G.-A., Seeger, A., Wiechert, R., Kerb, U. (1980), Mikrobiologische Umwandlungen von Steroiden, XVII. Darstellung von Mono- und Diketostrukturen von D-Homo-4-pregnen-3,20-dion und D-Homo-1,4-pregnadien-3,20-dion, Chem. Ber. **113,** 203–220

Leuenburger, H. G. W., Kieslich, K. (1982), Biotransformationen, in Handbuch der Biotechnologie (Präve, P., Faust, U., Sittig, W., Sukatsch, D. A., Herausgeb.), Akademische Verlagsgesellschaft, Wiesbaden, 454–482

Schubert, A., Langbein, G., Siebert, R. (1957), Mikrobielle Hydroxylierung von Steroiden in 12- und 15-Stellung, Chem. Ber. **90,** 2576–2582

Tamm, C. (1977), Mikroorganismen als organische Chemiker, Chem. in unserer Zeit **11,** 75–82

Tchibata, I., Tosa, T., Sato, T. (1976), Production of L-Aspartic Acid by Microbial Cells Entrapped in Polyacrylamid Gels, in Methods in Enzymology XLIV, (Mosbach, K., Herausgeb.; Colowick, S. P., Kaplan, N. O., Chefherausgeb.), Academic Press, New York, London, San Francisco, 739–746

21. Gewinnung von Metallen durch bakterielle Laugung (Leaching-Verfahren)

Die sich anbahnende Rohstoffverknappung zwingt zu Überlegungen, wie neue Rohstoffquellen erschlossen werden können. Schwerlösliche Metallverbindungen lassen sich durch Mikroorganismen in wasserlösliche Verbindungen überführen. Diese sogenannte bakterielle Laugung („leaching") wird in den USA bei der Uran- und Kupfergewinnung eingesetzt und ist auch auf deutsche Armerze anwendbar.

Die bakterielle Laugung beruht auf der Stoffwechseltätigkeit chemolithotropher Bakterien, wie *Thiobacillus thiooxidans, Thiobacillus ferrooxidans* und *Thermothrix thiopara.* Hierbei werden Schwefel und Metallsulfide zu löslichen Sulfaten oxidiert:

$$2\,S^0 + 3O_2 + 2\,H_2O \longrightarrow 2\,H_2SO_4$$
$$MeS + 2O_2 \longrightarrow MeSO_4$$

Man unterscheidet

1. Die direkte bakterielle Laugung. Hierbei haben die Bakterien mit dem Sulfidmaterial unmittelbaren Kontakt und greifen oxidierbare Bestandteile der Mineralien an. Die Oxidation zu Sulfat erfolgt über mehrere enzymatisch katalysierte Zwischenstufen. Pyrit (FeS_2) wird bis zum dreiwertigen Eisensulfat oxidiert.

$$2\,FeS_2 + 7\,O_2 + 2\,H_2O \xrightarrow{T.\ ferrooxidans} 2\,FeSO_4 + 2\,H_2SO_4$$
$$4\,FeSO_4 + O_2 + 2\,H_2SO_4 \xrightarrow{T.\ ferrooxidans} 2\,Fe_2(SO_4)_3 + 2\,H_2O$$

Außer Pyrit können Covellin (CuS), Kupferglanz (Cu_2S), Kupferschiefer (Cu_2S-haltig), Zinkblende (ZnS), Bleiglanz (PbS), Kobaltsulfid (CoS), Haarkies (NiS), Molybdänglanz (MoS_2) und Antimonglanz (Sb_2S_3) durch direkte bakterielle Laugung oxidiert werden.

2. Die indirekte bakterielle Laugung (sog. „bakteriell begünstigte Laugung"). Hierbei wird von Mikroorganismen lediglich das laugende Agens produziert bzw. regeneriert.

So kann das ohne Mitwirkung von Bakterien in der Reaktion

$$MeS + Fe_2(SO_4)_3 \longrightarrow MeSO_4 + 2\,FeSO_4 + S^0$$

entstehende zweiwertige Eisen durch *T. ferrooxidans* zu Fe^{3+} reoxidiert und einem erneuten Oxidationsprozeß wieder zugeführt werden, wie dies bei der direkten Laugung dargelegt wurde. Es kommt den Bakterien also lediglich die Funktion zu, normalerweise sehr langsam ablaufende Oxidationsprozesse zu beschleunigen. Im pH-Bereich zwischen 2 und 3 ist die Oxidationsrate der bakteriellen Fe^{2+}-Oxidation 10^5 bis 10^6mal höher als die der chemischen Fe^{2+}-Oxidation.

Der gleichzeitig entstehende Schwefel wird durch *T. ferrooxidans,* besonders aber durch *T. thiooxidans,* zu Schwefelsäure oxidiert. Ein Beispiel für die indirekte bakterielle Laugung bieten die Uranerze. Erze, die Uran in der Oxidationsstufe +IV enthalten, sind in der Laugungsflüssigkeit unlöslich, während die sechswertigen Uranverbindungen wasserlöslich sind. Durch dreiwertige Eisenionen erfolgt die Oxidation zu löslichen Uransalzen:

$$UO_2 + Fe_2(SO_4)_3 \longrightarrow (UO_2)SO_4 + 2\,FeSO_4$$

Die oxidierenden Eisen(III)verbindungen werden aus Eisen(II)verbindungen durch *T. ferrooxidans* laufend zur Verfügung gestellt, indem der in Uranerzen vorkommende Pyrit oxidiert wird (s. direkte bakterielle Laugung). Das durch *T. ferrooxidans* ständig verfügbare Oxidationsmittel Fe^{3+} gestattet also die Überführung der wasserunlöslichen U^{IV}- in lösliche U^{VI}-Verbindungen. Weitere Beispiele zur indirekten Laugung sind:

$$CuS + Fe_2\,(SO_4)_3 \longrightarrow CuSO_4 + 2\,FeSO_4 + S^0$$
$$ZnS + Fe_2\,(SO_4)_3 \longrightarrow ZnSO_4 + 2\,FeSO_4 + S^0$$

Thiobazillen sind als chemolithotrophe Organismen recht anspruchslos. Eisen- und Schwefelverbindungen liefern die Energie, und als C-Quelle dient CO_2 aus der Luft. Ammonium-, Magnesium-, Phosphat- und Sulfationen sind erforderlich. Für die optimale Eisen(II)- und Sulfidoxidation sind pH-Werte zwischen 2,0 und 2,5 und Temperaturen zwischen 28 °C und 35 °C bestimmt worden.

Die Laugungsrate hängt von der Oberfläche des Substrats ab. Als optimal gelten Korngrößen um 40 µm. Schwermetalle wirken in höheren Konzentrationen bekanntermaßen toxisch. Thiobacillusarten haben jedoch im allgemeinen eine recht hohe Toleranz gegen Schwermetallionen. Es gibt Stämme, die noch in Lösungen aktiv sind, die z. B. 10 g Uran, 55 g Kupfer, 50 g Nickel oder 112 g Zink pro l enthalten.

Thiobazillen sind lichtempfindlich, bei großer Impfdichte bestehen jedoch keine Schwierigkeiten unter normalen Bedingungen. Legt man bei Laborversuchen die Anfangsphase in die Nacht, wirkt wegen der Partikeldichte später das Licht nicht mehr hemmend. Zur bakteriellen Laugung im Labormaßstab dienen zwei Hauptverfahren:

1. Das „Perkolator-Leaching" verwendet grobkörniges Material. Es kann als Modellfall für eine Haldenlaugung angesehen werden. Wegen der unzureichenden Sauerstoffversorgung ist dieses Verfahren sehr langwierig.

2. Das „Submers- oder Suspensionsleaching" verwendet besonders feinkörniges Erz (< 100 µm), damit eine große Reaktionsfläche zur Verfügung steht. Nahezu 100%ige Metallausbeuten wurden mit diesem Verfahren bei Zinkblende, Kupferkies, Nickel- und Kobaltsulfid erzielt. Dieses Verfahren kann als Modell eines mikrobiellen „Tank-Leachings", d. h. einer Metallgewinnung in großen Behältern, betrachtet werden. Es wird auch im Labor angewandt, wenn festzustellen gilt, unter welchen Bedingungen überhaupt eine mikrobielle Laugung möglich ist.

Aufgabe

Es ist zu zeigen, daß aus einem Erz nach dem Verfahren der bakteriellen Laugung (Perkolator-Leaching oder Submersleaching) Metall in Lösung gebracht werden kann.

21.1 Perkolator-Leaching

Material

Stamm: *T. ferrooxidans* (DSM 583)

Geräte: Perkolator, Kompressionspumpe oder Preßluftanschluß, Mikroskop mit Thomakammer, Zentrifuge

Der Perkolator besteht aus einem Kunststoff- oder Glasrohr (z. B. 5 cm Durchmesser, 35 cm lang), das im unteren Teil mit einer Siebplatte verschlossen ist. Das Rohr wird mit zerkleinertem Erz beschickt und mit einer mit Thiobazillen beimpften Nährlösung berieselt. Durch eine Rohrleitung wird die aus der Schüttung in ein Auffanggefäß (Dreihalskolben zu 1 l) austretende Lauge unter Belüftung mit Hilfe einer Schlauchpumpe auf das Probenmaterial über ein Vorratsgefäß (Tropftrichter) zurückgepumpt. Dies ist auch mit einem sterilen Luftstrom nach dem Air Lift-Verfahren möglich (Abb. 21.1).

Probenmaterial: 200 g mit dem Hammer zerkleinertes Erz: z. B. Kupferschiefer. (Eine chemische Analyse ist dann erforderlich, wenn die durch den Laugungsprozeß erzielte Metallausbeute errechnet werden soll.)

Nährmedien
9K-Medium nach Silverman u. Lundgren:
3,0 g $(NH_4)_2SO_4$; 0,5 g K_2HPO_4; 0,5 g $MgSO_4 \cdot 7\,H_2O$; 0,01 g $Ca(NO_3)_2$; 0,1 g KCl; 700 ml dest. Wasser; 1 ml 10normale H_2SO_4; 300 ml einer 14,74%igen Lösung (m/V) $FeSO_4 \cdot 7\,H_2O$, auf pH 3,0 bis 3,5 einstellen.
Medium nach Leathen et al.:
0,15 g $(NH_4)_2\,SO_4$; 0,05 g K_2HPO_4; 0,5 g $MgSO_4 \cdot 7\,H_2O$; 0,01 g $Ca(NO_3)_2$;

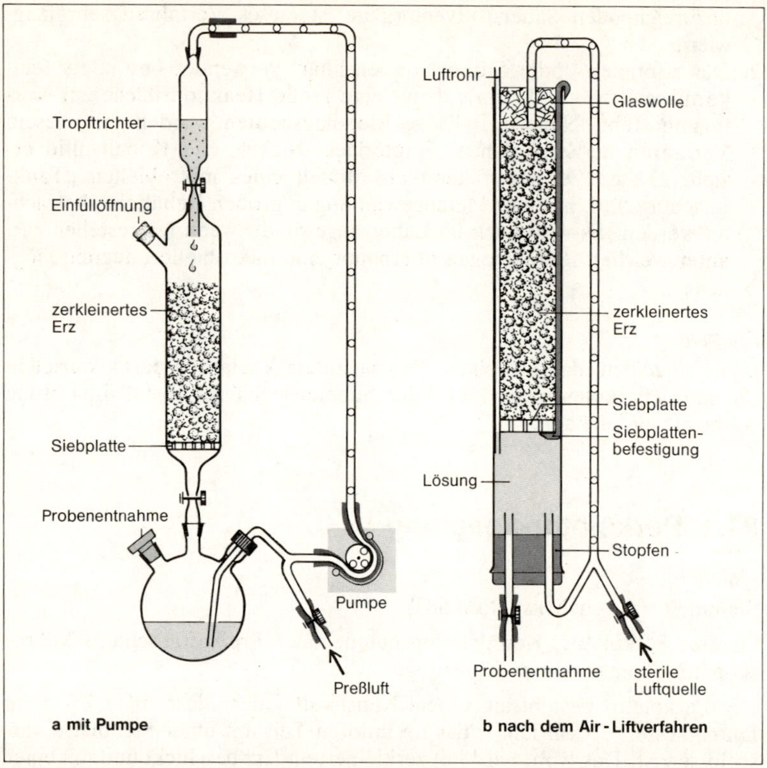

Abb. 21.1 Perkolator (Fischer, Transact. **69**, 167-171 [1960])

0,05 g KCl; 1000 ml dest. Wasser; 10 ml einer 10%igen Lösung (m/V) $FeSO_4 \cdot 7\,H_2O$, auf pH 3,5 einstellen

Weiteres Material: Zur Bestimmung der Metallkonzentrationen Testpapierstreifen (Merckoquant) oder Atomabsorptionsspektrometer oder Bürette, Titriplex und Indikator für komplexometrische Titration

1normale Schwefelsäure, pH-Papier oder pH-Meter, Erlenmeyerkolben (50 oder 100 ml), Pipetten zu 10 ml

Zeitplan und Zeitbedarf

1. Tag: Stamm vorzüchten, Nährmedium ansetzen und autoklavieren, 3–4 h

5. Tag: Perkolatorversuch ansetzen, 2 h

Jeden 2. Tag, ca. 3 Wochen lang: Probe entnehmen, Bestimmungen ausführen und Flüssigkeit ergänzen, 1–2 h

Durchführung

1. Zur Vorkultur Thiobacillusstamm in Erlenmeyerkolben (50 oder 100 ml) mit 20 ml Nährmedium bei 20 bis 30 °C schütteln. Nach 5 Tagen befinden sie sich in der frühen Ruhephase.
2. Bakterien abzentrifugieren (30 min bei 4000 g), einmal mit sterilem Nährmedium waschen und in 20 ml Nährmedium aufnehmen.
3. Perkolator mit Erz beschicken. Bei karbonathaltigen Erzen vor dem Beimpfen mit Nährmedium unter Zugabe von Schwefelsäure so lange laugen, bis ein pH-Wert von 2 bis 3 einigermaßen konstant bleibt, dann Metallgehalt in der Laugungsflüssigkeit bestimmen (als Wert für die chemische Säurelaugung)
   oder
   statt mit Nährmedium mit verdünnter Schwefelsäure, pH 2, und (wenn nötig, unter stärkerer Säurezugabe) so lange laugen, bis pH 2 bis 3 konstant bleibt, Flüssigkeit ablassen und darin Metallgehalt bestimmen (chemische Säurelaugung).
   Kontrollversuch unter den gleichen Bedingungen, aber ohne Bakterien durchführen entweder
   a) als reine Säurelaugung, pH auf 2 reguliert,
   oder
   b) anstelle von Bakterien ein Gemisch von 9 Teilen Methanol und 1 Teil Formaldehyd einsetzen. Karbonathaltige Erze wie beschrieben vorbehandeln und auf pH 2 einstellen.
4. Nährmedium (ca. 250 ml) im Vorratsgefäß mit den vorbereiteten 20 ml Bakteriensuspension beimpfen. Zur Berieselung des Erzes Bakteriensuspension mit Hilfe einer Schlauchpumpe durch ein Leitungsrohr langsam zufließen lassen. Zur Belüftung gleichzeitig Preßluft in das Leitungsrohr einleiten.
5. Da die Bakterien bei pH 7,5 inaktiviert werden, pH-Wert während der Laugung des Metalls durch Zugabe von 1normaler H_2SO_4 auf pH 2 bis 3 halten (pH-Kontrolle!). Unter zu sauren Bedingungen kommt der Laugungsprozeß ebenfalls zum Erliegen. *T. ferrooxidans* ist bei pH 1,7 inaktiv oder wird zumindest gehemmt, wenn der Stamm nicht adaptiert wurde.
6. Jeden 2. Tag Proben zu 5 ml einmal dem Perkolator entnehmen. Mediumverlust durch frisches Medium ersetzen. Die dadurch verursachte Metallverdünnung ist bei der quantitativen Auswertung zu berücksichtigen.
7. In einem Probenteil Bakterien durch Filtration oder Zentrifugation abtrennen und pH-Wert und Metallkonzentration bestimmen (z. B. Merckoquant).

Im zweiten Probeteil Konzentration der Bakterien am besten durch Auszählen in der Thomakammer bestimmen. Dabei ist zu bedenken, daß man nur die in der Flüssigkeit befindlichen Bakterien erfaßt, da ein Teil der Bakterien an Erz oder Schwefel adsorbiert ist. Es besteht jedoch eine gute Korrelation zwischen pH-Wert, nachweisbarer Zellzahl und Metallgehalt. *T. ferrooxidans* wächst nicht auf Agarmedien.

8. Laugungsprozeß mindestens 2 bis 3 Wochen verfolgen. Dabei ist der Flüssigkeitsverlust durch Verdunstung zu berücksichtigen. Verdunstungsverluste durch Markierung an der Außenwandung bestimmen. Verlust durch Zugabe von Schwefelsäure entsprechend dem pH-Wert der Laugungsflüssigkeit ergänzen.

Auswertung

1. In Abhängigkeit von der Zeit sind graphisch darzustellen: pH-Wert, Metallkonzentration und Bakterienkonzentration.

2. Durch Vergleich mit der chemischen Analyse des Erzes ist die durch den Laugungsprozeß erzielte Metallausbeute in % anzugeben.

21.2 Submersleaching

Material

Stamm: *Thiobacillus ferrooxidans*

Probematerial: Feinkörniges Erz, z. B. gepulverter Kupferschiefer (Korngröße < 200 µm), oder metallhaltige Industrierückstände

Der Feststoffanteil in der Kultur soll anfangs nicht höher als 1% sein. Wenn keine Wachstumshemmung feststellbar ist, kann der Feststoffanteil stufenweise erhöht werden.

500-ml-Erlenmeyerkolben, für kleinere Versuchsansätze 100-ml-Erlenmeyerkolben mit 50 ml Medium, Glasrohr mit Stopfen, Schlauchmaterial, Magnetrührmotor mit Rührstab oder Schütteltisch, Schlauchklemmen, Preßluft (bei kleinen Versuchsansätzen, die geschüttelt werden, entbehrlich), Geräte und Medien zur Bakterienkonzentrations-, pH-Wert- und Metallkonzentrationsbestimmung (s. S. 272)

Nährmedium: wie auf S. 371f beschrieben

Zeitplan und Zeitbedarf

1\. Tag: Vorkultur animpfen, Nährmedium ansetzen und autoklavieren, 3–4 h

5\. Tag: Laugung ansetzen, 1–2 h

Jeden 2. Tag, ca. 3 Wochen lang: Probe entnehmen und Bestimmung ausführen, 1–2 h

Durchführung (Abb. 21.2)

1. Das Probenmaterial in 100 ml Nährmedium im Kolben suspendieren, pH-Wert auf 2 bis 3 einstellen.

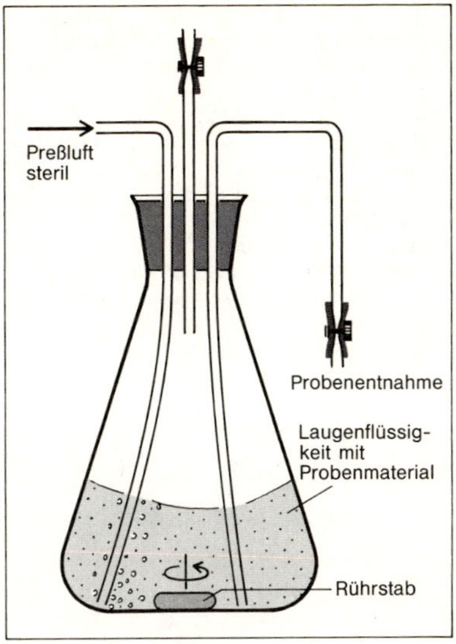

Abb. 21.2 Versuchsanordnung zum Submersleaching

2. Metallgehalt in der Laugungsflüssigkeit bestimmen.
3. Bakteriensuspension zusetzen (wie auf S. 373f).
4. Kolbeninhalt intensiv und dauernd bewegen (Magnetrührer oder Schüttelmaschine) eventuell unter Zufuhr von Preßluft.
5. Täglich eine Probe von 3 ml entnehmen. Mediumsverlust durch frisches Medium ersetzen (s. 6. auf S. 373). Verdunstungsverluste durch Differenzwägung (Kolben mit Inhalt wiegen) feststellen.
6. Bestimmung von Bakterienkonzentration, pH-Wert und Metallkonzentration ausführen (s. 7. auf S. 373).

Auswertung

Wie beim Versuch auf S. 374 beschrieben.

Literatur

Beck, J. V. (1960), A Ferrous-iron-oxidising Bacterium: I. Isolation and Some General Physiological Characteristics, J. Bacteriol. **79,** 502–509

Bosecker, K., Neuschütz, D., Scheffler, U. (1978), Microbiological Leaching of Carbonate-rich German Copper Shale, in Metallurgical Applications of Bacterial Leaching and Related Microbiological Phenomena, (Murr, L. E., Torma, A. E., Brierley, J. A., Herausgeb.), Academic Press, New York, 398–401

Bosecker, K., Wirth, G. (1980), Bacterial Leaching of a Carbonate Bearing Uranium Ore, in Biogeochemistry of Ancient and Modern Environments (Trudinger, P. A., Walter, M. R., Ralph, B. J., Herausgeb.), Springer Verlag, Berlin, 577–581

Bosecker, K. (1980), Mikrobielle Laugung – Einsatz von Bakterien zur Gewinnung metallischer Rohstoffe, Forum Mikrobiologie **3,** 98–103

Bosecker, K. (1982), Mikrobielle Laugung in Handbuch der Biotechnologie, (Präve, P., Faust, U., Sittig, T. W., Sukatsch, D. A., Herausgeb.), Akademische Verlagsgesellschaft, Wiesbaden, 535–553

Ebner, H. G., Schwartz, W. (1973), Untersuchungen über die Laugung von Uranerzen mit Hilfe von Bakterien, Erzmetall **26,** 484–490

Lundgren, D. G., Silver, M. (1980), Ore Leaching by Bacteria, Ann. Rev. Microbiol. **34,** 263–283

Torma, A. E., Bosecker, K. (1982), Bacterial Leaching, in Progress in Industrial Microbiology (Bull, M. J., Herausgeb.), **17,** Elsevier Scientific Publishers Comp., 77–118

22. Mikrobiologische Trinkwasseruntersuchung nach der gesetzlichen Trinkwasserverordnung

Trinkwasser ist das wichtigste Lebensmittel. Durch Wasser, besonders durch Trinkwasser, können Krankheitserreger übertragen werden. Deshalb muß Wasser regelmäßig bakteriologisch untersucht werden, wobei es darauf ankommt, möglichst frühzeitig pathogene Keime zu erfassen.

Im gemäßigten Klima unserer Breiten wird die Mehrzahl der Krankheitserreger über den Darm ausgeschieden. Der Nachweis dieser Krankheitserreger wird durch folgende Umstände erschwert: In kontaminiertem Grundwasser kommen sie meist sehr stark verdünnt vor, und im Gegensatz zum Darm finden sie dort zudem keine optimalen Lebensbedingungen, so daß die meisten dieser Keime nur eine begrenzte Zeit überleben können. Wegen der langen Inkubationszeiten sind die pathogenen Mikroorganismen oft nicht mehr nachweisbar, wenn die Krankheit tatsächlich ausbricht.

Wegen dieser Nachweisprobleme wird Wasser routinemäßig auf sogenannte Indikatorbakterien untersucht, deren Vorkommen auf fäkale Verunreinigung und damit auf das Vorhandensein möglicherweise krankheitserregender Organismen hinweist. Ein solches Indikatorbacterium ist *Escherichia coli,* ein in großer Zahl im Darm vorkommendes Bacterium. Es überlebt im Wasser etwa so lange wie Erreger infektiöser Darmkrankheiten (z. B. Salmonellen), und kann relativ leicht nachgewiesen werden. Außerdem wird immer auch die Gesamtkoloniezahl bestimmt. Sie gibt Auskunft über den Grad der bakteriellen Belastung des Wassers. Trinkwasser in verschlossenen Behältnissen (im Handel erhältliches abgepacktes Trinkwasser) und Tafelwasser (Sprudel- und Mineralwasser) muß zusätzlich regelmäßig auf das Vorkommen von *Pseudomonas aeruginosa,* auf sulfitreduzierende sporenbildende Anaerobier, wie *Clostridium perfringens,* und auf Fäkalstreptokokken untersucht werden.

In der Trinkwasserverordnung sind Grenzwerte für das Vorkommen des Indikatorbacteriums *Escherichia coli* festgelegt, die besagen, daß in 100 ml Trinkwasser kein *Escherichia coli* nachweisbar sein darf. Auch die Zahl der durchzuführenden mikrobiologischen Untersuchungen wurde gesetzlich festgelegt: So muß z. B. bei nicht desinfiziertem Wasser von jeweils 30 000 m^3 eine Probe untersucht werden. Das Volumen von 30 000 m^3 entspricht dem durchschnittlichen Jahresbedarf von 400 Personen bzw. dem Tagesbedarf von ca. 150 000 Personen.

Für die folgenden Versuche ist eine Reihe unterschiedlicher Wasserproben gleichzeitig zu untersuchen. Außer dem Trinkwasser aus dem Wasserhahn sollte zu Kontrollzwecken auch Trinkwasser mituntersucht werden, das absichtlich mit *E. coli* versetzt wurde (1 Impföse pro 1 l Wasser). Zur Kontrolle empfiehlt sich, Trinkwasser ebenfalls mit *Pseudomonas aeruginosa,* mit Enterokokken und *Clostridium perfringens* zu versetzen.

22.1 Bestimmung der Gesamtkolonienzahl

Die Gesamtkoloniezahl gibt Auskunft über die allgemeine bakterielle Belastung eines Wassers. Als Kolonienzahl wird die Zahl der mit 8facher Lupenvergrößerung sichtbaren Kolonien bezeichnet, die sich aus 1 ml Probenwasser in Plattenkulturen entwickeln.

Aufgabe

Die Keimzahl verschiedener Wasserproben (Trinkwasser, Mineralwasser, eventuell Bachwasser, Seewasser, Wasser von Kläranlage) ist mit Hilfe des Plattengußverfahrens zu ermitteln.

Material

Steriles Material: Glasflaschen (250–500 ml) für Probenahme, Pipetten 1 ml und 10 ml, leere Petrischalen, Kulturröhrchen, Wasser, physiologische Kochsalzlösung (8,77 g NaCl auf 1 l deion. Wasser)

Agar-Nährboden (pro 1 l deion. Wasser): 1 g Fleischextrakt, 2 g Hefeextrakt, 5 g Pepton, 5 g NaCl, 15 g Agar, pH 7,4. (Medium 15 Minuten bei 121 °C autoklavieren und im Wasserbad auf 55 °C abkühlen)

Lupe

Durchführung und Auswertung

1. Die verschiedenen Wasserproben mit sterilem Wasser in 10er Schritten verdünnen: verschmutztes Wasser bis 10^{-4}, Trinkwasser bis 10^{-1}.
2. Von allen Verdünnungsstufen, auch von den unverdünnten Proben je 0,1 ml bzw. 1,0 ml in sterile Petrischalen pipettieren.
3. 10 ml Nähragar (55 °C) zugeben und die Schale zur guten Durchmischung von Probenwasser und Nähragar vorsichtig in Achterform hin- und herbewegen.
4. Agarplatten bei 20 ± 2 °C 44 ± 4 h und bei 27 ± 1 °C 20 ± 4 h inkubieren.
5. Kolonien auszählen (Lupe) und die Kolonienzahl pro ml untersuchten Wassers berechnen.

22.2 Nachweis von Escherichia coli und coliformen Bakterien

Escherichia coli gilt als sicherer Indikator für eine fäkale Verunreinigung, coliforme Bakterien gelten als Indikatoren für eine mögliche fäkale Verunreinigung. Als coliforme Bakterien bezeichnet man Vertreter der Gattungen *Enterobacter, Klebsiella* und *Citrobacter,* die alle Lactose vergären können. Diese Organismen können deshalb beim ersten Nachweisschritt nicht von *Escherichia coli* unterschieden werden. Da es nicht möglich ist, alle für die systematische Bestimmung wichtigen Merkmale zu prüfen, wurden Verfahren entwickelt, bei denen durch Hintereinanderschalten mehrerer Untersuchungsgänge hinreichend exakte Ergebnisse erzielt werden können.

22.2.1 Vortest

Dieser Test ist bei der Untersuchung von Trinkwasser zu empfehlen, da bei negativem Ausgang dieses einfachen Tests die wesentlich aufwendigere Hauptuntersuchung entfallen kann.

Aufgabe

Trinkwasser und Mineralwasser ist auf die Anwesenheit lactosespaltender Organismen zu untersuchen.

Material

Sterile Glasflaschen

Lactose-Bouillon: 20 g Pepton aus Fleisch, 10 g NaCl, 6 g Fleischextrakt, 20 g Lactose, 0,04 g Bromkresolpurpur in 1 l deion. Wasser

Durchführung und Auswertung

1. Von der Trinkwasserprobe 100 ml in eine ebenfalls 100 ml Lactose-Bouillon enthaltende sterile Glasflasche geben.
2. Bebrüten, 44 ± 4 h bei 37 ± 1,5°C. Nach 20 ± 4 h zum ersten Mal auf Trübung durch Bakterienwachstum, auf Gasbildung und auf Umschlag des Indikators Bromkresolpurpur von purpur nach gelb prüfen. Im negativen Fall weitere 24 h bebrüten.
3. Zeigt die Kultur keine Lactosespaltung (kein Indikatorumschlag), so heißt das, daß sich in 100 ml des untersuchten Wassers kein *E. coli* und keine coliformen Bakterien befinden: Das Wasser entspricht den gesetzlichen Ansprüchen.
4. Bei positivem Ausgang des Vortests kann mit den Keimen in der Lactose-Bouillon weitergearbeitet werden.

22.2.2 Membranfilterverfahren

Aufgabe

Mit Hilfe der Membranfiltration ist zu überprüfen, ob sich in 100 ml einer Wasserprobe *E. coli* oder coliforme Keime befinden.

Material

Membranfilter (Porengröße 0,45 µm) und Filtrationsgerät, beides steril; Endo-Agar-Platten (Fuchsin-Lactose-Agar), pro l deion. Wasser: 3 g Fleischextrakt, 5 g Pepton aus Casein, 10 g Lactose, 0,25 g Fuchsin, 2 g K_2HPO_4, 3 g NaCl, 1,5 g Na_2SO_3, 12 g Agar. Die Platten sollten immer frisch hergestellt werden, da der Farbstoff gegen Licht und Sauerstoff empfindlich ist.

Durchführung

1. Von jeder Wasserprobe 100 ml in einem Membranfiltrationsgerät durch ein bakteriendichtes Filter (Porengröße 0,45 µm) saugen.
2. Membranfilter auf Endo-Agar-Platten legen. Die Platten 20 ± 2 h bei 37 ± 1 °C inkubieren. Die Stoffe des Nährbodens diffundieren durch das Filter und geben den auf der Oberseite befindlichen Bakterien die Möglichkeit, sich zu sichtbaren Kolonien zu entwickeln.
3. Nach dem Bebrüten auf feuchte, rote oder metallisch-glänzende Kolonien prüfen. Von jedem derartigen Kolonietyp mindestens eine Kolonie auf eine neue Endo-Agar-Platte ausstreichen (Verdünnungsausstrich).
4. Diese Platten 20 ± 4 h bei 37 ± 1 °C bebrüten.

Identifizierung der Kolonien vom Membranfilter

Aufgabe

Die von der Membranfiltration stammenden lactosespaltenden Organismen sind zu identifizieren. Dabei ist zwischen coliformen und nicht-coliformen Bakterien und zwischen *E. coli* und coliformen Bakterien zu differenzieren.

Material

Steriles Material: Kulturröhrchen, physiologische Kochsalzlösung (s. S. 378f).

Medien, jeweils pro l deion. Wasser

Glucose-Bouillon: 10 g Pepton aus Fleisch, 5 g NaCl, 3 g Fleischextrakt, 10 g Glucose, 0,02 g Bromkresolpurpur

Lactose-Bouillon: 10 g Pepton aus Fleisch, 5 g NaCl, 3 g Fleischextrakt, 10 g Lactose, 0,02 g Bromkresolpurpur

Tryptophan-Bouillon: 10 g Trypton, 5 g NaCl, 1 g DL-Tryptophan

Citrat-Agar: 2 g Na-Citrat; 5 g NaCl; 1 g $NH_4H_2PO_4$; 1 g K_2HPO_4; 0,2 g $MgSO_4 \cdot 7\,H_2O$; 0,08 g Bromthymolblau; 12 g Agar

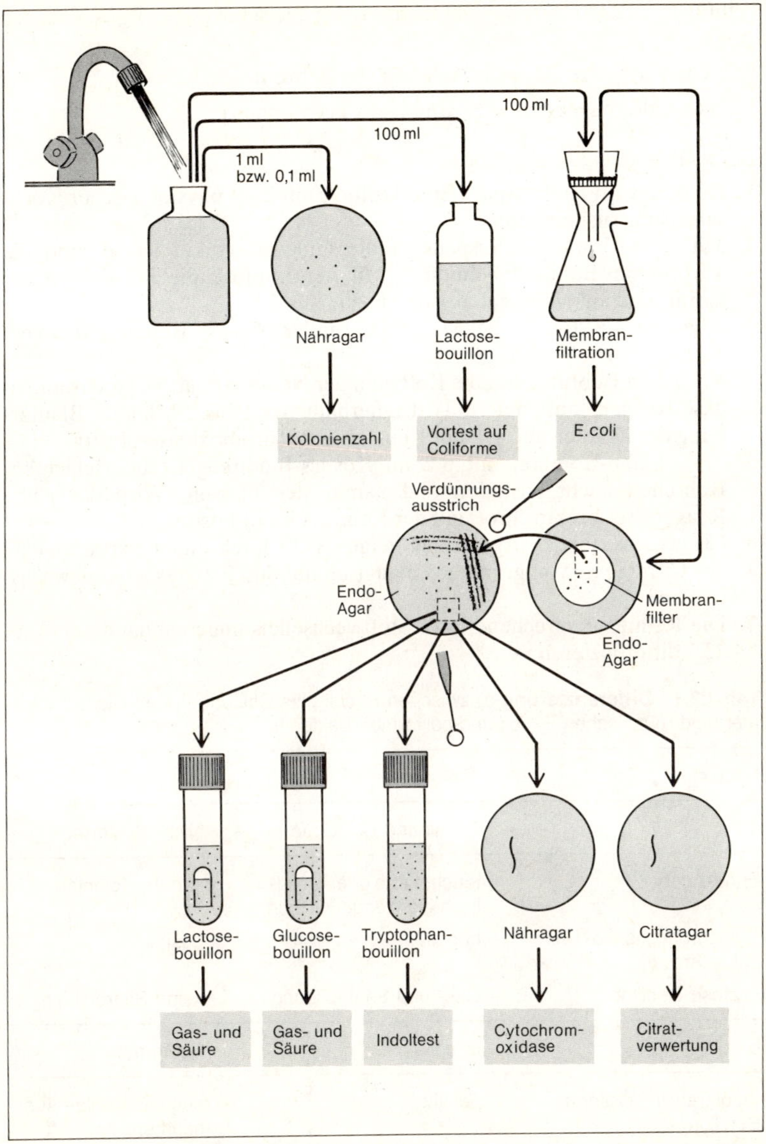

Abb. 22.1 Arbeitsablauf bei der mikrobiologischen Trinkwasseruntersuchung

Nähragar: 5 g Pepton, 2 g Hefeextrakt, 1 g Fleischextrakt, 5 g NaCl, 15 g Agar

Cytochromoxidase-Reagenz: s. S. 65f (Cytochromoxidase)

Kovacs-Indolreagenz: s. S. 68 (Indol aus Tryptophan)

Durchführung und Auswertung

1. Kolonie vom Endo-Agar (Einzelkolonie) in 2 ml physiologischer Kochsalzlösung suspendieren.
2. Mit je 0,05 ml der Suspension die Glucose-, die Lactose- und die Tryptophan-Bouillon beimpfen. Mit der Impföse die Suspension auf Citrat- und auf Nähragar ausstreichen (Abb. 22.1).
3. Alle Ansätze 20 ± 4 h bei 37 ± 1,5 °C (außer Glucose-Bouillon, diese bei 44 ± 0,5 °C) bebrüten.
4. Nach dem Bebrüten auf die Kolonien der Nähragarplatte Cytochromoxidase-Reagenz auftropfen. Tritt innerhalb von 1 bis 2 Minuten Blaufärbung der Kolonie auf, gilt der Keim als Cytochromoxidase-positiv.
5. Tryptophan-Bouillon mit 0,2 ml Kovacs-Indolreagenz überschichten. Röhrchen leicht anstoßen und 2 min stehenlassen. Wird das gelbe Reagenz rot bis kirschrot, gilt der Keim als Indol-positiv.
6. Citratverwertende Organismen zeigen sich durch einen Farbumschlag des Citratagars von grün nach blaugrün und durch zartes Koloniewachstum an.
7. Die Keime entsprechend ihrer Stoffwechselleistungen anhand von Tab. 22.1 differenzieren.

Tab. 22.1 Differenzierung a) zwischen E. coli plus Coliformen und Nicht-Coliformen und b) zwischen E. coli und coliformen Bakterien

Medium und Test		
a	E. coli und Coliforme	Nicht-Coliforme
Endo-Agar	feuchte rote oder metallisch glänzende Kolonien	andere Kolonien
Cytochromoxidase-Test auf Nähragar	negativ	positiv
Lactose-Bouillon	Gas- und Säurebildung	keine Säurebildung
b	E. coli	Coliforme
Indol-Test in Tryptophan-Bouillon	positiv	negativ (wenige Ausnahmen)
Glucose-Bouillon	Gas- und Säurebildung	keine Säurebildung
Citrat-Agar	keine Citratverwertung	Citratverwertung

22.2.3 Bestimmung des Colititers

Der Colititer ist die kleinste Wassermenge, in der Wachstum von *Escherichia coli* beobachtet wird. Der Wert stellt ein ungefähres Maß für die Menge vorhandener E. coli- und coliformer Keime dar. Je kleiner das Probenvolumen, in welchem gerade noch ein vermehrungsfähiger Keim nachgewiesen werden kann, um so größer ist die Anzahl der Bakterien in der Probe.

Die nachfolgend beschriebene Art der Titerbestimmung ist schnell und einfach durchzuführen, ist jedoch dann, wenn pro Verdünnungsstufe nur ein Röhrchen angesetzt wird, mit dem Nachteil der Ungenauigkeit behaftet. Wenn sich im Animpfvolumen statistisch gesehen ein vermehrungsfähiges Bacterium befindet, so können im tatsächlich geprüften Einzelfall in der Probe wirklich nur ein Keim oder aber mehrere Keime oder gar kein Keim vorliegen. Es hängt also vom Zufall ab, ob in dem angeimpften Röhrchen Wachstum oder kein Wachstum stattfindet. Eine genauere Angabe des Titers ist möglich, wenn anstelle von nur einem Röhrchen 3 oder noch besser 5 Röhrchen gleichzeitig mit derselben Wasserprobe angeimpft werden. Bei der Auswertung (s. S. 25ff) wird die Anzahl der positiven Röhrchen zwischen 0 und 3 bzw. zwischen 0 und 5 für jede Verdünnungsstufe registriert. Sind z. B. bei 3 Parallelansätzen von der Verdünnungsstufe 10^{-1} (entspricht Reihe 100) alle 3 Röhrchen bewachsen, von der Verdünnungsstufe 10^{-2} (Reihe 10) 2 Röhrchen und bei 10^{-3} (Reihe 1) kein (0) Röhrchen, dann lautet die „Stichzahl" 320. Mit Hilfe einer MPN-Tabelle (s. S. 25ff) findet man für die Stichzahl 320 den Wert 90. Das heißt die „wahrscheinlichste Keimzahl" (MPN = most probable number) in der Probe ist 90, der Titer ist 1/90 ml.

Material

Steriles Material: Kulturröhrchen gefüllt mit je 10 ml Lactose-Bouillon und jeweils einem Durhamröhrchen (Lactose-Bouillon s. S. 380ff)

Physiologische Kochsalzlösung (s. S. 378)

Pipetten (1 ml, 5 ml, 10 ml)

Durchführung und Auswertung

1. Die Probe mit physiologischer Kochsalzlösung in 10er Schritten bis 10^{-4} verdünnen.
2. Von jeder Verdünnungsstufe jeweils 1 Röhrchen (bzw. mehrere Röhrchen) mit 1,0 ml animpfen.
3. Röhrchen 48 h bei 37 °C bebrüten.
4. Jedes Röhrchen auf Trübung, Gasbildung und Farbumschlag prüfen: Das Röhrchen mit der stärksten Verdünnung (d. h. mit dem kleinsten Animpfvolumen), welches noch eine positive Reaktion – Trübung durch Wachstum, Gasbildung und Farbumschlag von violett nach gelb – ergibt,

erlaubt die Angabe des Colititers in ml. Bei der Durchführung mit mehreren Parallelansätzen ist mit Hilfe einer MPN-Tabelle auszuwerten.

22.3 Nachweis von sulfitreduzierenden sporenbildenden Anaerobiern

Diese bei Fäulnisvorgängen zu findenden Keime gelten als Indikatoren für eine Verunreinigung, wobei es sich auch um eine fäkale Verunreinigung handeln kann. Weil sie widerstandsfähige Dauerformen bilden, lassen sie auch schon längere Zeit zurückliegende Verunreinigungen erkennen. Ein wichtiger Vertreter dieser Organismengruppe ist *Clostridium perfringens,* dessen Toxin Diarrhöe hervorrufen kann. Nach der Verordnung für Trinkwasser in verschlossenen Behältnissen dürfen sulfitreduzierende, sporenbildende Anaerobier in 50 ml nicht nachweisbar sein.

Material

Steriles Material: Sterilfiltrationsgerät mit Membranfiltern (0,45 μm Porengröße); Petrischalen, Pipetten; Sulfit-Glucose-Eisen-Agar (pro 1 deion. Wasser): 3 g Fleischextrakt, 10 g Pepton, 5 g NaCl, 20 g Glucose, 15 g Agar. 10%ige Na_2SO_3-Lösung und 8%ige $FeSO_4$-Lösung jeweils in deion. Wasser.

Durchführung und Auswertung

1. Jeweils 100 ml der Wasserproben 20 min bei 70 bis 75 °C pasteurisieren und anschließend schnell unter kaltem Wasser abkühlen. Dabei werden die vegetativen Zellen abgetötet, während die hitzeresistenten Sporen überleben.
2. Anschließend alle Proben durch ein Membranfilter saugen.
3. Die Membranfilter steril auf die Deckel von Petrischalen legen. Dabei darauf achten, daß sich keine Luftblasen zwischen Filter und Schale bilden.
4. Zu jeweils 18 ml flüssigem Sulfit-Glucose-Eisen-Agar 1 ml Na_2SO_3- und 0,25 ml $FeSO_4$-Lösung hinzufügen.
5. Das Gemisch auf 55 °C abkühlen und langsam und vorsichtig über das Membranfilter gießen. Es darf dabei nicht von der Stelle bewegt werden, sondern muß unten bleiben, nur so sind anaerobe Bedingungen gewährleistet.
6. Unmittelbar danach den Boden der Petrischale umgekehrt so auf die Agarschicht legen, daß sich keine Luftschicht zwischen Agar und Petrischalenboden bilden kann.
7. Die Platten bei 37 °C im aeroben Brutschrank bebrüten und nach 20 ± 4 Stunden und nach 44 ± 4 Stunden auswerten.

8. Zahl der schwarzen Kolonien (= sulfitreduzierende, sporenbildende Anaerobier) ermitteln. Um Keime, die Sulfit zu Sulfid reduzieren, bildet sich schwarzes Eisensulfid.

22.4 Nachweis von Pseudomonas aeruginosa

Pseudomonas aeruginosa ist ein humanpathogener Keim, der zu Eiterbildungen führen kann, bei starker Kontaminierung auch zu Darmentzündungen. Als psychrophiler Mikroorganismus kann *Pseudomonas aeruginosa* besonders in Wasser überleben und ist daher auch in Schwimmbädern verbreitet, aber auch auf Lebensmitteln, besonders Gemüse, wurde er nachgewiesen. Nach der Verordnung für Trinkwasser in verschlossenen Behältnissen darf *Pseudomonas aeruginosa* in 250 ml nicht nachweisbar sein.

Material

Steriles Material: Sterilfiltrationsgerät mit Membranfiltern (Porengröße 0,45 μm), Kulturröhrchen, beides steril

Medien (jeweils pro l deion. Wasser):

Malachitgrün-Nährboden: 3 g Fleischextrakt, 10 g Pepton, 5 g NaCl, 15 g Agar, 0,975 g Malachitgrün

Endo-Agar-Platten: s. S. 380

King-P-Schrägagar: 20 g Pepton; 10 ml Glycerin; 10 g K_2SO_4; 1,4 g $MgSO_4 \cdot 7\,H_2O$; 15 g Agar

King-F-Schrägagar: 20 g Pepton; 10 ml Glycerin; 1,5 g K_2HPO_4; 1,5 g $MgSO_4 \cdot 7\,H_2O$; 10 g Hefeextrakt; 25 g D-Saccharose, 15 g Agar

Nährbouillon: 10 g Pepton, 5 g NaCl

Acetamid-Nährboden: 10 g Acetamid (CH_3CONH_2); 1 g K_2HPO_4; 0,2 g $MgSO_4 \cdot 7\,H_2O$; 0,2 g NaCl; 5 mg Natriummolybdat; 0,5 mg $FeSO_4 \cdot 7\,H_2O$

Cytochromoxidase-Reagenz s. S. 65

Neßlers Reagenz: ($K_2[Hg(I_4)]$ in NaOH): 6 g $HgCl_2$ in 50 ml deion. Wasser lösen und mit 7,4 g KI, gelöst in 50 ml deion. Wasser, versetzen. Es fällt rotes HgI_2 aus. Niederschlag mit Wasser waschen und 5 g KI in 10 ml Wasser zugeben. Der Niederschlag löst sich wieder auf. 20 g NaOH in 20 ml Wasser zugeben und auf 100 ml mit deion. Wasser auffüllen. Reagenz im Dunkeln aufbewahren.

UV-Lampe (256 nm)

Durchführung und Auswertung

1. Jeweils 100 ml der Proben durch ein Membranfilter saugen.
2. Die Filter auf die Oberfläche von Malachitgrünagar-Platten legen und 20 ± 4 h bei 27 ± 1,5 °C inkubieren.

3. Von jeder angewachsenen Kolonie Verdünnungsausstrich auf Endo-agar-Platten anfertigen.
4. Die Platten 20 ± 4 h bei 37 ± 1,5 °C inkubieren.
5. Wenn sich feuchte, farblose bis leicht gelblich gefärbte Kolonien entwickelt haben, 2 Tropfen Cytochromoxidase-Reagenz auf die Kolonien auftropfen: Cytochromoxidase-positive Keime werden innerhalb von 1 bis 2 min blauviolett.
6. Alle Cytochromoxidase-positiven Kolonien sind Pseudomonas aeruginosa-verdächtig und werden auf King-F bzw. auf King-P-Schrägagar ausgestrichen. Bei 37 ± 1,5° 20 ± 4 h bebrüten.
7. *Pseudomonas aeruginosa* bildet auf King-F bzw. auf King-P-Agar oder auf beiden Medien Farbstoffe (Pyocyanin, das den Nährboden blaugrün färbt oder Pyorubin, das den Nährboden rot bis dunkelbraun färbt) und meist auch Fluorescein (läßt sich nach Anregen mit UV-Licht von 256 nm nachweisen). Läßt sich auf keinem Nährboden Fluorescein nachweisen, dann ist der Keim kein *Pseudomonas aeruginosa.*
8. Läßt sich Fluorescein nur auf einem der Nährböden nachweisen, müssen weitere Tests ausgeführt werden: Nährbouillon ganz schwach animpfen und 20 ± 4 h bei 41 ± 1°C im Wasserbad bebrüten und beimpften Acetamid-Nährboden 20 ± 4 h bei 30 °C bebrüten.
9. Zeigt die Nährbouillon-Kultur deutliches Wachstum und der Acetamid-Nährboden nach Zusatz von 1 Tropfen Neßlers Reagenz sofortige Gelbfärbung, – bedingt durch die Umwandlung von Acetamid in Ammoniak – dann ist in der Probe ein apyocyanogener (Nicht-Farbstoff-bildender) Stamm von *Pseudomonas aeruginosa* nachgewiesen worden.

22.5 Nachweis von Enterokokken (Faekalstreptokokken)

Enterokokken gehören zu den darmbewohnenden Streptokokken. Sie können Entzündungen hervorrufen und sind Fäulniserreger zahlreicher Lebensmittel, außerdem können sie unspezifische Lebensmittelvergiftungen verursachen. In Trinkwasser in verschlossenen Behältnissen dürfen Enterokokken in 250 ml nicht nachweisbar sein.

Material

Steriles Material: Sterilfiltrationsgerät mit Membranfiltern (Porengröße 0,45 µm), Petrischalen

Enterokokkenagar-Platten: 20 g Tryptose; 5 g Hefeextrakt; 2 g Glucose; 4 g $Na_2HPO_4 \cdot 2\,H_2O$; 0,4 g Natriumazid; 0,1 g Triphenyltetrazoliumchlorid u. 10 g Agar pro l deion. Wasser.

Durchführung und Auswertung

1. Jeweils 100 ml der Proben durch ein Membranfilter saugen.
2. Die Filter auf die Oberfläche von Enterokokkenagar-Platten legen.

3. Zuerst 4 h bei 37 °C und danach 44 h bei 44 °C bebrüten.

4. Die Membranfilter bei gutem Licht mit einer Lupe betrachten: Alle roten oder braunroten Kolonien werden als darmbewohnende Streptokokken gezählt.

Literatur

„Deutsche Einheitsverfahren zur Wasser-, Abwasser- und Schlammuntersuchung" (1975), 3. Auflage, Verlag Chemie GmbH, Weinheim/Bergstraße (Loseblattsammlung mit laufenden Ergänzungen)

Gesetz zur Verhütung und Bekämpfung übertragbarer Krankheiten beim Menschen (Bundes-Seuchengesetz) vom 18. 7. 1961 (BGBl. I, S. 1012)

Lutz-Dettinger, U. (1980), Die Umwelt in ihrer Bedeutung für die Gesunderhaltung, Ferdinand Schöningh, Paderborn, München, Wien, Zürich

Novellierung des Bundes-Seuchengesetzes vom 18. 12. 1979 (BGBl. I, S. 2248)

Verordnung über Trinkwasser und über Brauchwasser für Lebensmittelbetriebe (Trinkwasser-Verordnung) vom 31. 1. 1975 (BGBl. I, S. 453–461)

Verordnung zur Änderung der Trinkwasser-Verordnung und der Verordnung für Tafelwässer vom 25. 6. 1980 (BGBl. I. S. 764–769) u. vom 22. 5. 1986 (BGBl. I. S. 760–773)

23. Pflanzenpathogene Pilze

23.1 Infektion von Äpfeln mit pilzlichen Erregern (Koch'sche Postulate)

Robert Koch hat mit seinen bahnbrechenden Arbeiten über den Zusammenhang von Milzbrand und Milzbranderreger die methodischen und theoretischen Fundamente für die medizinische Mikrobiologie geschaffen. Mit dem Nachweis von Mikroorganismen als Ursache für eine große Zahl wichtiger Infektionskrankheiten – wie z. B. Tuberkulose, Typhus, Diphtherie, Cholera, Sepsis, Tetanus – war auch die Möglichkeit zu einer gezielten Bekämpfung dieser Krankheiten gegeben. Ausgehend von seinen Laboruntersuchungen, hat Robert Koch vier Forderungen aufgestellt, die erfüllt sein müssen, damit eine Krankheit zu Recht als eine mikrobiell verursachte Infektionskrankheit bezeichnet werden darf. Die vier Postulate lauten:

1. Der Erreger muß aus dem erkrankten Tier oder Menschen isolierbar sein.
2. Der Erreger muß außerhalb des Kranken auf Nährmedien in Reinkultur vermehrbar sein.
3. Der vom Nährmedium stammende Erreger muß in einem Versuchstier dieselben Krankheitssymptome hervorrufen wie im ursprünglichen Patienten.
4. Der Erreger muß aus dem erkrankten Versuchstier isolierbar sein.

Auch bei Pflanzenkrankheiten konnten in vielen Fällen Mikroorganismen als Krankheitserreger nachgewiesen werden: z. B. *Agrobacterium tumefaciens* als Ursache der Wurzelhalsgallen oder die den Flugbrand auf Getreide bewirkenden Brandpilze. Die Koch'sche Methode hat dort ihre Grenzen, wo sich die Erreger nicht in Reinkultur züchten lassen. Dies gilt für eine Reihe von phytopathogenen Pilzen, die als obligate Parasiten nicht auf Nährmedien kultiviert werden können.

Im ersten Versuch soll von einem verfaulten Apfel der Fäulniserreger isoliert und bestimmt werden. Phytomedizinisch ist die Isolierung und Bestimmung des Erregers aus zwei Gründen von Bedeutung: Einmal ist die Kenntnis des Erregers Voraussetzung für eine erfolgreiche Bekämpfung, und zum andern weiß man heute aus vielen Untersuchungen, daß bestimmte Pilze gefährliche Mykotoxine produzieren können, z. B. bildet *Aspergillus flavus* auf Erdnüssen das stark krebserregende Aflatoxin, oder *Fusarium sp.* bildet auf Getreide Zearalenon.

23.1.1 Isolierung und Bestimmung von Erregern der Apfelfruchtfäule

Material für Kap. 23.1.1 und 23.1.2

Gesunde und verfaulte („verschimmelte") Äpfel, Impfnadel, Skalpell, Mikroskop, feuchte Kammer

Gemüsesaft-Agar: 200 ml Gemüsesaft (z. B. V-8-Gemüsesaft aus der Drogerie oder aus dem Reformhaus, ohne Zusatz von Konservierungsstoffen), 2 g $CaCO_3$, 20 g Agar, 800 ml deion. Wasser

Alkohol (70%ig)

Ein verschimmelter oder leicht angefaulter Apfel aus dem Freiland oder vom Winterlager wird solange feucht gelagert – am besten in einer feuchten Kammer – bis sich auf dem faulen Fruchtfleisch ein fester oder polsterartiger weißer oder farbiger Belag ausgebildet hat. Vom Belag wird mit der Impfnadel vorsichtig etwas Material entnommen und bei 100- bis 400facher Vergrößerung mikroskopiert (Phasenkontrast ist nicht notwendig) und gezeichnet.

Auswertung

Die Mehrzahl der Fälle von Apfelfruchtfäule wird durch einige wenige Pilze verursacht. Drei häufig vorkommende Vertreter sind aufgeführt. Sie sollten aufgrund der folgenden Angaben leicht zu bestimmen sein:

Monilia fructigena: Im Mikroskop sind längere, verzweigte, „wurstförmige" Konidienketten zu sehen (Abb. 23.1, a), mit bloßem Auge auf der bräun-

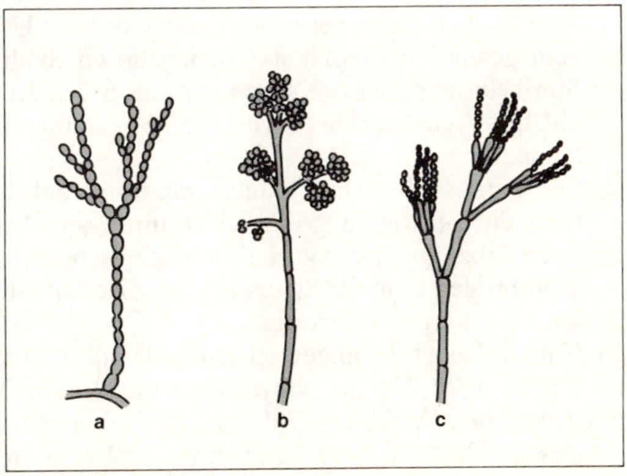

Abb. 23.1 Konidienträger bzw. Sporangienträger von Erregern der Apfelfruchtfäule

lich bis schwarz verfärbten Schale in konzentrischen Ringen angeordnete gelbliche oder graue feste Polster.

Botrytis cinerea: Im mikroskopischen Bild verzweigt sich das Mycel zu den Sporenträgern mit büschel- oder bäumchenartig angeordneten Konidien (Abb. 23.1, b), auf der hell- bis dunkelbraun verfärbten Schale bräunlichgraue, staubende Beläge.

Penicillium sp.: Im Mikroskop kleine, pinselförmige Konidienträger mit perlschnurartig angeordneten Konidienketten (Abb. 23.1, c), die hellbraun bis braun verfärbte Schale zeigt bläuliche oder gelblichgrüne, schimmelartige Überzüge.

Weitere häufige Erreger der Apfelfruchtfäule sind Gloeosporium-Arten und *Phytophthora cactorum.*

23.1.2 Infektion von Äpfeln

Zeitplan

1. Tag: Überimpfen des Schimmelbelags (vom verfaulten Apfel, s. Kap. 23.1.1) auf Gemüsesaft-Agar

7. Tag: Pilz von Gemüsesaft-Agar mikroskopieren und zeichnen. Gesunden Apfel mit dem Pilz von der Agarkultur infizieren

14. Tag: Entnahme des Schimmelbelags von infiziertem Apfel, mikroskopieren und zeichnen

Zeitbedarf

Jeweils ca. 30 min

Durchführung

1. Vom Belag des verfaulten Apfels mit der sterilen Impfnadel etwas Pilzmaterial auf einer Gemüsesaft-Agarplatte ausstreichen. Als infektiöses Material entweder Konidien von dem auf dem faulen Fruchtfleisch befindlichen Belag verwenden, oder von der Übergangsstelle vom faulen zum gesunden Fleisch mit dem sterilen Skalpell nach oberflächlicher Sterilisierung ein etwa pfenniggroßes Stück Apfelfleisch ausstechen und auf der Agaroberfläche von 1 : 10 verdünntem Gemüsesaft-Agar auslegen.

2. Die Petrischalen bei Zimmertemperatur bebrüten. Nach 3 bis 4 Tagen setzt die Entwicklung einer Pilzkultur ein (2. Postulat). Sind verschiedene Pilze auf der Agarkultur angewachsen, dann sollten zuvor durch Überimpfen einheitlich aussehender Zonen auf Gemüsesaft-Agar Reinkulturen hergestellt werden.

3. Nach 7 Tagen die angewachsene Pilzkultur zur Infektion eines gesunden Apfels (des Versuchsobjektes gemäß dem 3. Postulat) verwenden. Zuvor den Apfel mit 70%igem Alkohol gut abreiben, dann mit dem sterilen Skalpell zwei Taschen ins Apfelfleisch schneiden. Das Skalpell schräg ansetzen und ein kreisrundes ca. pfenniggroßes Stück so anschneiden, daß das Fruchtfleisch noch an einem Steg aus Apfelschale mit dem Apfel verbunden ist und hochgeklappt werden kann (Abb. 23.2).

4. Mit der Impfnadel einmal ein kleines Stück vom Rand der Pilzkultur mitsamt Agar ausschneiden, in die vorbereitete Tasche stecken und mit dem Fruchtfleischstück zudecken. Zur Kontrolle in die gegenüberliegende Tasche ein Stück Agar ohne Pilzbewuchs stecken. Die beiden Stellen markieren.

5. Den infizierten Apfel 7 Tage bei ca. 20 °C in feuchter Kammer halten.

6. Auf Infektion prüfen. Ist auch das 3. Koch'sche Postulat erfüllt, d. h. sind erneut die bekannten Fäulnissymptome zu erkennen, wiederum den Belag an der faulen Stelle mikroskopisch betrachten. An der mit bloßem Agar infizierten Stelle dürften nur die etwas bräunlich angelaufenen Schnittstellen auftreten.

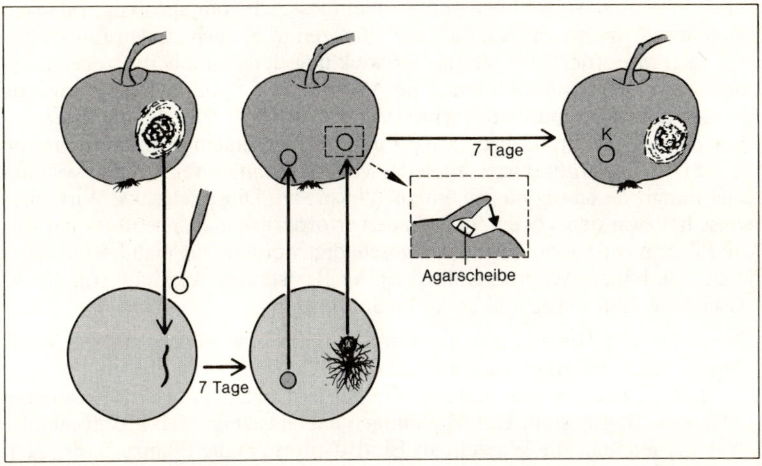

Abb. 23.2 Versuchsablauf zur Überprüfung der Koch'schen Postulate

23.2 Infektion von Tomaten mit Fusarium oxysporum

Zur Bekämpfung von Pflanzenkrankheiten werden in der modernen Landwirtschaft in großem Umfang chemische Wirkstoffe eingesetzt. Fungizide werden gegen pilzliche Schaderreger eingesetzt. Die Phytomedizin unterscheidet die protektiven und die systemischen Fungizide. Die zwei Gruppen unterscheiden sich hinsichtlich der Aufnahme und Verteilung im Pflanzengewebe und – was für die Praxis besonders bedeutsam ist – hinsichtlich des Anwendungszeitpunkts.

Bis vor wenigen Jahren wurde ausschließlich mit **protektiven Fungiziden** eine chemische Bekämpfung von Pilzkrankheiten durchgeführt. Durch das Spritzen dieser Fungizide entsteht ein Film auf der Pflanzenoberfläche, der das Eindringen der pilzlichen Erreger in die Pflanze verhindert. Die gewünschte protektive oder präventive Wirkung kommt nur dann zustande, wenn die Ausbringung des Fungizids **vor** einem Kontakt der Pflanze mit dem Schadpilz erfolgt. Behandlungen mit protektiven Fungiziden erfordern einen lückenlosen Belag, denn Pflanzenteile, die beim Spritzen nicht erfaßt wurden, oder auch neu nachwachsende Pflanzenteile bleiben gegenüber einem Pilzbefall ungeschützt. Außerdem können Niederschläge den schützenden Fungizidbelag abwaschen.

Die neuentwickelten **systemischen Fungizide** besitzen diese Nachteile nicht oder in weniger ausgeprägter Weise. Fungizide mit systemischen Eigenschaften werden sowohl von den Wurzeln als auch vom Sproß der Pflanzen aufgenommen und im Gefäßteil der Pflanzen u. a. auch zu den Infektionsstellen transportiert, wo sie die Entwicklung der Krankheitserreger hemmen oder diese gar abtöten. Die Vorteile der systemischen Fungizide werden allerdings mit dem Nachteil einer wesentlich erhöhten Resistenzgefahr erkauft. Während protektive Fungizide im allgemeinen an mehreren Stellen des Pilzstoffwechsels zugleich schädigend angreifen, greifen systemische Fungizide häufig nur an einem Wirkort an. Diese selektive Wirkungsweise hat zwar den Vorteil, daß bei den erforderlichen Konzentrationen nur die Pilze, nicht aber die Pflanzen geschädigt werden, zugleich besteht aber auch eine höhere Wahrscheinlichkeit der Resistenzentwicklung von phytopathogenen Pilzen gegenüber diesen Substanzen.

Der Befall von Tomatenpflanzen mit Schadpilzen, wie Fusarium und Verticillium, führt äußerlich zu vermindertem Pflanzenwachstum, zum Welken der Blätter, zu einer Bräunung der Gefäße und zu einem verminderten oder völligen Ertragsausfall. Untersuchungen haben gezeigt, daß Pilzmycel oder Pilzkonidien über die Wurzeln als Eintrittspforte in die Pflanze eindringen. Im Versuch werden diese Eintrittspforten im Wurzelbereich durch leichtes Kürzen der Tomatenwurzeln künstlich erzeugt. In der Praxis können durch Insekten oder auch durch mechanische Bodenbearbeitung verursachte Verletzungen an den Wurzeln für Eintrittspforten sorgen. Nach dem Eindringen wächst der Erreger im Gefäßteil der Pflanze und bewirkt zusammen mit Abwehrreaktionen der Pflanze (Bildung von Kallose in Form von „Polysaccharidpfropfen" in den Gefäßen) eine Unterbindung des Wasser- und Nährstofftransports. Dies, sowie bei Fusarium die Bildung eines Welketoxins durch den Pilz, führt zum Welken der Pflanze.

Material

Stamm: *Fusarium oxysporum f. sp. lycopersici ATCC 16322*

Sand, Torf, Styromull (Handelsname Perlite) , Tomatensamen (Sorte „Bonny Best“), Styroporschalen zur Anzucht der Sämlinge; Kunststoffgewebe (Saran); Blumentöpfe, $d = 10$ cm

Potato-Dextrose-Agar (PDA): 300 g Kartoffeln, 20 g Glucose, 15 g Agar, 1 l deion. Wasser. Die geschälten und in feine Würfel geschnittenen Kartoffeln werden in 500 ml Wasser 1 h lang gekocht und durch ein Tuch filtriert. Das Filtrat wird mit Wasser auf 1 l aufgefüllt, und der Agar wird durch Erhitzen im Filtrat gelöst. Die Glucose wird vor dem Autoklavieren zugegeben.

Erdröhrchen: 2 Petrischalen Lehm, 1 ½ Petrischalen Komposterde, 1 Petrischale Sand, jeweils lufttrocken und gesiebt, werden mit 30 ml Leitungswasser gut durchmischt. Gemisch in Kulturröhrchen füllen, dabei leicht zusammenschütteln, ca. 6 bis 7 cm hoch. Dann 1,5 bis 2 ml Leitungswasser zu jedem Röhrchen geben und bis zum nächsten Tag stehenlassen. Sterilisation im Autoklaven 60 min, 120°C. Beim Beimpfen mit *Fusarium oxysporum* eventuell noch etwas steriles Wasser nachgeben. Die Erde muß gut feucht, darf aber nicht verschlämmt sein. Die beimpften Röhrchen stehen bis zur Eintrocknung bei Zimmertemperatur, dann als Dauerkultur bei 2 bis 10°C.

Nährlösung nach Hoagland (zum Tomatengießen):
136 mg KH_2PO_4; 505 mg KNO_3; 1180 mg $Ca(NO_3)_2 \cdot 4\ H_2O$; 492 mg $MgSO_4 \cdot 7\ H_2O$; 100 mg Fetrilon (Eisen als Chelatkomplex); 2,86 mg H_3BO_3; 1,81 mg $MnCl_2 \cdot 4\ H_2O$; 0,22 mg $ZnSO_4 \cdot 7\ H_2O$; 0,08 mg $CuSO_4 \cdot 5\ H_2O$; 0,03 mg $Na_2MoO_4 \cdot 4\ H_2O$ auf 1 l deionisiertes Wasser. Die Lösung wird vorteilhafterweise aus 1000fach konzentrierteren Stammlösungen gemischt. Auch ein für Zimmerpflanzen und Garten verwendeter handelsüblicher Flüssigdünger kann benutzt werden.

Fungizidlösungen: Benomyl: 29 mg pro l (10^{-4}molar) und 145 mg pro l ($5 \cdot 10^{-4}$molar)

Thiophanatmethyl (TPM): 34,2 mg pro l (10^{-4}molar) und 171 mg pro l ($5 \cdot 10^{-4}$molar). Die Angaben gelten für den reinen Wirkstoff, das Spritzpulver enthält nur 50% des Wirkstoffes = Fungizid, die restlichen 50% sind lösungsvermittelnde Formulierungssubstanzen.

Zeitplan

Zur Vorbereitung:

1\. Tag: Tomaten aussäen.
7\. Tag: *Fusarium oxysporum* von Stammkultur (Erdröhrchen) auf PDA-Agarplatte überimpfen
14\. Tag: Tomatensämlinge vereinzeln. 20 PDA-Agar-Platten mit Fusarium beimpfen

Infektion:

1. ca. 6 bis 8 Wochen nach Aussaat: Konidiensuspension von Fusarium herstellen. Tomatenpflanzen aus Erde nehmen, waschen, Wurzeln kürzen, in Konidiensuspension stellen.
2. 3 Tage nach der Infektion: Behandlung mit Fungiziden.
3. 14 Tage bis 3 Wochen nach der Infektion: Auswertung

Zeitbedarf

Auswertung und Infektionsvorgang nehmen ca. 3 h in Anspruch, alle anderen Operationen ca. 1 h

Durchführung (Abb. 23.3)

1. Eine Styroporschale (ca. 20 · 40 · 3 cm) mit einem Gemisch von Sand, Torf und Styromull (Perlite) (1/1/1) füllen. Tomatensamen (ca. 60–80) gleichmäßig auf der Oberfläche verteilen und fest andrücken. Den Samen mit dem obengenannten Gemisch ca. 2 cm hoch bedecken und gut anfeuchten.
2. Zum Keimen die Schale 4 Tage lang warmstellen (Brutschrank 27°C), danach ins Gewächshaus oder an ein sonniges Fenster.
3. Nach 14 Tagen die Sämlinge vereinzeln und in mit Sand gefüllte Blumentöpfe (d = 10 cm) pflanzen. Vor dem Einfüllen des Sandes den Blumentopf mit einer Schicht Sarangewebe auslegen.
4. Innerhalb weiterer 4 Wochen die Tomaten täglich zweimal mit Wasser gießen und dreimal wöchentlich mit einer Nährlösung versetzen (ca. 50 ml pro Topf).
5. Zur Herstellung der Konidiensuspension 20 PDA-Agar-Platten mit *Fusarium oxysporum* (s. Zeitplan) mit Wasser überschichten (ca. 20 ml pro Schale), und mit einem Gummiwischer die Sporen abspateln. Die Konidiensuspension sollte deutlich trüb sein, und in der Thoma-Kammer sollten etwa 10^6 Sporen pro ml zählbar sein. Für 2 l Konidienlösung werden normalerweise 10 bis 20 Petrischalen benötigt.
6. Die 20 bis 30 cm hohen Tomatenpflanzen aus dem Sand nehmen, mit Leitungswasser gut abwaschen, und zur Erzeugung von Eingangspforten die Wurzeln um ca. ⅓ kürzen. Für die Inokulation mit dem Schadpilz 20 Tomatenpflanzen 10 bis 15 Minuten lang in ein Gefäß mit 2 l Konidiensuspension stellen. Zur Kontrolle 4 ebenfalls gewaschene und an den Wurzeln gekürzte Tomatenpflanzen genauso lange wie die zur Infektion gelangende Parallelgruppe in ein Gefäß mit 2 l Wasser stellen.
7. Dann die Pflanzen sofort wieder in Sand pflanzen und gleich kräftig mit Wasser gießen, kurz danach noch ein letztes Mal mit Nährlösung.
8. Drei Tage nach der Infektion erfolgt die Fungizidbehandlung. Ein Tag vor der Behandlung sollte nicht gegossen werden, damit das Fungizid gut eingezogen wird. Jeweils 4 Pflanzen der infizierten Gruppe mit 2 Vertretern systemischer Fungizide in 2 verschiedenen Konzentrationen behandeln. Dazu pro Pflanze 25 ml der folgenden Lösungen gießen:

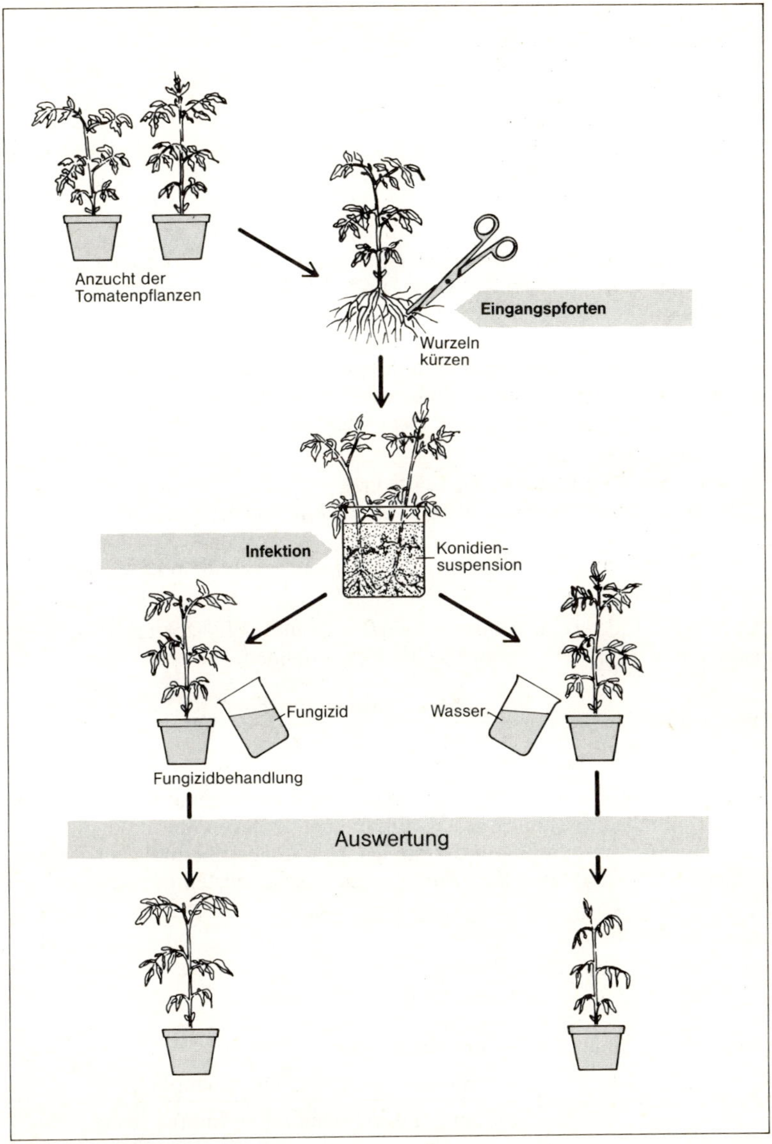

Abb. 23.3 Experimentelle Infektion von Tomaten mit Fusarium oxysporum und anschließende Fungizidbehandlung (Arbeitsablauf, schematisch)

a) Wasser (Kontrolle)
b) Benomyl, 10^{-4}molar
c) Benomyl, $5 \cdot 10^{-4}$molar
d) TPM, 10^{-4}molar
e) TPM, $5 \cdot 10^{-4}$molar

9. Nach der Fungizidbehandlung täglich noch zweimal gießen und nach 1½ Wochen auswerten.

Auswertung

Das Ausmaß der von *Fusarium oxysporum* verursachten Schäden an Blättern (ausgedrückt im „Welkeindex") und Gefäßen (ausgedrückt im „Gefäßbräunungsindex"), bzw. das Ausmaß der Schadensaufhebung durch Fungizidbehandlung wird mit einem Boniturschema abgeschätzt. Jede Pflanze wird dabei einzeln ausgewertet („bonitiert"). Die Beurteilung der Welkeerscheinungen jedes einzelnen Blattes mit Ausnahme der beiden untersten Blätter ohne Befiederung erfolgt nach folgendem Schlüssel:

0 = keine Symptome
1 = leichte Vergilbung an der Blattspitze
2 = mittelstarke Symptome, 50% der Blattoberfläche vergilbt und/oder schlaff
3 = starke Symptome, Blattfläche mehr als 50% vergilbt oder welk
4 = Blatt abgestorben oder abgefallen

Der Welke-Index (eine Zahl zwischen 0 = gesunde Pflanze und 100 = völlig geschädigte Pflanze) errechnet sich folgendermaßen:

$$\text{Welke-Index in \%} = \frac{\text{Summe der Blattbenotungen}}{\text{Zahl der Blätter} \cdot 4} \cdot 100$$

Zur Auswertung der Gefäßbräunung werden die Stengel in jedem Internodium (= Stelle zwischen zwei Knoten) einmal durchgeschnitten und auf die Bräunung der an den Ecken des dreieckigen Stengels befindlichen Xylemstränge (Hauptgefäßbündel) nach folgender Skala beurteilt:

0 = keine Bräunung der 3 Hauptgefäßbündel
1 = ein Gefäßbündel gebräunt
2 = zwei Gefäßbündel gebräunt
3 = alle drei Gefäßbündel gebräunt

Der Gefäßbräunungsindex errechnet sich wie folgt:

$$\text{Gefäßbräunungsindex} = \frac{\text{Summe der Gefäßbündelbenotungen}}{\text{Zahl der durchschnittenen Internodien} \cdot 3} \cdot 100$$

Schließlich wird noch die Länge jeder einzelnen Tomatenpflanze gemessen. Es sei darauf hingewiesen, daß Benomyl und TPM als dem Pflanzenwuchsstoff Kinetin strukturell ähnliche Benzimidazolderivate wachstumssteigernde Wirkung besitzen.

23.3 Biologische Bekämpfung von Gurkenmehltau mit einem Hyperparasiten

Die Resistenz von Schadpilzen bedeutet eine ernstliche Erschwernis für den Einsatz von Fungiziden. Weitere Nachteile bei der chemischen Bekämpfung von Pilzkrankheiten sind die Umweltbelastung durch die ausgebrachten Chemikalien, Rückstandsprobleme und eine mögliche Schädigung der Pflanze. Deshalb sucht man seit einiger Zeit nach biologischen Verfahren, die sich nach Möglichkeit in das bestehende Pflanzenschutzsystem integrieren lassen.

Durch die chemische Bekämpfung des Echten Mehltaus *(Sphaeroteca fuliginea)* an Gewächshausgurken wird die biologische Bekämpfung von Spinnmilben mit speziell eingesetzten Raubmilben gestört, da die Mehrzahl der bekannten protektiven Mehltaufungizide die Raubmilben schädigt. Systemische Fungizide, die diese Nebenwirkung seltener besitzen, führen dagegen bei intensiver Anwendung häufig in kurzer Zeit zur Resistenzbildung. Ein Versuch mit dem zu den Deuteromyceten gehörenden Mehltauhyperparasiten (ein „Hyperparasit“ befällt einen Parasiten) *Ampelomyces quisqualis* soll Möglichkeiten und Schwierigkeiten beim Einsatz biologischer Pflanzenschutzverfahren beispielhaft verdeutlichen. Zusätzlich zur biologischen Bekämpfung werden im Versuch auch Chemikalien eingesetzt. Ein integriertes Bekämpfungsverfahren dieser Art erlaubt dem Anwender, bei Bedarf auch Fungizide einzusetzen.

Material

Stamm: *Ampelomyces quisqualis DSM 2222,* Samen der Gurkensorte „Robusta“, Kompost, Sand, von Mehltau befallende Gurkenpflanzen aus dem Gewächshaus

Stereomikroskop

Biomalz-Agar (zur Kultur von Ampelomyces): 20 g Biomalz aus Drogerie oder Reformhaus, 20 g Agar, 1 l deion. Wasser

Pyrazophos und Triforine als Fungizide.

Zeitplan

1. Tag: Aussaat der Gurkensamen, Ampelomyces animpfen
9. Tag: Gurkenpflanzen umtopfen
10. Tag: Infektion mit Mehltau
14. Tag: Konidiensuspension von Ampelomyces herstellen, mit Suspension und mit Fungiziden sprühen

17. Tag: Eine noch unbehandelte Pflanzengruppe mit Fungiziden sprühen
24. Tag: Auswertung

Zwischenzeitlich werden die Gurkenpflanzen täglich einmal mit Wasser gegossen.

Zeitbedarf

Die Auswertung nimmt ca. 4 h in Anspruch, die anderen Arbeiten je etwa 30 bis 60 Minuten.

Durchführung

1. Fünf Biomalz-Agarplatten mit Ampelomyces beimpfen, bei Raumtemperatur bebrüten.
2. Ca. 50 Gurkensamen mit der Spitze nach oben in eine mit Komposterde und wenig Sand gefüllte Styroporschale stecken. Die Erde fest andrükken und befeuchten.
3. Die Schale 5 Tage lang in eine feuchte Kammer, dann ins Gewächshaus oder an ein sonniges Fenster stellen.
4. Am 9. Tag die ca. 10 cm hohen Gurkenpflanzen in Komposterde umsetzen, pro Topf (d = 10 cm) je 2 Pflanzen, die Keimblätter parallel zueinander.
5. Einen Tag nach dem Umtopfen die Gurkenpflänzchen mit den staubighellen Blättern von an Mehltau erkrankten Gewächshausgurken betupfen.
6. Vier Tage danach, wenn sich auf den infizierten Blättern ein weißer, flacher Belag von Mehltauoberflächenmycel ohne Konidienrasen gebildet hat, erfolgt die Applikation des Hyperparasiten: Die Konidien von *Ampelomyces quisqualis* mit Wasser von den 2 Wochen alten Biomalz-Agar-Kulturen abspülen. Mit 100 ml der ca. $5 \cdot 10^6$ Sporen pro ml enthaltenden Suspension im Abzug 20 Pflanzen kräftig besprühen, zur Kontrolle 4 Pflanzen mit Wasser.
7. Nach dem Antrocknen je 4 der mit Ampelomyces behandelten Gurkenpflanzen im Abzug erstens mit dem ampelomycesverträglichen Fungizid Triforine und zweitens mit dem ampelomycesunverträglichen Fungizid Pyrazophos besprühen (Fungizidkonzentration, 50 ppm).
8. Wenn die Fungizide angetrocknet sind, die Pflanzen bis zur Auswertung in eine feuchte Kammer stellen.
9. Die Behandlung mit beiden Fungiziden 3 Tage später an acht der zuvor nur mit Ampelomyces besprühten Pflanzen wiederholen.

Auswertung

Folgende Fragen sollen beantwortet werden:
– Reduziert der Hyperparasit die von Mehltau befallene Fläche?
– Schränkt der Hyperparasit die Sporulation des Mehltaus ein?
– Welchen Effekt hat die zusätzliche Fungizidanwendung?

– Wie unterscheiden sich die beiden Fungizide, und was bewirkt ein späterer Spritztermin?

Es wird abgeschätzt, wieviel Prozent der Blattfläche einer jeden Pflanze von Mehltau befallen sind, und wieviel Prozent dieser Mehltaufläche von Ampelomyces befallen sind. Mit bloßem Auge erscheint die von Ampelomyces befallene Mehltaufläche flach und nicht flauschig wie die nur von Mehltau befallenen Stellen. Zur sicheren Beurteilung werden die Blätter im Stereomikroskop betrachtet: Während *Sphaeroteca fuliginea* kräftige, längliche Konidienketten besitzt, sind die von *Ampelomyces* befallenen Konidienketten deutlich degeneriert (Abb. 23.4).

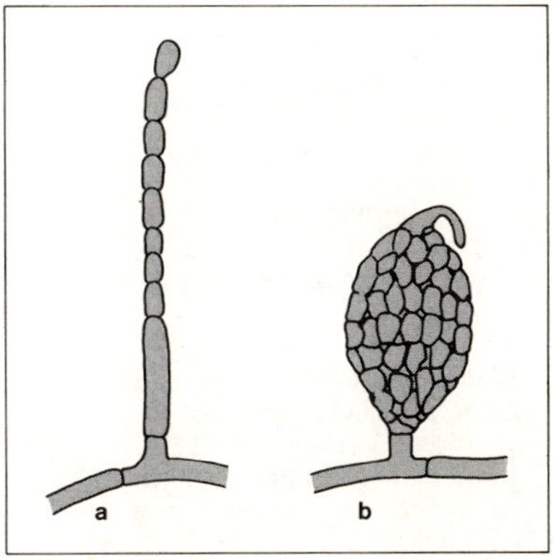

Abb. 23.4 a Konidienträger mit Konidienketten von Gurkenmehltau (Sphaeroteca fuliginea) **b Von Ampelomyces quisqualis befallener, degenerierter Konidienträger,** dessen Reste den Fruchtkörper (Pyknidium) des Hyperparasiten umschließen

Literatur

Börner, H. (1981), Pflanzenkrankheiten und Pflanzenschutz, Ulmer UTB, Stuttgart

Crüger, G. (1983), Pflanzenschutz im Gemüsebau, Eugen Ulmer, Stuttgart

Großmann, F. (1962), Untersuchung über die Hemmung pektolytischer Enzyme von Fusarium oxysporum f. lycopersici III. Wirkung einiger Hemmstoffe in vivo, Phytopathol. Z. **45,** 139–159

Heitefuß, R. (1975), Pflanzenschutz, Georg Thieme Verlag, Stuttgart

Nienhaus, F. (1969), Phytopathologisches Praktikum, Paul Parey, Berlin, Hamburg 13–14

Philipp, W. D., Beuther, E., Großmann, F. (1982), Untersuchungen über den Einfluß von Fungiziden auf Ampelomyces quisqualis im Hinblick auf eine integrierte Bekämpfung von Gurkenmehltau unter Glas, Z. Pflanzenkr. Pflanzenschutz **89,** 575–581

Sachverzeichnis

M

N

R

S

T